Selbstständig arbeiten und sichern

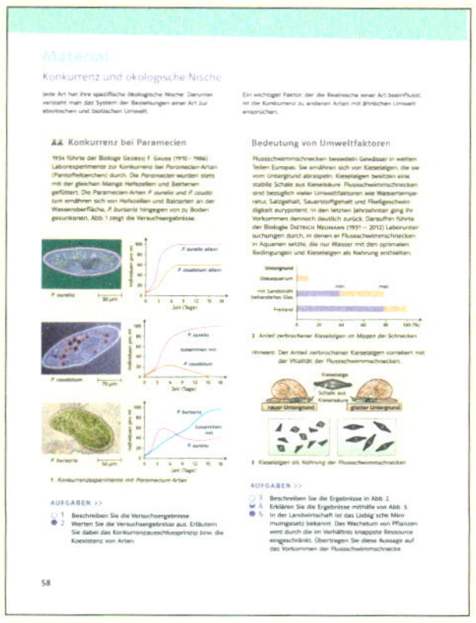

Material
Wenden Sie das Gelernte an und vertiefen Sie es – mit den Materialien und Aufgaben auf diesen Seiten.

Die Bearbeitung der Aufgaben eignet sich zur Partner oder Gruppenarbeit

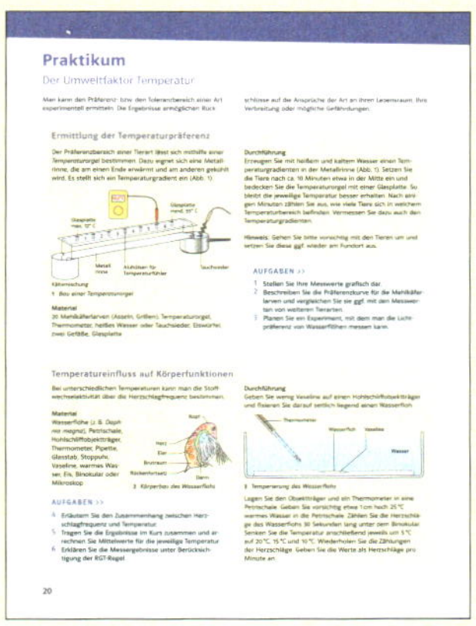

Praktikum
Mit klaren Anleitungen arbeiten Sie praktisch: Sie planen Experimente, führen sie durch und werten sie aus.

Die Bearbeitung der Aufgaben eignet sich zur Partner oder Gruppenarbeit

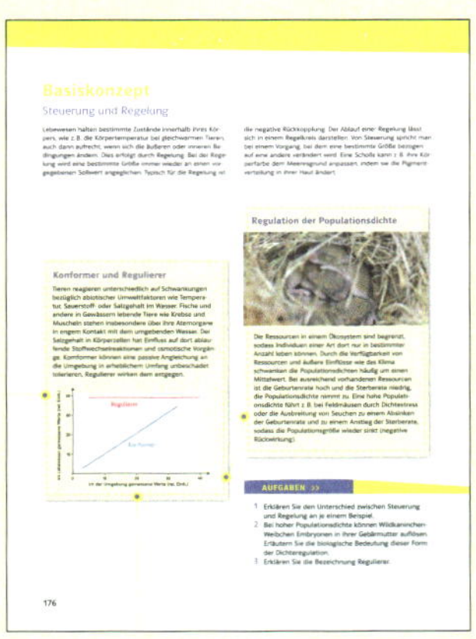

Basiskonzepte
Viele Inhalte stehen mit Prinzipien der Biologie in Zusammenhang.
Die Basiskonzept-Doppelseiten bieten eine gute Übersicht über jeweils eines der Prinzipien – und stellen Aufgaben dazu.

Trainieren für Klausuren und das Abitur

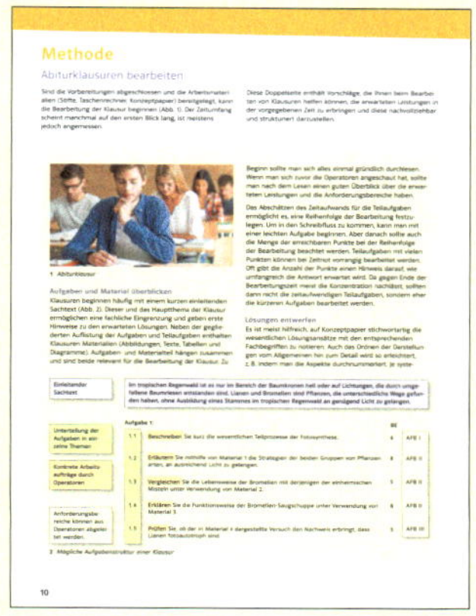

Methode
Die Methoden-Seiten zu Beginn dieses Buches zeigen Ihnen grundlegende Arbeitsweisen. Diese sind vor allem im Hinblick auf Klausuren und das Abitur wichtig.

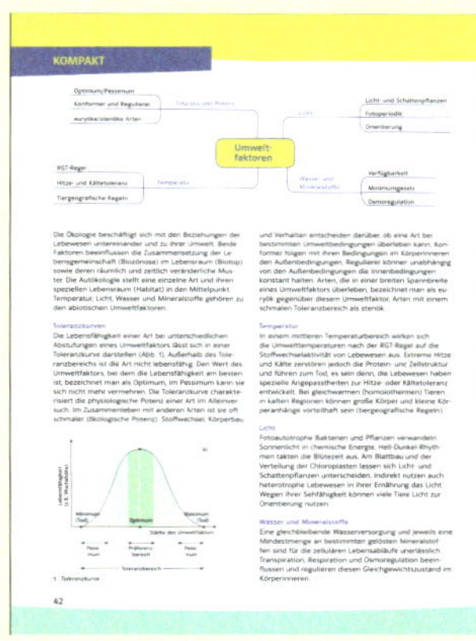

Kompakt
Am Ende jedes Kapitels finden Sie die Seite *Kompakt*.
Mit deren Hilfe fassen Sie das Gelernte zusammen – als gute Grundlage für Klausuren und das Abitur.

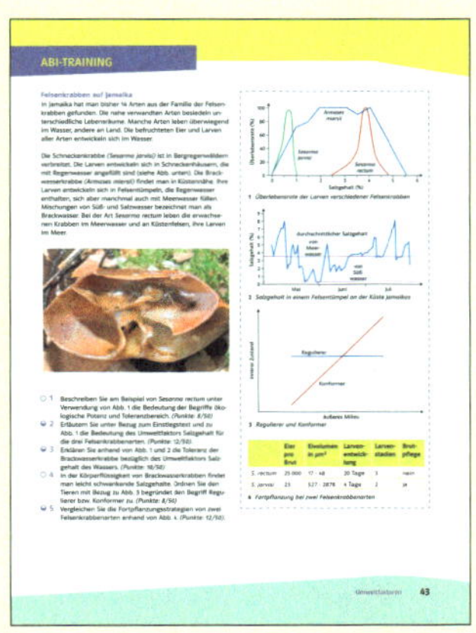

Abi-Training
Auf die Zusammenfassung in *Kompakt* folgt das *Abi-Training* – mit Aufgaben wie sie auch in Klausuren und im Abitur vorkommen.

Die Lösungen finden Sie am Ende des Buches.

Natura-Code *d7a4wa*
Dieser Code führt zu weiteren Materialien im Internet: Geben Sie einfach auf www.klett.de im Suchfeld die Ziffernfolge ein.

NATURA Oberstufe
Biologie für Gymnasien
Themenband Ökologie

Katharina Baack
Detlef Eckebrecht
Inge Kronberg

Ernst Klett Verlag
Stuttgart Leipzig

Material Praktikum Methode

Inhalt

Methode

Umgang mit wissenschaftlichen Daten

Naturwissenschaftler beobachten und messen Phänomene der Natur. Das kann auch in einem Experiment unter definierten Bedingungen geschehen. Häufig geschieht dies im Zusammenhang mit überprüfbaren Hypothesen, die im Rahmen von Theorien formuliert wurden. Die aus den Messungen gewonnenen Daten werden in Diagrammen und Tabellen kompakt und anschaulich dargestellt, um Zusammenhänge zu verdeutlichen.

Diagramme auswerten

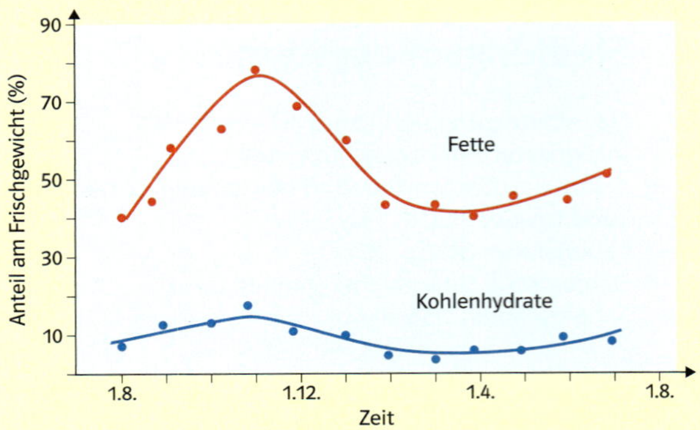

1 *Reservestoffe einer Spinnenart im Jahresverlauf*

Die Auswertung von Diagrammen umfasst das Beschreiben, Erläutern oder Erklären und manchmal auch den Vergleich von Kurven.

Die Auswertung beginnt mit einer kurzen Angabe über *Typ und Struktur des Diagramms*. Dafür werden bei einem Achsendiagramm die auf den beiden Achsen dargestellten Größen, deren Maßeinheiten sowie die Unterteilung der Skalen an den Achsen genannt.

Beispiel:
Das Diagramm in Abb. 1 zeigt die Anzahl von Veränderungen in der Aminosäuresequenz von drei verschiedenen Proteinen in Abhängigkeit von der verstrichenen Zeit.

Es folgt die *Beschreibung des Diagramms*. Man nennt die wichtigsten Merkmale (Maxima, Minima, Wendepunkte), die in der anschließenden Auswertung aufgegriffen werden. Kleinere Schwankungen beruhen meist auf methodenbedingten Messungenauigkeiten und können vernachlässigt werden. Teilweise können bei kontinuierlichen Messwerten mithilfe von Ausgleichsgeraden oder -kurven Tendenzen dargestellt werden, die eine Zuordnung zu einem Kurventyp ermöglichen (Abb. 2). Dieser Kurventyp stellt allerdings einen idealisierten Verlauf und somit eine Interpretation dar.

Nach der Klärung des Diagrammtyps und der Beschreibung der Kurvenverläufe folgt die Erklärung der Daten.

Beispiel:
Fette stellen eine effektive Speichermöglichkeit für energetisch nutzbare Stoffe dar. Die Tiere legen im Spätsommer einen Vorrat an, von dem sie an kalten Tagen im Herbst zehren.

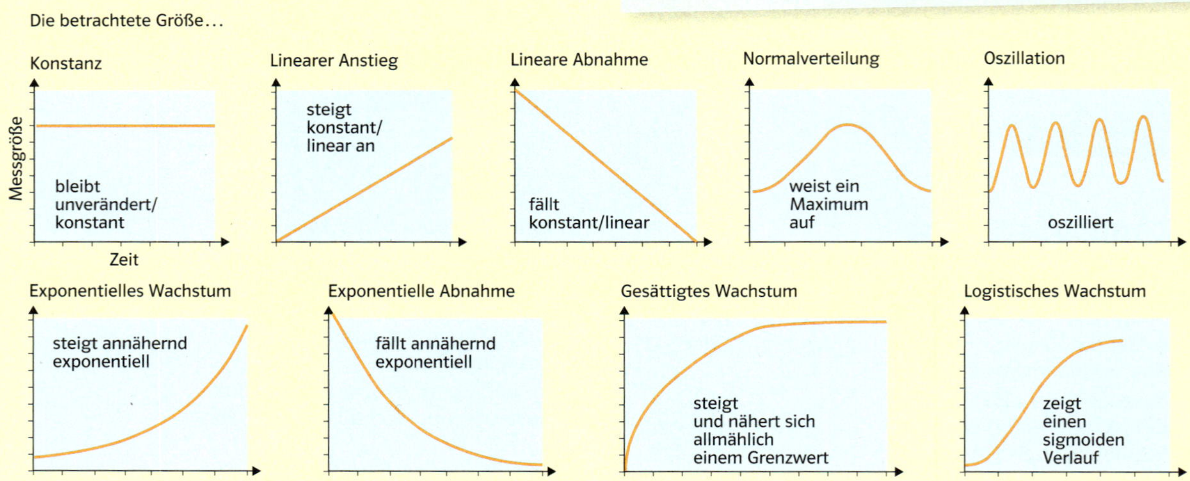

2 *Veränderung der Größe im Verlauf der Messreihe*

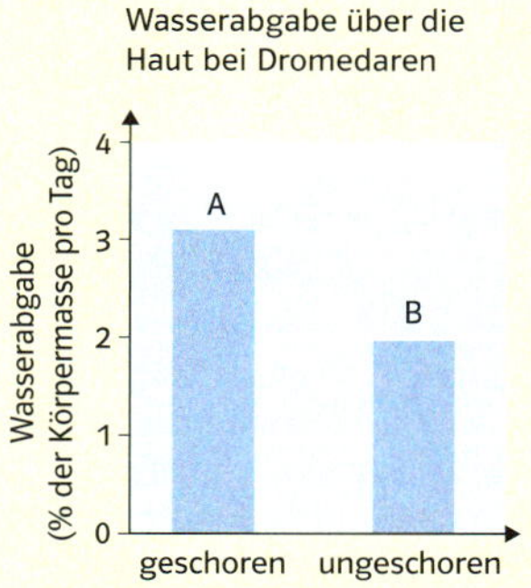

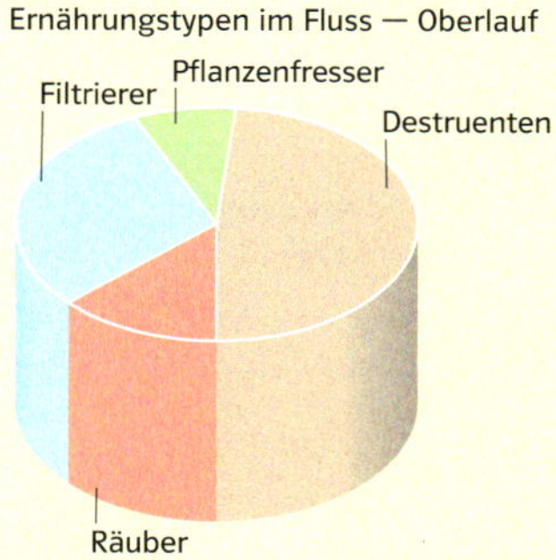

	Rehe	Wild-kaninchen
Körpermasse erwachsener Tiere	m 20 — 25 kg w 15 — 20 kg	m/w 2 — 2,5 kg
Lebenserwartung erwachsener Tiere	10 — 15 Jahre	2 — 3 Jahre
Alter bei der ersten Fortpflanzung	m 3 — 4 Jahre w 2 Jahre	m 8 Monate w 4 Monate
Tragzeit	290 Tage	30 Tage
Anzahl der Nachkommen pro Weibchen und Jahr	1 — 2 (selten 3)	40 — 45

3 *Vergleichende Darstellung von Daten durch Säulendiagramm, Tortendiagramm bzw. Tabelle*

Bei der *Auswertung von Diagrammen* werden die Daten mit Fachwissen, biologischen Regeln, Prinzipien bzw. Theorien in Zusammenhang gebracht. Hierfür zieht man die in der Beschreibung erwähnten wichtigsten Merkmale heran, ohne sie komplett zu wiederholen.

Tabellen erstellen

In Tabellen werden Ergebnisse übersichtlich und geordnet dargestellt. Sie erleichtern deren Vergleich (Abb. 3). Die oberste Zeile enthält die zu vergleichenden Sachverhalte, die linke Spalte die Kriterien des Vergleichs. Die Angabe der Einheiten darf nicht fehlen. Mit den Angaben aus Tabellen werden häufig Diagramme erstellt.

Diagramme erstellen

Die Wahl des Diagrammtyps hängt von den Daten ab. *Kurvendiagramme* geben die kontinuierliche Abhängigkeit einer Variablen von einer anderen wieder (Abb. 1). Die unabhängige Variable ist der sich kontrolliert verändernde Parameter, z. B. die Zeit. Sie wird immer auf der x-Achse aufgetragen. Die abhängige Variable, also den sich entsprechend ändernden Messwert, z. B. den Anteil der Reservestoffe der Spinne, trägt man auf der y-Achse auf. Wenn zwei verschiedene abhängige Variablen in einem Diagramm dargestellt werden, kann man auf der rechten Seite der x-Achse eine zweite y-Achse zeichnen. Eine durchgezogene Linie als Kurve ist nur bei kontinuierlich gemessenen Werten oder der Annahme einer kontinuierlichen Entwicklung sinnvoll. Liegen isolierte (diskontinuierliche) Messwerte vor, werden die Messwerte ohne Verbindungslinie eingezeichnet *(Punktdiagramm)*.

Das *Säulendiagramm* ist eine abgewandelte Darstellungsform des Punktdiagramms. Es veranschaulicht durch Säulen die Messwerte bezüglich einer Variablen (Abb. 3). Auch der Vergleich der Ergebnisse mehrerer Messreihen ist möglich, indem man deren Säulen gruppiert darstellt. Die waagerechte Darstellung als Balken heißt *Balkendiagramm*.

Kreis- oder *Tortendiagramme* geben die prozentualen Anteile verschiedener Größen im Vergleich zum Ganzen wieder (Abb. 3). Die verschiedenen Segmente lassen sich durch unterschiedliche Farben oder Schraffuren unterscheiden. Für die Erstellung werden die einzelnen Werte in Prozentzahlen des Gesamtwerts und diese dann in einen Winkelanteil von 360° umgerechnet.

Zu einer übersichtlichen Darstellung gehören eine ausreichende Größe, eine Überschrift, die Größen der Achsen sowie deren Maßeinheiten. Ist die Angabe einer exakten Maßeinheit nicht möglich, wird mit „relative Einheiten" beschriftet. Die Einteilung der Skalen der Achsen richtet sich nach den Minimal- und Maximalwerten. Alle Messwerte sollen enthalten sein, müssen aber deutlich voneinander unterscheidbar sein, d.h. die Punkte dürfen nicht zu nah beieinander liegen. Exponentiell ansteigende Werte können in logarithmischen Skalen dargestellt werden. Bei ihnen entspricht der nächsthöhere Skalenwert dem 10-Fachen des vorherigen.

AUFGABEN >>

1 Wählen Sie für folgende Untersuchungen einen Diagrammtyp und begründen Sie Ihre Wahl:
   a) Vergleich der Artenanzahlen bei Säugetieren, Vögeln und Reptilien in Deutschland und Ecuador,
   b) Größe der Forellenpopulation eines Teiches im Zeitraum von 2006 — 2015 (monatlich ermittelt).

2 Bewerten Sie die Abhängigkeit einer Gesetzmäßigkeit von der Anzahl der Messungen.

3 Erstellen Sie ein Diagramm zur Verteilung der Haarfarben in Ihrem Kurs. Wählen Sie den Diagrammtyp selbst. Vergleichen und bewerten Sie die Aussagekraft der unterschiedlichen gewählten Diagrammtypen.

Methode

Aufgabenstellungen mit Operatoren

Eine gründliche Auseinandersetzung mit den Aufgaben ist für den Erfolg in einer Klausur unumgänglich. Aus der Aufgabenstellung schließt man auf die Art und den Umfang der erwarteten Lösungen.

Teilaspekte von Aufgaben — Lösungen

Die Bewertung erfolgt überwiegend aufgrund fachlicher Kriterien, wie dem Umfang der Kenntnisse, der logischen und überzeugenden Argumentation, der angemessenen Verwendung der Fachsprache, dem Umgang mit fachspezifischen Methoden, aber auch der schlüssigen Abfolge von Lösungsschritten. Neben der fachlichen Darstellung werden die sprachliche Richtigkeit, die strukturierte Gliederung sowie eine verständliche Ausdrucksweise bewertet.

Operatoren und Anforderungsbereiche kennen

Der in den Aufgaben enthaltene Arbeitsauftrag wird durch einen *Operator* eingeleitet. Er lässt Rückschlüsse auf Art und Umfang der erwarteten Lösung der Aufgabe zu. Die Anforderungsbereiche (AFB) geben an, ob Bekanntes wiedergegeben oder auf neue Beispiele übertragen werden soll bzw. ein hohes Maß an selbstständiger Lösungsfindung gefordert ist (Abb. 2).

Folgende Beispiele sollen die unterschiedlichen Anforderungen der Operatoren verdeutlichen:

a) *Beschreiben Sie die in Material 1 dargestellte Entwicklung der Populationsgrößen von Mäusen und Füchsen.*
Die Aufgabe fordert nur eine Beschreibung, jedoch keine Erklärung von möglichen Zusammenhängen. Das entspricht dem Anforderungsbereich I.

b) *Erläutern Sie die Zusammenhänge zwischen den beiden Kurvenverläufen zur Populationsgröße von Mäusen und Füchsen.*
Diese Aufgabenstellung verlangt die Anwendung von Wissen über Populationsentwicklungen und den Bezug zu Räuber-Beute Beziehungen. Die Anwendung von Kenntnissen zur Erklärung neuer Zusammenhänge gehört zum Anforderungsbereich II.

Anforderungsbereich I	Anforderungsbereich II	Anforderungsbereich III
Beschreiben und Anwenden von Erlerntem in einem wiederholenden Zusammenhang	Selbstständiges Übertragen des Gelernten auf vergleichbare neuartige Fragestellungen und veränderte Sachzusammenhänge	Planmäßiges, selbstständiges Bearbeiten vielschichtiger Problemstellungen in neuartigen Situationen, um selbstständig zu Lösungen, Deutungen und Folgerungen zu gelangen

2 *Anforderungsbereiche I bis III*

c) *Werten Sie die Ergebnisse des vorgelegten Experiments aus.*
In dieser Aufgabe müssen anhand der Ergebnisse eines Experiments Zusammenhänge erkannt und mit bereits verstandenem Wissen verknüpft werden, um daraus Schlussfolgerungen zu ziehen. Diese Aufgabe gehört aufgrund ihrer Komplexität in den Anforderungsbereich III.

Für den Anforderungsbereich I werden etwa 30 % der Punkte, für den Anforderungsbereich II etwa 50 % und für den Anforderungsbereich III etwa 20 % vergeben.

AUFGABEN >>

1 Formulieren Sie die Aufgabenstellungen mit passenden Operatoren für die Antworten in Abb. 1.
2 Ordnen Sie den Aufgaben die Anforderungsbereiche zu.

Im Modellversuch wurden zwei verschieden große Rundkolben mit heißem Wasser gefüllt. Die alle fünf Minuten durchgeführten Messungen ergaben, dass die Temperatur des heißen Wassers im kleinen Rundkolben schneller sinkt als die des Wassers im großen Rundkolben.

Die Körpergröße des Kaiserpinguins stellt eine Angepasstheit an die niedrigen Temperaturen in seinem Lebensraum in der Antarktis dar. Mithilfe eines Modellversuchs mit zwei verschieden großen Rundkolben, die mit heißem Wasser gefüllt sind, kann man nachweisen, dass kleine Körper schneller auskühlen als große. Vergleicht man Körper mit unterschiedlichem Durchmesser, so zeigt sich, dass große Körper eine kleinere relative Oberfläche im Verhältnis zum Volumen aufweisen.

Der Modellversuch zur Auskühlung vergleichbarer Arten mit unterschiedlicher Körpergröße in verschieden kalten Regionen weist darauf hin, dass die Körpergröße eine Angepasstheit an die Umgebungstemperatur darstellt. Der Modellversuch kann aber einige Aspekte nicht abbilden, wie z.B. die bessere Speicherungsmöglichkeit von Nährstoffen in großen Körpern oder die isolierende Wirkung einer Fettschicht.

1 *Mögliche Aufgabenlösungen*

Operator/AFB	Beschreibung	Beispiel
Skizzieren I	Sachverhalte, Strukturen oder Ergebnisse auf das Wesentliche reduziert grafisch übersichtlich darstellen.	Skizzieren Sie den Bau eines Schließapparats in der unteren Epidermis eines Löwenzahnblatts.
Nennen I – II	Elemente, Sachverhalte, Begriffe, Daten ohne Erläuterungen aufzählen.	Nennen Sie die in einem Laubblatt vorkommenden Gewebetypen.
Darstellen I – III	Sachverhalte, Zusammenhänge, Methoden etc. strukturiert und ggf. fachsprachlich wiedergeben.	Stellen Sie die wechselseitigen Einflüsse von Grünalge und Pilz in einer Flechte dar.
Beschreiben I – II	Strukturen, Sachverhalte oder Zusammenhänge strukturiert und fachsprachlich richtig mit eigenen Worten wiedergeben.	Beschreiben Sie die Lebensbedingungen in Oberlauf, Mittellauf und Unterlauf eines Flusses.
Zusammenfassen I – II	Das Wesentliche in konzentrierter Form herausstellen.	Fassen Sie die Lebensbedingungen einer Buche in einem einheimischen Wald zusammen.
Anwenden II	Einen bekannten Sachverhalt oder eine bekannte Methode auf etwas Neues beziehen.	Wenden Sie Ihre Kenntnisse über Nachweisreaktionen zur Identifizierung des ausgeatmeten Gases an.
Erklären I – III	Einen Sachverhalt nachvollziehbar und verständlich zum Ausdruck bringen. Im naturwissenschaftlichen Sinn bezieht sich Erklären auf Regeln, Gesetzmäßigkeiten und (kausale) Ursachen.	Erklären Sie die Entwicklung einer Mäusepopulation mit Bezug zu den angegebenen Klimadaten.
Erläutern I – III	Einen Sachverhalt durch zusätzliche Informationen veranschaulichen und verständlich machen.	Erläutern Sie die Angepasstheiten des Oleanderblatts an einen trockenen Standort.
Auswerten II – III	Daten, Einzelergebnisse oder andere Elemente in einen Zusammenhang stellen und ggf. zu einer Gesamtaussage zusammenführen.	Werten Sie die Daten zur Populationsentwicklung bei den beiden konkurrierenden Schneckenarten aus.
Begründen II – III	Wird häufig mit Erklären gleichgesetzt. Bezieht sich aber eigentlich auf Beweggründe, Motive, Entscheidungen.	Begründen Sie Ihren Standpunkt für oder gegen den Einsatz von Bleigeschossen bei der Jagd.
Vergleichen I – II	Gemeinsamkeiten, Ähnlichkeiten und Unterschiede feststellen.	Vergleichen Sie den Bau von Blättern der Pflanzen von verschieden feuchten Standorten.
Analysieren II	Wichtige Bestandteile oder Eigenschaften auf eine bestimmte Fragestellung hin herausarbeiten.	Analysieren Sie das Verhalten der Eidechse bezüglich der Auswirkungen auf ihre Körpertemperatur.
Erörtern II – III	Argumente, Sachverhalte und Beispiele zu einer Aussage oder These einander gegenüberstellen und abwägen.	Erörtern Sie das Für und Wider des Anbaus sogenannter Energiepflanzen auf landwirtschaftlichen Nutzflächen.
Hypothesen entwickeln/ aufstellen II – III	Begründete Vermutung zur Überprüfung durch Beobachtungen, Untersuchungen, Experimente oder Aussagen formulieren.	Stellen Sie eine Hypothese zur Populationsentwicklung bei Watvögeln nach der Wiederansiedlung des Fuchses auf Nordseeinseln auf.
Beurteilen II – III	Zu einem Sachverhalt ein selbstständiges Urteil unter Verwendung von Fachwissen und Fachmethoden formulieren und begründen.	Beurteilen Sie das Freilassen von Nerzen (marderartiges Raubtier) durch Tierschützer aus Pelztierfarmen.
Stellung nehmen II – III	Zu einem Gegenstand, der an sich nicht eindeutig ist, nach kritischer Prüfung und sorgfältiger Abwägung ein begründetes Urteil abgeben.	Nehmen Sie Stellung zu der Aussage: „Der Anbau von Pflanzen für nachwachsende Rohstoffe führt dazu, dass mehr Menschen auf der Welt hungern."
Prüfen II – III	Sachverhalte oder Aussagen an Fakten oder innerer Logik messen und eventuelle Widersprüche aufdecken.	Prüfen Sie die vorgeschlagenen Maßnahmen zur Sanierung eines überdüngten Sees auf ihre Wirksamkeit.
Bewerten II – III	Einen Gegenstand anhand erkennbarer Wertkategorien oder bekannter Sachkriterien beurteilen.	Bewerten Sie die Einschränkungen für Mountainbiker zum Schutz von brütenden Vögeln.

Methode

Klausurvorbereitung

Es gibt verschiedene Möglichkeiten, sich auf eine Klausur vorzubereiten. Einige Lerntechniken eignen sich besser als andere. Das Hervorheben von Informationen in Aufschrieben mit Markern und wiederholtes Lesen tragen z. B. dazu bei, Inhalte zu strukturieren und besser zu behalten. Man kann darüber hinaus weitere der hier dargestellten Techniken beim Lernen anwenden.

APRIL	MAI	JUNI
1 DO × Bio-	1 SAMSTAG	1 DI
2 FR Klausur	2 SONNTAG	2 MI
3 SAMSTAG	3 MO	3 DO
4 SONNTAG	4 DI × Referat	4 FR Englisch lernen
5 MO ↑	5 MI Gentechnik	5 SAMSTAG mit Franzi und Lis
6 DI	6 DO	6 SONNTAG
7 MI	7 FR	7 MO
8 DO FERIEN	8 SAMSTAG	8 DI × Englisch-
9 FR	9 SONNTAG	9 MI Klausur
10 SAMSTAG	10 MO	10 DO
11 SONNTAG	11 DI	11 FR
12 MO	12 MI	12 SAMSTAG
13 DI	13 DO Silke Geburtstag	13 SONNTAG
14 MI	14 FR	14 MO ↑
15 DO	15 SAMSTAG	15 DI
16 FR ↓	16 SONNTAG	16 MI FERIEN
17 SAMSTAG	17 MO	17 DO
18 SONNTAG	18 DI	18 FR
19 MO	19 MI	19 SAMSTAG

1 *Klausurplan*

Thematischer Überblick

Die Vorbereitung auf eine Klausur beginnt am besten damit, einen Überblick über die Themenbereiche zu gewinnen. Die Rücksprache mit dem Lehrer bezüglich der Themenschwerpunkte, aber auch Unterrichtsnotizen und das Schulbuch helfen dabei. Gut geführte Unterrichtsnotizen können eine erhebliche Entlastung bei der Klausurvorbereitung sein, u. a. weil die Verschriftlichung des Lernstoffs das Verstehen fördert. Durch Mind-Maps lassen sich die Teilbereiche eines Themas übersichtlich darstellen. Auch die Kompakt-Seiten am Ende jeden Kapitels dieses Buches bieten Orientierung.

Zeitplan

Um den Überblick zu behalten, kann man die Termine eines Halbjahrs in einem Kalender notieren (Abb. 1). Phasen mit vielen Klausurterminen sind klar erkennbar und können durch frühzeitiges Lernen entlastet werden. Bei der konkreten Vorbereitung auf eine Klausur helfen Tages- oder Wochenpläne. Die Einschätzung des Zeitaufwands ist eine wichtige Grundlage für einen erfolgreichen Lernplan. Sie ergibt sich aus den eigenen Erfahrungen und dem regelmäßigen Überprüfen des Zeitplans. So brauchen Menschen mit einer guten Behaltensleistung weniger Wiederholungen. Personen, die Schwierigkeiten haben, sich in längeren Lernphasen zu konzentrieren, sollten mit kurzen Lernphasen beginnen und diese schrittweise verlängern. Früh mit dem Lernen zu beginnen, zahlt sich immer aus. Wenn man gelegentlich weniger schafft als geplant, ist das kein Grund zur Sorge. Zufriedenheit mit der geleisteten Tagesportion wirkt motivierend. Ebenso sind regelmäßiger Schlaf und Erholung wichtiger für den Lernerfolg als ununterbrochenes Pauken (Abb. 3). Das Gefühl von Stress kann abgebaut werden, indem Sport, Freizeit- und Erholungsphasen sowie Puffertage zum Auffangen unvorhergesehener Ereignisse eingeplant werden. Dazu kann auch beitragen, den Abschlusstermin des Lernens eine Woche vor den Klausurtermin zu legen. Oft reicht es, sich bewusst zu machen, was man bereits alles erreicht hat, um den Druck abzubauen.

Materialbeschaffung

Neben den Mitschriften aus dem Unterricht stellt das Schulbuch eine zuverlässige Lernhilfe dar. Auch Lernsoftware, Lernvideos und das Internet können hilfreich sein. Immer ist zu beachten, dass Informationen aus unsicheren Quellen wissenschaftlich nicht fundiert und bisweilen sogar falsch sein können. Die Quellen sollten mit Blick auf die Inhalte verglichen und ihre Qualität eingeschätzt werden, z. B. mithilfe der Angaben zum Urheber des Materials.

Lerntechniken

Effektives Lernen beinhaltet die eigene aktive Auseinandersetzung mit dem Lernstoff, d. h. mehrmaliges Wiederholen und Üben durch Aufschreiben, Zeichnen oder Strukturieren des Wissens. Auch das Übertragen in eine andere Darstellungsform steigert die Behaltensleistung. Dazu zählt, einen Fachtext in ein Schema, eine Mind-Map oder einen eigenen Text umzuschreiben.

2 *Gemeinsam lernen*

Entwickeln von Fragestellungen und die Suche nach interessanten Aspekten zu einem Thema erzeugen Neugier.

Formulieren von Fragen nach Ursachen (z. B. Welche Ursachen bietet die Evolutionstheorie als Erklärung für die Artenvielfalt?) regt zum Durchdenken der Sachverhalte an.

Regelmäßige Wiederholungen, u. a. durch Selbsttests, bewirken eine höhere Behaltensleistung.

Gleichmäßiges Verteilen des Lernstoffs auf kleinere Portionen über einen längeren Zeitraum macht Lernen effektiver.

Schlaf unterstützt die Verarbeitung und Verfestigung des Gelernten.

Sich den Sinn des Lernens bewusst zu machen, erhöht die Motivation (z. B. gute Abi-Note, Berufswunsch etc.). Auch Belohnungen beim Erreichen kleiner Teilziele gehören dazu.

Kritisches Hinterfragen der eigenen Vorstellungen zu einem Thema hilft, den Lernstoff besser zu verstehen.

3 *Tipps zum effektiven Lernen*

Um sich den Lernstoff langfristig zu merken, helfen Karteikarten (Abb. 4). Auf der Vorderseite der Karte wird eine Frage und auf der Rückseite kompakt die Antwort notiert. Der Lernstoff kann so oft wie nötig in beliebiger Reihenfolge wiederholt werden. Dabei stellt die Erstellung der Karteikarten bereits den ersten Schritt der aktiven Auseinandersetzung mit dem Lernstoff dar. Beim 5-Fächer-Prinzip kommt neuer Lernstoff in Fach 1, bereits Gelerntes wandert in das jeweils folgende Fach, Karten mit nicht gewussten Inhalten steckt man zurück in Fach 1. Fach 1 wird täglich geübt, die anderen Fächer dann, wenn sie komplett gefüllt sind*.

Eine weitere Lerntechnik ist die Erstellung eines sogenannten Spickzettels zum Lernen, da beim Reduzieren der Inhalte auf wenig Platz, die Lerninhalte durchdacht werden. In der Klausur ist dessen Verwendung natürlich verboten.

Man kann Mind-Maps, Skizzen oder Lernzettel im Zimmer aufhängen. Dies ermöglicht die häufige Auseinandersetzung mit den Inhalten „im Vorübergehen". So kann man kurzzeitige, regelmäßige Wiederholungen in den Alltag integrieren.

* Natürlich können auch digitale Lernkarteien (Smartphone-Apps) genutzt werden.

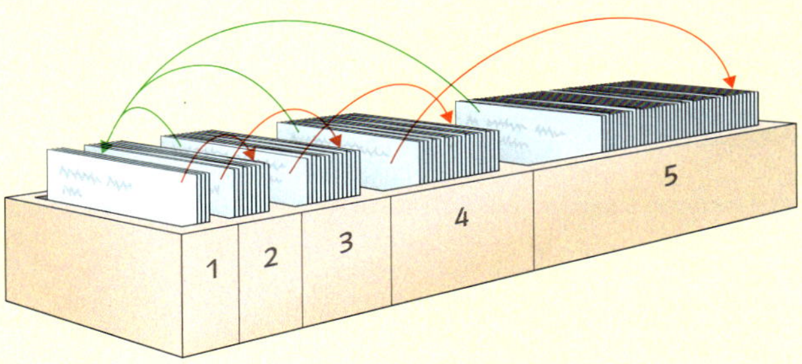

4 *Lernkartensystem*

Das gemeinsame Lernen mit Mitschülern ermöglicht den Austausch über das Gelernte (Abb. 2). Einiges wird einem selbst erst klar, wenn man es anderen vermitteln will. Das gegenseitige Erklären und Ergänzen hilft außerdem, Wissenslücken zu erkennen und zu schließen. Aktiv vermitteltes Wissen ist lange verfügbar. Gemeinsame Lernnachmittage machen Spaß und motivieren, sich frühzeitig mit dem Lernstoff auseinanderzusetzen.

Lernen mithilfe von Medien (z. B. Filme, Lernsoftware etc.) kann nützlich sein und neue Perspektiven eröffnen, sollte aber mit anderen Lerntechniken verknüpft werden. Der Lernstoff wird sonst meist nicht nachhaltig gelernt und kann häufig nicht auf neue Beispiele angewendet werden.

Da in Klausuren neben den Fachinhalten auch Diagramme, Tabellen oder Grafiken erstellt bzw. interpretiert werden müssen, ist es hilfreich, entsprechende Übungsaufgaben zu bearbeiten. Dies schult die Fähigkeit, Wissen in neuen Kontexten anzuwenden. Die Abi-Training-Seiten am Ende jedes Kapitels dieses Buches, Bücher mit Abituraufgaben (Abitur-Trainer) und ehemalige Abiturklausuren im Internet bieten sich dafür an. Beim Abgleich mit den Lösungsvorschlägen (im hinteren Teil dieses Buches) kann man den Umgang mit den Operatoren bewusst reflektieren. Dabei kann man klären, ob man die Bedeutung der Operatoren richtig verstanden hat.

AUFGABEN >>

1 Beschreiben Sie die Vorbereitung auf Ihre letzte Klausur.
2 Erläutern Sie Optimierungsmöglichkeiten für Ihre kommenden Klausurvorbereitungen.
3 Bewerten Sie mithilfe von Abb. 3 die von Ihnen formulierten Optimierungsmöglichkeiten und leiten Sie ggf. Alternativen ab.

Methode

Abiturklausuren bearbeiten

Sind die Vorbereitungen abgeschlossen und die Arbeitsmaterialien (Stifte, Taschenrechner, Konzeptpapier) bereitgelegt, kann die Bearbeitung der Klausur beginnen (Abb. 1). Der Zeitumfang scheint manchmal auf den ersten Blick lang, ist meistens jedoch angemessen.

Diese Doppelseite enthält Vorschläge, die Ihnen beim Bearbeiten von Klausuren helfen können, die erwarteten Leistungen in der vorgegebenen Zeit zu erbringen und diese nachvollziehbar und strukturiert darzustellen.

1 *Abiturklausur*

Aufgaben und Material überblicken

Klausuren beginnen häufig mit einem kurzen einleitenden Sachtext (Abb. 2). Dieser und das Hauptthema der Klausur ermöglichen eine fachliche Eingrenzung und geben erste Hinweise zu den erwarteten Lösungen. Neben der gegliederten Auflistung der Aufgaben und Teilaufgaben enthalten Klausuren Materialien (Abbildungen, Texte, Tabellen und Diagramme). Aufgaben- und Materialteil hängen zusammen und sind beide relevant für die Bearbeitung der Klausur. Zu Beginn sollte man sich alles einmal gründlich durchlesen. Wenn man sich zuvor die Operatoren angeschaut hat, sollte man nach dem Lesen einen guten Überblick über die erwarteten Leistungen und die Anforderungsbereiche haben.

Das Abschätzen des Zeitaufwands für die Teilaufgaben ermöglicht es, eine Reihenfolge der Bearbeitung festzulegen. Um in den Schreibfluss zu kommen, kann man mit einer leichten Aufgabe beginnen. Aber danach sollte auch die Menge der erreichbaren Punkte bei der Reihenfolge der Bearbeitung beachtet werden. Teilaufgaben mit vielen Punkten können bei Zeitnot vorrangig bearbeitet werden. Oft gibt die Anzahl der Punkte einen Hinweis darauf, wie umfangreich die Antwort erwartet wird. Da gegen Ende der Bearbeitungszeit meist die Konzentration nachlässt, sollten dann nicht die zeitaufwendigen Teilaufgaben, sondern eher die kürzeren Aufgaben bearbeitet werden.

Lösungen entwerfen

Es ist meist hilfreich, auf Konzeptpapier stichwortartig die wesentlichen Lösungsansätze mit den entsprechenden Fachbegriffen zu notieren. Auch das Ordnen der Darstellungen vom Allgemeinen hin zum Detail wird so erleichtert, z. B. indem man die Aspekte durchnummeriert. Je syste-

Einleitender Sachtext

Im tropischen Regenwald ist es nur im Bereich der Baumkronen hell oder auf Lichtungen, die durch umgefallene Baumriesen entstanden sind. Lianen und Bromelien sind Pflanzen, die unterschiedliche Wege gefunden haben, ohne Ausbildung eines Stammes im tropischen Regenwald an genügend Licht zu gelangen.

Unterteilung der Aufgaben in einzelne Themen

Konkrete Arbeitsaufträge durch Operatoren

Anforderungsbereiche können aus Operatoren abgeleitet werden.

Aufgabe 1:

		BE	
1.1	Beschreiben Sie kurz die wesentlichen Teilprozesse der Fotosynthese.	6	AFB I
1.2	Erläutern Sie mithilfe von Material 1 die Strategien der beiden Gruppen von Pflanzenarten, an ausreichend Licht zu gelangen.	8	AFB II
1.3	Vergleichen Sie die Lebensweise der Bromelien mit derjenigen der einheimischen Misteln unter Verwendung von Material 2.	5	AFB II
1.4	Erklären Sie die Funktionsweise der Bromelien-Saugschuppe unter Verwendung von Material 3.	8	AFB II
1.5	Prüfen Sie, ob der in Material 4 dargestellte Versuch den Nachweis erbringt, dass Lianen fotoautotroph sind.	5	AFB III

2 *Mögliche Aufgabenstruktur einer Klausur*

3 *Ausstattung bei der Klausur*

5 *Abschließende Überprüfung der Reinschrift*

matischer die Struktur aufgebaut wird, umso einfacher ist anschließend das Erstellen der Reinschrift. Schließlich ist das Ziel, die einzelnen Lösungsansätze des Konzeptpapiers miteinander zu vernetzen und eine logische Argumentationskette aus dem Gelernten und den Informationen im Material zu entwickeln. Skizzen, Diagramme, Tabellen etc. verdeutlichen hierbei die Ausführungen. Der thematische Schwerpunkt der Aufgabe und der Operator sollten dabei jederzeit im Blick behalten werden, um nicht Zeit für Details zu verschwenden, für die es keine Punkte gibt. Durch das Abhaken der Aufgaben behält man einen Überblick.

Reinschrift erstellen

Beim Ausformulieren der Reinschrift muss darauf geachtet werden, dass der Text sprachlich korrekt und verständlich verfasst wird. Einfache kurze Sätze sind verständlicher als lange verschachtelte Sätze. Das Einhalten des Korrekturrandes, das Streichen durch eine einfache Linie, das Durchnummerieren der Seiten sowie der Lösungsvorschläge zählen zur äußeren Form. Diese geht in die Bewertung ein. Durch die Verwendung von Fachbegriffen und klare Bezüge zu den Materialien werden die Darstellungen fundierter. Vom Thema abweichende, ausschweifende Erzählungen kosten Zeit und steigern nicht die Bewertung. Vielmehr ist es wichtig, einen durch Absätze gegliederten, nachvollziehbaren Text auszuformulieren.

Lesen Sie die Aufgabenstellung und die Materialien gründlich durch.

Machen Sie gelegentlich eine Pause und trinken und essen Sie etwas.

Verwenden Sie Fachbegriffe.

Fertigen Sie vor der Reinschrift stichwortartige Lösungsansätze an.

Achten Sie auf die äußere Form der Arbeit.

Beachten Sie den Aufgabenschwerpunkt und den Operator.

Kontrollieren Sie regelmäßig die Zeit.

4 *Tipps für die Klausurbearbeitung*

Korrekturlesen

Wenn genügend Zeit vorhanden ist, lohnt es sich die Darstellungen erneut durchzulesen, um auf sprachliche Fehler, Rechtschreibung und eine schlüssige Darstellung ohne Widersprüche zu prüfen (Abb. 5).

Während der Klausur ist es wichtig, die Zeit im Blick zu haben. Sollte man bei einer Aufgabe über längere Zeit nicht zu einem zufriedenstellenden Ergebnis kommen, kann man sich vorerst einer anderen Aufgabe widmen, die erfolgversprechender ist. Gelegentlich eine kurze Pause zu machen, um etwas zu essen und zu trinken, unterstützt die Konzentrationsfähigkeit (Abb. 3).

AUFGABEN >>

1 Vergleichen Sie Ihr bisheriges Vorgehen bei schriftlichen Leistungskontrollen mit den Vorschlägen zum Vorgehen bei der Abiturklausur.

2 Nennen Sie Verbesserungsmöglichkeiten beim Bearbeiten Ihrer nächsten Klausuren.

3 Üben Sie die Vorgehensweise zur Bearbeitung von Klausuren, z. B. mithilfe der Abi-Training-Seiten am Ende der Kapitel in diesem Buch.

Ökologie

Lebewesen stehen in vielfältigen Wechselbeziehungen mit ihrer Umwelt. Dazu zählen Einflüsse der unbelebten Umwelt, z. B. Temperatur und Wasserverfügbarkeit, sowie Beziehungen zu Lebewesen der eigenen Art und zu anderen Arten. Die Ökologie betrachtet dabei einzelne Lebewesen, ganze Fortpflanzungsgemeinschaften einer Art oder Ökosysteme wie Wälder, Flüsse und Seen. Der Mensch nutzt, verändert, schädigt und schafft Ökosysteme.

Das lernen Sie in diesem Kapitel

- Lebewesen werden von ihrer belebten und unbelebten Umwelt beeinflusst.
- Lebewesen stehen in unterschiedlichen Beziehungen zueinander.
- Jede Art zeichnet sich durch spezifische Wechselbeziehungen mit ihrer Umwelt aus.
- Das Wachstum einer Population hängt von vielen unterschiedlichen Faktoren ab.
- Ein Gefüge aus Lebensraum und Lebewesen bezeichnet man als Ökosystem.
- Durch den Stoffwechsel der Lebewesen entstehen Stoffkreisläufe.
- Der Mensch beeinflusst Ökosysteme in vielfältiger Weise.
- Den Ressourcenverbrauch des Menschen kann man als ökologischen Fußabdruck beschreiben.

1 Umweltfaktoren

Lebensraum und Lebensgemeinschaft

1 *Landschaftsmosaik*

See, Fluss, Meer oder Wald — wohl jeder hat davon eine anschauliche Vorstellung. Ihre mosaikartige Verteilung und ihr jahreszeitlicher Wandel prägen die Landschaft (Abb. 1). Ein Ziel der Ökologie ist es, solche Naturräume wissenschaftlich zu erfassen. Der Begriff *Ökologie* (gr. *oikos* Haushalt, *logos* Lehre) wurde von dem deutschen Zoologen Ernst Haeckel (1834—1919) eingeführt. Er benannte damit die „Lehre vom Haushalt der Natur".

Unbelebte und belebte Umwelt

Ein Spaziergänger erlebt die Kühle des Sees, die Turbulenz im Fluss, den Schatten im Wald oder das Salz im Meer. Der Ökologe misst Temperatur, Fließgeschwindigkeit, Lichtintensität und Salzgehalt. Solche *abiotischen Umweltfaktoren (Ökofaktoren)* charakterisieren den betrachteten Lebensraum, das sogenannte *Biotop*. Die Lebensgemeinschaft, die *Biozönose*, setzt sich aus allen dort vorkommenden Organismen zusammen.

Die Einflüsse der belebten Umwelt werden *biotische Umweltfaktoren* genannt. Dazu gehören Nahrung, Fressfeinde und Konkurrenz untereinander. Bei vielen biotischen Umweltfaktoren handelt es sich eher um *Wechselbeziehungen*. Denn Lebewesen reagieren aufeinander, sie beeinflussen sich gegenseitig und sind dadurch selbst ein biotischer Faktor für die andere Art. Lebewesen, wie z. B. Bäume, können auch abiotische Faktoren wie die Luftfeuchtigkeit oder die verfügbare Lichtmenge beeinflussen.

Umweltfaktoren, die durch Lebewesen verbraucht werden und dadurch verknappen können, bezeichnet man als *Ressourcen*. Unter den abiotischen Faktoren zählen dazu z. B. Mineralstoffe im Boden, unter den biotischen Faktoren vor allem die Nahrung. Erst die Betrachtung aller abiotischen und biotischen Einflüsse erklärt Vorkommen, Dichte und Verteilung von Lebewesen einer Art im jeweiligen Biotop und zur jeweiligen Jahres- oder Tageszeit.

2 *Umweltfaktoren und ökologische Betrachtungsebenen in einem See*

Betrachtungsebenen der Ökologie

Auf einen Graureiher im See wirken abiotische und biotische Umweltfaktoren (Abb. 2). Er wählt ein Gewässer, das monatelang nicht zufriert und das Frösche oder Fische als Nahrung bietet. Die *Autökologie* (gr. *autos* selbst) stellt die Untersuchung einer einzelnen Art in ihrer Umwelt in den Mittelpunkt. Graureiher sind Einzelgänger, nisten aber in Kolonien auf Bäumen. Alle Graureiher in einem zusammenhängenden Gebiet, wie einer Seenlandschaft oder einem Feuchtgebiet, bilden eine Fortpflanzungsgemeinschaft, die *Population*. Welchen Einfluss Umweltfaktoren auf die Population haben, ist Gegenstand der *Populationsökologie*. Im Fall des Graureihers gehören dazu Bruterfolg und Todesfälle, aber auch sein Vogelzug.

Werden Fragestellungen untersucht, die nicht nur die Graureiher, sondern alle Mitbewohner im See betreffen, spricht man von der *Synökologie* (gr. *syn* zusammen). Die Gesamtheit von Biozönose und Biotop bezeichnet man als *Ökosystem*. Ein See mit seinen Bewohnern ist so ein Ökosystem. Ökosysteme brauchen zu ihrer Erhaltung Energie, sie wird überwiegend durch die Sonne und die dadurch ermöglichte Fotosynthese der Pflanzen geliefert. Die *Ökosystemforschung* betrachtet den Stoff- und Energiehaushalt eines Ökosystems. *Stoffkreisläufe* und *Energieflüsse* lassen sich auf den gesamten See oder speziell auf einen Bereich beziehen. Sie werden einschließlich der umgebenden Landschaft, bezogen auf die Klimaregion oder sogar global bilanziert.

Ein Ökosystem ist also offen und wird erst durch die wissenschaftliche Betrachtung definiert und begrenzt. Fluss, Meer, Wald werden umgangssprachlich und unter Naturschutzgesichtspunkten als Ökosysteme bezeichnet, aus wissenschaftlicher Sicht sind es Grundtypen von Naturräumen.

AUFGABEN >>

○ **1** Formulieren Sie je eine konkrete Fragestellung, die man im Rahmen der fünf in Abb. 2 genannten Forschungsgebiete der Ökologie untersuchen kann.

◒ **2** Nennen Sie Beispiele, wie sich im Naturraum Wald unterschiedliche Ökosysteme abgrenzen lassen.

Toleranzbereich und ökologische Potenz

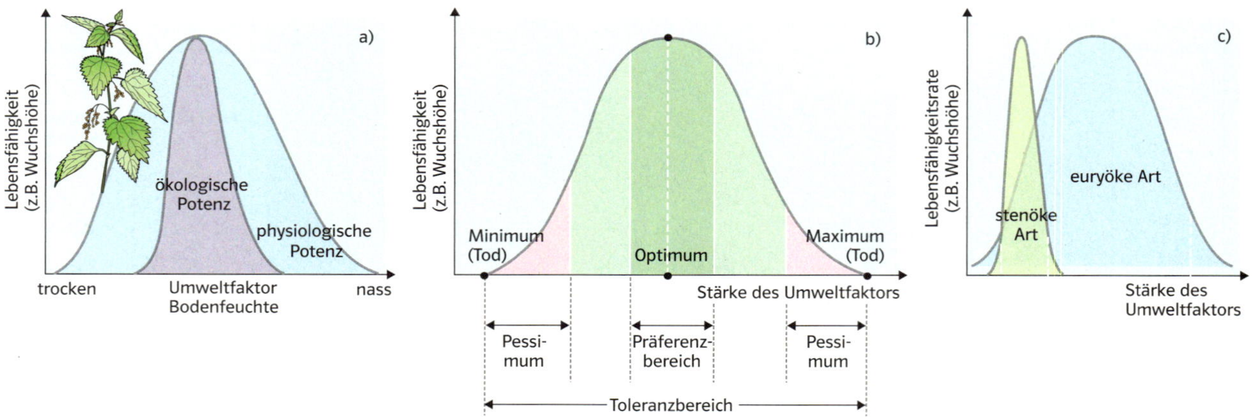

1 *Toleranzkurven: a) Brennnessel und Bodenfeuchte, b) Schema, c) euryöke und stenöke Art*

Brennnesseln wachsen auf mäßig feuchten Wiesen, Binsen auf nassem, Heidekräuter auf trockenem Boden. Die Toleranz gegenüber einem Umweltfaktor wie Bodenfeuchte ist ein arttypisches Merkmal.

Toleranzkurven

Für einen Toleranzversuch sät man beispielsweise die Große Brennnessel *(Urtica dioica)* auf unterschiedlich feuchten Böden aus und hält alle anderen Umweltfaktoren konstant. Die Wuchshöhe nach einer bestimmten Zeit und die zugehörige Feuchtigkeit fließen in eine *Toleranzkurve* ein (Abb. 1a). Toleranzkurven haben meist eine Glockenform (Abb. 1b). Den Bereich zwischen *Minimum* und *Maximum* des Umweltfaktors, bei dem eine Art leben kann, bezeichnet man als Toleranzbereich. In den Randbereichen *(Pessimum)* kann sich die Art zwar zeitweise halten, aber nicht vermehren. Das *Optimum* ist die Stärke des Umweltfaktors, bei der eine Art am besten gedeiht. Hier hat sie die beste Lebensfähigkeit (Vitalität), die man als Wuchshöhe, Überlebensrate oder bei Tieren als Aktivität messen kann. Um diesen Wert herum liegt der *Präferenzbereich*, den vor allem bewegliche Tiere bei freier Wahl vorziehen. Arten mit einem breiten Toleranzbereich bezeichnet man als *euryök*, solche mit einem schmalen als *stenök* (Abb. 1c). Die Brennnessel ist euryök bezogen auf die Feuchtigkeit.

Physiologische und ökologische Potenz

Große Brennnesseln sind auf Wiesen und an Wegrändern weit verbreitet. Sie fehlen aber an sehr feuchten oder sehr trockenen Standorten, obwohl sie im Toleranzversuch bei solchen Bodenfeuchten wachsen konnten. In der Natur setzen sich hier andere Pflanzen durch. Die im Zusammenleben mit anderen Arten beobachtete *synökologische Toleranz (ökologische Potenz)* ist also kleiner als die im Alleinversuch ermittelte *autökologische Toleranz (physiologische Potenz).*

2 *Brennnessel*

AUFGABE >>

○ **1** Planen Sie einen Versuch, mit dem man die physiologische Potenz der Großen Brennnessel bezogen auf den Umweltfaktor Temperatur bestimmen kann.

Material

Ökologische Potenz und Toleranz

Eine Toleranzkurve charakterisiert die ökologische Potenz einer Art bezogen auf einen Umweltfaktor. Sie kann ihre Form im Zusammenleben mit weiteren Arten oder in Kombination mit anderen Umweltfaktoren verändern.

Hohenheimer Grundwasserversuch

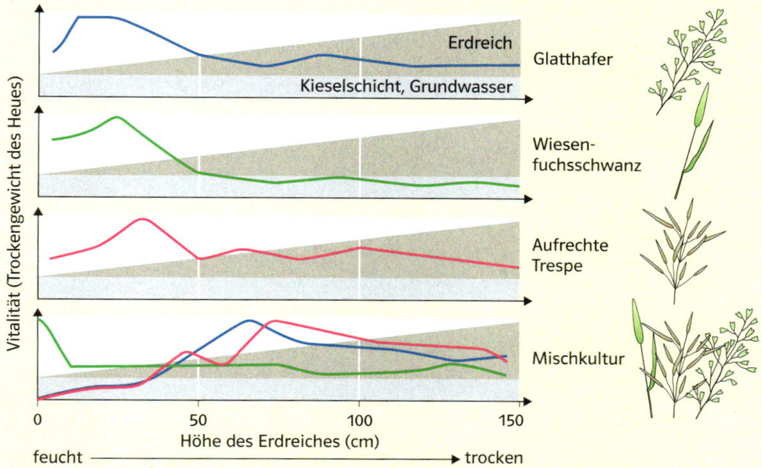

1 *Bodenfeuchte-Potenzkurven dreier Grasarten*

Im Langzeitversuch wurden an der Universität Hohenheim in den 1950er-Jahren die Grasarten *Glatthafer*, *Wiesenfuchsschwanz* und *Aufrechte Trespe* in Einzel- bzw. Mischsaaten auf einem Beet ausgesät. Das Beet war so konstruiert, dass die Bodenfeuchte kontinuierlich abnahm (Abb. 1).

AUFGABEN >>

○ **1** Beschreiben Sie die Versuchsergebnisse der Einzelsaaten und der Mischsaat in Abb. 1.

◒ **2** Erklären Sie die Versuchsergebnisse des Hohenheimer Grundwasserversuchs mit der physiologischen bzw. ökologischen Potenz der drei Grasarten.

Schlüpfraten beim Apfelwickler

Apfelwickler sind heimische Nachtfalter, die ihre Eier auf Früchten und Blättern von Obstbäumen ablegen. Die Larven ernähren sich von Fruchtfleisch und Samen. Apfelwickler gelten in Obstgärten deshalb als Schädling.
Die Überlebensrate der Puppen hängt nicht nur von der Temperatur, sondern auch von der Luftfeuchtigkeit ab. Die Darstellung der Überlebensrate in Abhängigkeit von beiden Faktoren ergibt ein sogenanntes *Thermohydrogramm*. Die mit Zahlen versehenen Linien geben den Prozentsatz der Puppen an, die unter den jeweiligen Bedingungen überleben.

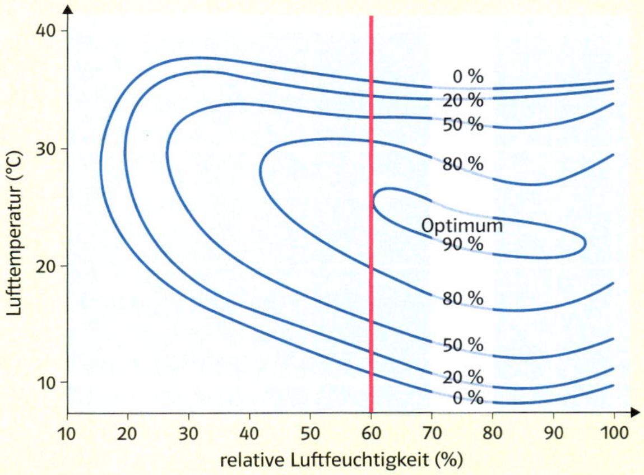

2 *Überlebensrate bei Puppen vom Apfelwickler*

AUFGABEN >>

○ **3** Skizzieren Sie die Überlebensrate der Puppen (y-Achse) in Abhängigkeit von der Temperatur (x-Achse) bei konstanter Luftfeuchtigkeit (60 %) und kennzeichnen Sie Optimum und Toleranzbereich in dieser Toleranzkurve.

◒ **4** Analysieren Sie den Zusammenhang von Temperatur und Luftfeuchtigkeit für das Überleben der Puppen der Apfelwickler.

◒ **5** Erläutern Sie, dass die Berücksichtigung nur eines Faktors ein unvollständiges Bild liefert.

● **6** Beschreiben Sie den möglichen Nutzen dieser Messungen für Obstgartenbesitzer.

● **7** Begründen Sie mithilfe von Abb. 2, dass der Apfelwickler nicht im Puppenstadium überwintert.

Einfluss der Temperatur auf Tiere

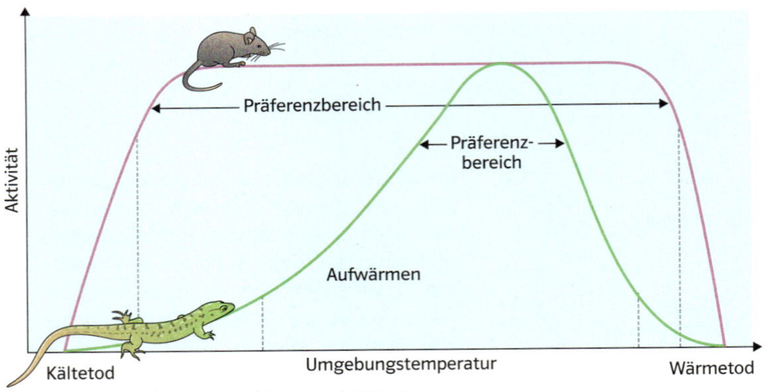

1 *Temperaturtoleranz von Maus und Eidechse*

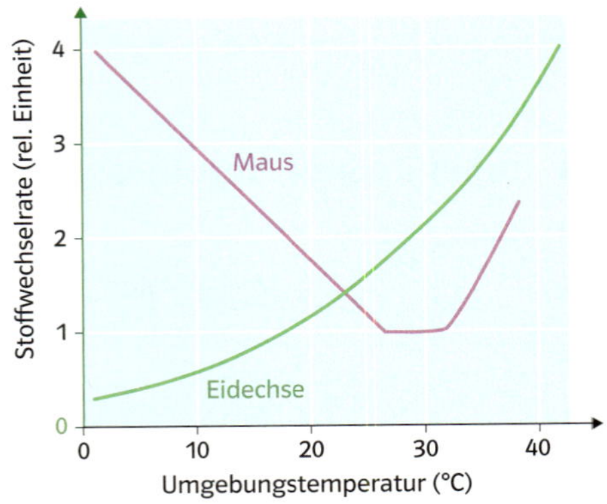

3 *Stoffwechselraten von Maus und Eidechse*

Tiere weisen Merkmale auf, mit denen sie an die vorherrschenden Temperaturen ihres Lebensraums angepasst sind.

Wechselwarme und gleichwarme Tiere

Morgens wärmt sich eine Eidechse in der Sonne auf, bis ihre Körpertemperatur ausreicht, um Beute zu jagen. Die Körpertemperatur von Eidechsen entspricht etwa der Außentemperatur, sie sind wechselwarm (*poikilotherm*, gr. *poikilos* mannigfaltig). Dies gilt für Reptilien, Amphibien, Fische und Wirbellose.

Stoffwechselvorgänge beruhen auf temperaturabhängigen chemischen Reaktionen, die von Enzymen katalysiert werden. Eine Erhöhung der Körpertemperatur bewirkt

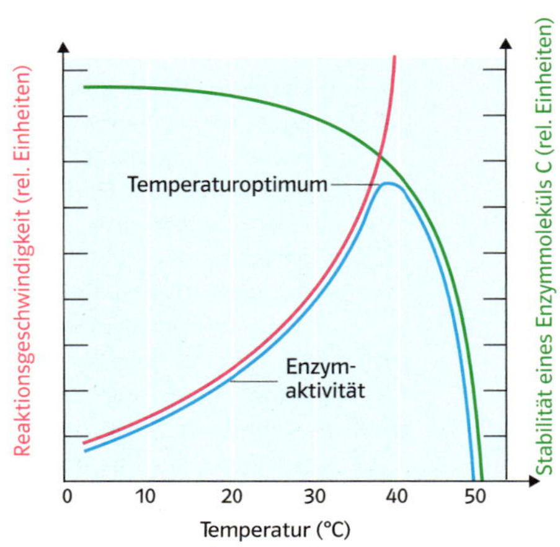

2 *Temperatur und Enzymaktivität*

eine höhere Geschwindigkeit der Stoffwechselreaktionen und ermöglicht damit eine höhere Aktivität. Steigt die Körpertemperatur um 10 °C, verdoppelt bis verdreifacht sich die Reaktionsgeschwindigkeit (Abb. 2). Man spricht von der Reaktionsgeschwindigkeits-Temperatur-Regel *(RGT-Regel)*.

Nach der RGT-Regel kann die Eidechse bei niedriger Umgebungstemperatur nicht genug Energie für den Beutefang oder eine schnelle Flucht bereitstellen. Dies gelingt erst bei höherer Temperatur (Abb. 3). Gleiches gilt für die Atmung und die Verdauung. Bei zu hoher Körpertemperatur werden manche Enzyme funktionsunfähig, sie denaturieren. Dies kann zum Wärmetod der Eidechse führen. Sie vermeidet eine Überhitzung des Körpers in der Mittagssonne, indem sie kühlere Orte aufsucht. Aus dem Einfluss der Temperatur auf die Enzymaktivität und die Denaturierung der Enzyme lässt sich ein enzym- und artspezifisches Temperaturoptimum ableiten (Abb. 2).

Säugetiere und Vögel regeln ihre Körpertemperatur unabhängig von der Umgebungstemperatur auf einem gleichbleibend hohen Niveau. Sie sind gleichwarm (*homoiotherm*, gr. *homoios* gleich). Körperbedeckungen wie Fell oder Federkleid verringern den Wärmefluss zwischen Körper und Umgebung. In sehr kalter oder warmer Umgebung steigen Stoffwechselrate und Nahrungsbedarf (Abb. 3). Der Körper gibt verstärkt Wärme

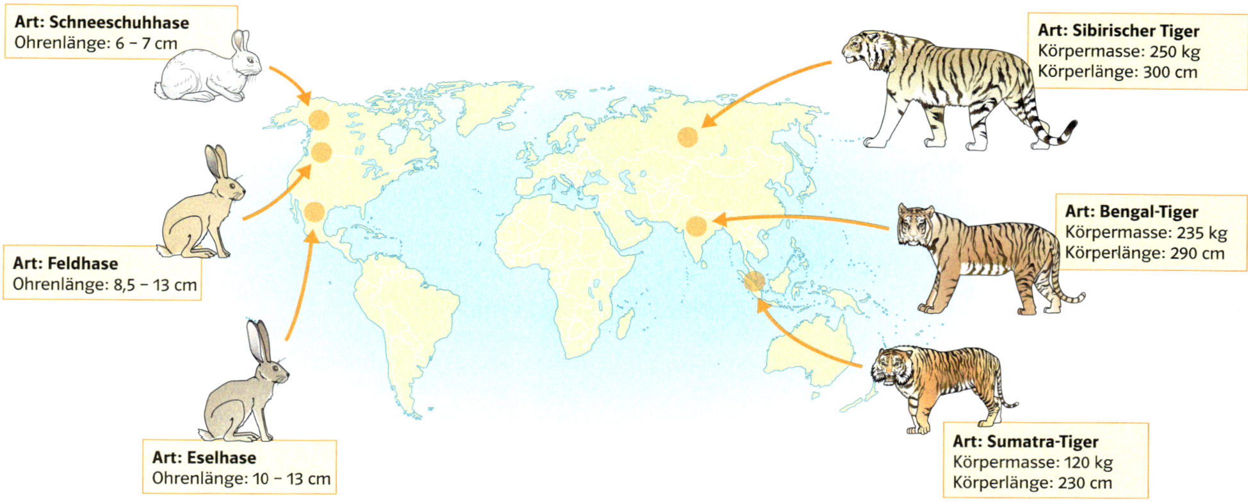

4 *Verbreitung und Merkmale von Hasen- und Tiger-Arten*

an die Umgebung ab bzw. erzeugt sie durch Muskelzittern. Dadurch tritt der Kälte- oder Wärmetod erst bei sehr extremen Temperaturen ein (Abb. 1). Homoiotherme Tiere können daher kältere Regionen besiedeln als poikilotherme Tiere.

Tiergeografische Regeln

Sibirische Tiger weisen eine wesentlich größere Körpermasse auf als die weiter südlich verbreiteten Arten *Bengal-Tiger* und *Sumatra-Tiger* (Abb. 4). Bereits 1847 formulierte der Zoologe CARL BERGMANN (1814—1865) dazu eine Regel. Die *Bergmann'sche Regel* besagt, dass die Körpermasse bei homoiothermen Tieren nahe verwandter Arten in kälteren Regionen größer ist als in wärmeren. Größere Körper kühlen nicht so schnell aus. Das Wärme produzierende Körpervolumen ist im Vergleich zur Wärme abgebenden Körperoberfläche relativ groß. Bei kleinen Tieren verhält es sich umgekehrt.

1877 beschrieb JOEL A. ALLEN (1838—1921), dass die Länge der Ohren bei Hasen-Arten in wärmeren Regionen größer ist als in kälteren (Abb. 3). Später wurde diese Aussage auch auf andere Arten und deren Körperanhänge erweitert. Mit zunehmender relativer Länge von Körperanhängen steigt die Oberfläche und damit die Wärmeabgabe an die Umgebung. Dieser als *Allen'sche Regel* benannte Zusammenhang stellt eine Angepasstheit der Tiere an die Umgebungstemperatur dar.

Die Bergmann'sche und die Allen'sche Regel treffen nicht streng für alle Arten zu. Der *Südchinesische Tiger* ist beispielsweise kleiner als der Bengal-Tiger, obwohl sein Verbreitungsgebiet etwas nördlicher liegt. Die Körpergröße und die Fläche von Körperanhängen sind nicht nur an die Umgebungstemperatur angepasst.

	Smaragd-eidechse	**Zaun-eidechse**	**Wald-eidechse**
nördlichstes Verbreitungsgebiet	Frankreich, Italien	Süd-Schweden	Nord-Skandinavien
Länge (cm)	14	9	7
Schwanzlänge (cm)	26	15	12

5 *Vergleich von Eidechsenarten*

AUFGABEN >>

1. Beurteilen Sie anhand der Daten in Abb. 3 die Vor- und Nachteile der wechselwarmen und gleichwarmen Tiere unter verschiedenen Lebensbedingungen.
2. Erläutern Sie den Vorteil kurzer Körperanhänge bei Tieren in kalten Regionen und langer Körperanhänge in warmen Regionen.
3. Erklären Sie anhand von Abb. 5, dass die Bergmann'sche Regel nicht auf poikilotherme Tiere anwendbar ist.

Praktikum

Der Umweltfaktor Temperatur

Man kann den Präferenz- bzw. den Toleranzbereich einer Art experimentell ermitteln. Die Ergebnisse ermöglichen Rückschlüsse auf die Ansprüche der Art an ihren Lebensraum, ihre Verbreitung oder mögliche Gefährdungen.

Ermittlung der Temperaturpräferenz

Der Präferenzbereich einer Tierart lässt sich mithilfe einer *Temperaturorgel* bestimmen. Dazu eignet sich eine Metallrinne, die am einen Ende erwärmt und am anderen gekühlt wird. Es stellt sich ein Temperaturgradient ein (Abb. 1).

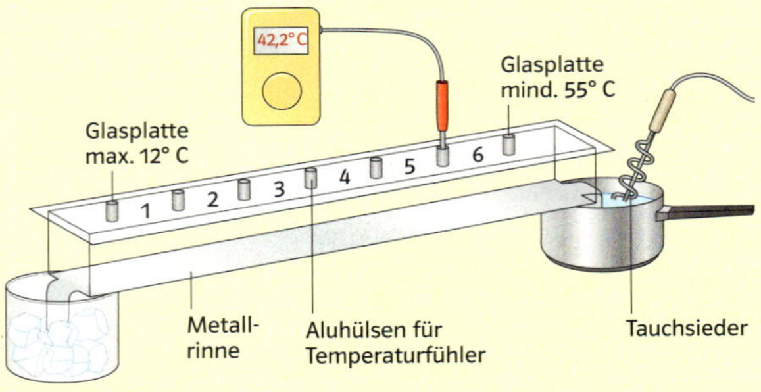

1 *Bau einer Temperaturorgel*

Material
20 Mehlkäferlarven (Asseln, Grillen), Temperaturorgel, Thermometer, heißes Wasser oder Tauchsieder, Eiswürfel, zwei Gefäße, Glasplatte

Durchführung
Erzeugen Sie mit heißem und kaltem Wasser einen Temperaturgradienten in der Metallrinne (Abb. 1). Setzen Sie die Tiere nach ca. 10 Minuten etwa in der Mitte ein und bedecken Sie die Temperaturorgel mit einer Glasplatte. So bleibt die jeweilige Temperatur besser erhalten. Nach einigen Minuten zählen Sie aus, wie viele Tiere sich in welchem Temperaturbereich befinden. Vermessen Sie dazu auch den Temperaturgradienten.

Hinweis: Gehen Sie bitte vorsichtig mit den Tieren um und setzen Sie diese ggf. wieder am Fundort aus.

AUFGABEN >>

1 Stellen Sie Ihre Messwerte grafisch dar.
2 Beschreiben Sie die Präferenzkurve für die Mehlkäferlarven und vergleichen Sie sie ggf. mit den Messwerten von weiteren Tierarten.
3 Planen Sie ein Experiment, mit dem man die Lichtpräferenz von Wasserflöhen messen kann.

Temperatureinfluss auf Körperfunktionen

Bei unterschiedlichen Temperaturen kann man die Stoffwechselaktivität über die Herzschlagfrequenz bestimmen.

Material
Wasserflöhe (z. B. *Daphnia magna*), Petrischale, Hohlschliffobjektträger, Thermometer, Pipette, Glasstab, Stoppuhr, Vaseline, warmes Wasser, Eis, Binokular oder Mikroskop

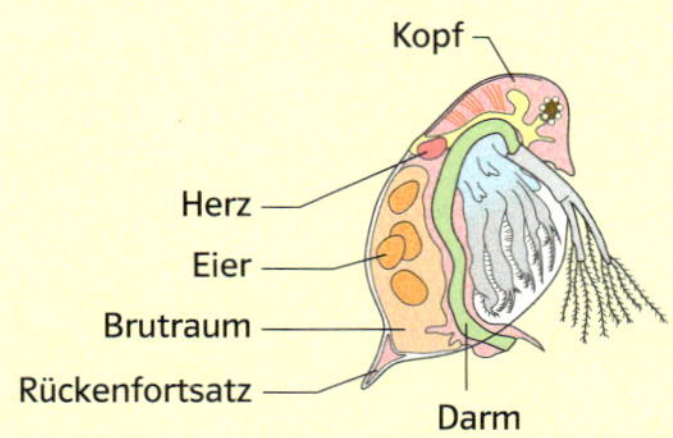

2 *Körperbau des Wasserflohs*

AUFGABEN >>

4 Erläutern Sie den Zusammenhang zwischen Herzschlagfrequenz und Temperatur.
5 Tragen Sie die Ergebnisse im Kurs zusammen und errechnen Sie Mittelwerte für die jeweilige Temperatur.
6 Erklären Sie die Messergebnisse unter Berücksichtigung der RGT-Regel.

Durchführung
Geben Sie wenig Vaseline auf einen Hohlschliffobjektträger und fixieren Sie darauf seitlich liegend einen Wasserfloh.

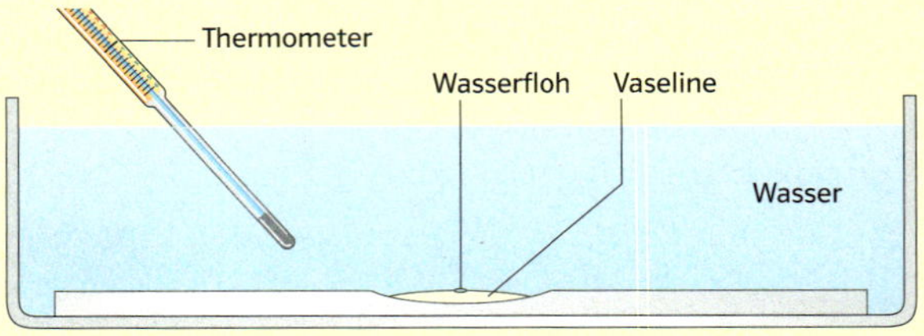

3 *Temperierung des Wasserflohs*

Legen Sie den Objektträger und ein Thermometer in eine Petrischale. Geben Sie vorsichtig etwa 1 cm hoch 25 °C warmes Wasser in die Petrischale. Zählen Sie die Herzschläge des Wasserflohs 30 Sekunden lang unter dem Binokular. Senken Sie die Temperatur anschließend jeweils um 5 °C auf 20 °C, 15 °C und 10 °C. Wiederholen Sie die Zählungen der Herzschläge. Geben Sie die Werte als Herzschläge pro Minute an.

Praktikum

Modellexperimente zum Wärmehaushalt von Tieren

Der Wärmehaushalt von Tieren kann in Modellversuchen untersucht werden. Dabei wird der Körper der Tiere als Wärmeenergie speicherndes Volumen und die Oberfläche der Tiere als wärmeabgebende Fläche in den Modellen abgebildet.

Bergmann'sche Regel

Die Wärmeabgabe unterschiedlich großer Tierkörper kann in einem Versuch mit unterschiedlich großen Rundkolben modellhaft gemessen werden.

Material
Zwei Rundkolben (1000 ml und 100 ml), zwei Thermometer, zwei durchbohrte Stopfen, Wasserkocher, Wasser

Durchführung
Bauen Sie den Versuch nach Abb. 1 auf. Füllen Sie heißes Wasser in beide Kolben und temperieren Sie das Wasser in beiden Kolben auf eine Starttemperatur von ca. 70 °C. Messen Sie die Temperatur 15 min lang in Abständen von 3 min und protokollieren Sie die Messwerte.

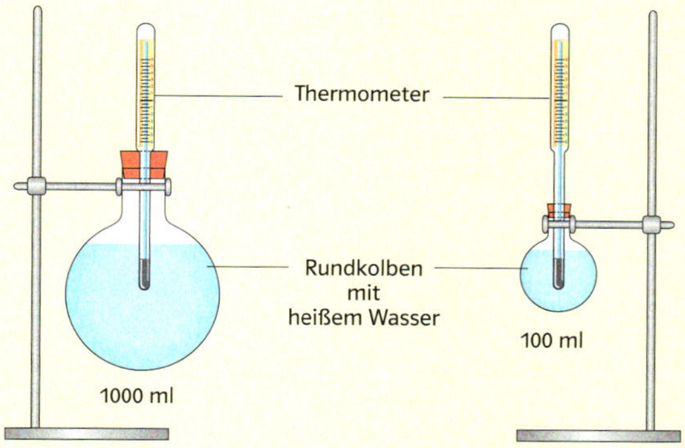

1 *Versuchsaufbau zur Wärmeabgabe mit Kolben*

AUFGABEN >>

1 Berechnen Sie Volumen ($V = 4/3\,\pi r^3$) und Oberfläche ($O = 4\pi r^2$) sowie die relative Oberfläche (O/V) der verwendeten Kolben.
2 Stellen Sie Ihre Messwerte grafisch dar.
3 Erläutern Sie anhand der Berechnungen aus Aufgabe 1 und Ihrer Grafik aus Aufgabe 2 den Wärmehaushalt von größeren und kleineren Tieren.
4 Erläutern Sie anhand des Modellversuchs die Bergmann'sche Regel.
5 Führen Sie eine Modellkritik durch.

Allen'sche Regel

Der Einfluss unterschiedlich großer Körperanhänge, z. B. der Ohren, auf die Wärmeabgabe soll in einem Modellversuch simuliert werden.

Material
Zwei gleich große, heiße Kartoffeln (diese sollen 15 Minuten gekocht sein), vier Kupferblechstreifen (2 Stück ca. 4 × 9 cm, 2 Stück ca. 4 × 4,5 cm), zwei Thermometer, Stoppuhr

In der Antarktis lebende Kaiserpinguine weisen einen gedrungenen Körperbau mit kurzen Körperanhängen auf. Daneben zeigen sie auch in ihren Füßen eine Angepasstheit an die kalte Umgebung. Homoiotherme Tiere können die Durchblutung ihrer Körperanhänge beeinflussen (Abb. 2).

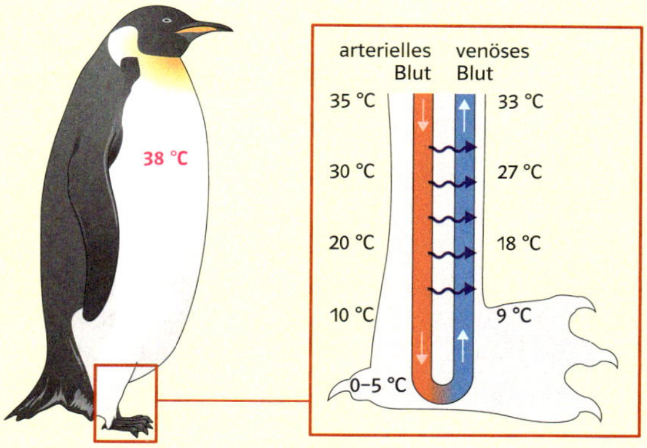

2 *Temperaturen beim Kaiserpinguin*

AUFGABEN >>

6 Entwickeln Sie mit den angegebenen Materialien einen Modellversuch zur Allen'schen Regel.
7 Führen Sie Ihren Versuch durch und erstellen Sie ein Versuchsprotokoll zu Ihren Messergebnissen.
8 Führen Sie eine Fehlerbetrachtung zu Ihrem Versuch und Ihren Messwerten durch.
9 Werten Sie Ihren Modellversuch zur Allen'schen Regel aus.
10 Erläutern Sie, inwiefern das Gefäßsystem im Pinguin die Angepasstheit bezüglich der Allen'schen Regel ergänzt.

Temperatur als Umweltfaktor für Pflanzen

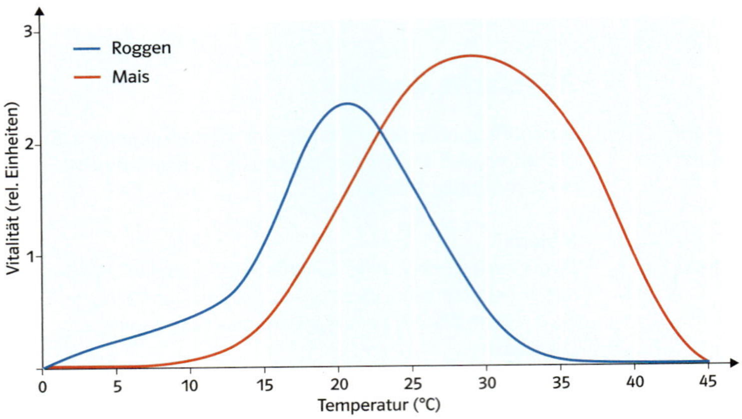

1 *Unterschiedliche Temperaturtoleranzen*

Arabidopsis thaliana

Pflanzen weisen meist die Temperatur ihrer Umgebung auf. Sie bestimmt auch die Stoffwechselaktivität der Pflanzen entsprechend der RGT-Regel. Einige Pflanzenarten tolerieren besonders niedrige bzw. hohe Temperaturen.

Temperaturoptima

Nach der *RGT-Regel* bewirkt eine Erhöhung der Temperatur eine höhere Geschwindigkeit der enzymkatalysierten Stoffwechselreaktionen. Dies bedeutet neben einem erhöhten Energiestoffwechsel auch einen schneller ablaufenden Baustoffwechsel und damit auch einen höheren Zuwachs an Biomasse pro Zeiteinheit.

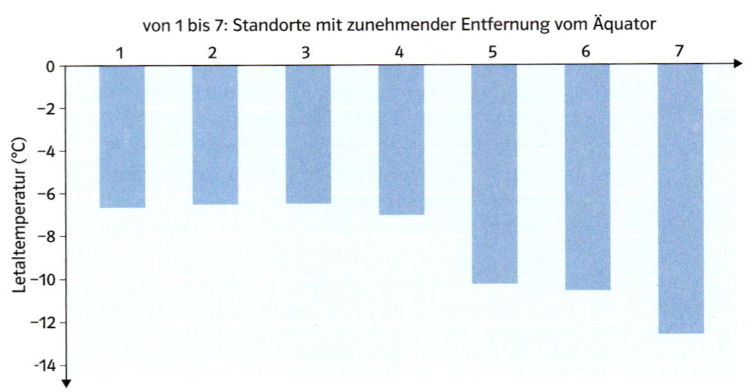

2 *Frosttoleranz bei der Ackerschmalwand*

Verschiedene Pflanzen zeigen den maximalen Zuwachs von Biomasse bei unterschiedlichen Temperaturen (Abb. 1). Dies ist auf verschiedene, enzymspezifische Temperaturoptima zurückzuführen. Während Mais ursprünglich an sehr warmen, subtropischen Standorten wächst, stammt Roggen aus den gemäßigten Breiten. Frühblüher wie das Schneeglöckchen besitzen ein noch niedrigeres Temperaturoptimum als Roggen. Die maximale Enzymaktivität ist also an die Standortbedingungen und Wuchszeiten der Pflanzen angepasst.

Kältetoleranz

Bei Pflanzen findet man vielfältige Angepasstheiten bezüglich des Umweltfaktors Temperatur. In den gemäßigten Zonen werfen die meisten Laubbäume im Herbst ihre Blätter ab. Den Winter überdauern nur Stamm, Zweige, Wurzeln und Samen. Die Ackerschmalwand *(Arabidopsis thaliana)* ist eine in ganz Europa und Nordafrika verbreitete einjährige Pflanze. Mit zunehmender Entfernung vom Äquator steigt ihre Frosttoleranz durch höhere Zuckerkonzentrationen im Zellplasma. Gelöste Stoffe wirken als „Frostschutzmittel“, indem sie die Bildung von Eiskristallen verhindern, die bei Frost Zellen zerstören können. Als Letaltemperatur bezeichnet man die Temperatur, bei der 50 % der Zellen des Blattgewebes geschädigt werden. Die Populationen von *Arabidopsis* sind an ihren jeweiligen Standort angepasst (Abb. 2).

[► Variabilität und Angepasstheit]

AUFGABEN >>

◒ **1** Begründen Sie, dass die Erträge aus dem Maisanbau in Deutschland geringer sind, als manche Anbauer bei der Einführung erwartet haben.

○ **2** Erläutern Sie unter Bezug auf Abb. 2 die Frosttoleranz der Ackerschmalwand als Angepasstheit an den Standort.

Material

Lebewesen und Temperatur

Keimung, Entwicklungsdauer und Wachstum werden bei Pflanzenarten in hohem Maße von der Temperatur beeinflusst oder erst ermöglicht.

Keimung und Wachstum von Pflanzen

Das Längenwachstum von Spross oder Wurzel kann als Zuwachs in Abhängigkeit von der Temperatur gemessen werden.

Schneeglöckchen gehören zu den ersten Pflanzen im Jahr. Für das Austreiben werden die Nährstoffe in der Zwiebel der Schneeglöckchen genutzt. Erst wenn sich die Blätter gebildet haben, stellen sie weitere Nährstoffe durch Fotosynthese selbst her.

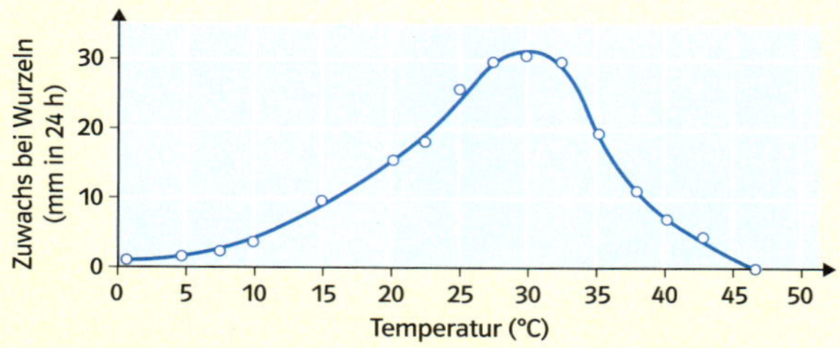

1 *Wurzelzuwachs bei der Gelben Lupine (Lupinus luteus)*

AUFGABEN >>

○ **1** Beschreiben und erklären Sie den Zuwachs der Wurzeln bei der *Gelben Lupine* in Abb. 1 unter Verwendung geeigneter Fachbegriffe.

◒ **2** „Schneeglöckchen tauen sich den Weg zum Licht frei." Nehmen Sie Stellung zu dieser Aussage (Abb. 2).

● **3** Erläutern Sie notwendige Voraussetzungen, die das Wachstum von Schneeglöckchen bei Frost und Schnee ermöglichen.

2 *Schneeglöckchen blühen im Schnee*

Wachstums- und Blühinduktion

Niedrige Temperaturen verringern die Fotosyntheseaktivität und damit das Wachstum von Pflanzen. Für manche Arten sind Perioden mit niedrigen Temperaturen bzw. Frost ein Signal, dass die nächste Vegetationsperiode beginnt. Beispiele hierfür sind Wintergetreidearten oder die Wilde Möhre, deren Streckungswachstum und Blütenbildung erst im folgenden Frühjahr nach einer mehrwöchigen Kälteperiode einsetzt. Diese Induktion durch eine längere Kälteperiode bezeichnet man als *Vernalisation*. Gibberellin ist ein Pflanzenhormon, das in geringen Mengen in unreifen Pflanzensamen oder wachsenden Geweben vorkommt. Bei Getreidekörnern bewirkt es auch die Bildung von proteinabbauenden Enzymen. Frei werdende Aminosäuren nutzt die Pflanze für das Wachstum.

AUFGABEN >>

◒ **4** Erläutern Sie die zugrundeliegende Planung für das in Abb. 3 dargestellte Experiment.

● **5** Stellen Sie eine Hypothese zur Wirkung der Kälteperiode auf.

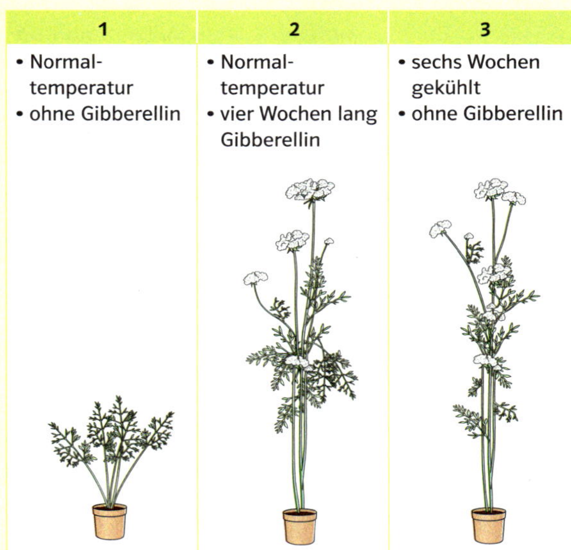

3 *Blütenbildung bei der Wilden Möhre*

Feuer und Frost als Umweltfaktoren

1 *Waldbrand*

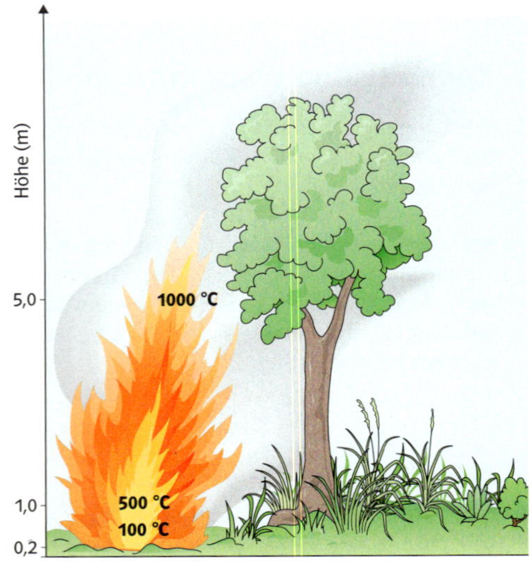

2 *Temperaturverhältnisse bei einem Feuer*

Nicht alle Lebewesen gedeihen am besten bei mittleren Temperaturen. Es gibt Arten, die auf Extremwerte spezialisiert sind, und andere, die sogar Feuer oder Dauerfrost überleben (Abb. 1). „Blutschnee“ nennt man rötliche Verfärbungen auf Alpengletschern. Sie sind auf einzellige Schneealgen zurückzuführen, deren Temperaturoptimum unter 0 °C liegt. Spitzenreiter bei der Hitzetoleranz sind Methanbakterien aus Tiefseevulkanen mit einem Temperaturoptimum bei 100 °C.

Hohe Temperaturen und Feuer

Holzkohlevorkommen sind ein Nachweis für Waldbrände schon vor 200 Millionen Jahren. Feuer entsteht durch Blitzschlag, Vulkanismus, Meteoriten und Selbstentzündung, der Mensch nutzt das Feuer erst seit 1,5 Millionen Jahren.

Schon einen Meter über dem Boden erreicht es Temperaturen von 500 °C und mehr, es vernichtet jegliches Leben und verwandelt organische Substanz in mineralstoffreiche Asche und Rauch. In geringer Bodentiefe ist die Hitze aber bereits weniger bedrohlich (Abb. 2). Hier ist eher die Dauer des Brandes entscheidend. Diese hängt vor allem davon ab, wie viel brennbares Material in Form trockener Bodenstreu vorhanden ist. Einen Brand überleben vor allem Pflanzen, die aus unterirdischen Pflanzenteilen oder Samen nachwachsen können. Nach dem Erlöschen des Feuers nutzen sie die Asche als Mineralstoffdünger und verjüngen die Landschaft.

Es gibt sogar Pflanzen, die durch Feuer gefördert werden, man nennt sie *Pyrophyten* (gr. *pyro* Feuer; *phytos* Pflanze). In Europa zählen dazu bestimmte Heidekräuter und Kiefern. Einige Kiefernzapfen öffnen sich erst bei 70 °C, so geben sie die Samen genau dann frei, wenn Platz für Jungbäume entstanden ist. Mammutbäume besitzen eine dicke, geschichtete Borke, in der die Flamme wie in einem Papierstapel erstickt. Größere Tiere können dem Feuer oft entfliehen, fleischfressende Arten kehren zurück und suchen gezielt nach den Brandopfern unter den Kleintieren.

Brandrodung durch den Menschen brachte Feuer auch in Regionen, deren Vegetation nicht daran angepasst ist. Hier gibt die zerstörte Pflanzen- und Humusdecke den Boden für die Erosion frei. Graslandschaften lösen Wälder ab.

Frost und Schnee

Pflanzenzellen sind wasserreich. Daher können bei Kälte Eiskristalle entstehen, die die Zellmembran zerstören. Eine Eisbildung in den Interzellularen entzieht den Zellen Wasser und lässt sie vertrocknen. An Frost angepasste Pflanzen reichern in ihrem Zellplasma Zucker, Salze oder organische Säuren an. Das senkt den Gefrierpunkt und erschwert die Eisbildung. Aber selbst Pflanzen, die ein Durchfrieren überstehen, leiden bei Frost unter Wassermangel, da sie das von den oberirdischen Pflanzenteilen verdunstende Wasser nicht durch Bodenwasser ersetzen können *(Frosttrocknis)*.

Schnee bildet eine isolierende Schutzschicht auf dem Boden, seine Wärmeleitfähigkeit beträgt nur etwa ein Zehntel von nassem Boden. Selbst bei Lufttemperaturen unter −10 °C liegt die Bodentemperatur unter dem Schnee nur wenig unter dem Gefrierpunkt (Abb. 2). Polster- und Zwiebelpflanzen sind so vor starker Kälte und Verdunstung geschützt. Sträucher und Bäume leiden allerdings unter der Schneelast.

Der Gletscherfloh, ein winziger schwarzer Springschwanz, kann permanent auf Schnee und Eis leben. Ein „Frostschutzmittel" aus Zucker schützt ihn vor dem Erfrieren. Er ernährt sich von verwehtem Pollen und Schneealgen. Viele wechselwarme Tiere fallen bei Kälte in eine *Winterstarre*, sie werden erst bei höheren Temperaturen wieder beweglich. Gleichwarme Tiere können den Winter nur dann aktiv verbringen, wenn sie ausreichend Futter finden. Kleinere Säugetiere profitieren dabei von der schützenden Schneeschicht, unter der sie nach Pflanzenkost suchen (Abb. 2).

Winterschläfer senken die Körpertemperatur auf etwa 10 °C und zehren von ihren Fettreserven. Bei starkem Frost können sie aufwachen und ihre Körpertemperatur durch Muskelzittern erhöhen. *Winterruher* wie das Eichhörnchen behalten zwar die Körpertemperatur bei, vermindern aber ihre Aktivität. Sie erwachen gelegentlich zum Fressen.

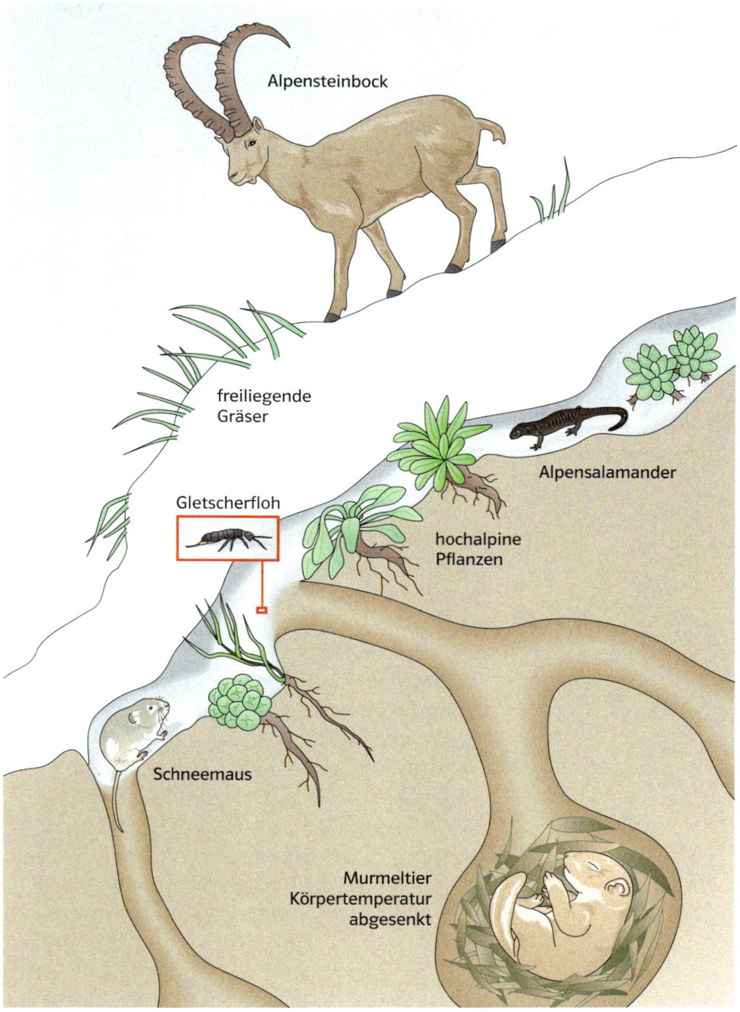

3 *Temperaturverhältnisse im Schnee*

AUFGABEN >>

- ◒ **1** Feuerökologen raten inzwischen häufig dazu, in einigen Landschaften mäßige, kontrollierte Brände zuzulassen. Erläutern Sie die Vorteile.
- ◒ **2** Erläutern Sie, inwieweit der herbstliche Blattfall die Frosttrocknis mindern kann.
- ○ **3** Stellen Sie tabellarisch aktive Überwinterung, Winterschlaf, Winterruhe, Winterstarre bzgl. Aktivität, Atmung und Körpertemperatur gegenüber. Ordnen Sie die Alpentiere aus Abb. 3 zu.

Temperatur als Klimaelement

1 *Das Matterhorn in den Alpen*

2 *Spitzbergen in Nordeuropa*

Frost und Schnee im Sommer — das gibt es nicht nur in Hochgebirgslagen, sondern auch in der Arktis (Abb. 1 und 2).

Wetter und Klima

Klimafaktoren wie die geografische Breite oder die Höhe des Standortes beeinflussen die Temperatur und andere Umweltfaktoren. Wetterberichte beziehen sich auf Temperatur, Niederschlag, Sonnenschein oder Wind in den nächsten Stunden bis Tagen. Unter dem Begriff *Klima* fasst man dagegen Mittelwerte und Trends in einem Zeitraum von mehreren Jahrzehnten zusammen. Umweltfaktoren wie Temperatur oder Niederschlagsmenge werden in der Meteorologie *Klimaelemente* genannt.

Vegetations- und Klimazonen

Lebensfähigkeit und Gedeihen von Pflanzen hängen entscheidend von der durchschnittlichen Jahrestemperatur ab. Als *Vegetationsperiode* bezeichnet man die Zeit, in der eine Pflanze aktiv wachsen und Fotosynthese betreiben kann. In den Alpen nimmt die durchschnittliche Temperatur pro 100 m Höhe etwa um 0,5 °C ab. Pflanzen mit unterschiedlichen Temperaturoptima lösen

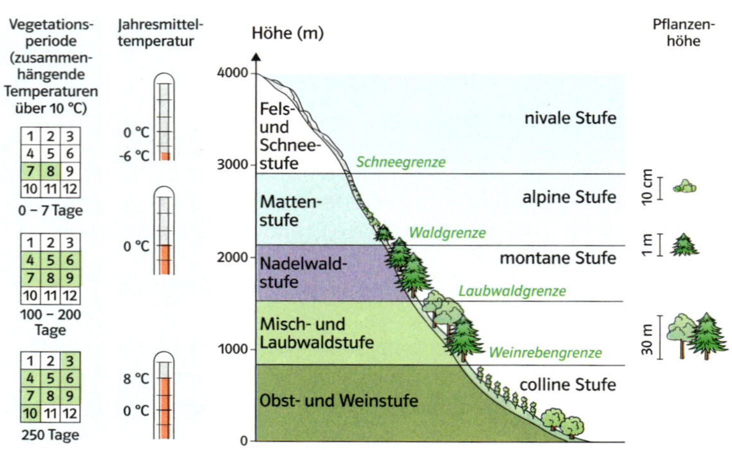

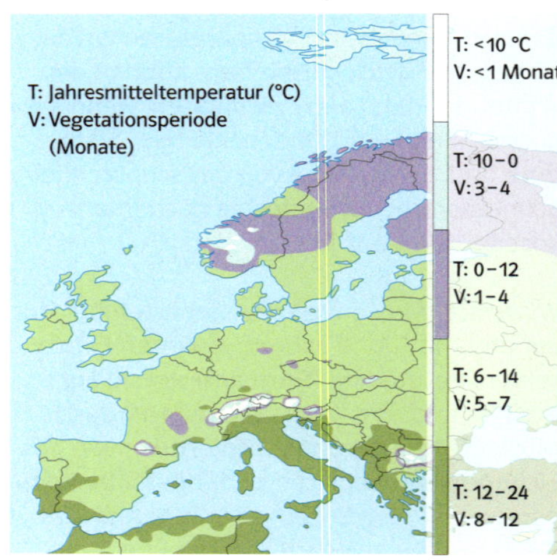

3 *Höhenzonierung in den Alpen und Vegetationszonen Europas*

einander ab. Die Vegetation zeigt hier daher eine *Höhenzonierung* (Abb. 3). Ab einer Höhe von etwa 2100 m reicht die Vegetationsperiode für Bäume nicht mehr aus. Oberhalb dieser *Baumgrenze* wachsen nur noch Zwergsträucher, Polsterpflanzen und Gräser *(Mattenstufe)*.

Eine baumfreie Kälte-Landschaft findet man nicht nur im Gebirge, sondern auch weit im Norden Europas (Abb. 2). Die durchschnittliche Jahrestemperatur liegt hier wie in der alpinen Stufe eines Gebirges bei unter 0 °C. So eine baumfreie Vegetationszone in Kälteregionen bezeichnet man als *Kältesteppe (Tundra)*. Oft bleibt der Boden hier ganzjährig gefroren *(Permafrostboden)*, Pflanzen können nur flach wurzeln. Das sommerliche Schmelzwasser kann nicht versickern, daher bleibt der Boden trotz geringer Niederschläge sumpfig.

Deutliche Unterschiede zwischen alpiner und arktischer Kältesteppe gibt es allerdings bezogen auf Tageslichtdauer und Lichtspektrum. Anders als im Gebirge bleibt es in nördlichen Gebieten im Hochsommer nachts fast durchgängig hell, im Winter gibt es nur wenig Tageslicht. Die ultraviolette Strahlung ist in Hochlagen sehr viel intensiver. Auch der mittlere Jahresniederschlag unterscheidet sich in Gebirgslagen von dem in Tieflagen (Abb. 4). Das begünstigt jeweils andere Pflanzen und Tiere.

Ausbreitung und Migration

Pflanzen sind zwar individuell an einen Standort gebunden, die Folgegeneration kann ihn aber durch die Verbreitung von Sporen, Samen oder Früchten verlassen und an anderer Stelle anwachsen.

Aufgrund ihrer Beweglichkeit können Tiere ungünstigen Umweltbedingungen wie der Winterkälte durch Wanderung *(Migration)* ausweichen, ihr Verhalten ist an die Umweltbedingungen angepasst. Auf diese Weise erreichen sie andere Regionen, wo sie sich zeitweise oder dauerhaft niederlassen.

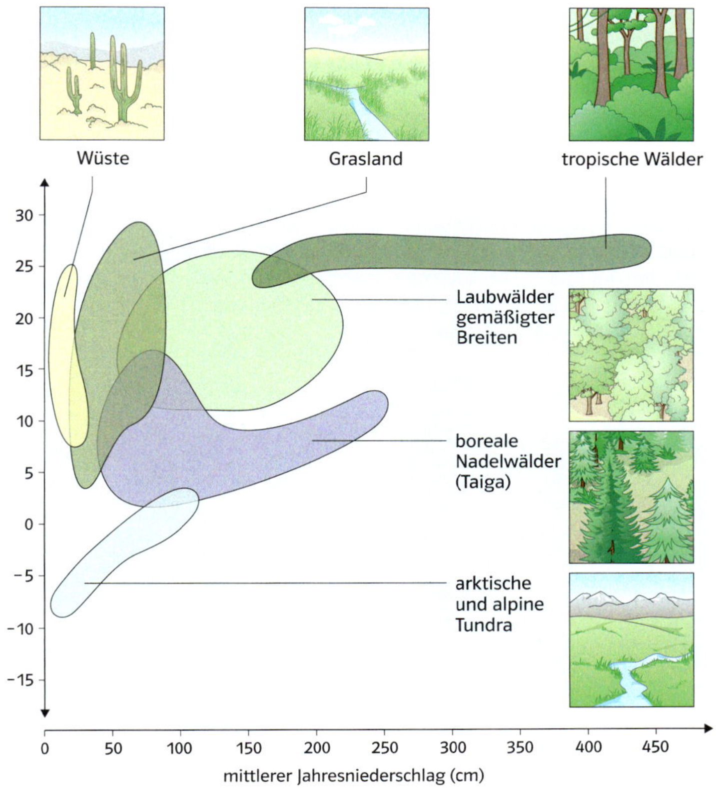

4 *Vegetationszonen*

AUFGABEN >>

1 „Ein halber Tag senkrechten Aufstiegs lässt vor unseren Blicken eine Folge von Pflanzentypen vorüberziehen, denen man sonst nur während einer langen Reise von Süd nach Nord, demselben Längengrad entlang, begegnen würde." (HENRY FABRE, 1865). Erklären Sie diese Beobachtungen des Naturforschers anhand von Abb. 3.

2 Beurteilen Sie anhand von Abb. 4, welche Vegetationszonen stärker von der Temperatur und welche stärker vom Niederschlag beeinflusst werden.

Material

Verhaltensökologie: Tierwanderungen

Die weitaus meisten Tiere können laufen, fliegen, schwimmen oder springen. Nicht nur ihr Körper ist entsprechend angepasst, sondern auch ihr Verhalten. Das wird bei Tierwanderungen besonders deutlich. Die *Verhaltensökologie* befasst sich damit, welche Rolle ein Verhalten für das Überleben unter bestimmten Umweltbedingungen spielt.

Vogelzug des Knuttes

Schwärme des Knuttes *(Calidris canutus)* gehören zu den 10 – 12 Millionen Zugvögeln, die sich regelmäßig im Wattenmeer ausruhen und sattfressen. Im Frühjahr geht der Vogelzug nordwärts. Bis die Vögel im Norden angekommen sind, ist das Wetter milde genug für die Brut. An arktischen Sommertagen ist es auch nachts hell, sodass der Knutt seine Jungen ganztägig mit Muscheln und Würmern versorgen kann. Außerdem gibt es weniger Feinde und Konkurrenten als im gemäßigten Klima. Sobald es im Herbst kälter und dunkler wird, verlassen die Vögel ihre nördlichen Brutgebiete und rasten auf dem Weg nach Süden wieder im Wattenmeer. Das Vogelzug-Verhalten ist genetisch bedingt. Hinzu kommen erlernte Anteile. Wer den günstigsten Reiseweg und die beste Verpflegung findet, hat am meisten Nachkommen.

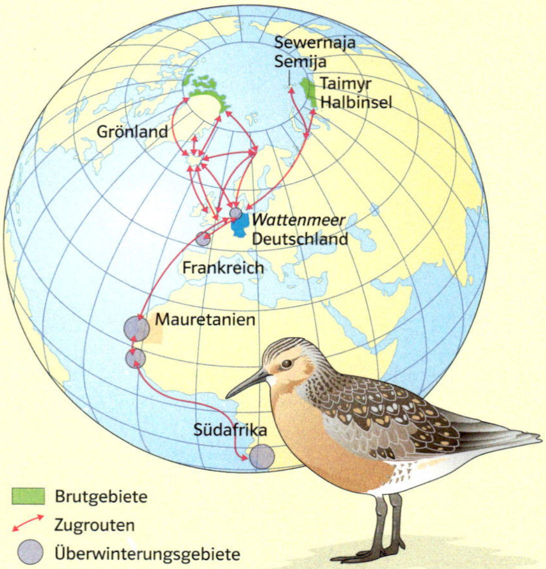

1 *Vogelzug eines Watvogels (Knutt)*

AUFGABEN >>

○ **1** Beschreiben Sie den Vogelzug des Knuttes.

◒ **2** Stellen Sie Vorteile und Nachteile seines weiten Weges unter energetischen Gesichtspunkten gegenüber.

Strandung von Pottwalen

Anfang 2016 strandeten 30 Pottwale an der Nordseeküste. Es waren junge Bullen, die sich in der Nordsee auf ihrem Weg von der Arktis zum Äquator verirrt hatten und starben (Abb. 2). Pottwale wandern im Sommer in die nahrungsreichen Polargebiete. Im Winter geht es wieder Richtung Äquator, hier paaren sie sich und säugen die Jungtiere. Pottwale orientieren sich dabei überwiegend durch Echoortung, leicht abfallende Küsten wie an der Nordsee reflektieren die Klickgeräusche allerdings nur schlecht, sie erweisen sich als „Walfallen". Sind die Wale einmal gestrandet, führt das erdrückende Körpergewicht zum allgemeinen Organversagen.

2 *Strandung von Pottwalen in den letzten 200 Jahren*

AUFGABEN >>

○ **3** Beschreiben Sie den Wanderweg der Pottwale (Abb. 2) und die Verteilung der Strandungsfunde.

◒ **4** Stellen Sie Hypothesen zu den Ursachen von Walstrandungen zusammen und nennen Sie mögliche Untersuchungen zur Überprüfung.

◒ **5** Informieren Sie sich im Internet über die Ergebnisse der Untersuchungen von 2016 und von anderen Walstrandungen und fassen Sie diese in einer Präsentation zusammen.

Schwärmen von Wanderheuschrecken

Ein einziger Schwarm Wanderheuschrecken kann aus Millionen von Tieren bestehen und Hunderte von Kilometern weit fliegen. Wo sie sich niederlassen, fressen sie die Vegetation nahezu kahl. Mehrere Arten von Feldheuschrecken kommen in zwei unterschiedlichen Gestalten vor, als ortstreue Solitärform und als schwarmbildende Wanderform. Sie unterscheiden sich nicht nur in Färbung und Gestalt, sondern auch in ihrem Verhalten so sehr, dass sie früher oft für unterschiedliche Arten gehalten wurden. Welche Form aus den Eiern heranwächst, hängt von Umweltfaktoren und Besiedlungsdichte ab (Abb. 3).

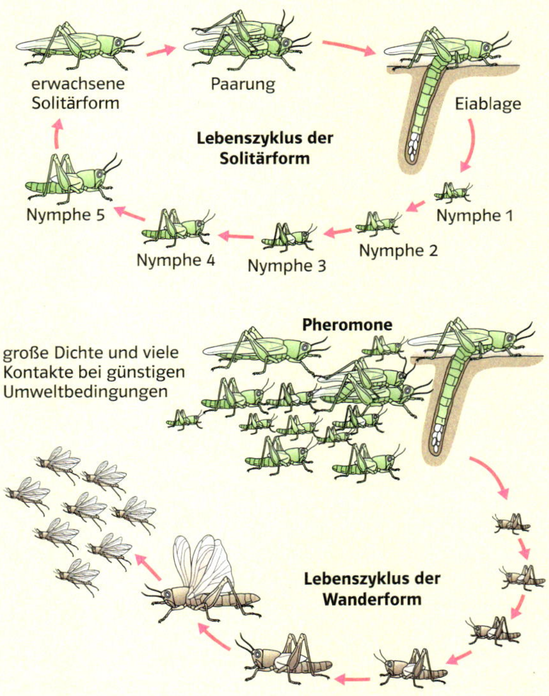

3 *Lebenszyklen der Solitär- und der Wanderform*

AUFGABEN >>

◒ **6** Beschreiben Sie den Lebenszyklus von Solitär- und Wanderform der Wanderheuschrecke (Abb. 3).

○ **7** Nennen Sie die biotischen und abiotischen Umweltfaktoren, die zum Schwarmverhalten der Wanderheuschrecke führen.

● **8** Beurteilen Sie die Vorteile des Schwärmens für die Wanderheuschrecke.

Vertikalwanderung von Wasserflöhen

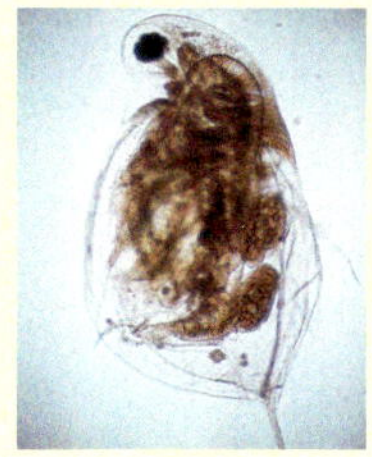

Der Glaswasserfloh *(Daphnia hyalina)* ernährt sich von winzigem pflanzlichem Plankton, dieses findet er vor allem in der obersten lichtdurchfluteten, warmen Wasserschicht eines Sees. Untersuchungen im Bodensee ergaben, dass *D. hyalina* an Sommertagen vertikal auf und ab wandert (Abb. 4).

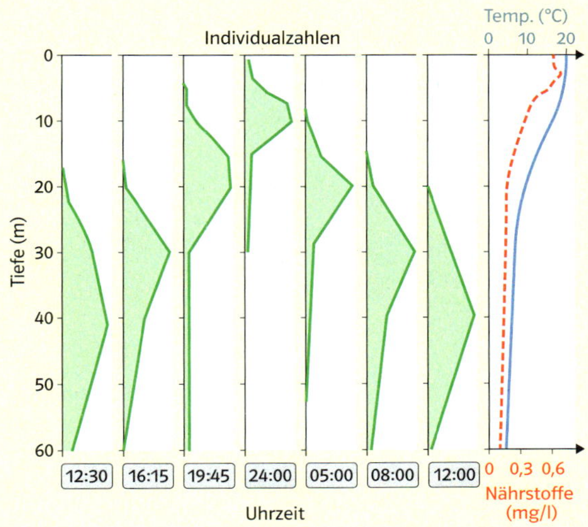

4 *Vertikalwanderung von Daphnia hyalina im Sommer*

AUFGABEN >>

○ **9** Beschreiben Sie die vertikale Wanderung des Glaswasserflohs im Tagesgang (Abb. 4).

◒ **10** Stellen Sie die in den betreffenden Tiefen herrschenden Umweltfaktoren Temperatur und Nahrungsangebot und ihre möglichen Auswirkungen auf die Überlebensfähigkeit der Daphnien dar.

◒ **11** Nichtwandernde Wasserflöhe, die den Sommer ganztägig im Oberflächenwasser zubringen, haben eine geringere Dichte als der Glaswasserfloh und werden leichter von optisch orientierten Fischen erkannt. Leiten Sie aus dieser Beobachtung eine Hypothese für den Vorteil der Vertikalwanderung ab.

Wasser als Umweltfaktor für Pflanzen

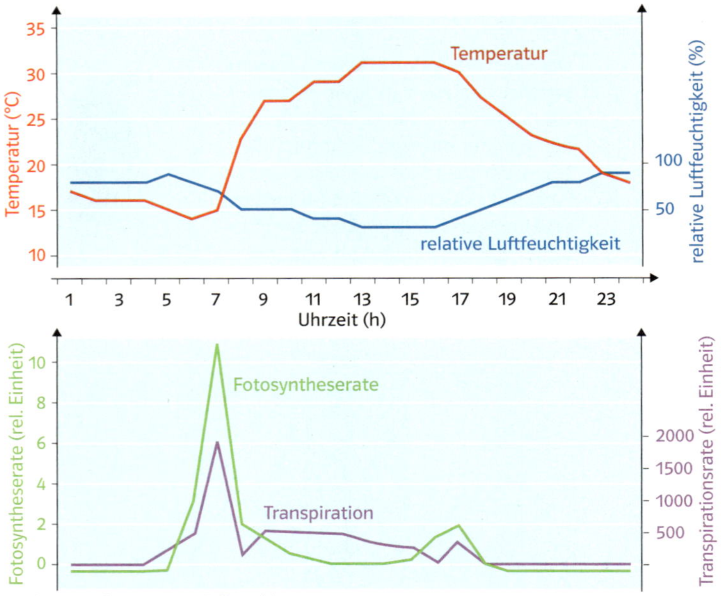

1 *Untersuchungen an Pfirsichbäumen*

Messungen an Pfirsichbäumen im Mittelmeerraum zeigen, dass die Pflanzen zwischen 8 und 16 Uhr trotz hoher Sonneneinstrahlung kaum Fotosynthese betreiben (Abb. 1).

Regulation der Transpiration

Die Wasserdampfabgabe an die Außenluft, die *Transpiration*, zeigt im Tagesverlauf ähnliche Zu- und Abnahmen wie die Fotosyntheserate des Pfirsichbaums (Abb. 1). Die Transpiration erfolgt zu etwa 90 % über die Spaltöffnungen *(stomatäre Transpiration)* und zu etwa 10 % über die Kutikula *(kutikuläre Transpiration)*. Sinkt die relative Luftfeuchtigkeit z. B. aufgrund höherer Temperaturen, wird mehr Wasser aus dem Blattinneren an die Außenluft abgegeben, die Transpiration steigt. Zwischen 8 und 16 Uhr sind die Stomata weitgehend geschlossen. Die Regulation der Spaltöffnungsweite verhindert einerseits einen zu großen Wasserverlust, schränkt aber andererseits die Aufnahme von Kohlenstoffdioxid ein. Somit stellt sie einen Kompromiss zwischen der Gefahr des Vertrocknens und der Gefahr mangelnder Nährstoffversorgung dar.

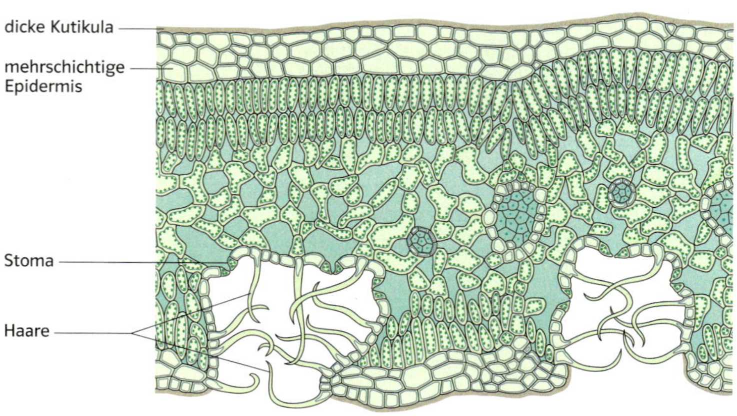

2 *Blattquerschnitt Oleander*

Angepasstheit an Trockenheit

Der aus dem Mittelmeerraum stammende Oleander weist nachmittags trotz trockener, warmer Umgebungsluft eine hohe Fotosyntheserate auf. Die Transpiration wird durch Angepasstheiten im Blattbau trotz geöffneter Stomata gering gehalten (Abb. 2). Eine dicke Kutikula und eine mehrschichtige Epidermis verringern die kutikuläre Transpiration. Die Stomata liegen in Vertiefungen mit Haaren, die den Austausch mit der Umgebung verringern. In den Vertiefungen ist die Luftfeuchtigkeit deswegen höher als in der Außenluft. Die stomatäre Transpiration ist aufgrund des Mikroklimas in den Vertiefungen gering. Blätter, die vor Austrocknung durch Transpiration geschützt sind, bezeichnet mal als *xeromorphe Blätter* (gr. *xeros* trocken, *morphe* Gestalt).

[► Struktur und Funktion]

AUFGABEN >>

1. Erklären Sie die Transpiration der Pfirsichblätter von 9 bis 15 Uhr trotz weitgehend geschlossener Stomata (Abb. 1).
2. Erklären Sie die Angepasstheiten der Oleanderblätter an das Wasserangebot (Abb. 2).

Material

Pflanzen und Wasser

Die meisten Pflanzen nehmen über ihre Wurzeln Wasser auf, das über Transportsysteme alle Teile der Pflanze erreicht. Viele Arten weisen unterschiedliche Angepasstheiten an die jeweilige Verfügbarkeit von Wasser auf.

Transportsysteme in der Pflanze

Meistens nehmen die Wurzeln einer Pflanze Wasser und Mineralstoffe auf. Nur die Blätter und andere grüne Pflanzenteile stellen den Nährstoff Glucose her. Alle Pflanzenorgane (Wurzeln, Blätter, Spross und Blüten) benötigen jedoch Wasser, Mineralstoffe und Nährstoffe. Der Transport der Nährstoffe erfolgt aktiv im Phloem (Abb. 1).

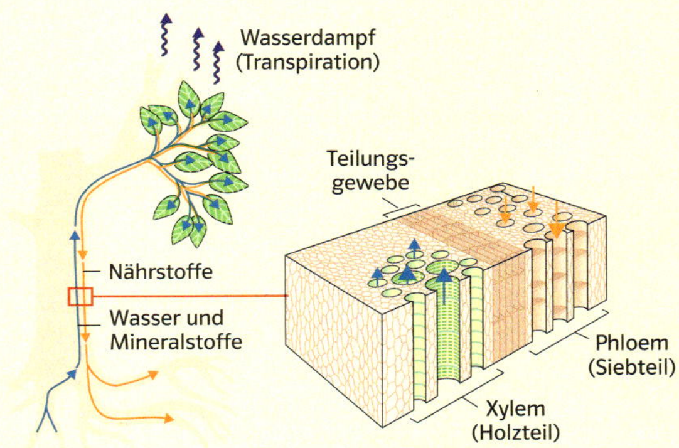

1 *Transportwege in der Pflanze*

Der Transport von Wasser und Mineralstoffen im Holzteil (Xylem) erfolgt passiv vor allem durch die Transpiration an den Blattoberflächen. Zwischen der Außenluft und dem Blattinneren besteht ein Wasserkonzentrationsunterschied. Wassermoleküle werden deshalb nach außen abgegeben. Durch Osmose wird Wasser aus dem Xylem in die Blattzellen aufgenommen. Im Xylem entsteht dadurch ein Unterdruck. Wie in einem Strohhalm wird Wasser mit darin gelösten Mineralstoffen über die Gefäße des Holzteils aus den Wurzeln angesaugt. In der Pflanze entsteht so ein *Transpirationssog* (Abb. 1). Der Transpirationssog ist zur Versorgung aller Pflanzenorgane mit Wasser und Mineralstoffen notwendig. In Abhängigkeit von Lichtintensität, Wasserangebot und relativer Luftfeuchtigkeit wird die Wasserabgabe über die Öffnungsweite der Stomata reguliert.

AUFGABEN >>

○ **1** Beschreiben Sie die Transportwege in der Pflanze anhand von Abb. 1.

◒ **2** Der Transpirationssog ist nur aufgrund von *Kohäsion* und *Adhäsion* möglich. Recherchieren Sie diese Begriffe und erklären Sie, dass die Wasserfäden im Xylem sonst abreißen würden.

Blattbau und Wasserangebot

Blätter unterscheiden sich in verschiedenen Merkmalen. Sie sind an die jeweiligen Lebensbedingungen angepasst.

Blattquerschnitt	Beispielpflanze
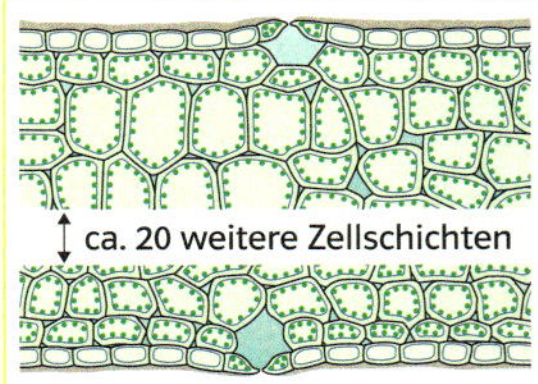	
Wasserspeicherpflanze (Blattsukkulent), sehr trockene Standorte	Weißer Mauerpfeffer
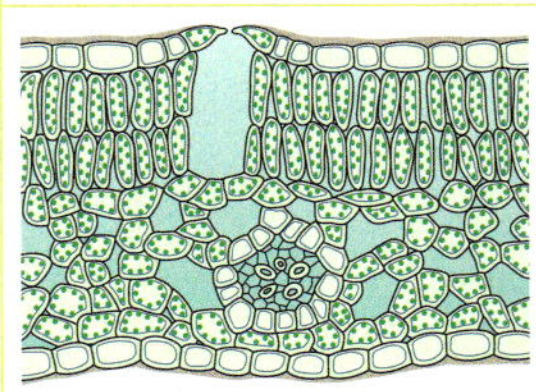	
Schwimmblattpflanze (Hydrophyt), Gewässer	Weiße Seerose
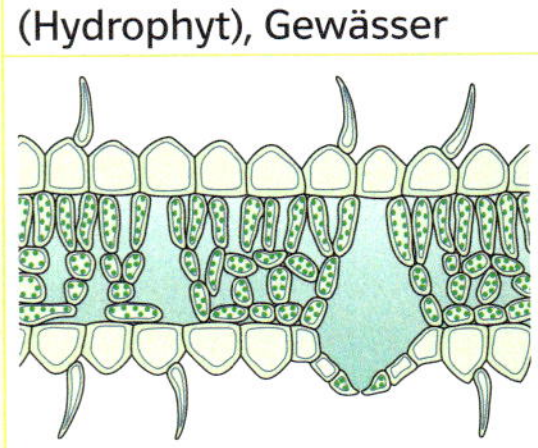	
Feuchtpflanze (Hygrophyt), nasser Boden, feuchte Luft	Sumpfdotterblume

2 *Sukkulent, Hydrophyt und Hygrophyt*

AUFGABEN >>

○ **3** Vergleichen Sie die Blattquerschnitte in Abb. 2 jeweils mit dem Querschnitt eines Buchenblattes (s. Seite 34).

● **4** Erklären Sie, dass es an Standorten mit hoher Luftfeuchtigkeit zu einer Beeinträchtigung der Transpiration kommen kann.

◒ **5** Erläutern Sie die Angepasstheiten der Blattquerschnitte in Abb. 2 an die jeweiligen Lebensbedingungen.

Bedeutung von Wasser für Landtiere

1 *Wasserhaushalt einer Wanderratte*

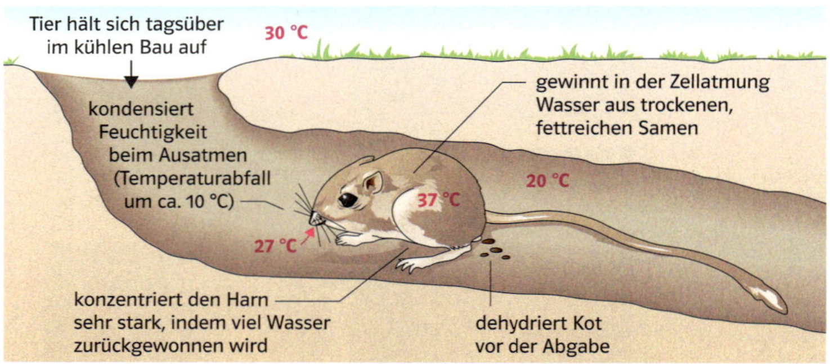

2 *Angepasstheiten der Kängururatte*

Wasserbilanz je 100 g Nahrung	Kängururatte	Wanderratte
Verfügbarkeit	Wasser in der Nahrung 6 g Oxidationswasser 54 g 60 g	Trinken 25 g Wasser in der Nahrung 12 g Oxidationswasser 46 g 83 g
Abgabe	Ausatemluft und Verdunstung 44,0 g Harn 13,5 g Kot 2,5 g 60,0 g	Ausatemluft und Verdunstung 50 g Harn 25 g Kot 8 g 83 g

3 *Wasserbilanz Kängururatte und Wanderratte*

Säugetiere bestehen zu etwa zwei Dritteln aus Wasser. Es ist Lösungsmittel und an Stoffwechselreaktionen und Transportprozessen im Körper beteiligt.

Wasserhaushalt bei Landtieren

Landtiere geben durch die Atmung, über die Haut und als Harn Wasser an die Umgebung ab. Verringert sich der Flüssigkeitsgehalt im Körper zu stark, sind Transportvorgänge und Stoffwechselreaktionen eingeschränkt, da Wasser als Lösungsmittel in Zellen, Interzellularräumen und im Blut benötigt wird. Bei einem Menschen treten schon ab fünf Prozent Flüssigkeitsverlust Herzrhythmusstörungen auf und die Körpertemperatur steigt an. Auch der Transport von Stoffen z. B. über das Blutsystem ist verlangsamt, da das Blut dickflüssiger wird. Der Wasserverlust muss ausgeglichen werden. Dies ist nicht nur durch Trinken von Wasser möglich, denn auch Nahrung enthält meist Wasser. Zudem wird durch die Zellatmung innerhalb der Zellen sogenanntes Oxidationswasser gebildet (Abb. 1).

Angepasstheiten bei Wüstentieren

In sehr trockenen Lebensräumen, wie z. B. Wüsten, ist nur sehr selten Wasser verfügbar. Hohe Temperaturen führen zudem zu einer sehr niedrigen relativen Luftfeuchtigkeit. Dort lebende Tiere sind an den Wassermangel angepasst. Die *Kängururatte* gibt im Vergleich zu anderen, ähnlich großen Tieren in weniger trockenen Lebensräumen deutlich weniger Wasser ab. Bei den Tieren kondensiert beispielsweise beim Ausatmen Wasserdampf, da die Nasenschleimhaut eine niedrigere Temperatur aufweist als der Rest des Körpers (Abb. 2). Dieses Wasser wird über die Nasenschleimhäute aufgenommen. Neben solchen *physiologischen Angepasstheiten* bei den Wüstentieren bewirken *verhaltensbedingte Angepasstheiten*, wie z. B. das Eingraben in der heißen Mittagszeit, eine geringe Wasserabgabe. Einige der in Wüsten lebenden Tierarten kommen dauerhaft ohne Trinkwasser aus (Abb. 3).

AUFGABEN >>

◒ **1** Erläutern Sie die Angepasstheiten der Kängururatte an das geringe Wasserangebot in ihrem Lebensraum mithilfe von Abb. 2 und 3.

● **2** Stellen Sie die Daten in Abb. 3 in einer geeigneten Grafik zum Vergleich der Wasserbilanzen von Kängururatte und Wanderratte dar.

Material

Tiere in der Wüste

Viele Wüstengebiete sind gekennzeichnet durch sehr hohe Tagestemperaturen, sehr geringe Niederschlagsmengen und sehr geringe Luftfeuchtigkeit. Dort kommen nur Arten vor, die an diese extremen Lebensbedingungen angepasst sind.

Nebeltrinker und Dornteufel

In der afrikanischen Namib-Wüste regnet es etwa einmal im Jahr. Hier lebt der Nebeltrinker-Käfer, der neben physiologischen Angepasstheiten auch ein außergewöhnliches Verhalten zeigt. Die meiste Zeit verbringt er eingegraben im Sand. In der Morgendämmerung oder bei Nebel nimmt der Käfer auf Dünenkämmen eine seltsame Körperhaltung ein (Abb. 1). Er wird deshalb auch „Kopfstand-Käfer" genannt. Der Morgentau oder Nebel kondensiert am kühlen Körper, die Tröpfchen laufen dann zum Mund.

1 *Nebeltrinker-Käfer*

Ein in Zentral-Australien vorkommendes Reptil, der Dornteufel, weist Angepasstheiten auf, die ähnlich wirken. Auf der Körperoberfläche befinden sich viele Stacheln aus Horn und kleine wabenförmige Plättchen (Abb. 2). Zwischen den Schuppen verlaufen kleine Rillen zum Maul.

2 *Dornteufel (links), REM-Bild seiner Schuppen (rechts)*

AUFGABEN >>

◒ **1** Erläutern Sie die Funktionen der Stacheln und der Hautstruktur des Dornteufels.

◒ **2** Vergleichen Sie die Angepasstheiten des Nebeltrinker-Käfers und des Dornteufels.

Kühlung der Haut des Dromedars

Dromedare in der afrikanischen Wüste tolerieren extreme Temperaturschwankungen von +50 °C bis −35 °C. Sie haben ein braunes, wolliges Fell.
Dromedare können bis zu zwei Wochen ohne Wasseraufnahme auskommen.

In einem Experiment verglich man an einem heißen Tag die Wasserabgabe über die Haut (Evaporation) bei einem ungeschorenen und einem geschorenen Dromedar. In einem zweiten Experiment bestimmte man den Temperaturunterschied zwischen Körper, Fell und Außenluft.

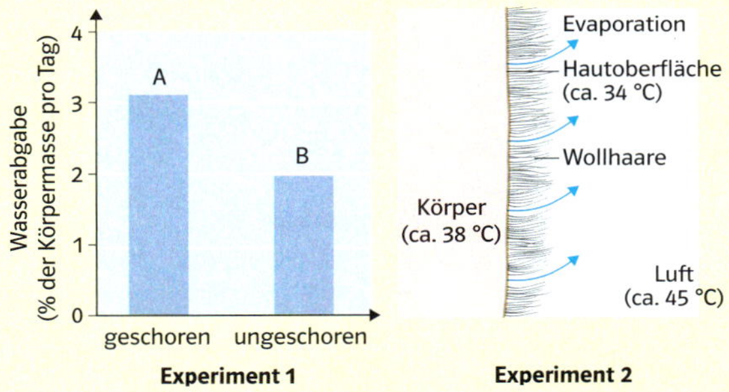

3 *Experimente zur Evaporation*

Bei hohen Umgebungstemperaturen verdunsten Dromedare Wasserdampf über die Hautoberfläche. Dabei wird aus der Umgebung Wärme entzogen. Die Haut kühlt ab, das Fell bleibt trocken. Flüssiger Schweiß würde das Fell durchnässen und dadurch dessen Wärmeleitfähigkeit erhöhen.

AUFGABEN >>

○ **3** Erklären Sie den Unterschied zwischen Schwitzen und Evaporation.

◒ **4** Fassen Sie die Ergebnisse der Experimente zusammen.

● **5** Erläutern Sie den Anpassungswert des wolligen Fells des Dromedars im Lebensraum Wüste. Berücksichtigen Sie dabei die Aspekte Wasserabgabe und Temperatur.

Licht als Umweltfaktor für Pflanzen

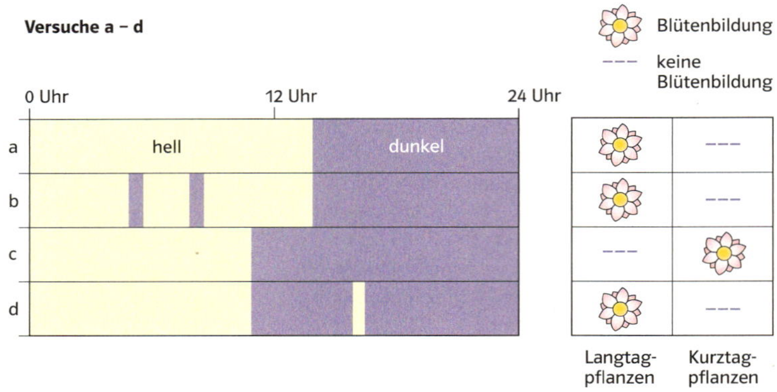

1 *Experimentelle Blütenbildung bei Kurz- und Langtagpflanzen*

3 *Weihnachtsstern (Euphorbia pulcherrima)*

Pünktlich zur Adventszeit kommen blühende Weihnachtssterne mit ihren leuchtend roten Hochblättern auf den Markt (Abb. 3). Sonnenlicht ermöglicht Pflanzen nicht nur die Fotosynthese, sondern ist auch ein wichtiger Taktgeber.

Fotoperiodismus

Zierpflanzenzüchter machen sich zunutze, dass Weihnachtssterne in ihrer mittelamerikanischen Heimat im Herbst blühen, also in einer Jahreszeit, in der die Nächte länger und die Tage kürzer werden. *Kurztagpflanzen* wie der Weihnachtsstern erblühen, sobald die Nächte eine bestimmte Länge überschritten haben (Abb. 1). In Gärtnereien wird die Dunkelphase durch Abdeckfolie ab Oktober allmählich auf über 12 Stunden verlängert und so die Blütenbildung genau in der Verkaufssaison ausgelöst.

Mitteleuropäische Pflanzen blühen dagegen überwiegend im Frühling und Frühsommer, also wenn die Nächte kürzer und die Tage länger werden, es sind *Langtagpflanzen*. Solche Reaktionen auf das Verhältnis von Tag- zu Nachtlänge werden als *Fotoperiodismus* bezeichnet. Sie gewährleisten, dass die Blütenbildung in einer Jahreszeit mit passendem Licht-, Wärme- und Wasserangebot erfolgt.

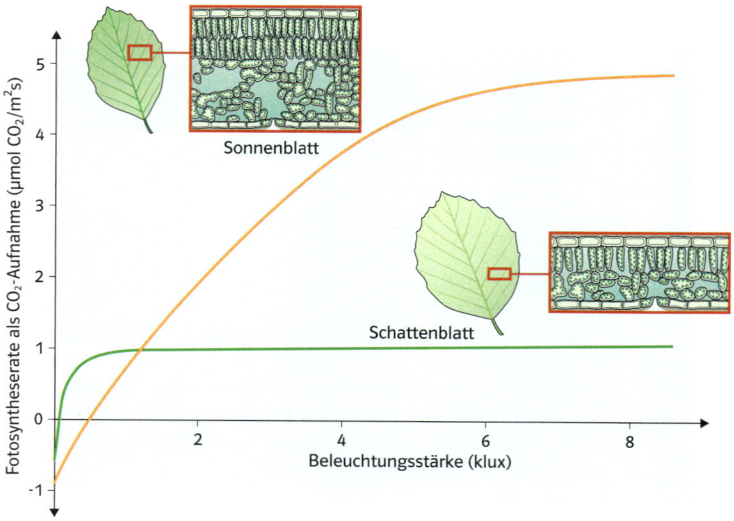

2 *Sonnen- und Schattenblatt einer Rotbuche (Übersicht und Querschnitt)*

4 *Rotbuche*

In Regionen mit ganzjährig guten Vegetationsbedingungen sind die Blütenpflanzen dagegen überwiegend *tagneutral*. Biochemisch verantwortlich für die Blühinduktion ist das Zusammenspiel verschiedener Pflanzenhormone, darunter das Blühhormon *Florigen*, es wird in den Laubblättern gebildet. Seine genaue chemische Struktur ist noch unklar, aber das zugehörige Gen wurde vor einigen Jahren entschlüsselt.

Lichtintensität

Im Blätterdach eines Laubbaumes sind die Lichtverhältnisse sehr unterschiedlich. Die Rotbuche bildet in hellen Bereichen der Baumkrone *Sonnenblätter*, in dunkleren Bereichen *Schattenblätter* aus (Abb. 2). Je höher das Lichtangebot ist, desto dicker ist das chloroplastenhaltige Gewebe ausgebildet.

Unter den krautigen Pflanzen gibt es sogenannte *Schattenpflanzen*, wie Maiglöckchen und Sauerklee oder Moose und Farne. Sie weisen im Gegensatz zu *Lichtpflanzen*, wie Echte Kamille und Rotklee, auch bei wenig Licht eine positive Fotosynthesebilanz auf. Sie können daher im Schatten wachsen.

5 *Edelweiß mit schützenden Filzhaaren*

Lichtspektrum

Nicht überall steht gleich viel Licht zur Verfügung: Intensität und Breite des Spektrums verringern sich auf dem Weg von der Sonne durch die Luftschichten bis zum Erdboden und noch weiter mit der Wassertiefe (Abb. 6). In Hochgebirgslagen ist der UV-Anteil besonders hoch. Das Edelweiß, eine charakteristische Alpenpflanze, schützt seine Blätter mit einem weißen Haarfilz vor Strahlenschäden (Abb. 5).

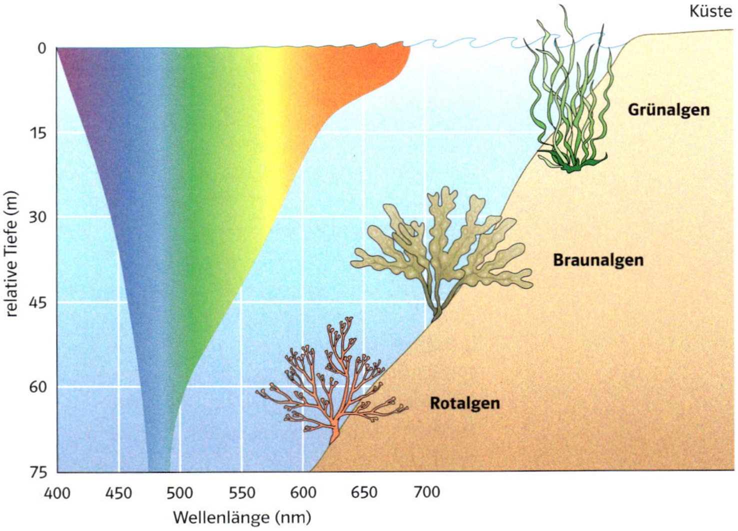

6 *Lichtspektrum an der Meeresküste*

AUFGABEN >>

○ **1** Erklären Sie anhand von Abb. 1, dass nicht die Tages-, sondern die Nachtlänge für die Blütenbildung bei Pflanzen entscheidend ist.

○ **2** Erläutern Sie die Angepasstheiten von Sonnen- und Schattenblättern der Rotbuche an die Lichtintensität.

◒ **3** An der Meeresküste wachsen Rotalgen in einer Wassertiefe von über 60 m. Ihre Farbe verdanken sie roten Pigmenten, die Licht der Wellenlängen 490 nm bis 580 nm absorbieren und dem eigentlichen Fotosynthesepigment Chlorophyll (680 nm, 700 nm) zur Verfügung stellen. Beurteilen Sie den Vorteil für die Rotalgen unter Berücksichtigung der Lichtverhältnisse in der Tiefe (Abb. 6).

Licht als Umweltfaktor für Tiere

1 *Blütenfarbe für Mensch (links) bzw. Biene (rechts)*

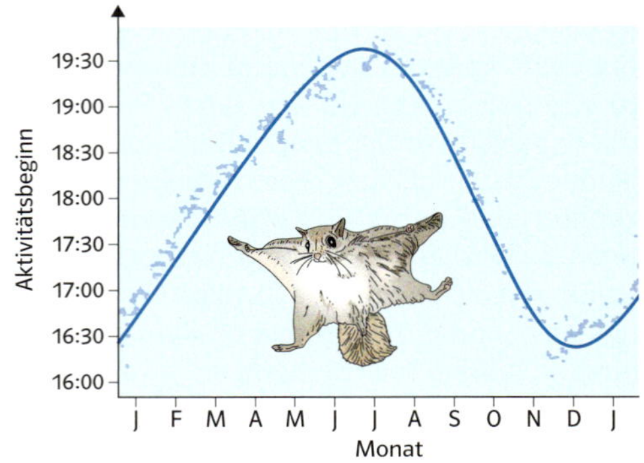

2 *Aktivität des Gleithörnchens*

In einer farbigen, bewegten Umwelt bietet die Wahrnehmung von Licht einen enormen Vorteil beim Auffinden von Nahrung, Feinden oder Geschlechtspartnern. So ist es zu erklären, dass Tiere vielfältige Lichtsinnesorgane entwickelt haben.

Sehfähigkeit

Licht liefert über Helligkeit (Amplitude), Wellenlänge (Farbe) und Polarisation (Schwingungsrichtung) wichtige Informationen zur Orientierung und Kommunikation mit der Umwelt. Schon der erstaunliche Farbenreichtum, den wir bei tierbestäubten Blütenpflanzen beobachten, lässt darauf schließen, dass die Bestäuber bestimmte Wellenlängen wahrnehmen. Vogelblumen sind oft rot, Bienenblumen enthalten die für das menschliche Auge nicht sichtbare Farbe *Bienenpurpur*, das die UV-empfindlichen Bienen optisch zu Nektar und Pollen leitet (Abb. 1). Die Sehfähigkeit der Augen ist an das Licht in der jeweiligen Umwelt angepasst. Tiere in der Dunkelheit, also in Höhlen, im Boden oder in der Tiefsee, haben oft reduzierte oder gar keine Augen, ihnen genügt ein Hell-Dunkel-Lichtsinn zur Orientierung.

Innere Uhr

Bei Vögeln stimuliert die zunehmende Tageslänge im Frühling das Wachsen der Keimdrüsen. Die vermehrt produzierten Sexualhormone fördern Nestbau und Balz. Das südliche Gleithörnchen wird mit Beginn der Abenddämmerung aktiv (Abb. 2). Mit abnehmender Tageslänge im Herbst gehen die Tiere früher auf Nahrungssuche und nutzen die Aktivität bestimmter Insekten in der Dämmerung aus. Gleichzeitig weichen sie so tagaktiven Greifvögeln aus. Die Aktivitäten von Lebewesen sind an den im Jahresverlauf variierenden Tag- und Nachtrhythmus angepasst. Verhaltensweisen oder Lebensvorgänge, die eine Periodenlänge von rund 24 Stunden haben, heißen *circadiane Rhythmen*, umgangssprachlich auch „innere Uhr“ genannt.

Kunstlicht als Umweltfaktor

Licht von Straßenlaternen oder Schaufenstern kann nicht nur die Orientierung der sprichwörtlichen „Motten um das Licht“ erheblich stören, es zieht auch räuberische Arten wie Fledermäuse oder Spinnen an, die hier reichlich Beute finden. Am Boden unter den Lampen finden sich Ameisen, Laufkäfer und Asseln, die sich von den Lichtopfern ernähren.

AUFGABE >>

○ **1** Meeresschildkröten legen ihre Eier fast immer am selben Strand ab. Die schlüpfenden Jungtiere orientieren sich am Licht des Mondes und gelangen so ins Meer. Beurteilen Sie die Umweltveränderung durch Kunstlicht am Strand.

Material

Experimente mit Licht

Neben der Amplitude stellt auch die Wellenlänge des Lichtes einen wichtigen Umweltfaktor für Lebewesen dar. Sonnenstrahlen enthalten alle sichtbaren Wellenlängen. Der Himmel erscheint blau, denn kurzwelliges Licht wird besonders stark gestreut. Am Meeresboden fehlt langwelliges Licht, denn entsprechende Wellenlängen werden vom Wasser absorbiert.

Fototropismus

Bei einseitiger Belichtung wenden sich Blätter und Sprosse dem Licht zu. Dieser *Fototropismus* ist auf Phytohormone (Auxine) zurückzuführen. Sie fördern das Zellwachstum im lichtabgewandten Pflanzenbereich. Dadurch entsteht eine Krümmung der Pflanze zum Licht. Mit einfachen Mitteln lässt sich das im Experiment nachweisen, geeignet sind Bohnen- oder Kressekeimlinge.

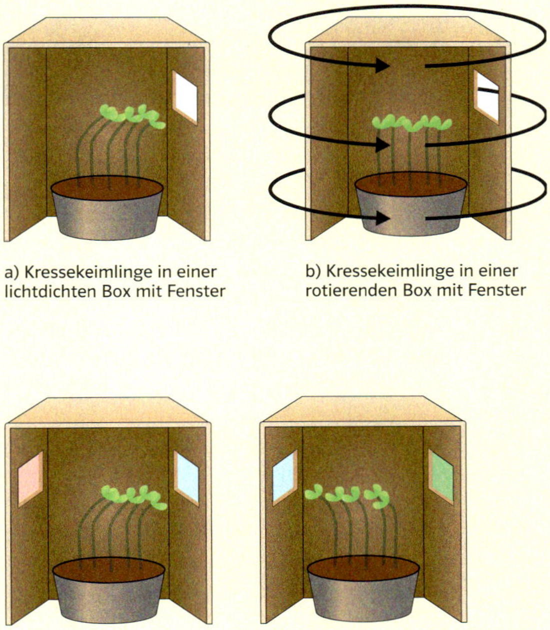

a) Kressekeimlinge in einer lichtdichten Box mit Fenster

b) Kressekeimlinge in einer rotierenden Box mit Fenster

c) Kressekeimlinge in Boxen mit zwei Fenstern, die Licht unterschiedlicher Wellenlänge passieren lassen

1 *Experimente zum Fototropismus*

AUFGABEN >>

○ **1** Beschreiben Sie Aufbau und Ergebnis von Experiment 1a.

○ **2** Erklären Sie das aufrechte Wachstum des Keimlings in der rotierenden Box (Abb. 1b).

○ **3** Bietet man Keimlingen alternativ Lichtquellen verschiedener Wellenlängen an, ergibt sich ein Fototropismus wie in Experiment 1c. Stellen Sie eine Hypothese über die Empfindlichkeit des zugehörigen Phytohormons für verschiedene Wellenlängen auf.

Optomotorische Reaktion

Lässt man einen Zylinder mit senkrechten Streifen um ein Tier herum rotieren, so folgt dieses dem vorbeiziehenden Streifenmuster mit dem ganzen Körper oder zumindest mit den Augen, als ob es mögliche Beute oder Feinde beobachtete. Abb. 2 zeigt den Versuchsaufbau für diese *optomotorische Reaktion* bei einer Schwimmkrabbe. Verwendet man farbige Streifen, lässt eine ausbleibende Reaktion Rückschlüsse auf das Farbsehvermögen der jeweils untersuchten Krebsarten zu.

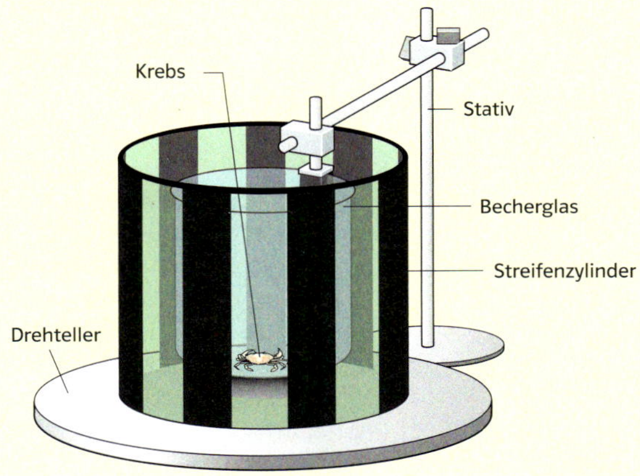

Streifenfarbe	Krebs A	Krebs B	Krebs C
	Anzahl der Reaktionen von 14		
	13	14	13
	12	14	13
	13	6	14
	0	0	0

2 *Experimente zur optomotorischen Reaktion*

AUFGABEN >>

○ **4** Beschreiben Sie den Versuchsaufbau zur optomotorischen Reaktion bei der Schwimmkrabbe.

○ **5** Fassen Sie die Versuchsergebnisse zusammen und schließen Sie auf das Farbsehvermögen der Krebse.

◒ **6** Schwimmkrabben leben an der Nordseeküste in einer Wassertiefe wie die Rotalgen. Erläutern Sie, inwieweit die Krebse durch ihr Sehvermögen an das Leben auf dem Meeresboden angepasst sind.

◒ **7** Wandeln Sie den Versuchsaufbau so ab, dass sich auf das zeitliche Auflösungsvermögen der Krebse schließen lässt.

Mineralstoffe als Umweltfaktoren

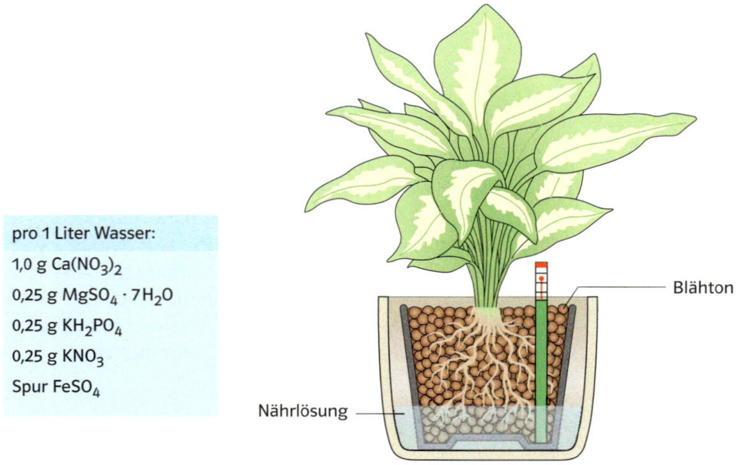

1 *Optimale Mineralstoffkombination für Hydrokultur*

2 *Salzwiese an der Meeresküste*

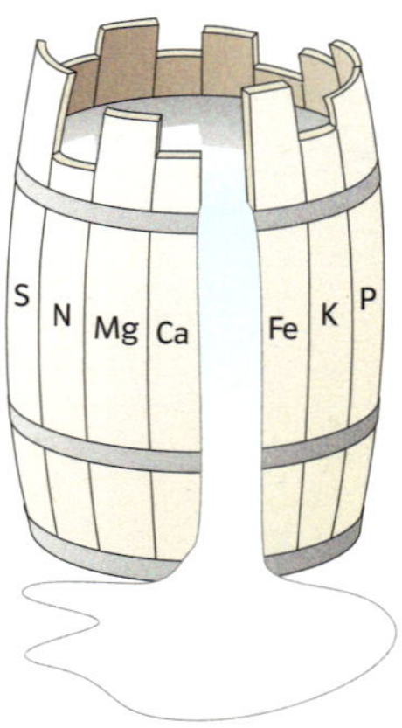

Modell zum Minimumgesetz

Seit Beginn des Lebens auf der Erde gehören in Wasser gelöste Mineralstoffe *(Elektrolyte)* zur Umwelt von Zellen und Organismen. Alle Lebewesen sind an bestimmte Ionen-Konzentrationen und Mengenverhältnisse angepasst, viele haben Mechanismen entwickelt, eine bestimmte Konzentration im Körperinneren aufrechtzuerhalten.

Minimalbedarf an Elektrolyten

Die wichtigsten Elektrolyte im Boden sind Nitrat-Ionen (NO_3^-), Hydrogencarbonat-Ionen (HCO_3^-), Phosphat-Ionen (PO_4^{3-}) sowie Ionen der Metalle Kalium (K^+), Calcium (Ca^{2+}), Magnesium (Mg^{2+}) und Eisen (Fe^{2+} bzw. Fe^{3+}). Topfpflanzen lassen sich bei ausreichend Licht und Luft in Hydrokultur halten, also in Leitungswasser mit allen für das Pflanzenwachstum benötigten Mineralstoffen (Abb. 1). Fehlt einer dieser Stoffe, führt das zu typischen Mangelerscheinungen, wie gelben oder verformten Blättern. Es hilft dann auch nicht, von einem der anderen Stoffe mehr anzubieten, denn der Faktor im Minimum begrenzt das Wachstum *(Minimumgesetz)*. Diese Erkenntnis des Chemikers Justus von Liebig (1803—1873) war entscheidend für die optimal ertragsfördernde Zusammensetzung von mineralischen *Düngern* in der Landwirtschaft.

Oft spricht man umgangssprachlich von „Nährstoffen", dieser Begriff sollte aber für Kohlenhydrate, Fette, Proteine vorbehalten sein, also für organische Verbindungen, die Pflanzen für ihre Ernährung herstellen und so auch Tieren und Pilzen als Nahrung zur Verfügung stellen.

Salzböden

Ab Mai erblühen an vielen Straßenrändern rosa Strandnelken. Sie sind *Zeigerarten* für salzhaltige Böden, in diesem Fall infolge von Streusalzeinsatz. Normalerweise wachsen sie in Regionen, die häufig vom Meerwasser überflutet werden. Der Salzgehalt des Bodenwassers ist hier zehnmal so hoch wie landeinwärts und auf Kochsalz (NaCl) zurückzuführen.

Salzpflanzen (Halophyten) wie Strandnelke oder Strandflieder tolerieren Salzböden oder ziehen sie sogar vor. Sie gleichen die hohe Bodensaugspannung durch eine erhöhte Salz- oder Zuckerkonzentration in den Zellen aus. Überschüssige Salze können aber auch über spezielle Drüsen ausgeschieden oder in dickfleischigen Blättern angesammelt werden. Halophyten der gemäßigten Zonen sind vor allem Kräuter *(Salzmarschen)*, in tropischen Regionen sind es Holzpflanzen *(Mangroven)*.

Salzwasser

Kocht man einen Liter Meerwasser, bis die gesamte Flüssigkeit verdampft ist, bleiben 35 g Salz zurück, denn Meerwasser hat einen Salzgehalt von etwa 3,5 % (35 ‰). Wasser mit einem sehr viel geringeren Salzgehalt wird als Süßwasser bezeichnet. Die innere Ionenkonzentration vieler wirbelloser Meeresbewohner stimmt mit dem Umwelt-Salzgehalt überein. Unterschiede zwischen innen und außen wirken sich osmotisch aus, Wassermoleküle fließen überwiegend in Richtung der höheren Salzkonzentration. Meerwasser wird besonders in Küstenregionen durch Niederschläge oder Flusswasser verdünnt. Gerät ein Seestern in verdünntes Seewasser, strömt Wasser in seinen Körper und lässt ihn quellen. Seine Ionenkonzentration im Körper folgt der Außenkonzentration, er ist ein *Osmokonformer* (Abb. 3). Auf Dauer kann er unter diesen Bedingungen nicht überleben.

Osmoregulation bei Meerestieren

Lebewesen, die auch mit veränderlichen Salzgehalten umgehen können, regulieren unabhängig von der Umwelt eine weitgehend konstante Ionenkonzentration im Körperinneren. Sie werden als *Osmoregulierer* bezeichnet. Die Konzentration im Inneren der Tiere kann oberhalb *(hypertonisch)* oder unterhalb *(hypotonisch)* des Salzgehaltes der Umwelt liegen.

[► Steuerung und Regelung]

Die Knochenfische in den Ozeanen sind hypotonisch. Das gilt als evolutiver Hinweis darauf, dass sie in der Erdgeschichte aus dem Süßwasser eingewandert sind, also aus Wasser mit geringerer Salzkonzentration. Im Meerwasser verlieren sie ständig Wasser über die Haut. Diesen Verlust gleichen sie durch Trinken aus. Dabei aufgenommene, überschüssige Ionen scheiden sie über die Kiemen oder mit dem Urin aus. Süßwasser-Knochenfische sind dagegen hypertonisch, sie geben einströmendes Wasser über einen wässrigen Urin ab und nehmen Ionen über die Kiemen auf. Trinken müssen sie nicht (Abb. 4).

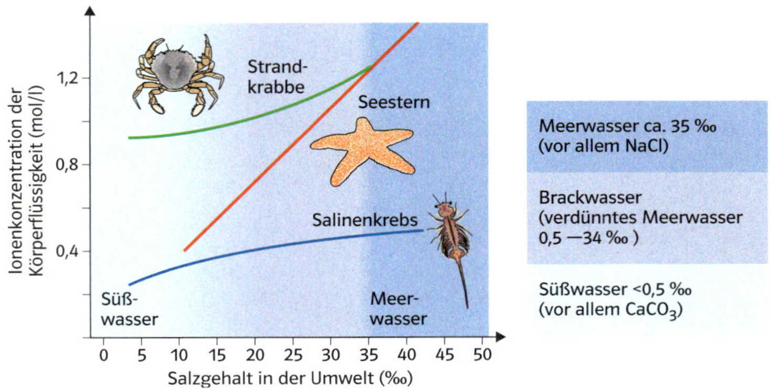

3 *Osmo-Anpassungstypen*

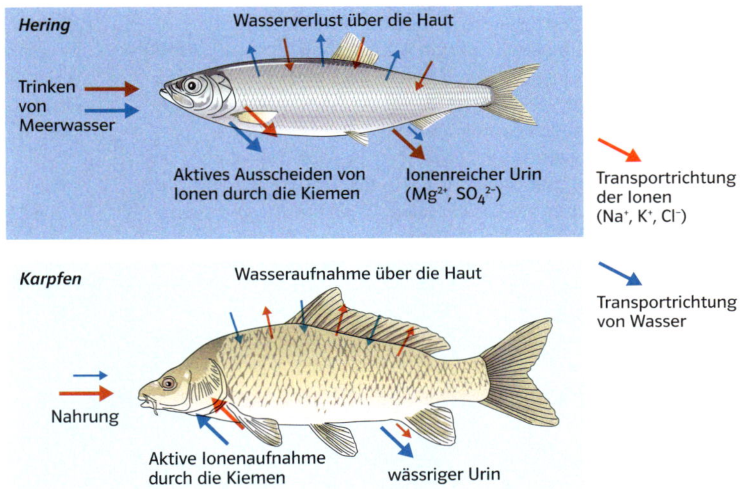

4 *Osmoregulation bei Knochenfischen im Meer (Hering) und im Süßwasser (Karpfen)*

AUFGABEN >>

◒ **1** Entwickeln und erläutern Sie einen Versuch, der klärt, ob eine Salzpflanze Kochsalz zum Gedeihen braucht oder ob sie es nur besser toleriert als andere Arten.

◒ **2** In den Salzwiesen der Nordseeküste wachsen anders als in den tropischen Mangroven-Regionen keine Bäume. Begründen Sie.

○ **3** Ordnen Sie die Meerestiere (Abb. 3) dem Typ Osmokonformer, hypoosmotischer bzw. hyperosmotischer Osmoregulierer zu.

● **4** Auch unsachgemäß gedüngte oder bewässerte Ackerflächen können versalzen. Erläutern Sie die Konsequenzen für die Nutzpflanzen.

Praktikum

Ökologisch-mikroskopische Untersuchungen

Pflanzen sind an die Umweltbedingungen ihres Standortes angepasst. Das betrifft nicht nur ihre Wuchsform, sondern auch ihre Zellen und Gewebe und lässt sich mit geeigneten Präpariertechniken mikroskopisch untersuchen.

Anfertigung mikroskopischer Präparate

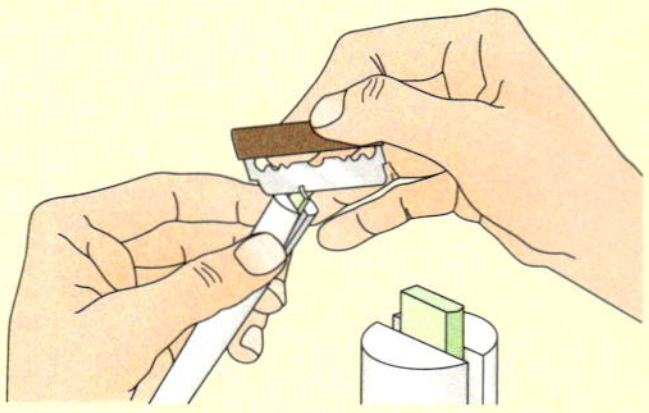

1 *Querschnitt*

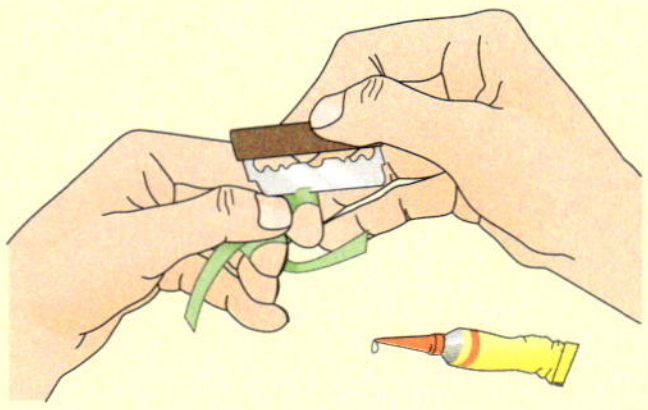

2 *Flächenschnitt*

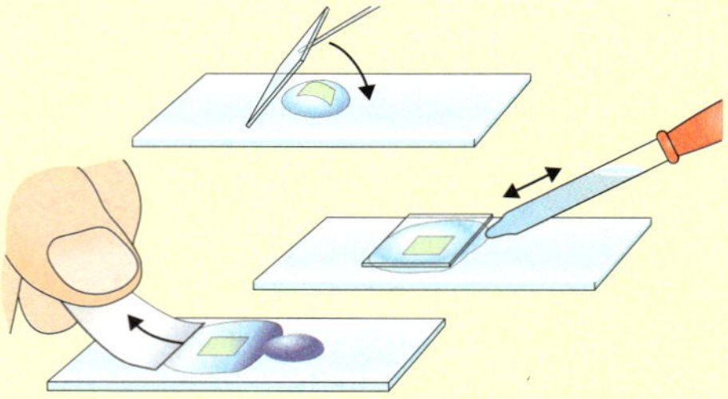

3 *Mikroskopisches Präparat*

Die Anfertigung eines Präparates für mikroskopische Untersuchungen erfordert eine Reihe von Arbeitsschritten:

- Für einen Querschnitt ziehen Sie mit einer scharfen Rasierklinge und leichtem Druck durch das Objekt.
  Weiche Objekte können zuvor in Styropor oder ein Stück Karotte eingeklemmt werden (Abb. 1).
- Für einen Flächenschnitt spannen Sie das Objekt über den Finger oder einen Bleistift und ziehen die Klinge vorsichtig ganz flach über das Objekt (Abb. 2). Alternativ verteilen Sie einen Tropfen Alleskleber mit leichtem Druck auf der Oberfläche und lösen kleine Stücke der getrockneten Klebehaut ab.
- Geben Sie das Objekt anschließend in einen Tropfen Wasser auf den Objektträger und senken Sie ein Deckglas langsam ohne Lufteinschluss ab. Mit Pipette oder Fließpapier kann die Wassermenge optimiert werden oder ein Farbstoff zugegeben werden (Abb. 3). Jetzt kann das Objekt mikroskopiert werden.

AUFGABE >>

1 Nennen Sie jeweils ein geeignetes Präparationsverfahren für die Objekte dieses Praktikums.

Umweltfaktor Licht: Verteilung der Chloroplasten

4 *Weißer und grüner Spargel*

Pflanzen leben an unterschiedlich sonnenexponierten Standorten. Viele Gemüsesorten (Blumenkohl, Spargel, Chicoree) gibt es im Handel in bleichen Formen, sie werden unter Lichtabschluss kultiviert. Der im dunklen Boden heranwachsende Spargel fängt erst dann mit der Chlorophyllbildung an, wenn er an das Tageslicht gelangt. Zuvor enthält er nur Vorstufen der Chloroplasten, ist weiß und zart, also frei von holzigem Gewebe. Diese *Vergeilung* beobachtet man auch bei Trieben von Kartoffeln, die im Dunkeln wachsen. Alle Stärkevorräte werden dafür eingesetzt, in Richtung Licht zu wachsen, hier ergrünen die Plastiden zu Chloroplasten und nutzen von nun an Lichtenergie bei der Fotosynthese.

AUFGABEN >>

2 Sammeln Sie Blätter an unterschiedlich sonnenexponierten Standorten, z. B. vom inneren und äußeren Kronenbereich eines Baumes, oder von Kräutern auf der Süd- und Nordseite eines Gebäudes.

3 Protokollieren Sie den Wuchs und vergleichen Sie die Blattfärbung in einer Grünskala.

4 Fertigen Sie mikroskopische Präparate an, mit denen Sie die Dicke der chlorophyllhaltigen Gewebsschichten vergleichen können

5 Vergleichen Sie die Befunde bei Blättern von Sonnen- und Schattenstandorten.

6 Wählen Sie von einer Gemüsesorte einen bleichen und einen grünen Pflanzenteil und fertigen Sie mikroskopische Präparate an, mit denen Sie die Ursachen der unterschiedlichen Färbung finden können.

7 Skizzieren Sie den Bau des Gewebes und vergleichen Sie die Anzahl von chloroplastenhaltigen Zellen. Färben Sie zur Kontrastverstärkung mit Methylenblau oder Tinte.

Umweltfaktor Wasser: Schuppenhaare und Luftwurzeln

5 *Bromelie und Orchidee*

Pflanzen brauchen Wasser zum Gedeihen, nicht alle nehmen dieses ausschließlich über die Wurzel auf. Viele tropische Bromelien- und Orchideenarten wachsen als sogenannte *Epiphyten* auf Bäumen. Das bringt sie zwar der Sonne näher, entfernt sie aber vom Bodenwasser. Der Pflanzenbau ist an diese Lebensweise angepasst. Bromelien sammeln Wasser im Blatttrichter, Orchideen über spezielle Luftwurzeln.

AUFGABEN >>

8 Beschreiben Sie den Bau der Bromelie.
9 Lösen Sie ein Blatt möglichst tief am Blattansatz und stellen Sie ein mikroskopisches Präparat von der Blattoberseite und von der Blattunterseite her.
10 Mikroskopieren Sie die Präparate und skizzieren und vergleichen Sie die Blattstrukturen auf Ober- und Unterseite, beschriften Sie dabei die schildförmigen Schuppenhaare und die Spaltöffnungen.
11 Stellen Sie eine Hypothese auf, warum man Bromelien in den Blatttrichter und nicht nur im Topf begießt.
12 Beschreiben Sie das Aussehen der Luftwurzeln bei einer Orchidee im trockenen und nassen Zustand.
13 Fertigen Sie mikroskopische Präparate der Luftwurzel und skizzieren Sie ihren Bau.
14 Ordnen Sie den silbrigen Außenbereich *(Velamen radicum)* einer Gewebsschicht zu.
15 Stellen Sie eine Vermutung über die Funktion der Zellwandverstärkungen in den äußeren Zellschichten an.

Umweltfaktor Temperatur: Sukkulente Gewebe

6 *Blattsukkulenz bei Aloe und Pfennigbaum*

Pflanzen an Hitzestandorten zeichnen sich oft durch dickfleischige Stängel oder Blätter aus, in denen Wasser gespeichert wird. Diese *Sukkulenz* findet man bei vielen Zimmerpflanzen, denn es lässt sie auch auf einer beheizten Fensterbank überleben. Sie speichern nicht nur Wasser, sondern haben auch eine verminderte Transpiration.

AUFGABEN >>

16 Fertigen Sie mikroskopische Präparate sukkulenter Blätter von Topfpflanzen an, die Aufschluss über die Lage des wasserspeichernden Gewebes geben.
17 Skizzieren Sie den Blattbau, achten Sie dabei auch auf die Lage der Spaltöffnungen und die Dicke der wachsartigen Kutikula.
18 Benennen Sie wasserspeichernde und transpirationsvermindernde Einrichtungen der Zellen und Gewebe.

KOMPAKT

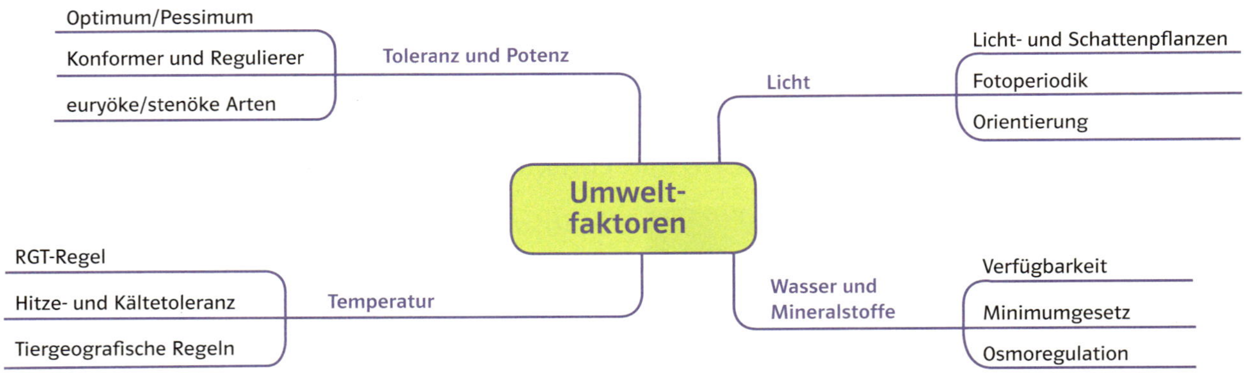

Die Ökologie beschäftigt sich mit den Beziehungen der Lebewesen untereinander und zu ihrer Umwelt. Beide Faktoren beeinflussen die Zusammensetzung der Lebensgemeinschaft (Biozönose) im Lebensraum (Biotop) sowie deren räumlich und zeitlich veränderliche Muster. Die Autökologie stellt eine einzelne Art und ihren speziellen Lebensraum (Habitat) in den Mittelpunkt. Temperatur, Licht, Wasser und Mineralstoffe gehören zu den abiotischen Umweltfaktoren.

Toleranzkurven

Die Lebensfähigkeit einer Art bei unterschiedlichen Abstufungen eines Umweltfaktors lässt sich in einer Toleranzkurve darstellen (Abb. 1). Außerhalb des Toleranzbereichs ist die Art nicht lebensfähig. Den Wert des Umweltfaktors, bei dem die Lebensfähigkeit am besten ist, bezeichnet man als Optimum, im Pessimum kann sie sich nicht mehr vermehren. Die Toleranzkurve charakterisiert die physiologische Potenz einer Art im Alleinversuch. Im Zusammenleben mit anderen Arten ist sie oft schmaler (ökologische Potenz). Stoffwechsel, Körperbau und Verhalten entscheiden darüber, ob eine Art bei bestimmten Umweltbedingungen überleben kann. Konformer folgen mit ihren Bedingungen im Körperinneren den Außenbedingungen, Regulierer können unabhängig von den Außenbedingungen die Innenbedingungen konstant halten. Arten, die in einer breiten Spannbreite eines Umweltfaktors überleben, bezeichnet man als euryök gegenüber diesem Umweltfaktor, Arten mit einem schmalen Toleranzbereich als stenök.

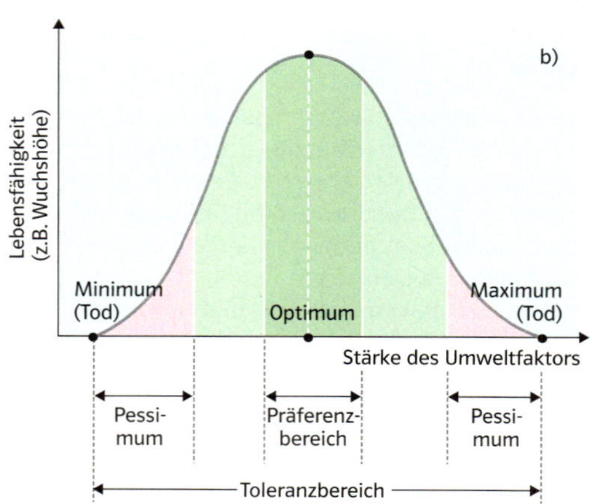

1 *Toleranzkurve*

Temperatur

In einem mittleren Temperaturbereich wirken sich die Umwelttemperaturen nach der RGT-Regel auf die Stoffwechselaktivität von Lebewesen aus. Extreme Hitze und Kälte zerstören jedoch die Protein- und Zellstruktur und führen zum Tod, es sein denn, die Lebewesen haben spezielle Angepasstheiten zur Hitze- oder Kältetoleranz entwickelt. Bei gleichwarmen (homoiothermen) Tieren in kalten Regionen können große Körper und kleine Körperanhänge vorteilhaft sein (tiergeografische Regeln).

Licht

Fotoautotrophe Bakterien und Pflanzen verwandeln Sonnenlicht in chemische Energie. Hell-Dunkel-Rhythmen takten die Blütezeit. Am Blattbau und der Verteilung der Chloroplasten lassen sich Licht- und Schattenpflanzen unterscheiden. Indirekt nutzen auch heterotrophe Lebewesen in ihrer Ernährung das Licht. Wegen ihrer Sehfähigkeit können viele Tiere Licht zur Orientierung nutzen.

Wasser und Mineralstoffe

Eine gleichbleibende Wasserversorgung und jeweils eine Mindestmenge an bestimmten gelösten Mineralstoffen sind für die zellulären Lebensabläufe unerlässlich. Transpiration, Respiration und Osmoregulation beeinflussen und regulieren diesen Gleichgewichtszustand im Körperinneren.

Felsenkrabben auf Jamaika

In Jamaika hat man bisher 14 Arten aus der Familie der Felsenkrabben gefunden. Die nahe verwandten Arten besiedeln unterschiedliche Lebensräume. Manche Arten leben überwiegend im Wasser, andere an Land. Die befruchteten Eier und Larven aller Arten entwickeln sich im Wasser.

Die Schneckenkrabbe *(Sesarma jarvisi)* ist in Bergregenwäldern verbreitet. Die Larven entwickeln sich in Schneckenhäusern, die mit Regenwasser angefüllt sind (siehe Abb. unten). Die Brackwasserkrabbe *(Armases miersii)* findet man in Küstennähe. Ihre Larven entwickeln sich in Felsentümpeln, die Regenwasser enthalten, sich aber manchmal auch mit Meerwasser füllen. Mischungen von Süß- und Salzwasser bezeichnet man als Brackwasser. Bei der Art *Sesarma rectum* leben die erwachsenen Krabben im Meerwasser und an Küstenfelsen, ihre Larven im Meer.

○ 1 Beschreiben Sie am Beispiel von *Sesarma rectum* unter Verwendung von Abb. 1 die Bedeutung der Begriffe ökologische Potenz und Toleranzbereich. *(Punkte: 8/50)*

◒ 2 Erläutern Sie unter Bezug zum Einstiegstext und zu Abb. 1 die Bedeutung des Umweltfaktors Salzgehalt für die drei Felsenkrabbenarten. *(Punkte: 12/50)*.

◒ 3 Erklären Sie anhand von Abb. 1 und 2 die Toleranz der Brackwasserkrabbe bezüglich des Umweltfaktors Salzgehalt des Wassers. *(Punkte: 10/50)*

○ 4 In der Körperflüssigkeit von Brackwasserkrabben findet man leicht schwankende Salzgehalte. Ordnen Sie den Tieren mit Bezug zu Abb. 3 begründet den Begriff Regulierer bzw. Konformer zu. *(Punkte: 8/50)*

◒ 5 Vergleichen Sie die Fortpflanzungsstrategien von zwei Felsenkrabbenarten anhand von Abb. 4. *(Punkte: 12/50)*.

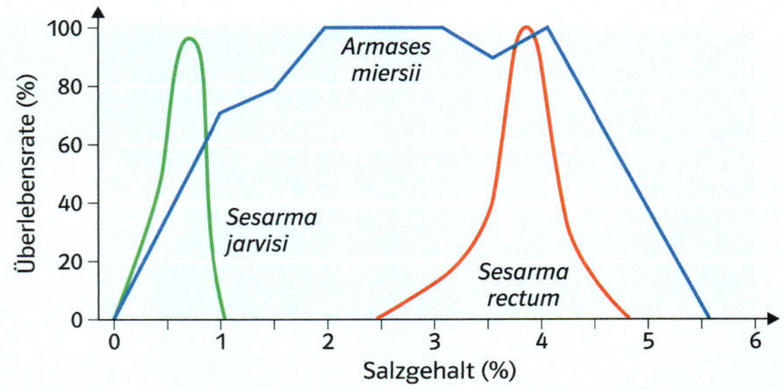

1 *Überlebensrate der Larven verschiedener Felsenkrabben*

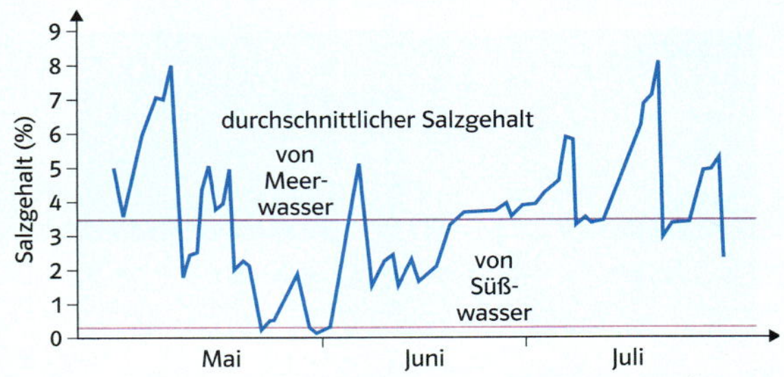

2 *Salzgehalt in einem Felsentümpel an der Küste Jamaikas*

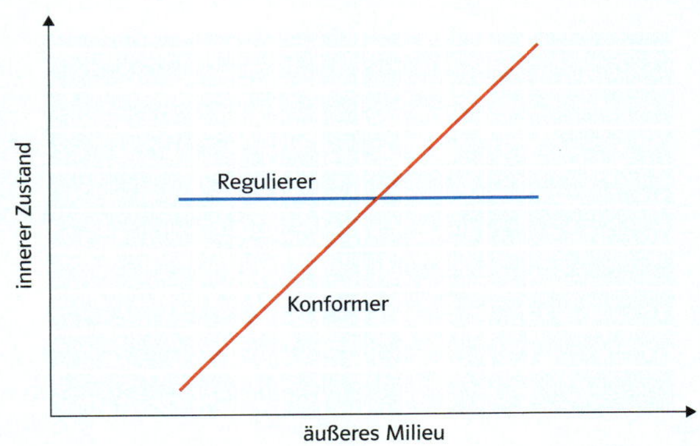

3 *Regulierer und Konformer*

	Eier pro Brut	Eivolumen in µm³	Larvenentwicklung	Larvenstadien	Brutpflege
S. rectum	25 000	17 – 48	20 Tage	3	nein
S. jarvisi	23	527 – 2878	4 Tage	2	ja

4 *Fortpflanzung bei zwei Felsenkrabbenarten*

2 Wechselbeziehungen

Räuber und Beute

1 *Räuber-Typen: Jäger (Zauneidechse), Fallensteller (Kreuzspinne), Filtrierer (Seepocke)*

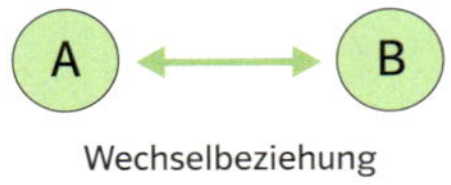

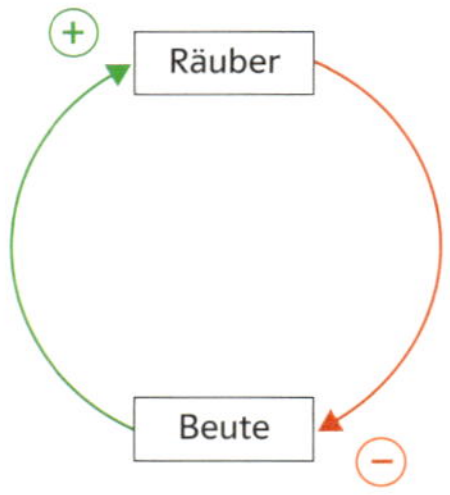

Tiere und Pflanzen leben neben- und miteinander in einem Lebensraum. Für jede Art sind die Mitbewohner *biotische Umweltfaktoren*. Jede Art gehört selbst zur Umwelt der anderen. Lebewesen beeinflussen sich also gegenseitig, sie stehen in *Wechselbeziehungen* zueinander. Umweltfaktoren wirken dagegen überwiegend in nur eine Richtung (s. Randspalte).

Dichte von Räuber und Beute

Zauneidechsen ernähren sich von Heuschrecken und anderen Insekten (Abb. 1). Auf die Beute wirkt sich die Anwesenheit von Räubern naturgemäß negativ aus, ihre Anzahl pro Fläche (Dichte) wird vermindert. Leben in einem Gebiet viele Heuschrecken, wandern weitere Zauneidechsen ein und vermehren sich erfolgreich. Auf Räuber wirkt die Anwesenheit von Beute positiv, denn sie haben dann potenziell Nahrung zur Verfügung. Gleichzeitig sind die Eidechsen aber selbst eine Beuteart von Füchsen, Krähen oder Schlangen.

In der *Populationsökologie* werden mathematische Modelle zur Dichteregulation erstellt, die Prognosen zur Bestandsentwicklung bei Räuber und Beute ermöglichen sollen.

Beutefangtypen bei den Räubern

Fleischfressende Tiere wie die Zauneidechsen stellen kleineren Insekten nach und entsprechen damit dem klassischen Jäger unter den Räubern, d. h. sie sind schnell und der Beute körperlich überlegen (Abb. 1). Kräftige Kiefer und andere Greifapparate, wie die Krallen bei Greifvögeln oder Scheren bei Hummern, charakterisieren den Körperbau solcher Jäger. Das Auffinden der Beutetiere wird durch spezialisierte Sinne der räuberischen Arten unterstützt. Dazu gehören die Sehfähigkeit im Dämmerlicht wie bei den Eulen, räumliches Riechen wie bei Schlangen mit ihrer gespaltenen Zunge oder leistungsstarke Ohren wie beim Fuchs. Zum Erbeuten dienen teilweise komplexe Verhaltensweisen, wie das Jagen im Rudel bei Wölfen, die durch kooperatives Verhalten größere Beutetiere überwältigen, als alleine.

Andere Tiere machen Beute, indem sie Fallen stellen oder wie die Spinnen Netze konstruieren (Abb. 1). Viele festsitzende Meerestiere wie Seepocken oder Korallenpolypen filtern winzige Beuteorganismen aus dem umgebenden Meerwasser. Selbst Giganten wie der Blauwal gehören zu den *Filtrierern* unter den Räubern (Abb. 1). Sie nehmen große Wassermengen auf und pressen sie

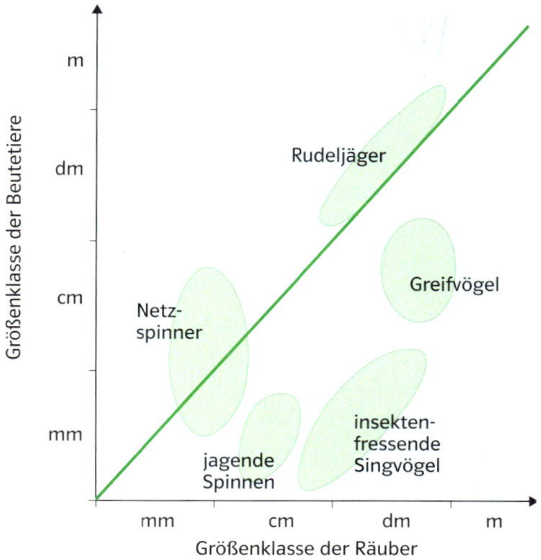

2 *Größenverhältnis von Räuber und Beute*

3 *Mimese (Gespenstschrecke, links) und Mimikry (Raupe Papilio troilus, rechts)*

durch die Barten, sodass die Beutetiere, vor allem wenige Zentimeter große Krillkrebse, im Maul zurückbleiben.

Tarnen und Warnen bei Beutetieren

Beutetiere haben im Laufe der Evolution ebenfalls Merkmale und Verhaltensweisen entwickelt, die sie dem Zugriff durch Räuber entziehen. „Wandelndes Blatt" nennt man anschaulich eine Gespenstschrecke, die in ihrer Gestalt kaum vom umgebenden Laub zu unterscheiden ist (Abb. 3). Diese *Tarntracht* (*Mimese*) macht sie für optisch orientierte Räuber nahezu unsichtbar. Das gilt auch für junge Feldhasen, deren Fellzeichnung sie farblich mit der Umwelt verschmelzen lässt. Das schützt sie vor dem Zugriff von optisch orientierten Greifvögeln, weniger aber vor dem geruchsorientierten Fuchs.

Andere Tiere sind wehrhaft, wie z. B. Wespen, oder nicht schmackhaft wie der Marienkäfer. Sie zeigen das auch mit einer auffälligen *Warntracht*. Diese ist nur dann eine wirkungsvolle Angepasstheit, wenn die räuberische Art lernfähig ist, also nach ersten Negativerfahrungen solche auffälligen Beutetiere meidet. Die Raupen des nordamerikanischen Falters *Papilio troilus* haben große Augenflecke am Vorderende, die ihnen das Aussehen einer gefährlichen Giftschlange verleihen, obwohl sie selbst harmlos sind (Abb. 3b). Räuber werden getäuscht und weichen zurück. Eine solche Signaltäuschung, wie auch die Wespenfärbung von Schwebfliegen und Käfern, nennt man *Mimikry* (*Scheinwarntracht*). Die Täuschung wirkt aber nur solange, wie es im Lebensraum des Räubers ausreichend viele Beutetiere gibt, die wirklich giftig oder wehrhaft sind. Hat der Räuber nie schlechte Erfahrungen mit auffälligen Beutetieren gemacht, wird er sie leicht finden und fangen.

AUFGABEN >>

◒ **1** Nennen Sie Beispiele für abiotische Umweltfaktoren, die von Lebewesen beeinflusst werden, und Beispiele für biotische Umweltfaktoren, die keine Wechselbeziehung darstellen.

◒ **2** Erklären Sie die Bedeutung der Diagonallinie in Abb. 2 und ordnen Sie die krillfangenden Bartenwale ein. (Beachten Sie die logarithmische Skalierung.)

○ **3** Ein Hornissen-Glasflügler genannter Schmetterling ähnelt im Aussehen den schwarz-gelb gestreiften Wespen und Hornissen. Nennen Sie die Wirkung auf potenzielle Räuber.

Parabiose

1 *Formen der Parabiose (Löwe — Geier, Rind — Klettkraut, Baum — Epiphyt)*

Im Zusammenleben von Arten können die Vorteile bei nur einer Art liegen, während die andere davon weder Vor- noch Nachteile hat. Man spricht dann von einer *Parabiose* (Abb. 1). Der einseitige Vorteil bezieht sich oft auf die Ernährung, kann aber auch im Bereich Transport oder Standort liegen. Gelegentlich gibt es Übergänge zu einer Wechselbeziehung mit positiver oder negativer Wirkung für den Partner.

Kommensalismus

Aasgeier warten schon im Hintergrund und beobachten, ob die Löwen etwas von ihrer Beute übriglassen. Sie profitieren von deren Jagderfolg, selbst hätten sie so ein großes Tier nicht erlegen können. Sie sind „Mitesser" oder *Kommensalen*. Ist die Nahrung für die Löwen bereits ungenießbar geworden, bedeutet es für sie weder Vor- noch Nachteile, ob jemand die Reste verzehrt. Kommensalen können aber auch zu lästigen Nahrungskonkurrenten werden.

Phoresie

Manche Früchte und Samen haben Vorrichtungen, mit denen sie sich im Fell oder Gefieder von Tieren fixieren können: Sie werden durch die Tiere fortgetragen und können an anderer Stelle keimen (Abb. 1, Mitte). Die Klette (*Arctium*), ein Korbblütengewächs, trägt beispielsweise feine elastische Häkchen an den Sammelfrüchten. Sie gelten als Vorbild für den Klettverschluss an Textilien. Auch manche Tiere nutzen größere Tiere als Transportmittel. Milben lassen sich durch Mistkäfer zum nächsten Misthaufen transportieren; Schiffshalterfische gelangen festgesaugt an Haien zu entfernten Orten. Einige Arten befreien ihren Transportwirt von Parasiten und erweisen sich damit als nützlich.

[► Struktur und Funktion]

Epiphyten und Epizoen

Bromelien sind typische Pflanzen der Regenwälder, die größeren Bäumen „aufsitzen", sodass sie in den Baumkronen ohne einen eigenen langen Spross ans Licht gelangen (Abb. 1, rechts). Sie sammeln Regenwasser in ihren Blatttrichtern. Auch in der Tierwelt gibt es Beispiele für eine solche „Aufsiedelung". Seepocken wachsen auf Taschenkrebsen und werden auf diese Weise mobil. Der Aufwuchs ist unbedeutend für den Krebs, kann aber auch Tarnung oder lästiges Gewicht sein.

Metabiose

Gelegentlich bereitet eine Art die Lebensbedingungen für eine andere Art vor. Das gilt zum Beispiel für Spechte, deren Nisthöhlen später von Hohltauben oder anderen Vogelarten bezogen werden. Die Tauben profitieren vom Specht, obwohl sie sich nicht zur gleichen Zeit am gleichen Ort befinden. Man hat beobachtet, dass Kohlmeisen im Wechsel mit Spechten in deren Höhlen übernachten, wenn diese nicht gerade zur Brut genutzt werden. Dieses Verhalten der Meisen ist evolutiv begünstigt, da es das Risiko senkt, die Beute eines Fleischfressers zu werden.

AUFGABE >>

○ **1** Stellen Sie tabellarisch Typen, Beschreibung und Beispiele von Parabiosen zusammen (Abb. 1).

Material

Tarntrachten bei Räuber und Beute

Laufen, Springen, Verstecken, Täuschen, Tarnen, Warnen, Verteidigen — Räuber und Beutetiere machen einander das Überleben nicht leicht. Besonders die Tarnung ist sowohl bei Räubern als auch bei Beutetieren verbreitet. Farbliche Tarntrachten sind besonders wirksam bei optisch orientierten Mitbewohnern.

Optische Tarnung

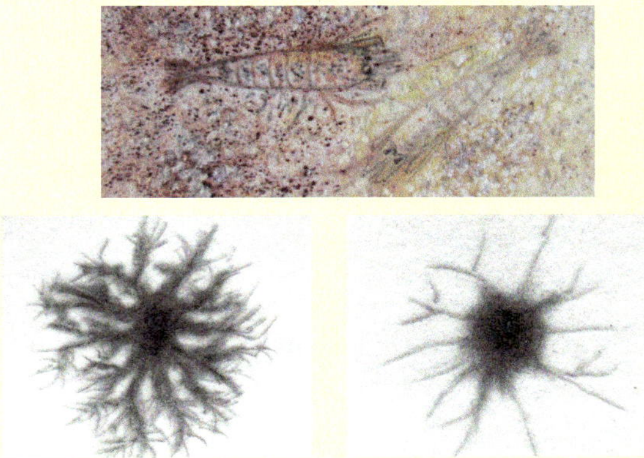

1 *Farbanpassung der Pigmentzellen von Nordseegarnelen*

Nordseegarnelen sind begehrte Beute von Watvögeln, Fischen und jungen Seehunden. Unter ihrer durchsichtigen Haut liegen verzweigte, kontraktile Pigmentzellen. Sind dunkle Farbkörner im Zentrum geballt, sieht die Garnele hell aus, sind sie in den Seitenästen verteilt, sieht sie dunkel aus. So passen sich die Garnelen innerhalb von etwa anderthalb Stunden an die Farbe des Untergrundes an und werden leicht übersehen. Die Farbanpassung wird durch eine Hormondrüse am Augenstiel gesteuert.

2 *Melanismus beim Birkenspanner*

Der Birkenspanner ist ein Nachtfalter der Auwälder und eine beliebte Beute bei Singvögeln und Fledermäusen. Es gibt eine helle und eine dunkle Variante. Sie unterscheiden sich in einem Gen, das die Entwicklung des Farbmusters bei den Flügelschuppen beeinflusst. In Feldversuchen wurde gezeigt, dass die nicht zum Untergrund passenden Falter von Vögeln leichter entdeckt und bevorzugt gefressen werden. Tagsüber findet man auf heller Birkenrinde die hellen Varianten häufiger als auf dunkler Rinde und umgekehrt.

3 *Farbwechsel beim Chamäleon*

Der sprichwörtlich schnelle Farbwechsel beim Chamäleon ist auf zwei Schichten spezialisierter Hautzellen zurückzuführen. Das Tier verfügt in der oberen Hautschicht über feinste reflektierende Kristalle, in der unteren über Pigmentzellen. Beide Farbeffekte überlagern sich und sind hormonell beeinflussbar. Chamäleons ändern ihre Farbe nicht nur in Antwort auf Lichtunterschiede, sondern vor allem bei Erregung, die so Artgenossen angezeigt wird. Der Farbwechsel dient überwiegend zur Kommunikation.

AUFGABEN >>

1 Überträgt man im Labor Körperflüssigkeit von einer an schwarzen Untergrund angepassten Nordseegarnele auf eine an weißen Grund angepasste, färbt diese sich trotz des hellen Untergrunds dunkel. Erklären Sie.

2 Erläutern Sie, warum ein vergleichbares Experiment beim Birkenspanner nicht den Effekt wie bei der Nordseegarnele haben wird.

3 Vergleichen Sie die Wirksamkeit einer Tarntracht beim Birkenspanner gegenüber räuberischen Vögeln mit der gegenüber Fledermäusen.

4 Erläutern Sie, inwieweit eine Tarnung auch bei räuberischen Tieren wie dem Chamäleon vorteilhaft sein kann.

5 Begrifflich unterscheidet man zwischen Angepasstheit und Anpassung. Ordnen Sie den drei auf der Seite beschriebenen Beispielen jeweils den passenden Begriff zu.

Parasitismus

1 *Federling (Ektoparasit) und badende Amsel (Wirt)*

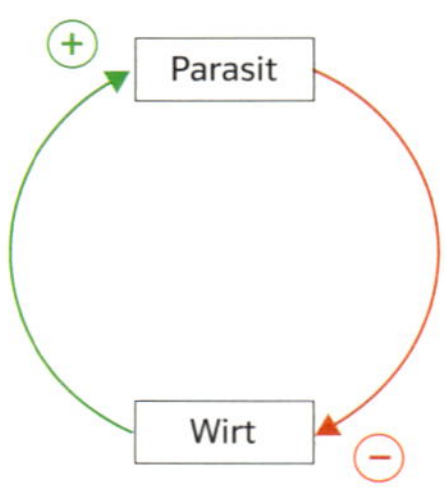

Selbst bei Eiseskälte baden Singvögel manchmal in Pfützen oder im Staub. Sie versuchen so, lästige Beißläuse (Federlinge) loszuwerden, die sich in ihrem warmen Gefieder eingenistet haben. Lebewesen, die sich von anderen ernähren, sie dabei jedoch nicht töten, bezeichnet man als *Parasiten*.

Ekto- und Endoparasiten

Viele Parasiten leben an der Körperoberfläche ihres Wirtes, so wie Federling, Floh, Zecke oder Kopflaus. Typisch für diese *Ektoparasiten* sind Haft- oder Klammerorgane und ein flacher Körperbau (Abb. 1). *Endoparasiten* leben dagegen im Körper des Wirtes. Vor allem junge Entwicklungsstadien brauchen eine sauerstoffhaltige Umwelt, die sie in Muskeln, Leber, Blut oder Gehirn finden. Einige Parasitenlarven sind freilebend. Viele ausgewachsene Stadien kommen dagegen im überwiegend anaeroben Milieu des Darmes zurecht und nehmen vorverdaute Nährstoffe direkt über die Haut auf.

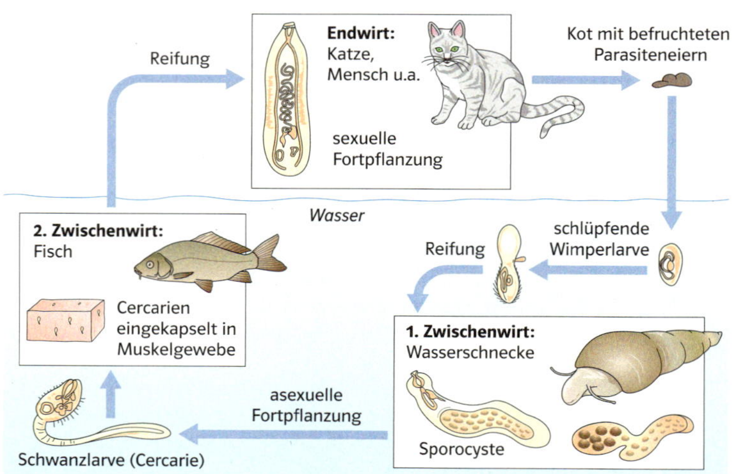

2 *Generations- und Wirtswechsel beim Katzenleberegel*

Generations- und Wirtswechsel

Ein Problem für alle Endoparasiten besteht darin, den Nachkommen einen Zugang zum passenden Wirt zu sichern. Wirtsorganismen sind gewissermaßen inselartig verteilt. Viele Parasiten nutzen einen *Zwischenwirt* als Transportmittel. Hier vermehren sie sich ungeschlechtlich und erzeugen so massenhaft genetisch identische Nachkommen. Das erhöht die Wahrscheinlichkeit, in einen *Endwirt* zu gelangen, wenn der geschwächte Zwischenwirt von ihm mit seiner Parasitenfracht gefressen wird. Im Endwirt darf die sexuelle Fortpflanzung nicht zu häufig an einem fehlenden Geschlechtspartner scheitern. Viele Parasiten sind daher Zwitter und können sich selbst befruchten.

In der Evolution von Parasiten entstanden komplexe Generations- und Wirtswechsel. Parasitische Saugwürmer, umgangssprachlich oft *Leberegel* genannt, liefern dafür viele Beispiele (Abb. 2). Im Verdauungstrakt eines Wirbeltiers (Endwirt) lebt die Generation mit sexueller Fortpflanzung. Parasiten-Eier und die enthaltenen Wimperlarven (*Miracidium*) werden mit dem Kot des Wirtes abgegeben. Sie reifen in einer Schnecke (1. Zwischenwirt, Vermehrungswirt) zur schlauchförmigen *Sporocyste* heran. Diese vermehren sich dann ungeschlechtlich. Es entstehen Schwanzlarven (*Cercarien*), die sich frei im Wasser bewegen oder über einen weiteren Zwischenwirt (Transportwirt) in den Endwirt gelangen. Hier reifen die Cercarien zum Leberegel und der Zyklus beginnt von neuem.

[► Reproduktion]

Ektoparasiten als Überträger

Eine der am weitesten verbreiteten Krankheiten auf der Erde ist *Malaria*. Der einzellige Malariaerreger *Plasmodium* wird beim Stich einer *Fiebermücke* (*Anopheles*) auf den Menschen übertragen. Er vermehrt sich ungeschlechtlich in der Leber. Anschließend gelangen die Erreger in die Roten Blutzellen und vermehren sich dort wiederum ungeschlechtlich. Die Blutzellen platzen schließlich und die Erreger befallen weitere Rote Blutzellen. Die Vermehrungsphasen werden von Fieberschüben des Erkrankten begleitet. Bei einem erneuten Mückenstich gelangen die Erreger wieder in eine Mücke, in der sie sich geschlechtlich vermehren. Plasmodien entwickeln sich nur bei Temperaturen über 15 °C, daher ist Malaria auf warme Klimazonen beschränkt, obwohl die Fiebermücke auch in gemäßigten Breiten vorkommt. Klimaveränderungen können das Artareal von Wirten und Parasiten verändern und so Krankheiten in Regionen bringen, in denen sie zuvor nicht vorkamen.

Abwehr durch den Wirt

Wirtsorganismen werden durch Parasiten stark in ihrer Vitalität beeinflusst, auch wenn sie normalerweise nicht getötet werden. Zwischenwirte sind allerdings besonders gefährdet, denn meistens gelangt der Parasit nur durch den Tod des Zwischenwirtes in den Endwirt. Wirtsorganismen setzen sich durch Kratzen, Baden oder (soziale) Fellpflege gegen Ektoparasiten zur Wehr. Sie meiden durch eigene Fäkalien verschmutzte Nahrungsplätze. Endoparasiten in ihrem Körper begegnen sie durch eine vielfältige Immunabwehr.

AUFGABEN >>

○ 1 Vergleichen Sie Parasitismus und Räuber-Beute-Beziehung.

◒ 2 Skizzieren Sie den Vermehrungszyklus des Malaria-Erregers *Plasmodium*. Beschriften Sie Endwirt und Zwischenwirt.

EXTRA >>

3 *Rafflesia (links), Mistel (rechts)*

Parasitierende Pflanzen

Auch unter den Pflanzen gibt es Parasiten, denn nicht alle Pflanzen sind autotroph. Ein Beispiel ist Rafflesia (*Rafflesia arnoldii*), die im Regenwald in Südostasien wächst.
Die Blüten der Rafflesia sind mit einem Durchmesser von bis zu einem Meter die größten Blüten im Pflanzenreich. Laubblätter, Sprosse und Wurzeln werden bei dieser Blütenpflanze nicht entwickelt.

Da die Pflanze keine Chloroplasten besitzt, kann sie keine Fotosynthese betreiben. Stattdessen benötigt sie eine Wirtspflanze, um an Nährstoffe zu gelangen. Mit Haftorganen, sogenannten Haustorien, dringen Keimlinge der Pflanze in die Leitungsbahnen ihrer Wirtspflanzen ein und beziehen alle benötigten Nährstoffe, Wasser und Mineralstoffe aus den Leitungsbahnen der Wirtspflanze (Wirt: tropische Lianen). Der Entzug dieser Stoffe schadet der Wirtspflanze. Solche Pflanzen, die sämtliche benötigten Stoffe ihrem Wirt entziehen, nennt man *Vollparasiten*.

Die auch in Deutschland heimische Mistel (*Viscum album*) wächst auf Bäumen und Sträuchern. Sie bezieht vom Wirt im Gegensatz zu Rafflesia aber nur Wasser und die darin gelösten Mineralstoffe über ihre Haftorgane. Fotosynthese betreiben Chloroplasten in grünen Pflanzenteilen (Blätter, grüne Äste). Die weißen Beeren der Mistel werden von Vögeln gefressen. Die Samen gelangen über deren „Mist" (daher der Pflanzenname) zum nächsten Baum. Pflanzen, die sich wie die Mistel ernähren, nennt man *Halbparasiten*.

AUFGABE >>

Stellen Sie Gemeinsamkeiten und Unterschiede von Voll- und Halbparasiten gegenüber.

Symbiose

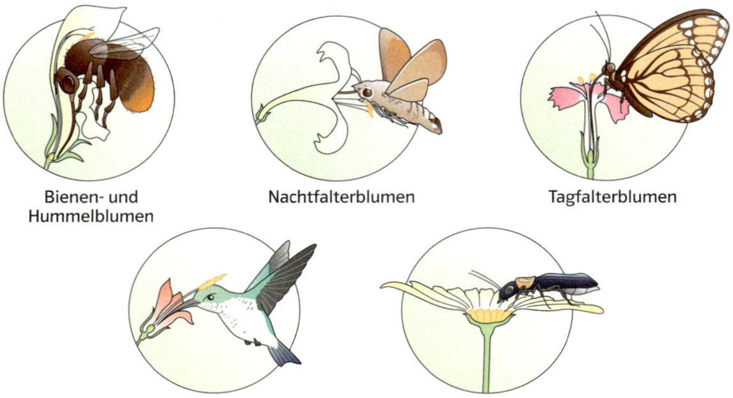

1 *Symbiose von Blütenpflanze und Bestäuber*

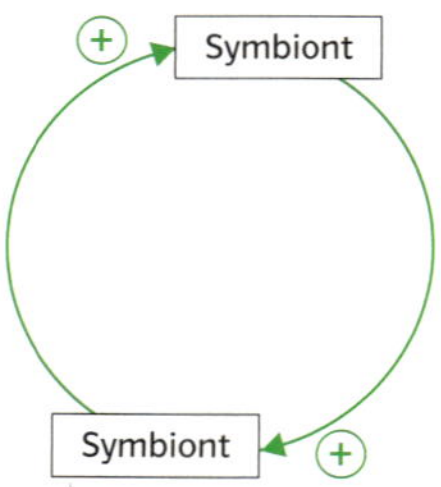

Eine Wechselbeziehung zwischen Arten, die Vorteile für beide bietet, nennt man *Symbiose* (gr. *sym* zusammen, *bios* Leben). Dabei können die Symbiosepartner (*Symbionten*) unterschiedlich eng zusammenleben.

Blüte und Bestäuber

Während windbestäubte Samenpflanzen wie die Gräser unscheinbare Blüten aufweisen, ist die Vielfalt an Farben und Formen bei tierbestäubten Blüten erstaunlich. Blütenpflanzen und ihre tierischen Bestäuber sind ein Beispiel für eine räumlich getrennte Symbiose. Die Bestäuber ernähren sich von Nektar oder Pollen bestimmter Blütenpflanzen und verbreiten dabei deren Pollen. So tragen sie zum Fortbestand der Pflanzenart bei, von der sie sich ernähren (Abb. 1). Eine durch Farbe, Form und Duft attraktive Blüte stellt sicher, dass der Pollen der Pflanze vom spezialisierten Bestäuber auf eine Blüte derselben Art übertragen wird. Dabei können mehrere vergleichsweise unscheinbare Einzelblüten wie bei der Sonnenblume zu einer attraktiven, Bestäuber anlockenden Einheit, der „Blume", zusammengefasst sein. Käfer bevorzugen freiliegenden Pollen für ihre beißenden Mundwerkzeuge, während Schmetterlinge mit ihrem ausgerollten Rüssel an Nektar gelangen, der sich tief im Blütenkelch befindet.

Als Ergebnis einer langen gemeinsamen Evolution (*Koevolution*) sind Blüte und Bestäuber wechselseitig aneinander angepasst. Selbst die Blütezeit entspricht jahres- und tageszeitlich jeweils der Aktivitätsphase des zugehörigen Bestäubers. Nachtkerzen öffnen sich abends, wenn Nachtfalter aktiv werden. Das beeinflusst auch den Rhythmus der Fledermäuse, also von Konsumenten der Bestäuber.

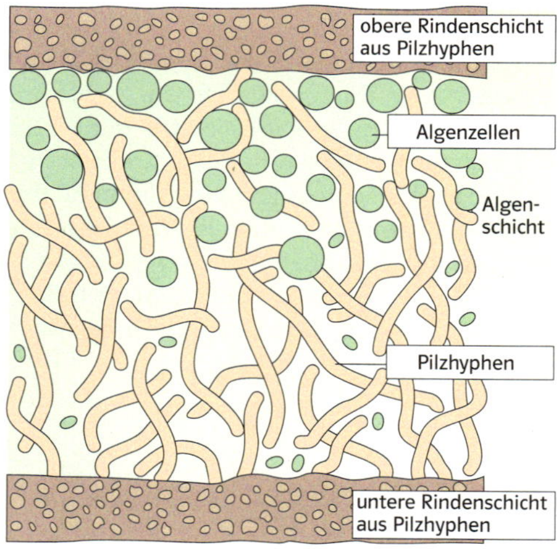

2 *Flechten: Vielfalt und Querschnitt*

Flechten: Pilz und Grünalge

Flechten kennt man als rote, gelbe oder schwarze Krusten auf Dächern, Baumrinden oder in hohen Gebirgslagen — also aus Lebensräumen, die ansonsten kaum besiedelt sind. Sie haben so charakteristische, unterscheidbare Merkmale, dass sie mit wissenschaftlichen Artnamen belegt werden (Abb. 2). Flechten sind jedoch eine Lebensgemeinschaft von Pilzen mit einzelligen Grünalgen, teilweise auch mit Cyanobakterien. Die Grünalgen beziehen vom Pilz Wasser und Mineralstoffe, dadurch sinkt die Gefahr auszutrocknen. Der Pilz erhält von ihnen Nährstoffe, die sie durch Fotosynthese herstellen. Erst durch die Symbiose können Flechten trockene Standorte besiedeln, an denen beide Arten getrennt nicht leben können. Bei der Vermehrung finden sich die Partner einiger Flechtenarten zufällig,

a)

b)

3 *a) Vielfalt im Korallenriff, b) Einzelpolypen mit Zooxanthellen*

andere haben spezielle Verbreitungsstadien entwickelt, die aus kleinen Paketen von Pilz und Alge bestehen.

Mykorrhiza: Baum und Pilz

Mehr als 90 % der Landpflanzen leben an oder in ihren Wurzeln eng mit Pilzen zusammen. Pilze begleiten die Pflanzen seit der Eroberung des Festlandes, sie bilden regelrechte „Pilzwurzeln" (*Mykorrhiza*). Die Hyphen der Pilze versorgen die Pflanze anstelle der Wurzelhaare mit Mineralstoffen und erhöhen ihre Widerstandsfähigkeit gegenüber Wassermangel. Die Pflanzen versorgen die Pilze mit fotosynthetisch erzeugten Kohlenhydraten. Bei der Endomykorrhiza dringt der Pilz bis in die pflanzlichen Zellen ein (Abb. 4a). Bei der Ektomykorrhiza umspinnt er die Wurzeln mit einem Mantel aus Pilzhyphen (Abb. 4b). Die Ektomykorrhiza ist besonders kennzeichnend für stickstoffarme Wälder in kalten und gemäßigten Zonen. Die oberirdischen Fruchtkörper dieser Ektomykorrhiza-Pilze sind vielfach als Speisepilze bekannt.

Korallen: Nesseltier und Zooxanthelle

Steinkorallen sind ungewöhnliche koloniebildende Nesseltiere, denn die Polypen bestehen bis zur Hälfte ihrer Biomasse aus einzelligen Algen, den *Zooxanthellen* (Abb. 3b). Diese Symbionten im Gewebe versorgen die dicht unter der Meeresoberfläche lebenden Steinkorallen mit Nährstoffen und Sauerstoff aus der Fotosynthese und erhalten als Gegenleistung Stickstoffverbindungen und Kohlenstoffdioxid. Das macht die Steinkorallen nahezu unabhängig von tierischer Nahrung aus dem Plankton. Außerdem begünstigt es die Bildung von Stoffen für das Kalkskelett unter der Fußscheibe. Steinkorallen vermehren sich überwiegend ungeschlechtlich durch Knospung, dabei bleiben die Einzelpolypen durch Gewebebrücken verbunden. Die Kalksockel bilden in warmen Meeren an der Küste ausgedehnte Korallenriffe und bieten Lebensraum für unzählige weitere Arten.

a)

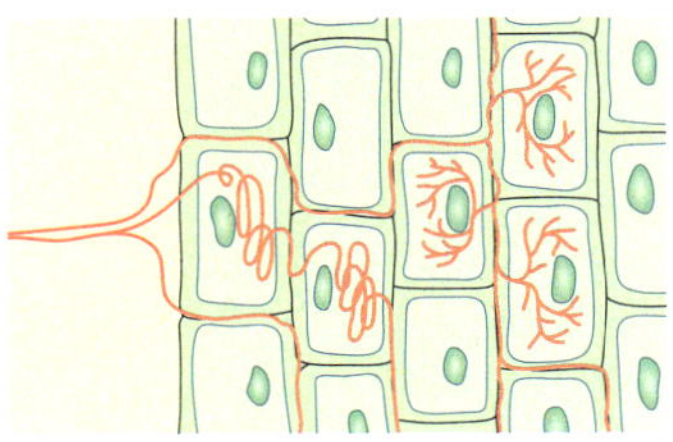

b)

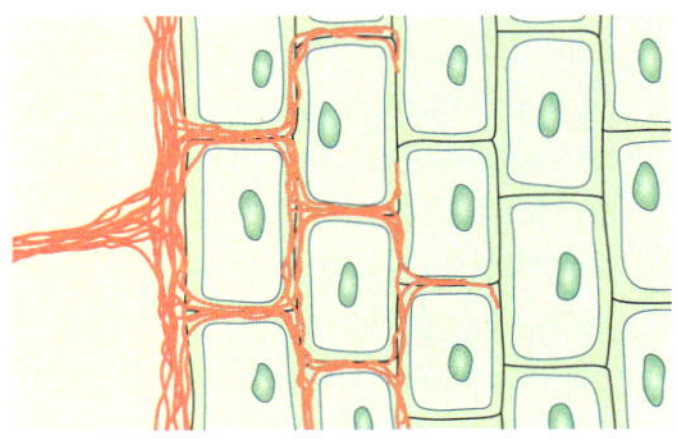

4 *Formen der Mykorrhiza (rot)*

AUFGABEN >>

○ **1** Beschreiben Sie anhand von Abb. 1, wie Blütenpflanze und Bestäuberart aneinander angepasst sind.

● **2** Im Darm vieler Pflanzenfresser leben Bakterien, die Cellulose zerlegen. Erklären Sie den wechselseitigen Nutzen dieser Symbiose für Bakterien und Pflanzenfresser.

◒ **3** Erklären Sie, dass Korallen in einem gut beleuchteten Meerwasseraquarium fast ohne Fütterung auskommen.

Material

Wechselbeziehungen zwischen Lebewesen

Ist eine Beziehung für beide Arten vorteilhaft, liegt eine *Symbiose* vor. Bei einseitigem Vorteil unterscheidet man zwischen einer *Räuber-Beute-Beziehung* und *Parasitismus*. Hat eine der Arten einen Vorteil und die andere weder einen Vor- noch einen Nachteil, so spricht man von einer *Parabiose*.

Endosymbiose

Die eukaryotische Zelle hat sich vermutlich aus der Zelle eines urtümlichen Prokaryoten *(Archaeen)* entwickelt. Die eukaryotischen Organellen Chloroplasten und Mitochondrien gehen gemäß der *Endosymbiontentheorie* auf frei lebende Bakterien zurück, die von einem Vorläufer eukaryotischer Zellen aufgenommen und dann im Laufe der Evolution in die Zelle integriert wurden.

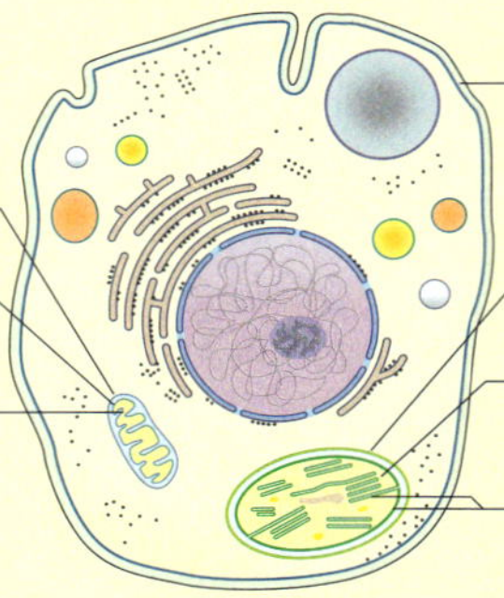

1 *Eukaryotische Zelle mit Mitochondrien und Chloroplasten*

Die äußeren Membranen von Mitochondrien und Chloroplasten sind eingestülpte Membranen der Zelle, die inneren Membranen sind hingegen eigene Zellmembranen mit prokaryotischem Charakter. Mitochondrien und Chloroplasten besitzen eigenes genetisches Material (DNA) sowie prokaryotische Ribosomen und vermehren sich selbst durch Querteilung. Außerhalb der Zelle sind sie nicht lange lebensfähig. In den Mitochondrien finden der Citronensäurezyklus und die Endoxidation der Zellatmung, in den Chloroplasten die Fotosynthese statt. Zellprodukte wie Proteine und Lipide werden aus dem Zellplasma in Mitochondrien und Chloroplasten transportiert.

AUFGABEN >>

1. Stellen Sie in je zwei beschrifteten Skizzen die Entstehung der Endosymbiose (Bildung der Mitochondrien bzw. Chloroplasten) dar, aus denen die Herkunft der äußeren und inneren Membran hervorgeht.
2. Erläutern Sie die Vorteile der Endosymbiose für die Zelle bzw. für die endosymbiotischen Bakterien (Mitochondrien und Chloroplasten).
3. Nennen Sie Unterschiede der Endosymbiose zu anderen Ihnen bekannten Symbiosen.

Der Muschelwächter

Im Inneren der *Großen Steckmuschel*, die 40 — 80 cm groß wird, leben manchmal kleine, 15 mm große Krebse. Die Griechen dachten vor mehr als 2 000 Jahren, dass der Krebs seine Muschel vor Gefahren warnt, indem er sie kneift. Sie nannten ihn Muschelwächter.

Der Muschelwächter hat einen weichen Panzer. In der Muschel ist er vor Fressfeinden geschützt. Er entnimmt dem von der Muschel erzeugten Wasserstrom Nahrungsteilchen. Die riesige Muschel kann sich trotzdem ausreichend versorgen, sie hat keinen Nachteil durch den Krebs.

2 *Erbsenkrabbe in Miesmuschel*

Seit einigen Jahren werden in der Nordsee 20 Millimeter große Erbsenkrabben in Miesmuscheln und Austern gefunden (Abb. 2). Sie ernähren sich ebenfalls von Plankton, das mit Wasser in die Muschel strömt. Miesmuschel und Auster sind wesentlich kleiner als die Große Steckmuschel.

Parasiten schädigen ihren Wirt. Viele Parasiten ernähren sich vom Wirt, z. B. durch Blutsaugen. Auch das Fressen der Nahrung vom Wirt kann diesen schädigen. Der Wirt hat durch den Parasiten eine verminderte Lebensdauer, ein verringertes Wachstum oder eine geringere Fortpflanzungsrate.

AUFGABE >>

4. Während zwischen Muschelwächter und Großer Steckmuschel eine Parabiose vorliegt, ist die Erbsenkrabbe vermutlich ein Parasit der Miesmuschel bzw. Auster. Erläutern Sie.

Beziehungen in Flechten

Flechten bestehen aus Hyphen eines Pilzes, zwischen die meist einzellige Algen eingelagert sind. Bei Flechten sind Algen und Pilz voneinander abhängig.

An manchen feuchten Orten können die Algen auch ohne den Pilz überleben. Der Pilz ist hingegen von den Fotosyntheseprodukten der Algen abhängig und ohne andere Nährstoffquelle alleine nicht lebensfähig. Bei längerem Lichtmangel betreiben die Algen keine Fotosynthese. Dann beginnt der Pilz, die Algen als Nährstoffquelle zu verdauen. Der Symbiose-Zustand zwischen Algen und Pilz wird auch als balancierter Parasitismus bezeichnet.

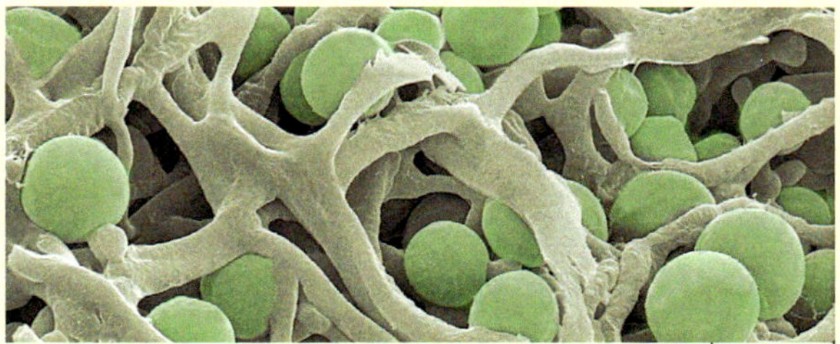

3 *Flechte Xanthoria (REM-Aufnahme)*

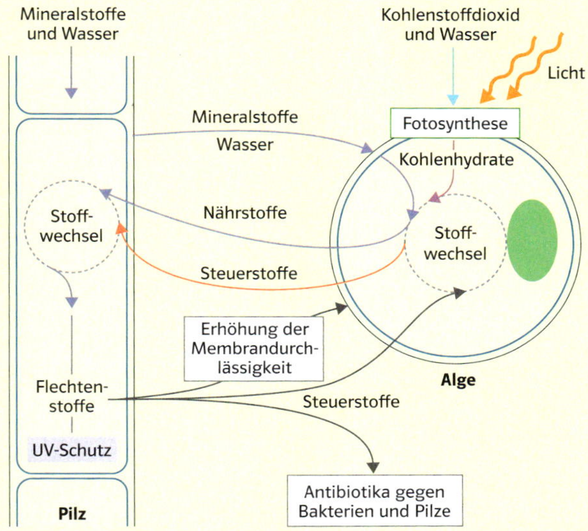

4 *Beziehungen zwischen Alge und Pilz in einer Flechte*

AUFGABEN >>

○ **5** Beschreiben Sie die dargestellten Wechselbeziehungen zwischen Pilz und Algen unter Verwendung von Abb. 4.

◒ **6** Erläutern Sie die Bezeichnung „balancierter Parasitismus" für das Beispiel Flechte.

Entwicklung von Zecken

Vom Ei bis zum adulten Tier durchläuft eine *Zecke* drei Entwicklungsstadien. In jedem Stadium saugt sie Blut von einem Wirt. Die drei Stadien überwintern jeweils. Meistens erfolgt die Häutung zum nächsten Stadium im Frühjahr. Menschen können von Larven (6 Beine), Nymphen (8 Beine) und adulten Zecken befallen werden. Mit dem Speichel der Zecke können beim Saugen Krankheitserreger, wie Viren oder Bakterien übertragen werden. Die Viren sind Ursache der sogenannten Frühsommer-Meningoencephalitis (FSME), die Bakterien verursachen Borreliose.

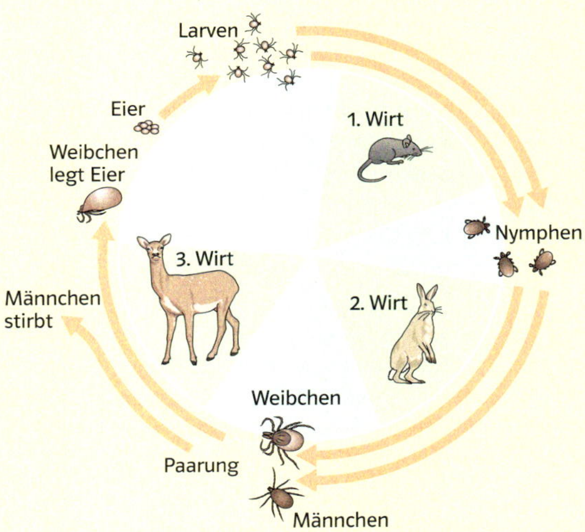

5 *Entwicklungszyklus einer Zecke*

AUFGABEN >>

○ **7** Beschreiben Sie anhand von Abb. 5 den Lebenszyklus der Zecke.

◒ **8** Erläutern Sie, wodurch die Überlebenswahrscheinlichkeit einer Zecke erhöht wird.

◒ **9** Erklären Sie, weshalb es vor allem im Frühsommer verstärkt zu Zeckenbissen kommt.

Konkurrenz

Napfschnecken

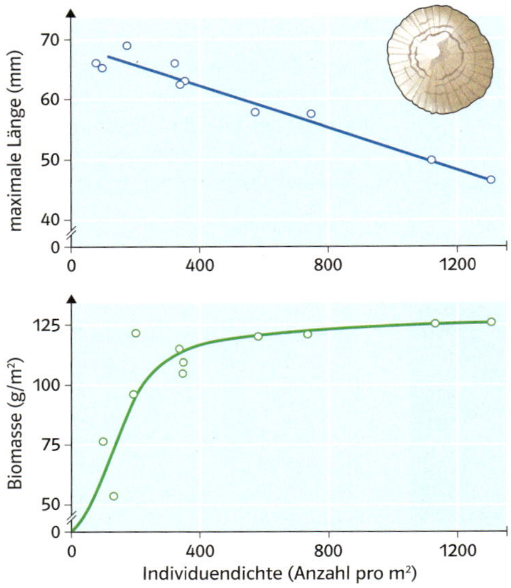

1 *Konkurrenz und Wachstum bei Napfschnecken*

Benötigen Individuen die gleiche Nahrung oder andere begrenzte Ressourcen, stehen sie in *Konkurrenz* zueinander. Konkurrenz besteht zwischen Individuen einer Art oder Individuen verschiedener Arten.

Konkurrenz und Wachstum

Napfschnecken besitzen als Gehäuse einen kegelförmigen Napf (s. Randspalte). Sie können ihr Gehäuse während der Ebbe fest an den steinigen Untergrund pressen. Sie sind so vor Wellengang und Austrocknung bei Niedrigwasser geschützt. Bei Flut ernähren sie sich von Algen, die sie von den Felsen abweiden. Bei der Art *Patella cochlear* fand man einen Zusammenhang zwischen der Größe der Schnecken und ihrer Anzahl auf einem Felsen (Abb. 1).

Bei geringer Individuendichte auf einem Felsen sind die Tiere größer als bei dichter Besiedlung. Die Gesamtbiomasse aller Schnecken auf einem Felsen bleibt ab einer Individuendichte von 400 Tieren pro Quadratmeter nahezu konstant (Abb. 1). Die Entwicklung der Individuen auf einem Felsen hängt also von der Individuendichte ab.

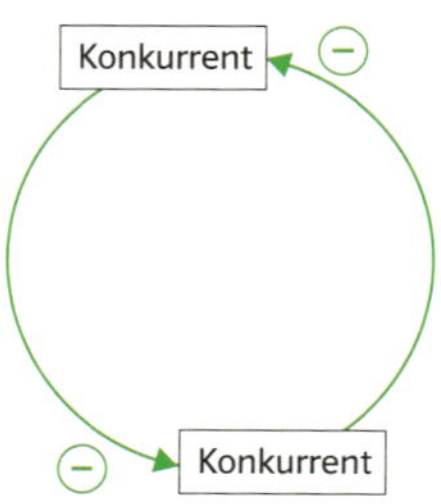

Die *Ressource* Nahrung auf einem Felsen ist begrenzt. Im Gegensatz zu abiotischen Umweltfaktoren, wie z. B. der Temperatur, wird das Nahrungsangebot von den Individuen verändert. Die verfügbaren Ressourcen bestimmen die maximal mögliche Anzahl von Individuen einer Art. Wird die Nahrung knapp, wie hier die Algen auf einem Felsen, wirkt sich die Konkurrenz zwischen den Individuen einer Art aus. Man nennt dies innerartliche oder *intraspezifische Konkurrenz*. Das Wachstum der Individuen ist umso geringer, je weniger Nahrung verfügbar ist.

Pflanzen einer Art konkurrieren an einem Standort um Licht für die Fotosynthese, aber auch um Wasser und Mineralstoffe. Die Verbreitung von Samen kann zur Konkurrenzvermeidung beitragen.

Konkurrenz und Revierbildung

Neben der Nahrungskonkurrenz, wie sie bei Napfschnecken auftritt, konkurrieren Individuen einer Art auch um Raum bzw. Brut- oder Nistplätze. Intraspezifische Konkurrenz zeigt sich bei vielen Tierarten in der Verteidigung von bestimmten Gebieten, sogenannten *Revieren*. Das eigene Revier wird gegen Artgenossen durch bestimmte Verhaltensweisen verteidigt. So sichert sich ein Individuum oder ein Brutpaar begrenzt zur Verfügung stehende Ressourcen, wie Nahrung oder einen Brutplatz.

Die Überwachung und Verteidigung des Reviers durch Kämpfe oder Gesang benötigt viel Energie. Revierbildung findet man dann, wenn die Vorteile größer sind als die energetischen Kosten. Ein Nektarvogel in Ostafrika z. B. verteidigt ein Revier mit einer bestimmten, nektarhaltigen Pflanzenart. Da dann kein anderer Vogel aus den Blüten in seinem Revier Nektar aufnimmt, steigt der Nektargehalt der Blüten. Dadurch muss das Tier pro Tag weniger Blüten zur Deckung seines Nahrungsbedarfs aufsuchen.

Bei revierbildenden Arten pflanzen sich Individuen ohne Revier meist nicht fort. Da immer nur eine begrenzte Anzahl von

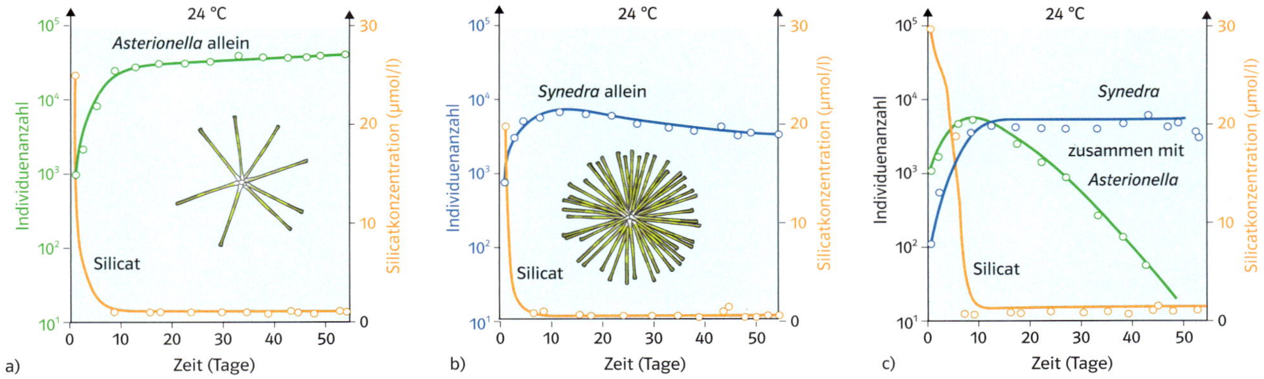

2 *Konkurrenz zwischen zwei Kieselalgenarten*

Individuen einer Art ein Revier besitzt, führt dies zu einer relativ konstanten Populationsdichte in einer Region.

Konkurrenz zwischen Arten

Der Nachweis einer Konkurrenz zwischen zwei Arten (*interspezifische Konkurrenz*) ist im Freiland schwierig. Bei Untersuchungen im Labor können die Bedingungen konstant gehalten werden, sodass nur der Einfluss des untersuchten Faktors bestimmt werden kann. In einer Laboruntersuchung wurde die Entwicklung der Individuendichte zweier Kieselalgen-Arten (*Diatomeen*) getrennt und zusammen untersucht.

Die autotrophen Einzeller benötigen bestimmte Mineralstoffe (Silicate) zum Aufbau ihrer Zellwände. Während der Untersuchungen wurde den Kieselalgen in den Becken kontinuierlich die gleiche Menge Silicat zugeführt (Abb. 2). Wurden Kieselalgen der Gattungen *Asterionella* und *Synedra* unter gleichen Bedingungen jeweils allein gehalten, erreichte die Individuendichte nach einigen Tagen ein annähernd konstantes Maximum. Die *Synedra*-Art reduzierte die Silicatmenge etwas mehr als *Asterionella* (Abb. 2a, b).

Hielt man beide Arten in einer Mischkultur zusammen, nahm *Synedra* weiterhin genug Silicat zum Aufbau ihrer Zellwände auf, während für *Asterionella* nicht mehr ausreichend Silicat zur Verfügung stand. Die Art ging in der Mischkultur ein (Abb. 2c). In gemeinsamer Kultur konkurrieren die Individuen der beiden Arten um die knappe Ressource Silicat.

Bezüglich der Ressource Silicat ist die Art *Synedra* bei gleichmäßiger Silicatzufuhr konkurrenzstärker und verdrängt *Asterionella*. Verschiedene Arten können in einem Lebensraum meist nicht langfristig nebeneinander existieren, wenn ihre Ansprüche an die Umwelt bezüglich knapper Ressourcen übereinstimmen. Man bezeichnet dies als *Konkurrenzausschlussprinzip*. Werden Ressourcen hingegen hinreichend unterschiedlich genutzt, wird dadurch Konkurrenz verringert oder sogar vermieden, sodass eine langfristige *Koexistenz* der Arten möglich ist.

AUFGABEN >>

○ **1** Erläutern Sie den unterschiedlichen Einfluss der Individuendichte der Napfschnecken auf die Biomasse (Abb. 1).

◒ **2** Begründen Sie das Vorliegen von intraspezifischer und interspezifischer Konkurrenz in den Kieselalgenkulturen unter Verwendung von Abb. 2.

● **3** Erklären Sie, warum die Reviergröße von Bussarden bei hoher Beutetierdichte deutlich kleiner ist als bei geringerer Beutetierdichte.

Die ökologische Nische

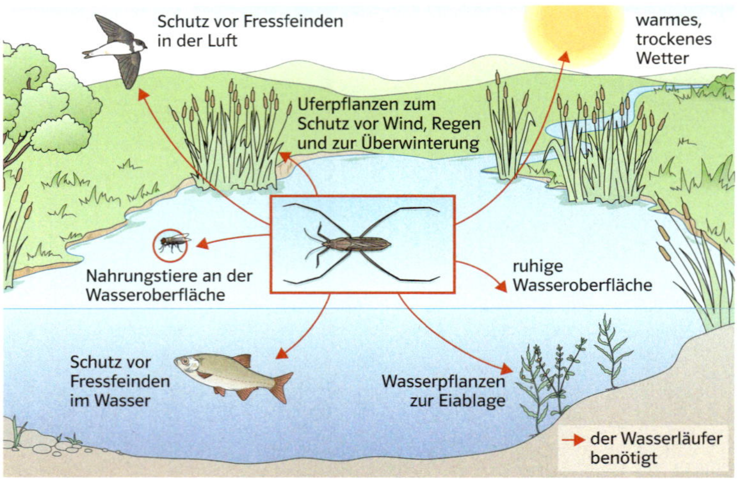

1 *Ansprüche des Wasserläufers*

3 *Rückenschwimmer unter der Wasseroberfläche*

Nur wenn die Ansprüche einer Art an ihre Umwelt erfüllt sind, kann sie in einem Lebensraum existieren.

Dimensionen der ökologischen Nische

Wasserläufer kommen in vielen stehenden Gewässern vor. Neben einer ruhigen Wasseroberfläche, genügend Nahrungstieren an der Wasseroberfläche und Wasserpflanzen zur Eiablage benötigen Wasserläufer auch Versteckmöglichkeiten vor Fressfeinden (Abb. 1). Die Gesamtheit der Ansprüche einer Art bezüglich abiotischer und biotischer Umweltfaktoren bezeichnet man als ihre *ökologische Nische*. Damit sind sämtliche Wechselbeziehungen gemeint, die zwischen den Individuen einer Art und ihrer Umwelt bestehen. Jede Art bildet ihre spezifische ökologische Nische aus, die sich von der anderer Arten unterscheidet. Entgegen ihrer umgangssprachlichen Bedeutung meint die ökologische Nische keinen Raum, sondern das Beziehungsgefüge, das von einer Art im Laufe der Evolution entwickelt wurde. Ohne eine Art lässt sich eine ökologische Nische nicht erfassen.

Prozess der Einnischung

Neben Wasserläufern leben in den Gewässern häufig Wasserwanzenarten, wie *Wasserskorpione*, *Ruderwanzen* und *Rückenschwimmer* (Abb. 3). Einige Ansprüche dieser

	Wasserläufer	Wasserskorpion	Rückenschwimmer	Ruderwanze
Lebensraum	stehende Gewässer, langsam fließende Bäche	stehende oder langsam fließende Gewässer	stehende Gewässer	stehende Gewässer
Nahrung	Insekten, auch Larven, schwache Artgenossen	Wasserflöhe, Larven und andere Insekten, Kaulquappen	Insekten, Kaulquappen, kleine Fische	abgestorbene Pflanzenteile und Tierleichen, Algen
Ort der Nahrungssuche	an der Wasseroberfläche	in ufernaher Vegetation	im Freiwasser	am Grund des Gewässers
Zeit der Eiablage	Frühjahr	Frühsommer	sehr unterschiedlich (April bis Oktober)	März / April

2 *Ökologische Nischen von in Gewässern lebenden Wanzenarten*

Arten an ihre Umwelt sind ähnlich (Abb. 2). Alle benötigen beispielsweise Wasserpflanzen zur Eiablage und zum Schutz vor Fressfeinden. Andere Ressourcen, z. B. Nahrungsquellen, werden ganz unterschiedlich genutzt. Während Wasserläufer hauptsächlich auf das Wasser gefallene Fluginsekten fressen, jagen Rückenschwimmer Insekten, Kaulquappen und sogar kleine Fische im Wasser. Wasserskorpione lauern ihrer Beute in der ufernahen Vegetation auf. Ruderwanzen hingegen ernähren sich von abgestorbenen Pflanzenteilen und Tierleichen am Gewässergrund. Die Unterschiede bestehen im Nahrungsspektrum oder im Ort der Nahrungssuche. Die ökologischen Nischen der Arten unterscheiden sich also voneinander.

Ursprünglich ähnliche Ernährungsweisen bei den Wasserwanzenarten führten möglicherweise zu starker Konkurrenz. Im Laufe der Evolution begünstigten Selektionsprozesse über viele Generationen diejenigen Formen, die auf unterschiedliche Nahrung oder Orte der Nahrungssuche spezialisiert waren. Diesen Prozess bezeichnet man als die *Einnischung* der Arten. In einem gemeinsamen Lebensraum können langfristig solche Arten koexistieren, deren ökologische Nischen sich hinreichend voneinander unterscheiden.

Darstellung der ökologischen Nische

Aufgrund ihrer Komplexität ist es kaum möglich, alle Dimensionen der ökologischen Nische einer Art zu untersuchen und darzustellen. Meistens werden nur diejenigen Aspekte beleuchtet, die sich bei Arten mit ähnlichen ökologischen Nischen unterscheiden, z. B. die Nutzung der Nahrungsressourcen der Wanzenarten (Nahrungsnischen, Abb. 2).

In grafischen Darstellungen lassen sich bis zu drei Dimensionen der ökologischen Nische veranschaulichen (Abb. 4). Identische Ansprüche zweier Arten führen zu starker Konkurrenz. Die konkurrenzstärkere Art verdrängt dann langfristig die konkurrenzschwächere.

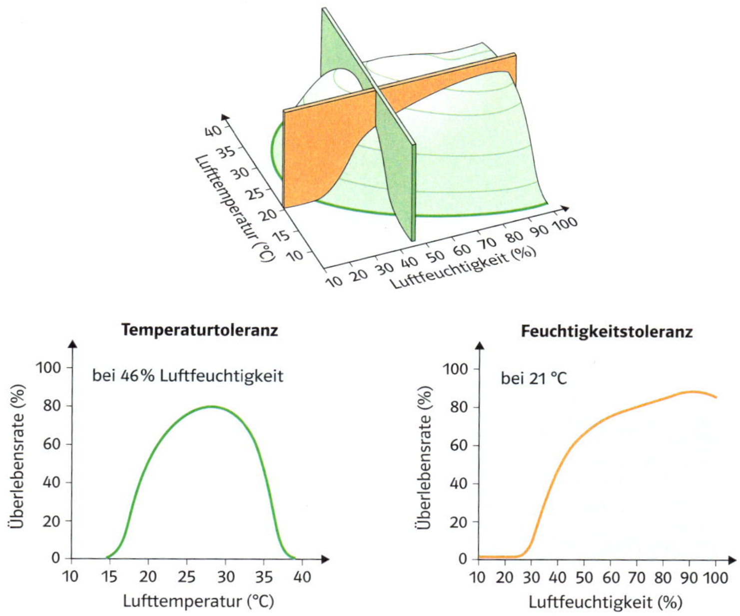

4 *Dimensionen von ökologischen Nischen*

Fundamentalnische und Realnische

Die Gesamtheit der physiologischen Potenzen einer Art hinsichtlich der relevanten Umweltfaktoren wird als *Fundamentalnische* bezeichnet. Diese lässt sich im Labor bestimmen. Im Freiland wird die Fundamentalnische durch das Beziehungsgefüge mit anderen Arten eingeschränkt. Konkurrenz, Räuber-Beute-Beziehungen, Symbiosen oder Parasit-Wirt-Beziehungen definieren die *Realnische* von Arten, die meist deutlich eingeschränkter ist und sich aus den ökologischen Potenzen zusammensetzt.

AUFGABEN >>

1 Erläutern Sie, dass Formulierungen wie „die Art besetzt eine ökologische Nische" irreführend sind.

2 Erläutern Sie, dass in Abb. 4 nur ein sehr kleiner Teil der ökologischen Nische einer Art dargestellt ist.

3 Erklären Sie, weshalb die vier Wanzenarten gemeinsam in Gewässern dauerhaft existieren können (Abb. 2).

Material

Konkurrenz und ökologische Nische

Jede Art hat ihre spezifische ökologische Nische. Darunter versteht man das System der Beziehungen einer Art zur abiotischen und biotischen Umwelt.

Ein wichtiger Faktor, der die Realnische einer Art beeinflusst, ist die Konkurrenz zu anderen Arten mit ähnlichen Umweltansprüchen.

Konkurrenz bei Paramecien

1934 führte der Biologe GEORGIJ F. GAUSE (1910–1986) Laborexperimente zur Konkurrenz bei *Paramecien*-Arten (Pantoffeltierchen) durch. Die *Paramecien* wurden stets mit der gleichen Menge Hefezellen und Bakterien gefüttert. Die Paramecien-Arten *P. aurelia* und *P. caudatum* ernähren sich von Hefezellen und Bakterien an der Wasseroberfläche, *P. bursaria* hingegen von zu Boden gesunkenen. Abb. 1 zeigt die Versuchsergebnisse.

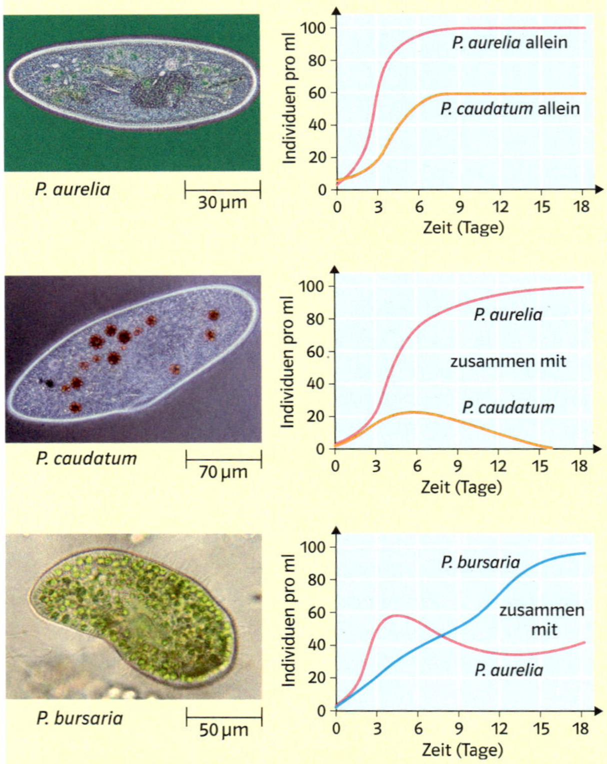

1 *Konkurrenzexperimente mit Paramecium-Arten*

AUFGABEN >>

1. Beschreiben Sie die Versuchsergebnisse.
2. Werten Sie die Versuchsergebnisse aus. Erläutern Sie dabei das Konkurrenzausschlussprinzip bzw. die Koexistenz von Arten.

Bedeutung von Umweltfaktoren

Flussschwimmschnecken besiedeln Gewässer in weiten Teilen Europas. Sie ernähren sich von Kieselalgen, die sie vom Untergrund abraspeln. Kieselalgen besitzen eine stabile Schale aus Kieselsäure. Flussschwimmschnecken sind bezüglich vieler Umweltfaktoren wie Wassertemperatur, Salzgehalt, Sauerstoffgehalt und Fließgeschwindigkeit eurypotent. In den letzten Jahrzehnten ging ihr Vorkommen dennoch deutlich zurück. Daraufhin führte der Biologie DIETRICH NEUMANN (1931—2012) Laboruntersuchungen durch, in denen er Flussschwimmschnecken in Aquarien setzte, die nur Wasser mit den optimalen Bedingungen und Kieselalgen als Nahrung enthielten.

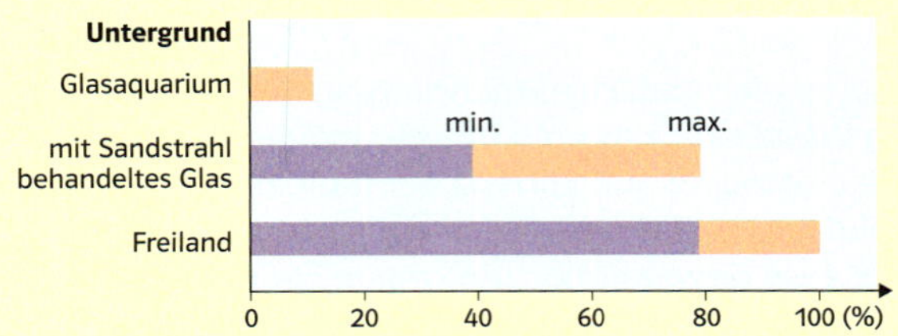

2 *Anteil zerbrochener Kieselalgen im Magen der Schnecken*

Hinweis: Der Anteil zerbrochener Kieselalgen korreliert mit der Vitalität der Flussschwimmschnecken.

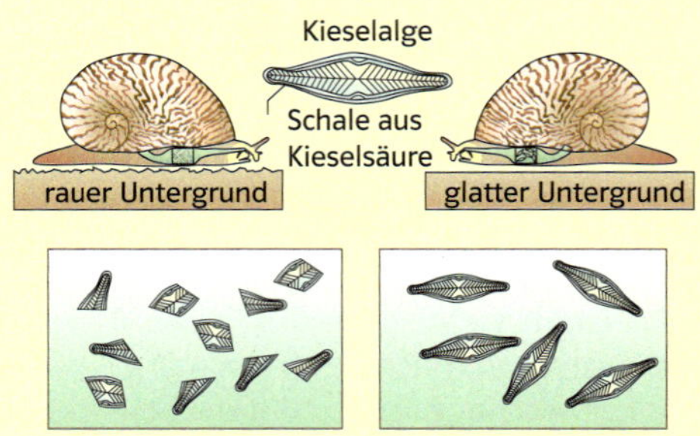

3 *Kieselalgen als Nahrung der Flussschwimmschnecken*

AUFGABEN >>

3. Beschreiben Sie die Ergebnisse in Abb. 2.
4. Erklären Sie die Ergebnisse mithilfe von Abb. 3.
5. In der Landwirtschaft ist das Liebig'sche Minimumgesetz bekannt: Das Wachstum von Pflanzen wird durch die im Verhältnis knappste Ressource eingeschränkt. Übertragen Sie diese Aussage auf das Vorkommen der Flussschwimmschnecke.

Drei Spinnenarten in einem Netz

Die tropische *Goldene Seidenspinne (Nephila clavipes)* webt sehr umfangreiche, ein bis zwei Meter große, sehr stabile Netze. Nach der Fertigstellung sitzt die Spinne in der Mitte ihres Radnetzes und wartet auf Beute. Über dem Sitzplatz im Radnetz spinnt sie ein weiteres, lockeres Schutznetz (Abb. 4).

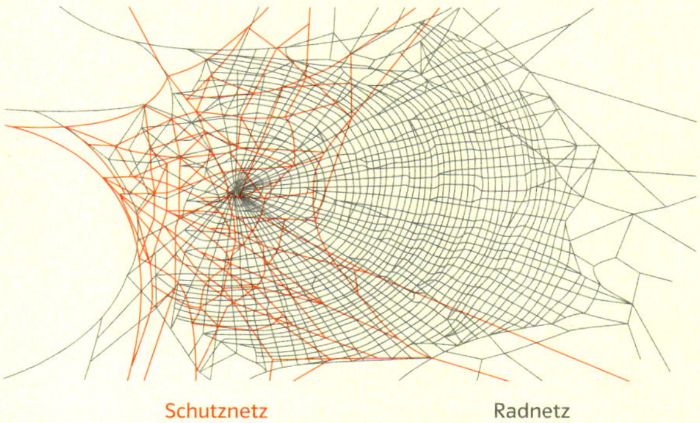

4 *Netze der Goldenen Seidenspinne*

Im Netz von *Nephila clavipes* leben häufig zwei Spinnenarten der Gattung *Argyrodes*, die sich von der Beute im Netz von *Nephila clavipes* ernähren (Abb. 6). Die beiden Arten können dort langfristig nebeneinander koexistieren.

5 *Argyrodes elevatus*

	A. elevatus	A. caudatus
Aussehen	mittelgroß, auffälliger, silbriger Hinterleib	mittelgroß, mattbrauner Hinterleib
Tarnung	keine	sehr gut
Ernährung	frisst mit Wirt von dessen Beute	kleine Insekten, Eisäcke und junge Spinnen des Wirts

6 *Merkmale zweier Argyrodes-Arten*

In ihren Verhaltensweisen zeigen die Arten *Argyrodes elevatus* und *Argyrodes caudatus* Unterschiede bezüglich der Tag-Nacht-Aktivität und der gewählten Aufenthaltsorte (Abb. 7 und 8).

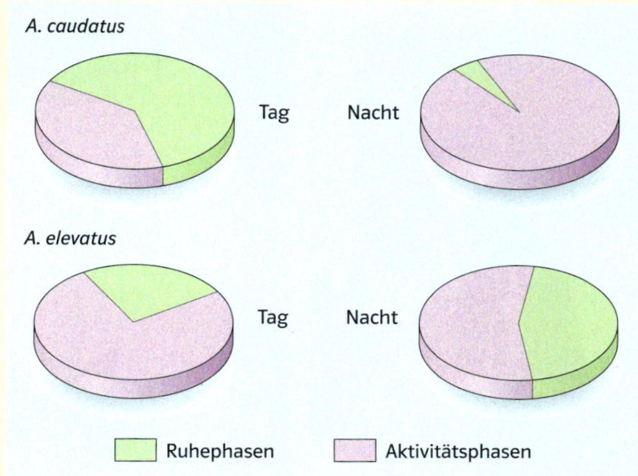

7 *Tag-Nacht-Aktivität zweier Argyrodes-Arten*

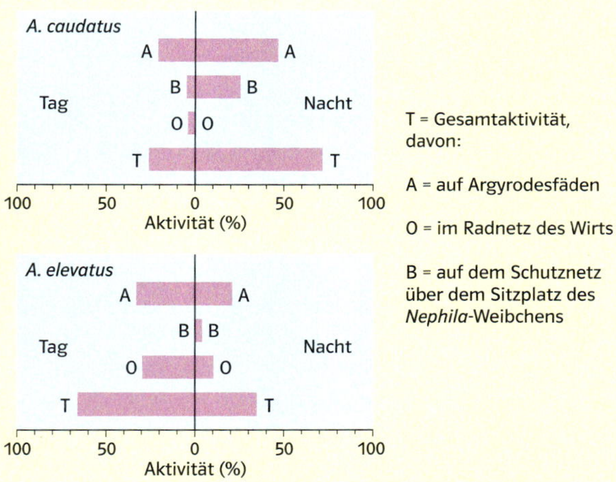

8 *Aufenthaltsorte zweier Argyrodes-Arten*

AUFGABEN >>

6 Stellen Sie eine Hypothese zur Funktion des Schutznetzes über dem Radnetz von *Nephila clavipes* auf.

7 Fassen Sie die wesentlichen Aussagen der Tag-Nacht-Aktivität und der Aufenthaltsorte der zwei Argyrodes-Arten in Abb. 7 und Abb. 8 zusammen.

8 Erklären Sie anhand einer differenzierten Materialanalyse (Abb. 4, 6, 7 und 8), wie die beiden Argyrodes-Arten im Netz von *Nephila clavipes* koexistieren können.

Stellenäquivalenz und Konvergenz

1 *Stromlinienform bei Brillenpinguinen und Lummen*

Pinguine können mit dem Energiebetrag, der der Verbrennung von einem Liter Treibstoff entspricht, 1500 Kilometer weit schwimmen. Sie verdanken das vor allem einer Körperform mit äußerst geringem Strömungswiderstand.

Stellenäquivalenz

Sowohl die Pinguine auf der Südhalbkugel als auch die Lummen (Alkenvögel) im Norden haben eine spindelförmige Körperform (Abb. 1). Unter Wasser scheinen die Tiere zu fliegen, während sie tauchend nach Nahrung jagen. Die Flügel dienen als Ruder. Bei hohen Geschwindigkeiten umgibt außerdem Restluft im Gefieder die Tauchvögel mit einem widerstandsvermindernden Luftblasenschleier. Ihre Beine sitzen weit hinten am Körper, sodass sie an Land schwerfällig aufrecht gehen. Nur zur Brutzeit halten sie sich an der Küste auf. Anders als die Pinguine haben Lummen ihre Flugfähigkeit nicht verloren.

Lummen und Pinguine nehmen eine vergleichbare Stellung in den Meeren des Nordens bzw. Südens ein, man spricht von einer *Stellenäquivalenz*. Nicht nur beim Tauchen, sondern auch bei anderen Bewegungsformen gibt es Bauweisen und Gestalten, die vorteilhaft sind und sich daher evolutiv durchgesetzt haben. Das sieht man sehr gut bei einem Vergleich innerhalb der Verwandtschaftsgruppen der Säugetiere. Bei den weltweit verbreiteten Plazentatieren — zu denen auch der Mensch gehört — wachsen die Jungtiere in einer Gebärmutter mit Mutterkuchen (*Plazenta*) heran. Nach der Geburt werden sie gesäugt und betreut. Beuteltiere bringen dagegen winzige Junge zur Welt und säugen sie im Schutze eines äußeren Hautbeutels. Sie leben heute überwiegend in Australien. Verwandtschaftlich sind diese Säugetiergruppen also eindeutig unterscheidbar. Betrachtet man aber Bewegungstypen wie Graber, Gleitflieger oder Schwimmer, gibt es erstaunliche Parallelen im Körperbau (Abb. 3).

Konvergenz

Ob Hai, Delfin und Knochenfisch oder aber U-Boot und Flugzeug — alle weisen eine vergleichbare Form auf, obwohl ihre Verwandten vollkommen unterschiedlich gebaut sind. Die Stromlinienform erwies sich sowohl für die Bewegung im Wasser als auch in der Luft als energetisch vorteilhaft. Eine in die gleiche Richtung verlaufende (*konvergente*) Entwicklung führte zu äußerlichen Ähnlichkeiten bei vergleichbarer Umwelt und Fortbewegungsweise. Sie lässt aber nicht auf eine Verwandtschaft der Arten schließen.

Die äußere Gestalt von Lebewesen passt nicht nur zu ihrem Bewegungstyp, sondern auch zu ihrer Ernährung, ihrer Fortpflanzung und ihren Schutzmechanismen, man spricht deshalb von *Lebensformtypen*. Scharfe Zähne oder Krallen kennzeichnen Raubtiere; Brutpflege und Nestbau lässt sich bei Vögeln, Säugern und Wirbellosen beobachten. Stacheln und Dornen sind bei Tieren und Pflanzen verbreitete Mittel, Feinde auf Distanz zu halten. Sie können aus vollkommen verschiedenen Stoffen von unterschiedlichen Geweben gebildet werden.

Die Umwelt hat Auswirkungen auf ihre Bewohner. Nur wenn Körperbau und Toleranzen zu den Umweltbedingungen passen, überleben Arten dort langfristig und vermehren sich. Auf diese Weise wurden Lebewesen im Laufe der Evolution geformt, und zwar unabhängig von ihrer verwandtschaftlichen Herkunft.

Bionik

Die Erfinder der ersten Flugmaschinen im 19. Jahrhundert beobachteten den Flug großer Vögel und den Bau ihrer Flügel. Sie versuchten, daraus für eigene Konstruktionen zu lernen. Parallelen zwischen technischen Anwendungen und natürlichen Vorbildern findet man bei genauerem Hinsehen vielfach (Abb. 2). Sie bilden eine eigene Fachrichtung, die *Bionik* (Wortschöpfung aus Biologie und Technik).

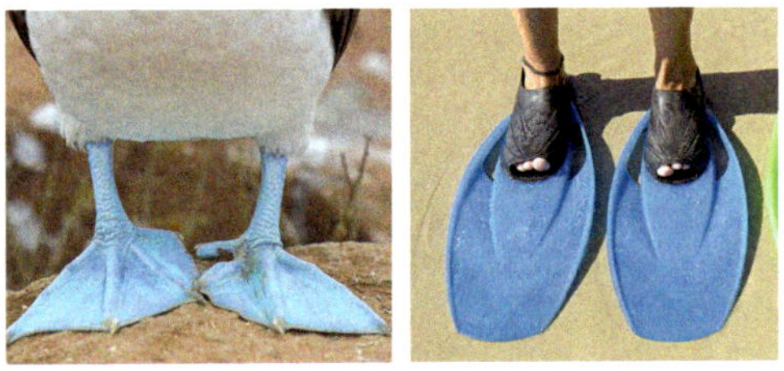

2 *Schwimmhäute und Flossen*

Bewegungstyp	Beuteltier	Plazentatier
Graber	Beutelmull 	Maulwurf 
Gleitflieger	Gleitbeutler 	Gleithörnchen 
Schwimmer	Schwimmbeutler 	Fischotter 
Kletterer	Fuchskusu 	Waschbär 
Springer	Hasenkänguru 	Feldhase 

3 *Bewegungstypen bei Beuteltieren (links) und Plazentatieren (rechts)*

AUFGABEN >>

○ 1 Sowohl bei Beuteltieren als auch bei Plazentatieren haben grabende Arten schaufelartige Beine, einen walzenförmigen Körper und einen stummelartigen Schwanz. Vergleichen Sie entsprechend die anderen Bewegungstypen in Abb. 3.

◒ 2 Recherchieren Sie weitere Beispiele für Bionik und stellen Sie diese ihrem natürlichen Vorbild gegenüber. Bereiten Sie eine entsprechende Präsentation vor.

KOMPAKT

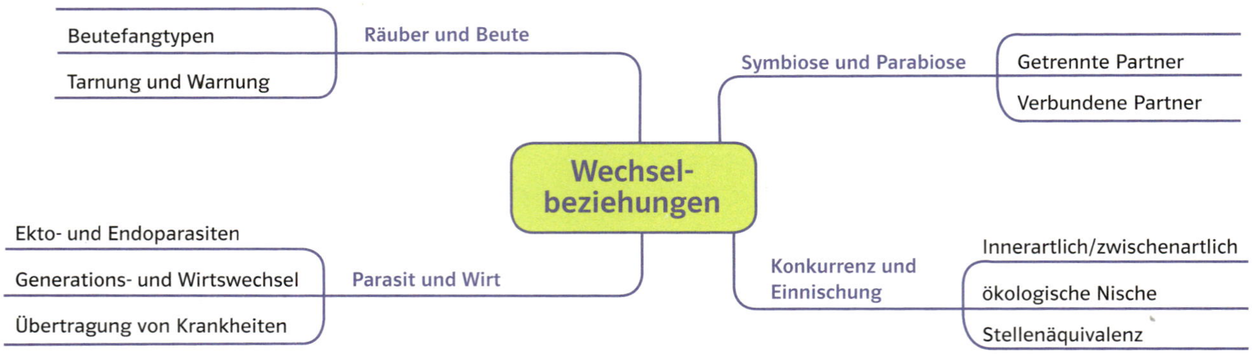

Tiere und Pflanzen leben neben- und miteinander in einem Lebensraum. Jede Art erlebt die Mitbewohner als biotischen Umweltfaktor und gehört selbst zur Umwelt der anderen. Die Arten A und B beeinflussen sich also gegenseitig, sie stehen in einer Wechselbeziehung zueinander, die förderlich oder hinderlich sein kann (Abb. 1). Die Wechselbeziehung kann sich auf Ernährung, Fortpflanzung, Transport oder Schutz beziehen.

Räuber und Beute

Bei dieser Wechselbeziehung frisst und tötet eine Art die andere. Der Räuber ist daher in typischer Weise an das Auffinden, Überwältigen und Verdauen der Beute angepasst. Dabei helfen Fallen, Gifteinsatz, Netze oder die Jagd in Gruppen. Die Beute zeigt Merkmale, die sie wehrhaft, schwer auffindbar oder unverdaulich machen. Warnen und Tarnen sind daher typische Angepasstheiten potenzieller Beutelebewesen.

Parasit und Wirt

Bei dieser Wechselbeziehung ernährt sich der Parasit zwar von seinem Wirt, tötet ihn aber nicht unmittelbar. Parasiten leben auf dem Körper des Wirtes (Ektoparasiten) oder im Körper (Endoparasiten). Zwischenwirte werden nicht nur zur Ernährung, sondern auch zum Transport oder als geschützter Lebensraum für Vermehrungsstadien genutzt. Oft sichern komplizierte Generations- und Wirtswechsel das gezielte Auffinden des Wirtes. Begleitende Mikroorganismen nutzen Parasiten ihrerseits als Transportmittel und erweisen sich als Krankheitserreger beim Wirt. Dieser wehrt sich mechanisch oder durch ein komplexes Immunsystem.

Symbiose und Parabiose

Bei der Symbiose profitieren beide Partner voneinander. Sie versorgen sich gegenseitig mit Nahrung, bieten Schutz oder Transportdienste. Dazu können die Partner wie bei den Flechten oder den Korallen körperlich eng miteinander verbunden sein oder wie bei Blütenpflanzen und Bestäubern in Distanz zueinander leben. Die endosymbiotische Herkunft von Mitochondrien und Chloroplasten zeigt, wie bedeutend symbiotische Beziehungen in der Evolution sein können. Der Vorteil einer Wechselbeziehung kann einseitig sein. Solche Parabiosen können sich evolutiv zu symbiotischen oder parasitischen Beziehungen weiterentwickeln oder aus einer solchen entstanden sein.

Konkurrenz und Einnischung

Die Feinabstimmung in der Wechselbeziehung zweier Arten lässt sich mit der Evolutionstheorie erklären: Innerartliche Konkurrenz führt zur Entstehung von Angepasstheit, zwischenartliche Konkurrenz zur Koevolution der Arten. Jede Art ist charakterisiert durch ihre Ansprüche an die Umwelt, sie bildet eine ökologische Nische, die sich mehrdimensional aus ihren ökologischen Potenzen zusammensetzt. Unter ähnlichen Umweltbedingungen ähneln sich die Arten in ihrer Gestalt, auch wenn sie nicht näher miteinander verwandt sind. Man spricht von Stellenäquivalenz.

	Wirkung von A auf B	Wirkung von B auf A
Räuber/Beute	+	–
Parasitismus	+	–
Pflanzenfraß	+	–
Symbiose	+	+
Parabiose	+	0
Konkurrenz	–	–

1 *Wechselbeziehungen zwischen Arten*

Parasitierende Saugwürmer

Eine Reihe von Saugwürmern parasitieren Säugetiere und Vögel. Sie haben dabei komplexe Entwicklungszyklen entwickelt. Die Wahrscheinlichkeit, dass ein Endoparasit direkt einen neuen Wirt erreicht, ist relativ gering, da die Wirte häufig den eigenen Kot meiden. Die Parasiten gelangen jedoch in den Zwischenwirt Schnecke. Dort vermehren sie sich ungeschlechtlich und erzeugen massenhaft Nachkommen. Die Schnecken werden deshalb auch als Vermehrungswirt bezeichnet. Häufig findet man einen 2. Zwischenwirt als Transportwirt zum Endwirt, insbesondere wenn die Entwicklung an Land stattfindet, wie beim kleinen Leberegel *(Dicrocoelium dentriticum)*. Die Ameisen ändern ihr Verhalten. Sie klettern an die Spitze von Grashalmen, beißen sich fest und bleiben dort.

○ **1** Beschreiben Sie den Entwicklungszyklus des Saugwurms *Leucochloridium* (Abb. 4) unter Zuhilfenahme von Abb. 1 und 3. *(Punkte: 10/50)*

◒ **2** Vergleichen Sie die Entwicklungszyklen des Kleinen Leberegels und des Saugwurms *Leucochloridium*. *(Punkte: 12/50)*.

◒ **3** Erläutern Sie die Bedeutung der verschiedenen Wirte für die beiden Saugwurmarten. *(Punkte: 10/50)*

◒ **4** Begründen Sie, dass ein Wirtswechsel die Überlebenswahrscheinlichkeit der Parasiten erhöht. *(Punkte: 8/50)*

● **5** Die ausgereiften Sporocysten in den Fühlern der Bernsteinschnecke pulsieren und können nicht mehr in das Schneckenhaus eingezogen werden (Abb. 1). Stellen Sie eine Hypothese zur Einsparung eines 2. Zwischenwirts (Transportwirts) auf. Beachten Sie, dass Singvögel sich von Insekten und Würmern und nicht von Schnecken ernähren. *(Punkte: 10/50)*.

1 *Bernsteinschnecke mit Sporocysten in pulsierenden Fühlern*

3 *Geplatzte Sporocyste von Leucochloridium Paradoxum*

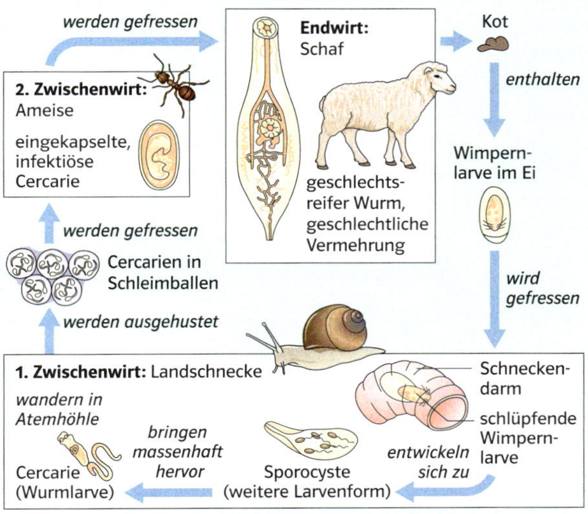

2 *Entwicklungszyklus des Kleinen Leberegels*

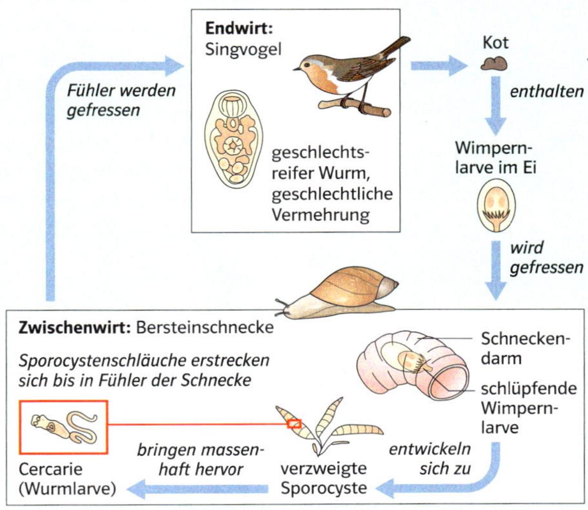

4 *Entwicklungszyklus von Leucochloridium paradoxum*

3 Populationen

Verteilungsmuster und Dichte

1 *Verteilungsmuster bei Populationen von Klatschmohn, Afrikanischem Elefanten und Königspinguin*

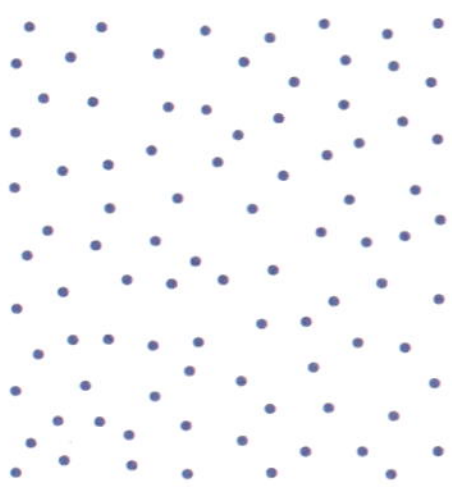

zufällig

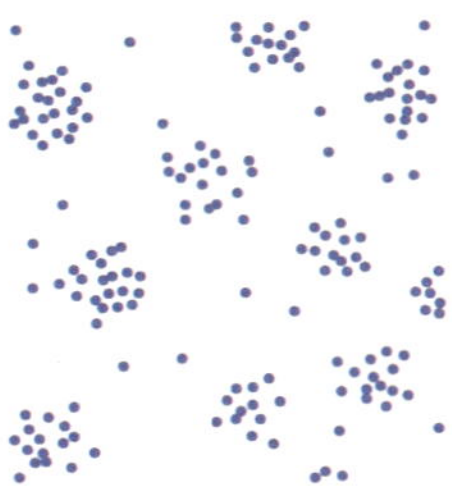

geklumpt

regelmäßig

Abiotische und biotische Umweltfaktoren wirken auf das Leben einzelner Individuen ein und beeinflussen damit auch deren Anzahl und Verteilung in einem Lebensraum. Individuen einer Art, die in einem bestimmten Gebiet leben und sich miteinander fortpflanzen, bezeichnet man als *Population*. Eine biologische Art besteht aus mehreren räumlich mehr oder weniger getrennten Populationen.

Verteilungsmuster

Die räumliche Verteilung *(Dispersion)* von Individuen einer Population weist unterschiedliche Muster auf und hat verschiedene Ursachen. Individuen können wie Blumen auf einer Wiese zufällig verteilt sein (Abb. 1). Sammeln sich die Individuen zu Gruppen in ihrem Lebensraum, lässt diese geklumpte Verteilung auf soziale Bindungen schließen, wie z. B. Familien oder Herden. Sie kann aber auch das geklumpte Vorkommen von Nahrung oder Wasser im Lebensraum widerspiegeln.

Halten alle Individuen einer Population einen bestimmten Abstand zueinander, ergibt sich eine regelmäßige Verteilung. Oft liegt das daran, dass die einzelnen Individuen um einen bestimmten Platz konkurrieren und ihn als *Revier* verteidigen. Bei manchen Tierpopulationen ändert sich das Verteilungsmuster im Jahreslauf, z. B. während der Wanderungs- oder Paarungszeit.

Dichte einer Population

Auf einer gegebenen Fläche können viele oder wenige Individuen einer Population vorkommen. Das hängt vor allem von ihrer Körpergröße und ihren Ansprüchen an den Lebensraum ab. Als Dichte der Population bezeichnet man die Anzahl der Individuen *(Populationsgröße)* pro Flächeneinheit oder — bei Organismen, die im Wasser bzw. im Boden leben — pro Volumeneinheit.

Nicht immer lassen sich alle Individuen einer Art in einem Lebensraum einzeln auszählen. Dann beschränkt man sich auf Stichproben und schließt daraus auf die Gesamtpopulation. Bestimmt man die Populationsdichte in regelmäßigen Zeitabständen *(Monitoring)*, kann man mögliche Bestandsrückgänge oder Massenvermehrungen erkennen. Solche Erkenntnisse nutzt man im Natur- und Artenschutz.

AUFGABEN >>

1. Geben Sie an, worin sich der Populationsbegriff und der biologische Artbegriff unterscheiden.
2. Ordnen Sie die schematischen Verteilungsmuster auf der Randspalte den Populationen in Abb. 1 zu und entwickeln Sie Hypothesen zu den Ursachen der jeweiligen Verteilung.

Material

Populationsdichte

Die Untersuchung von Populationsdichte und -verteilung hat unterschiedliche Ziele. Neben der Forschung dient sie auch zur Abschätzung von Auswirkungen menschlicher Einflüsse auf Populationen.

Luftbildanalysen der Populationsdichte

Wildtierherden, wie die der Gnus in der Serengeti, sind oft zu groß und zu beweglich, um sie exakt auszuzählen. Stattdessen fliegt man das Gelände GPS-gesteuert ab und macht in regelmäßigen Abständen ein Foto (Abb. 1). Mithilfe der Flughöhe berechnet man die Populationsdichte.

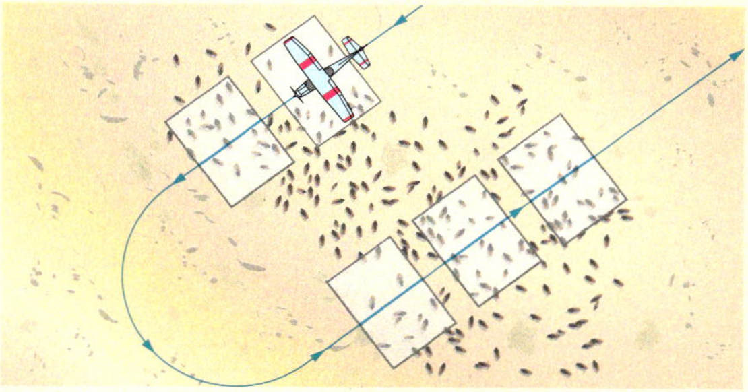

1 *Luftaufnahmen zur Tierzählung*

AUFGABEN >>

1 Begründen Sie, dass man die Zählung in der Regenzeit durchführt, wenn sich die Herden in der südlichen Serengeti sammeln.

Populationsdichte in Bodenproben

In einem *Berlesetrichter* treibt das warme Lampenlicht die Bodenbewohner in das Becherglas (Abb. 2).

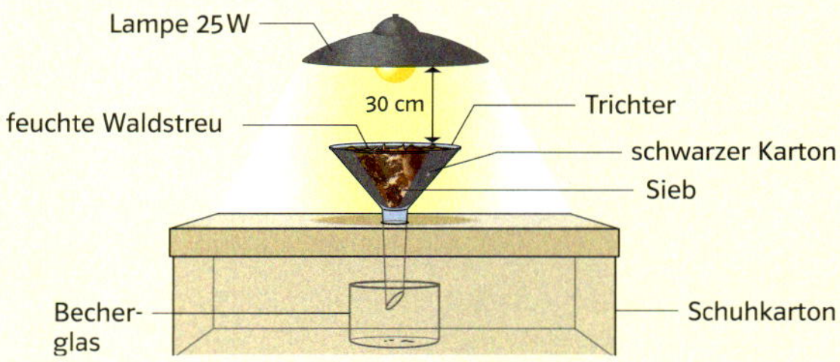

2 *Berleseapparatur*

AUFGABEN >>

2 Erläutern Sie, welche Präferenzen der Bodentiere dabei genutzt werden.

3 Nennen Sie Unterschiede, die im Vergleich zu einer Handsortierung zu erwarten sind.

Populationsdichte und Jagd

Jäger nutzen die sogenannte Scheinwerfermethode, um die Populationsdichte bei Feldhasen zu bestimmen (Abb. 3). Feldhasen sind überwiegend nachtaktiv. Daher werden nachts Feldwege im Lebensraum der Tiere langsam abgefahren. Es werden die Tiere pro Kilometer Fahrstrecke gezählt, die im Kegel eines ca. 150 m weit reichenden Scheinwerfers erkannt werden.

3 *Zählung von Feldhasen mit der Scheinwerfermethode*

Aus dem Vergleich der Zählungsergebnisse von Frühjahr und Herbst mit denen des Vorjahrs ermitteln Jäger die Anzahl der geplanten Abschüsse (Abb. 4). Ziel ist es dabei, die Populationsdichte mithilfe der Jagd konstant zu halten.

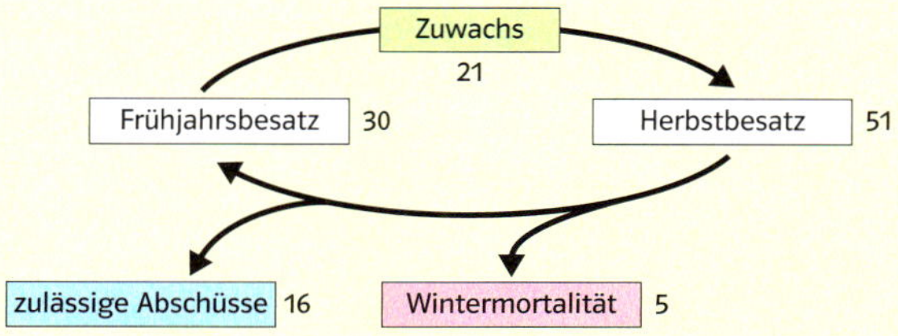

4 *Berechnung der Abschüsse*

AUFGABEN >>

4 Erläutern Sie, warum mit der Scheinwerfermethode weder die Populationsgröße noch die absolute Populationsdichte ermittelt werden kann.

5 Erklären Sie die Daten in Abb. 4.

6 Mit der gleichen Methode werden auch die Bestandsdichten anderer Wildtiere ermittelt. Erläutern Sie eine weitere Nutzungsmöglichkeit für die erhobenen Daten.

Populationswachstum

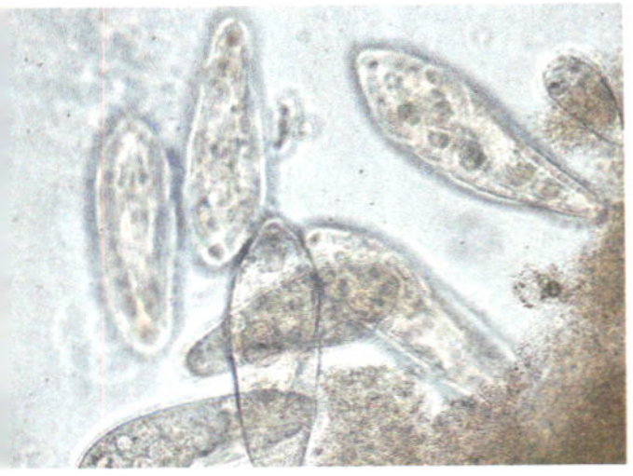

Pantoffeltierchen

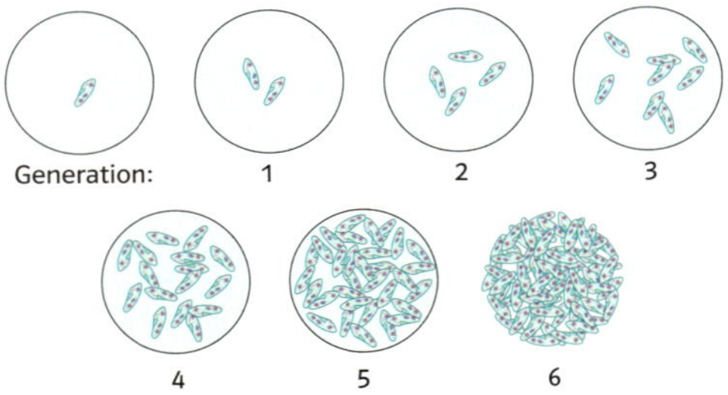

1 *Populationswachstum bei Einzellern*

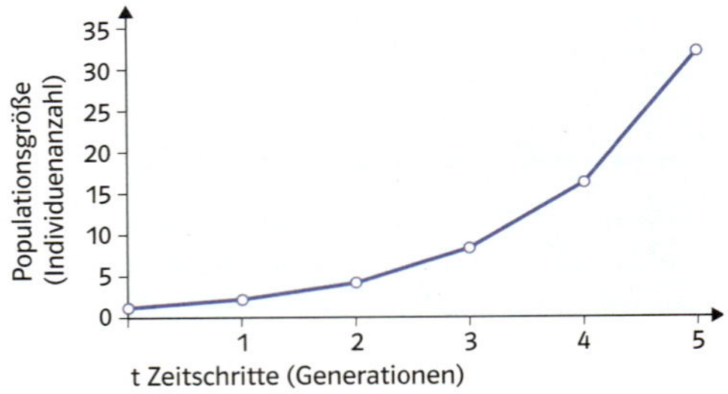

2 *Schrittweise exponentielles Populationswachstum*

Pantoffeltierchen vermehren sich durch Zweiteilung, die Populationsgröße verdoppelt sich schrittweise (Abb. 1). Das Populationswachstum solcher Einzeller lässt sich mathematisch leicht erfassen. Für Arten mit überlappenden Generationen und bei begrenzten Ressourcen benötigt man komplexere Wachstumsmodelle.

Mathematische Modellentwicklung

Für eine mathematische Modellierung rechnet man mit vereinfachten Bedingungen. Ausgelassene Faktoren sind nicht unbedeutend, sondern können später das Modell verfeinern. Zunächst setzt man voraus, dass Platz und Nahrung ausreichen und dass alle Individuen gleichermaßen lebenstüchtig und attraktiv für den Geschlechtspartner sind. Außerdem ignoriert man ein- oder auswandernde Individuen, sodass man eine veränderte Populationsgröße lediglich auf Geburten- und Sterbefälle zurückführt. Setzt man die Geburten- und Sterbefälle innerhalb einer bestimmten Zeit in das Verhältnis zur Populationsgröße, erhält man die *Geburtenrate* und *Sterberate* pro Zeitschritt. Solche Raten lassen sich als Prozentzahl angeben. Die *Wachstumsrate* ist die Differenz von Geburtenrate und Sterberate. Sie soll zunächst konstant sein, also unabhängig von der Dichte.

Exponentielles Wachstum

Die Populationsgröße (Individuenanzahl) N verändert sich in Zeitschritten t, beim Pantoffeltierchen ist
$N_0 = 1$, $N_1 = 2$, $N_2 = 4$, $N_3 = 8$ und $N_t = 2^t$ nach t Generationen bzw. Zeitschritten. Ist die Anfangs-Populationsgröße N_0 größer als 1, vervielfacht sich die Populationsgröße nach t Zeitschritten auf $N_t = N_0 \cdot 2^t$.

Eine Funktion, bei der die Variable (hier t) im Exponenten steht, bezeichnet man als Exponentialfunktion (Abb. 2). Viele Tiere (z. B. Rehe) vermehren sich nur zu einer bestimmten Jahreszeit, die Population wächst also ebenfalls schrittweise. Die Elterngeneration geht aber nicht wie bei Einzellern in der Folgegeneration auf, sondern trägt weiterhin zur Vermehrung bei. Populationen mit überlappenden Generationen wachsen wie eine Geldanlage auf dem Sparkonto mit Zins und Zinseszins. Dabei entsprechen die *individuelle Wachstumsrate* R dem Zinssatz, die Anfangs-Populationsgröße N_0 dem Anlagewert und die Zeitschritte t der Laufzeit. Das ergibt ein *schrittweise exponentielles Wachstum* $N_t = N_0 (1 + R)^t$.

Bei anderen Arten (z. B. Menschen) gibt es zu jeder Zeit Geburten- und Sterbefälle. Die *momentane Wachstumsrate* r bezieht sich auf einen beliebig kurzen Zeitschritt und nicht wie die individuelle Wachstumsrate R auf eine Generation. Das mathematische Modell für *kontinuierlich exponentielles* Wachstum lautet $N(t) = N_0 \cdot e^{rt}$.

Die Steigung einer exponentiellen Wachstumskurve, oft *Zuwachs* oder Wachstumsgeschwindigkeit genannt, verläuft ebenfalls exponentiell und vervielfacht sich bei jedem Zeitschritt um den Faktor r:

$$N'(t) = dN/dt = r \cdot N$$
$$= r\,(N_0 \cdot e^{rt})$$

Logistisches Wachstum

Keine Population kann beliebig groß werden. Ressourcen wie Nahrung und Raum begrenzen das Wachstum. Es gibt eine Obergrenze der Populationsgröße, die *Kapazität* K. Unter natürlichen Bedingungen ist die Wachstumsrate also nicht konstant, sondern hängt von der aktuellen Populationsgröße ab. Sobald sich diese der Kapazität nähert, wächst die Population langsamer und schließlich gar nicht mehr. Die zugehörige Wachstumskurve ist S-förmig (Abb. 3), man spricht von *logistischem Populationswachstum* mit einer Steigung von

$$N'(t) = \frac{dN}{dt} = r \cdot \left(\frac{K-N}{K}\right) \cdot N$$

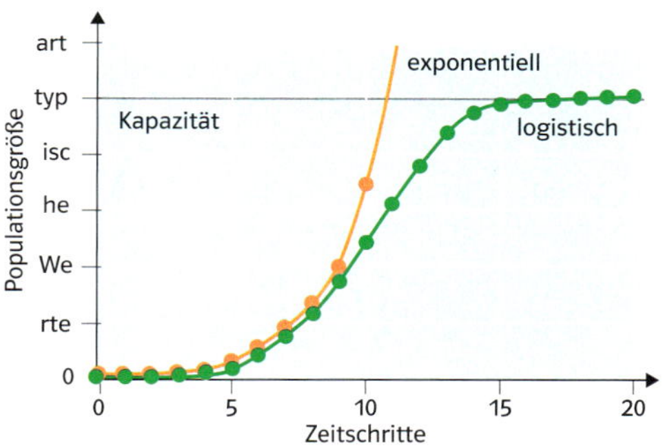

3 *Exponentielles und logistisches Wachstum*

AUFGABEN >>

1 Stellen Sie dar, unter welchen Bedingungen exponentielles Wachstum stattfindet.

2 Berechnen Sie die individuelle Wachstumsrate R aus der Gleichung $N_1 = N_0 + R \cdot N_0$ für $N_0 = 1000$ und $N_1 = 1500$.

3 Berechnen Sie die Größe der Pantoffeltierchen-Population nach 5 Generationen und die individuelle Wachstumsrate R (Abb. 1).

EXTRA >>

Mathematische Grundlagen

Wachstumsvorgänge lassen sich mathematisch als Differenzengleichung, Exponentialfunktion oder als Differentialgleichung darstellen. Die Populationsgröße N ist eine Funktion der Zeitschritte t, die Anfangs-Populationsgröße ist N_0.

Differenzengleichung

Eine Differenzengleichung schließt von einer bekannten Populationsgröße N_t auf die nachfolgende, also auf N_{t+1}. Die nachfolgende Generation einer Population hat die R-fache Größe der aktuellen, R ist die individuelle Wachstumsrate:

$N_1 = N_0 + R \cdot N_0 = (1 + R)\, N_0$

$N_2 = N_1 + R \cdot N_1 = (1 + R)\, N_0 + R\,(1 + R)\, N_0$

$= (1 + R)\,(N_0 + R \cdot N_0) = (1 + R)\,(1 + R)\, N_0 = (1 + R)^2\, N_0$

entsprechend $\mathbf{N_t = N_0\,(1 + R)^t}$.

Exponentialfunktion

Die Exponentialfunktion mit der Basis (1 + R) lässt sich auf die Basis e (Eulersche Zahl 2,718282…) umrechnen, denn es gilt $a^t = e^{t \ln a}$, also hier $N(t) = N_0\, e^{t \ln(1+R)}$.

Mit $\ln(1 + R) = r$ *(momentane Wachstumsrate)* erhält man die *e-Funktion* für exponentielles Wachstum $\mathbf{N(t) = N_0 \cdot e^{rt}}$.

Nur bei unendlich kleinen Zeitschritten bzw. minimaler individueller Wachstumsrate stimmen R und r überein.

Differentialgleichung

Die Steigung der Wachstumskurve entspricht der 1. Ableitung der Exponentialfunktion. Eine e-Funktion stimmt mit ihren Ableitungen überein.

Für $N(t) = e^t$ gilt $N'(t) = dN/dt = e^t$ und

für $N(t) = e^{rt}$ gilt nach der Kettenregel $N'(t) = dN/dt = (e^{rt})' = r \cdot e^{rt}$.

Die Steigung der Wachstumskurve ist also

$N'(t) = dN/dt = (N_0 \cdot e^{rt})' = r\,(N_0 \cdot e^{rt})$ und mit $N = N_0 \cdot e^{rt}$

$\mathbf{dN/dt = r \cdot N}$. Eine Gleichung, die sowohl die Funktion als auch ihre Ableitungen enthält, nennt man Differentialgleichung.

Verfeinernde Modellfaktoren

Der dichteabhängige Faktor (K - N)/K verfeinert die Differentialgleichung. Für die Steigung bei *logistischem Wachstum* gilt dann $\mathbf{dN/dt = r\,((K-N)/K)\,N}$.

Bei sehr kleinen Populationsgrößen $N(t) \approx 0$, also am Anfang des Populationswachstums, unterscheidet sich das Ergebnis kaum vom exponentiellen Wachstum, denn $(K - N)/K \approx 1$.

Für $N(t) \approx K$ ist dagegen $(K - N)/K \approx 0$ und damit auch das Populationswachstum nahe null. Andere Modellfaktoren berücksichtigen eine Zeitverzögerung bei der Dichteregulation und führen zu einer fluktuierenden Wachstumskurve.

Dichteabhängige und zeitverzögernde Faktoren

1 *Feldmaus und Mauselöcher*

Die Dichte von Feldmäusen schwankt von Jahr zu Jahr. Man spricht von fluktuierendem Populationswachstum. Bei Massenvermehrungen können Feldmäuse große Ernteschäden verursachen (Abb. 1).

Dichteabhängige Faktoren

Ein Feldmausweibchen bringt pro Jahr in drei bis vier Würfen jeweils drei bis acht Junge zur Welt. Wenn ein Mäusepaar zum zweiten Mal wirft, bekommen gleichzeitig die Jungtiere aus dem ersten Wurf Nachwuchs, beim dritten Wurf auch die Enkel. Dieser hohen Geburtenrate steht eine hohe Sterberate gegenüber. Im Freiland gibt es kaum Feldmäuse, die älter als ein Jahr sind. Starker Frost, Dürre und andere extreme Umweltfaktoren wirken auf kleine und große Populationen gleichermaßen. Nahrungs- und Platzangebot hängen aber davon ab, wie viele Mäuse pro Fläche bereits vorhanden sind. Stressempfindliche Mäuse leiden unter dem Gedränge, sie bekommen weniger und seltener Junge, sie stecken einander leichter mit Infektionskrankheiten an und fressen sich gegenseitig das Futter weg — je größer die Dichte, umso mehr Mäuse sterben und umso weniger werden geboren.

Zeitverzögernde Faktoren

In günstigen Jahren werden mehr Mäuse geboren, als im gleichen Zeitraum sterben, die Populationsdichte kann dann die Umweltkapazität übersteigen. Schließlich verknappen die Ressourcen, es sterben mehr Mäuse als geboren werden. Die Populationsgröße sinkt, bis eine geringere Dichte wieder eine größere Wachstumsrate zulässt. So eine *fluktuierende Wachstumskurve* findet man besonders häufig, wenn die Jungtiere andere Nahrungsansprüche als die erwachsenen Tiere haben — eine junge Maus wird zunächst gesäugt und ist erst später auf Getreide angewiesen, eine Raupe frisst Blätter, der Falter Nektar. Jung- und Alttiere konkurrieren in diesen Fällen nicht um dieselben Ressourcen, daher stellt sich eine Dichteregulation erst zeitverzögert ein.

AUFGABEN >>

1 Berechnen Sie die Populationsdichte der Feldmaus im zweiten Jahr nach der Zinseszinsformel ($N_0 = 2$, $R = 9$, also 3 Würfe mit 3 überlebenden Jungen) und vergleichen Sie mit den Felddaten (Abb. 2).

2 Beschreiben Sie die Einflüsse auf die Populationsdichte (Abb. 3).

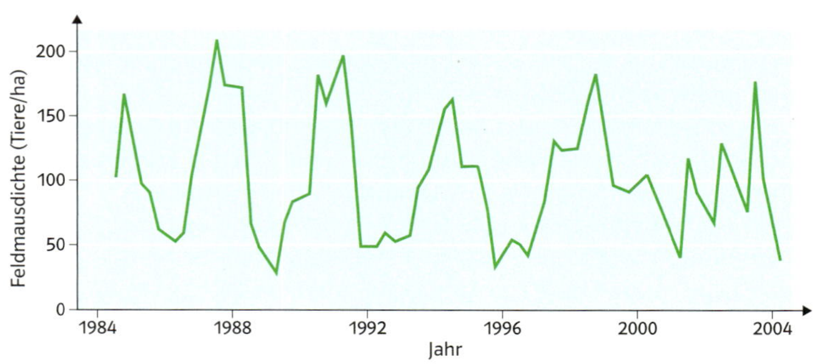

2 *Fluktuierende Dichte einer Feldmauspopulation*

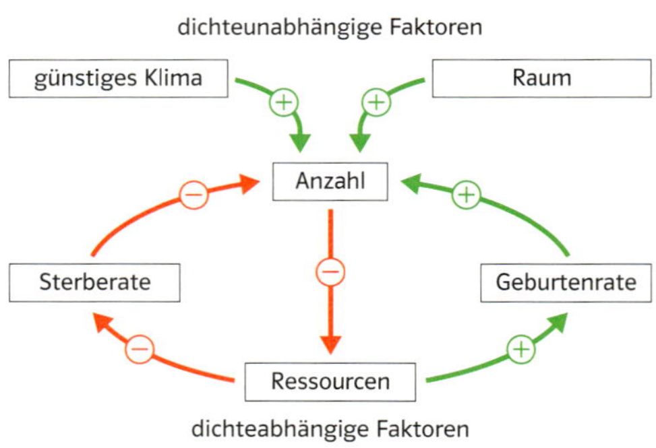

3 *Einflüsse auf die Populationsdichte der Feldmaus*

Material

Experimente zum Populationswachstum

Mathematische Modelle vereinfachen das Populationswachstum, indem sie zunächst einige Bedingungen ignorieren. Entsprechend werden im Labor-Experiment einige Bedingungen konstant gehalten, um die Wirkung eines bestimmten Umweltfaktors zu erkennen.

Populationswachstum und Temperatur

In zwei Gefäßen mit jeweils 50 ml Wasser wurden Populationen des *Großen Wasserflohs (Daphnia magna)* gefüttert und beobachtet. Kultur A wurde bei 25 °C, Kultur B bei 18 °C gehalten. Individuen, Geburten und Sterbefälle wurden täglich gezählt.

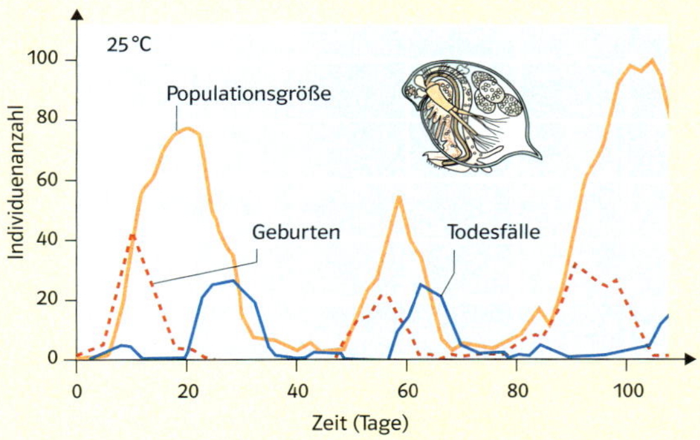

1 *Populationsschwankungen beim Wasserfloh (Kultur A)*

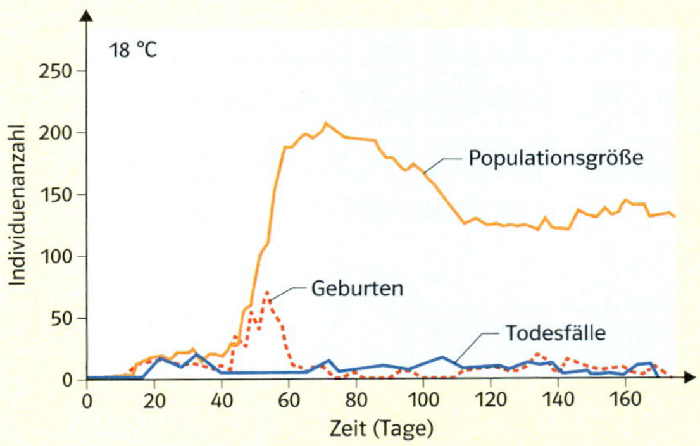

2 *Populationsschwankungen beim Wasserfloh (Kultur B)*

AUFGABEN >>

○ **1** Beschreiben Sie den Verlauf der Populationsgröße in Kultur A und Kultur B (Abb. 1 und 2).

◒ **2** Vergleichen Sie das Populationswachstum in Kultur A und Kultur B mit Wachstumsverläufen in mathematischen Modellen.

● **3** Stellen Sie Hypothesen über die Ursachen der Unterschiede auf, indem Sie Geburten und Sterbefälle betrachten.

Populationswachstum und Nahrung

Das Populationswachstum wird nicht nur von der Temperatur, sondern auch vom Nahrungsangebot beeinflusst. Nahrung ist eine wichtige Ressource und damit ein dichteabhängiger Faktor.

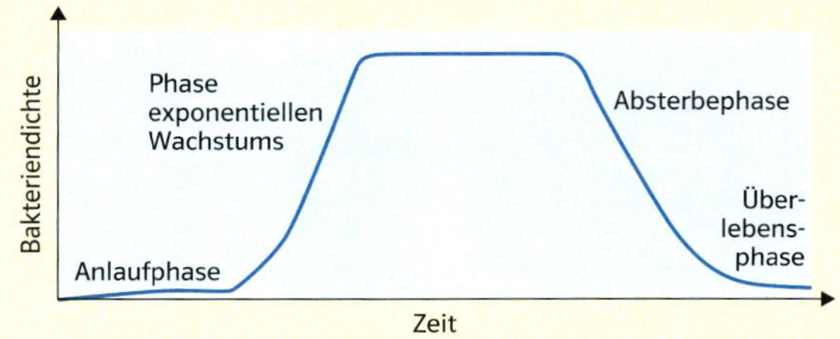

3 *Populationswachstum einer Bakterienkultur*

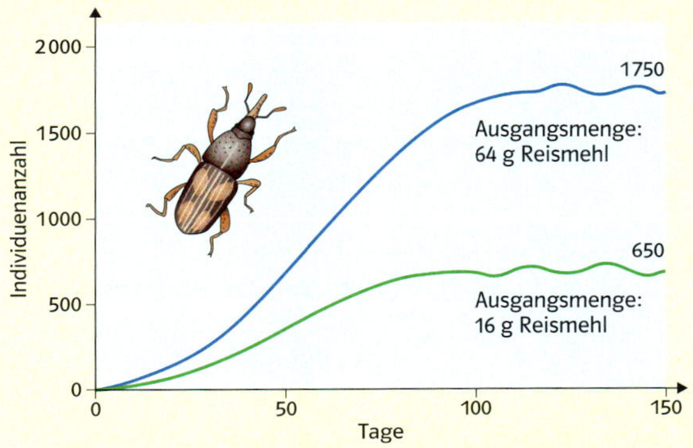

4 *Populationswachstum einer Reiskäferpopulation*

AUFGABEN >>

○ **4** Beschreiben Sie das Populationswachstum einer Bakterienkultur. Berücksichtigen Sie dabei die begrenzte Größe des Kulturgefäßes (Abb. 3).

◒ **5** Erläutern Sie anhand von Abb. 4, inwieweit sich das Nahrungsangebot auf die Umweltkapazität auswirkt.

◒ **6** Viele Käferarten vermehren sich nur im Spätsommer, wenn die Nahrungspflanzen zur Verfügung stehen, anschließend sterben sie. Die Eier überwintern und entwickeln sich im folgenden Frühling zur nächsten Käfergeneration. Eine Population dieser Art hat sich in einem Jahr von 1000 auf 1500 Individuen vermehrt. Berechnen Sie die Wachstumsrate der Käfer und ihre Populationsgröße nach 2 Jahren.

Fortpflanzungsstrategien

1 *Spuren im Schnee von Reh und Wildkaninchen auf Nahrungssuche*

	Reh	Wildkaninchen
Körpermasse erwachsener Tiere	m 20 – 25 kg w 15 – 20 kg	m/w 2 – 2,5 kg
Lebenserwartung erwachsener Tiere	10 – 15 Jahre	2 – 3 Jahre
Alter bei der ersten Fortpflanzung	m 3 – 4 Jahre w 2 Jahre	m 8 Monate w 4 Monate
Tragzeit	290 Tage	30 Tage
Anzahl der Nachkommen pro Weibchen und Jahr	1 – 2 (selten 3)	40 – 45
Lebensfortpflanzungserfolg pro Weibchen	15 – 20	90 – 100

3 *Reh und Wildkaninchen im Vergleich*

Rehe und Wildkaninchen sind Pflanzenfresser, die im Winter kaum genügend Nahrung finden (Abb. 1). Neben ihrer Körpergröße unterscheiden sie sich auch bezüglich ihrer Fortpflanzungsstrategie (Abb. 3). Das Wort Strategie meint nicht, dass das Verhalten von den Lebewesen zielgerichtet geplant wird, sondern im Laufe der Evolution durch Überleben der erfolgreichsten Individuen (Selektion) entstanden ist. Die Strategie hat Auswirkungen auf die Populationsgröße und deren Schwankungen.

r- und K-Strategen

Manche Arten erzeugen wie das Kaninchen in einer relativ kurzen Lebensspanne eine große Anzahl von Nachkommen. Die Geschlechtsreife wird relativ früh erreicht. Solche Arten werden bezüglich ihrer Fortpflanzungsstrategie zu den *r-Strategen* gerechnet. Körpermasse und Lebensdauer sind meist gering. Die Populationsdichte erholt sich aufgrund der hohen Wachstumsrate r nach einer Phase ungünstiger Umweltbedingungen schnell.

	r-Strategen	K-Strategen
Lebensraum	können sehr unterschiedliche Lebensräume bewohnen; tolerieren schwankende Umweltbedingungen und Ressourcen von niedriger Qualität	weisen relativ hohe Anforderungen an stabile Umweltbedingungen auf; nutzen gewöhnlich qualitativ hochwertigere Ressourcen
Entwicklung	schnelle Entwicklung der Embryonen, frühe Geschlechtsreife, geringe Körpergröße	lange Embryonalentwicklung, späte Geschlechtsreife, großer Körper
Fortpflanzungsstrategie	große Anzahl von Nachkommen; wenig elterliche Fürsorge bzw. viele Früchte mit geringem Nährstoffvorrat	wenige Nachkommen; ausgeprägte elterliche Fürsorge bzw. wenige Früchte mit großem Nährstoffvorrat in den Samen
Überlebenswahrscheinlichkeit	kurze Lebensspanne, auch dichteunabhängig hohe Sterblichkeit	lange Lebensspanne, überwiegend dichteabhängige Sterblichkeit
Populationsschwankungen	kurze Perioden mit exponentiellem Populationswachstum, gefolgt von starken Schwankungen der Populationsgröße	langsames Populationswachstum, das sich dann stabilisiert und bei Erreichen der Umweltkapazität K gegen null geht
Beispiele	Wildkaninchen, Stubenfliegen, Gräser	Rehe, Elefanten, Eisbären

2 *Merkmale von r- und K-Strategen*

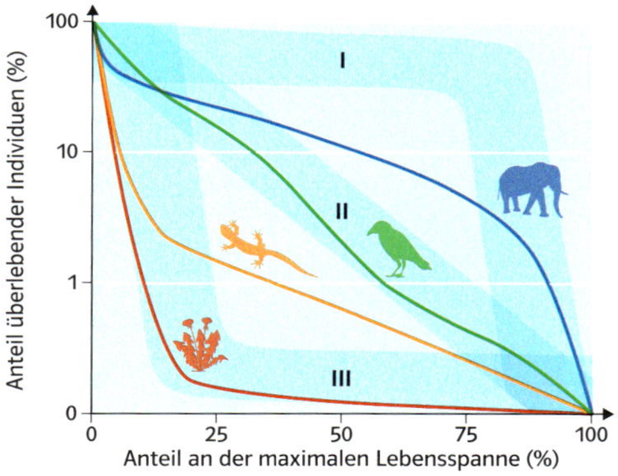

4 *Überlebenskurven*

EXTRA >>

Spieltheorie und Strategiebegriff

Der Begriff „Strategie" stammt aus der Spieltheorie: Bei einem Brettspiel geht es darum, welche Spielfarbe gewinnt und nicht welche Einzelfigur. Für eine Art ist es entsprechend wichtig, dass die Population fortbesteht, obwohl die Individuen sterben. Die Evolution begünstigt Vermehrungsmuster, die zu dem betreffenden Lebensraum und der Lebensweise passen. Individuen investieren Nahrung und Zeit entweder in das eigene Wachstum oder in das ihrer Nachkommen. Strategien sind letztlich Anpassungen auf Populationsebene. Man spricht aus evolutionsbiologischer Perspektive auch von r- und K-Selektion, um den planenden Beiklang im Wort „Strategie" zu vermeiden.

Andere Arten, wie z. B. das Reh, wachsen langsam zu größeren Individuen heran, geschlechtsreif werden sie erst nach Jahren. Sie erzeugen wenige Nachkommen. Bei solchen Tierarten findet man häufig intensive Brutpflege. Die Jungensterblichkeit ist daher gering. Kleinere Änderungen der Umweltbedingungen wirken sich wenig auf die Sterbe- und die Geburtenrate aus. Die Populationsdichte schwankt sehr gering. Sie liegt meist in der Nähe der *Umweltkapazität* K. Diese Arten werden als *K-Strategen* bezeichnet. Führt z. B. ein besonders strenger Winter zu einer starken Verringerung der Populationsdichte, erholt sich die Population wesentlich langsamer als bei r-Strategen.

Ressourcenverteilung und Umwelt

Typische Merkmale der beiden Fortpflanzungsstrategien findet man nicht nur bei Tieren, sondern z. B. auch bei Pflanzen. Gräser und einjährige krautige Pflanzen gehören zu den r-Strategen. Sie investieren nur wenige Ressourcen in einen dauerhaften Pflanzenkörper, sondern den größten Teil in die Erzeugung von Blüten und Früchten. Fraß, Überschattung durch höhere Pflanzen und nicht vorhandene Einrichtungen zur Überwinterung begrenzen die Überlebensfähigkeit der Individuen. In Wäldern breiten sie sich schnell auf Lichtungen aus, bis ein heranwachsender Baum die Lücke im Blätterdach schließt. Sie reagieren schnell auf schwankende Umweltbedingungen.

Bis zu mehrere Hundert Jahre alt werdende und viele Tonnen schwere Eichen weisen einige Merkmale von K-Strategen auf. Das geschlossene Blätterdach führt zum Erreichen der Umweltkapazität K. Sie produzieren erst ab einem Alter von ca. 15 Jahren Früchte. Kleine Schwankungen der Umweltbedingungen verändern die Populationsdichte kaum. Für K-Strategen untypisch ist bei Eichen die Vielzahl von Samen und die Tatsache, dass nur ein Bruchteil der gekeimten Eicheln das Fortpflanzungsalter erreicht. Zwischen den beiden Fortpflanzungsstrategien gibt es also Übergänge. Welcher Anteil der Ressourcen für die Erhaltung des Körpers und welcher für die Reproduktion aufgewandt wird, lässt sich gut an der Überlebenskurve einer Art erkennen (Abb. 4). Sie zeigt die Sterberate in Abhängigkeit von der Lebensphase. r-Strategen weisen eine hohe Sterblichkeit in der frühen Lebensphase auf, die durch die Erzeugung sehr vieler Nachkommen kompensiert wird. Bei K-Strategen erreicht ein großer Anteil der insgesamt wenigen Nachkommen ein hohes Alter.

AUFGABEN >>

○ 1 Nennen Sie je zwei Beispiele für r- und K-Strategen, die in unseren Wäldern vorkommen. Begründen Sie die Zuordnung.

◒ 2 Erläutern Sie, ob es Pflanzen gibt, die alle Eigenschaften von K-Strategen aufweisen.

Ökologische Primärstrategien

1 *Bauruine, Wald und Düne als Umwelt für pflanzliche Besiedlungsformen*

Nicht überall ist die Umwelt so stabil wie in einem Wald. In einer Stadt kann durch Hausabbruch kurzfristig neuer Vegetationsraum entstehen, an der Küste werden Besiedlungsflächen ständig umgeschichtet (Abb. 1). Entsprechend unterschiedliche Arten siedeln sich an.

Stabile oder instabile Umwelt

In einer *stabilen Umwelt* schwanken die Umweltfaktoren nur wenig und allenfalls in einem vorhersehbaren Tages- oder Jahresrhythmus. Ganz anderen Herausforderungen sind Arten ausgesetzt, die in einer *instabilen Umwelt* mit nicht vorhersehbaren und starken Veränderungen leben. Während das Konzept der r- und K-Strategie auf Merkmale der Organismen fokussiert ist, stellt das CRS-Modell eher Merkmale der Umwelt in den Vordergrund. Es hat sich besonders zur Erklärung pflanzlicher Besiedlungen bewährt.

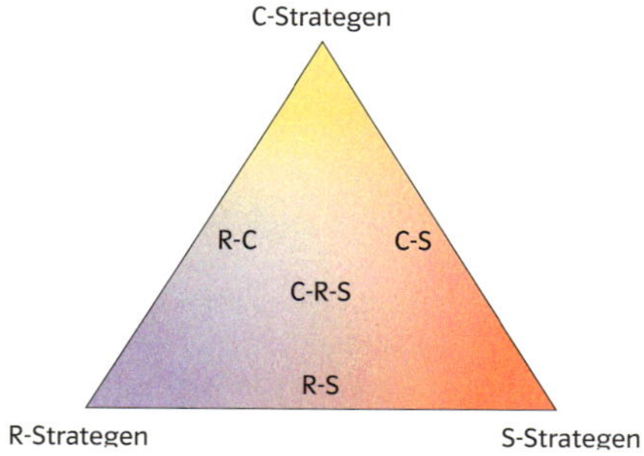

2 *Das CSR-Modell und seine Übergange*

CRS-Modell

Konkurrenzstrategen (engl. *competitors* C) entsprechen weitgehend den K-Strategen, ihre Umwelt ist stabil und reich an Ressourcen. Sie müssen sich aber mit vielen innerartlichen und zwischenartlichen Konkurrenten auseinandersetzen. Ruderalstrategen (engl. *ruderal* R) ähneln den r-Strategen. Sie leben in einer instabilen Umwelt mit kurzzeitig günstigen Bedingungen, die sie schnell besiedeln, aber oft bald wieder aufgeben müssen. Das gilt für das namensgebende *Ruderal*, also zufällig frei gewordene Flächen in einer ansonsten dicht besiedelten oder unbesiedelbaren Umwelt. Zu einer neuen dritten Gruppe gehören die Stresstoleranzstrategen (engl. *stress tolerators* S). Sie leben in einer Umwelt mit Extremfaktoren, also in sehr trockener, sehr kalter oder sehr salziger Umgebung. Sie sind meist nicht groß, aber langlebig und behaupten sich trotz geringer Wachstums- und Vermehrungsrate.

AUFGABEN >>

◒ **1** Abb. 1 zeigt die pflanzliche Besiedlung verschiedener Lebensräume. Ordnen Sie diese den CRS-Strategen zu.

○ **2** Erklären Sie die Darstellung des CRS-Modells aus Abb. 2.

◒ **3** Stellen Sie r-K-Strategien und CRS-Modell gegenüber.

Material

Vermehren oder Wachsen

Ein Lebewesen kann unter gegebenen Umweltbedingungen im Laufe seines Lebens nur eine begrenzte Biomasse bilden. Diese kann entweder zum individuellen Wachstum verwendet werden (K-Strategie) oder in möglichst viele Nachkommen investiert werden (r-Strategie).

Blockfisch und Umweltkapazität

Der Blockfisch symbolisiert ein beliebiges Lebewesen, das sich vermehren und wachsen kann. Zwei Varianten kommen vor: Variante A stirbt nach einem Jahr und hinterlässt zwei Nachkommen. Variante B kann jahrelang wachsen, hinterlässt aber nur einen Nachkommen. Zur Wahl für die beiden Varianten stehen Lebensräume mit unterschiedlichen Kapazitäten.

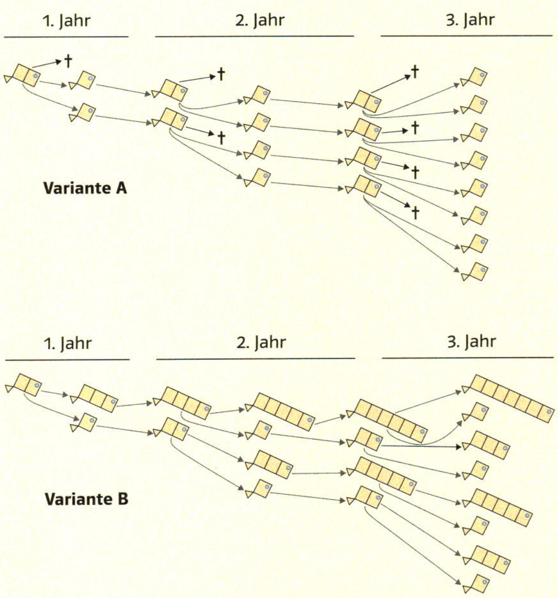

1 *Wachsen oder Vermehren im Blockfisch-Modell*

AUFGABEN >>

○ **1** Beschreiben Sie das Populationswachstum von A und B in den ersten drei Jahren.

◒ **2** Skizzieren Sie die Populationsgrößen von A und B, wenn die Kapazität der Umwelt im 3. Jahr auf 8 Blöcke begrenzt ist.

◒ **3** Skizzieren Sie die Populationsgrößen A und B im 3. Jahr, wenn jedes Jahr die Hälfte der Einblock-Fische von Räubern gefressen wird.

● **4** Ordnen Sie die Varianten der r- oder K-Strategie zu und beurteilen Sie, welche Strategie unter welchen Umweltbedingungen die erfolgreichere ist.

Goldrute und Umweltstabilität

Die Goldrute ist eine hochwüchsige Pflanze mit beblättertem Stiel und endständigem gelben Blütenstand. Es gibt Populationen an Wald- sowie an Trockenstandorten. Wiegt man Blätter, Blüten und Stiele getrennt voneinander, ergeben sich unterschiedliche Anteile an der Gesamtbiomasse.

2 *Goldrute*

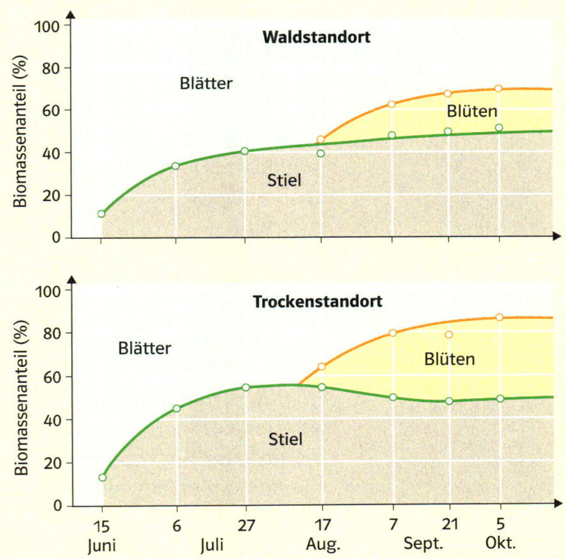

3 *Biomassenanteile (oberirdisch) bei der Goldrute*

AUFGABEN >>

○ **5** Vergleichen Sie die Anteile der Blüten an der oberirdischen Biomasse von Goldruten an Wald- und Trockenstandorten mithilfe von Abb. 3.

◒ **6** Im Vergleich zu Waldstandorten sind die Umweltbedingungen an Trockenstandorten eher instabil und wechselhaft. Erklären Sie.

● **7** Entwickeln Sie eine Hypothese für die unterschiedlichen Blütenanteile an Wald- und Trockenstandorten und verwenden Sie dabei das Konzept der r- und K-Strategie.

Dichteregulation

Strandkrabbe

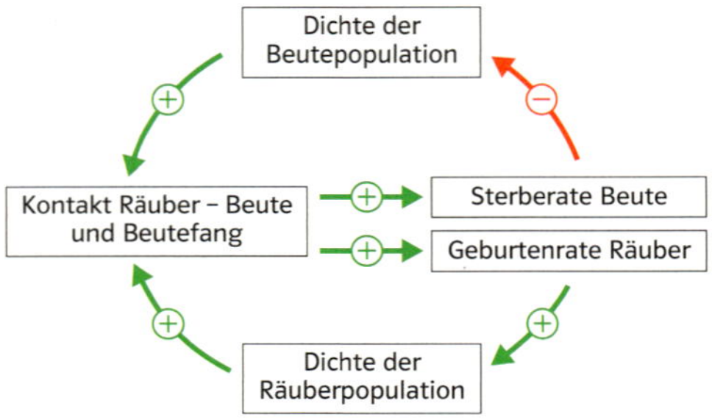

1 *Räuber-Beute Einflüsse schematisch*

Strandkrabben ernähren sich unter anderem von winzigen Wattschnecken. Hält man diese Räuber von Wattflächen fern, steigt die Dichte der Schnecken. Bietet man Strandkrabben in einem Parallelversuch reichlich Beute, wächst ihre Populationsdichte. Wie sich Räuber- und Beutepopulationen gegenseitig in ihrer Dichte beeinflussen, lässt sich nicht nur im Ausschlussversuch, sondern auch im mathematischen Modell verfolgen.

Das Lotka-Volterra-Modell

ALFRED L. LOTKA (1880—1949) und VITO VOLTERRA (1860—1940) veröffentlichten Mitte der 1920er-Jahre unabhängig voneinander ein mathematisches Modell für die Dichteregulation in einem einfachen Räuber-Beute-System. Der Begriff „Räuber" umfasst dabei alle Konsumenten, also Pflanzenfresser, Fleischfresser und Parasiten. Die Wissenschaftler gingen bewusst vereinfachend davon aus, dass die Beutedichte exponentiell wächst, wenn Räuber fehlen, und dass auch die Räuberdichte exponentiell wächst, wenn ausreichend Beute vorhanden ist. Außerdem steigt die Geburtenrate des Räubers proportional zur Beutedichte, es werden also mehr Räuber geboren, wenn es reichlich Beute gibt. Gibt es umgekehrt viele Räuber, sterben besonders viele Beutetiere, die Sterberate der Beute steigt also proportional bei zunehmender Räuberdichte. Vereinfacht gilt: je mehr Beutetiere, desto mehr Räuber und je mehr Räuber, desto weniger Beutetiere (Abb. 1).

Die zugehörigen Wachstumsfunktionen zeigen eine wichtige Eigenschaft vieler Räuber-Beute-Systeme: Sie fluktuieren um einen mittleren Wert (Abb. 2). LOTKA und VOLTERRA leiteten daraus folgende Regeln ab:

Regel 1 (Periodische Populationsschwankungen)
Die Populationsdichte von Räuber und Beute schwankt periodisch. Maxima und Minima der Räuberpopulation folgen zeitverzögert denen der Beutepopulation.

Regel 2 (Konstanz der Mittelwerte)
Langfristig sind die Mittelwerte der Dichte von Räuber- und Beutepopulation konstant.

Regel 3 (Störung der Mittelwerte)
Vermindert man die Dichte von Räuber- und Beutepopulationen gleichzeitig, erholt sich die Beutepopulation schneller als die Räuberpopulation.

3 *Die Lotka-Volterrra-Regeln*

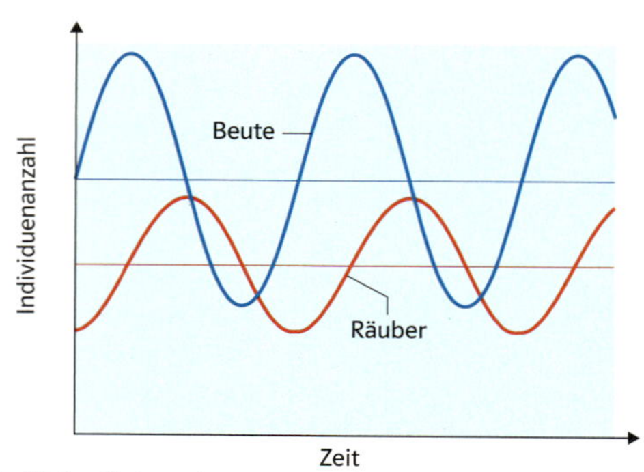

2 *Dichtefluktuationen im Lotka-Volterra-Modell*

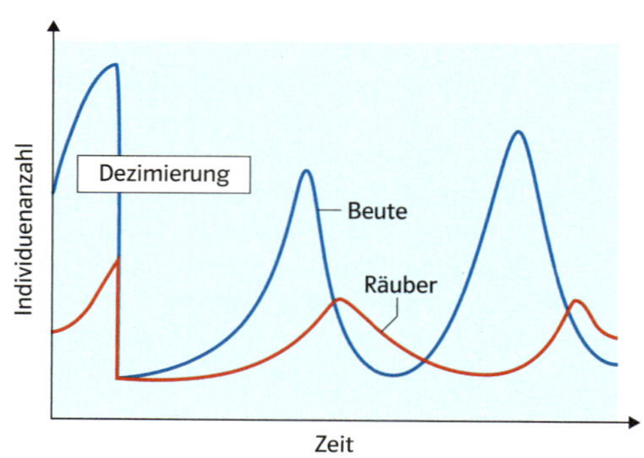

4 *Dezimierungsfolgen im Lotka-Volterra-Modell*

5 *Luchs jagt Schneeschuhhase*

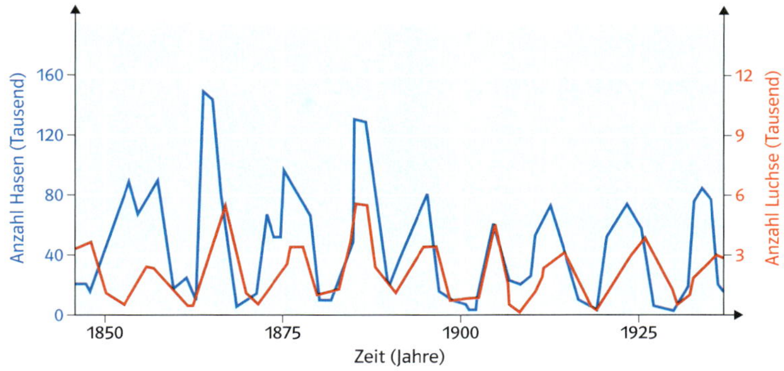

6 *Fellzahlen für Luchs und Schneeschuhhase*

Räuber-Beute Fluktuationen

Feldmäuse, Nacktschnecken oder Maikäfer zeigen ein typisches fluktuierendes Populationswachstum. Diese Schwankungen werden aber nicht ausschließlich vom Wegfraß durch Räuber verursacht. Es genügt schon eine zeitverzögerte Reaktion auf Umweltveränderungen, um Dichteschwankungen auszulösen. Die Dichte der Räuber folgt dann den Schwankungen der Beute, verursacht sie aber nicht. So ein System ist von unten nach oben, also *„bottom up"* reguliert. Bestimmt der Räuber die Dichte der Beute, spricht man von einer *„top-down"*-Regulation wie bei der Strandkrabbe Räuber, die auf eine oder wenige Beutearten spezialisiert sind, hängen besonders stark von der Dichte ihrer Beute ab *(Spezialisten)*. Sie stellen ihrer Beuteart zwar sehr effektiv nach, haben aber kaum Alternativen, wenn deren Dichte abnimmt. Räuber mit einem breiten Beutespektrum *(Generalisten)*, wie Fuchs, Bussard oder Hecht, wechseln auf andere Arten und bleiben in der Populationsdichte unbeeinflusst.

Beutetiere werden von verschiedenen Räubern dezimiert, können sich in einer vielfältigen Landschaft aber verstecken und so dem Zugriff durch Räuber entziehen. Das Populationswachstum vermehrungsfähiger Arten (r-Strategen) hängt eher von den Nahrungsressourcen ab als von der Dichte der Räuber.

Folgerungen aus dem Modell

Natürliche Räuber-Beute-Systeme sind wesentlich komplexer als die bewusst vereinfachenden Voraussetzungen im Lotka-Volterra-Modell. Trotzdem lassen sich wichtige Folgerungen aus den mathematischen Berechnungen ziehen: In der Natur beobachtete Massenvermehrungen oder Rückgänge einzelner Populationen pendeln sich langfristig auf einen mittleren Wert ein (Regel 1 und 2). Es ist also häufig ratsam abzuwarten, bevor man eine Schnecken- oder Käferplage mit Giften bekämpft, denn solche Dezimierungen wirken oft auch auf deren natürliche Feinde. Dezimiert man die Population von Räuber und Wirt gleichermaßen, wird sich die Beute schneller erholen und schon bald neue Ernteeinbrüche bescheren, denn Beutetiere vermehren sich schneller und häufiger als räuberische Arten (Abb. 4).

AUFGABEN >>

○ **1** Erklären Sie die Pfeile in Abb. 1 und zeigen Sie, dass bei der Räuber-Beute-Beziehung Regulation vorliegt.

◒ **2** Aus den abgelieferten Fellen kanadischer Jäger lässt sich in etwa die Dichte von Schneeschuhhase und Luchs hochrechnen (Abb. 6). Auch auf Inseln ohne Luchse schwankt die Populationsdichte des Schneeschuhhasen. Werten Sie diese Ergebnisse unter Berücksichtigung der Voraussetzungen des Lotka-Volterra-Modells aus.

Material

Dichteregulation

Arten beeinflussen sich gegenseitig in ihrer jeweiligen Dichte. Dabei begegnen sich in der Natur, anders als im mathematischen Modell, nicht nur zwei, sondern im Normalfall gleich mehrere Arten.

Kleine Fische und große Fische

Der Kabeljau ist ein beliebter Speisefisch. Er ernährt sich u.a. von kleineren Fischen wie dem Hering. Anhand der Fischereierträge lässt sich der Bestand der beiden Fischarten über Jahrzehnte verfolgen.

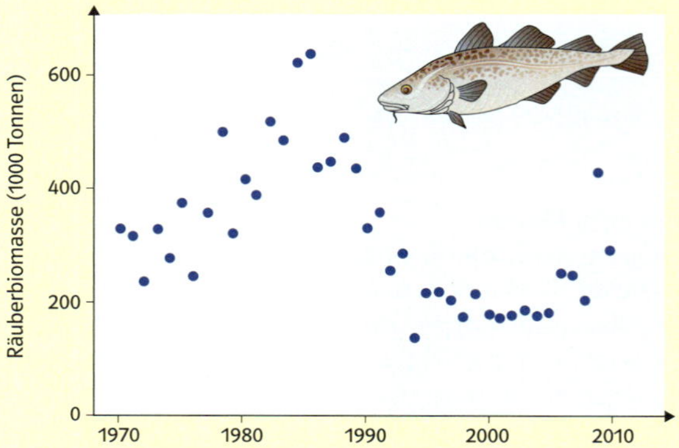

1 *Kabeljaubestand in Kanada*

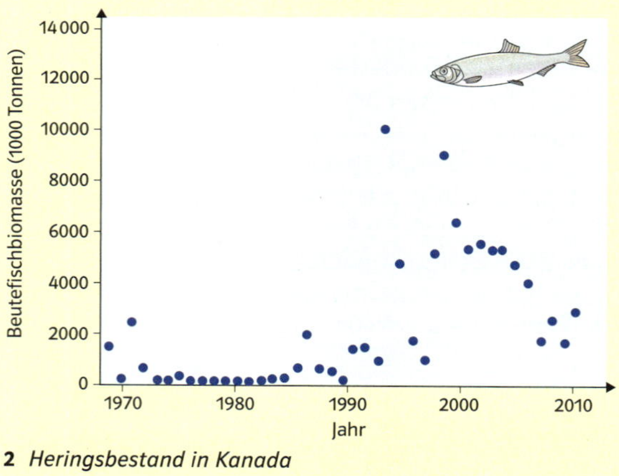

2 *Heringsbestand in Kanada*

AUFGABEN >>

1 Beschreiben Sie den Kabeljau- und den Heringsbestand der letzten Jahrzehnte.

2 Stellen Sie eine begründete Hypothese für den jeweiligen Verlauf des Populationswachstums auf.

3 Nennen Sie Faktoren, die die Dichte der beiden Fischarten beeinflussen können.

Milbe gefährdet Honigbienen

3 *Varroamilbe auf Biene*

Die Varroamilbe (*Varroa destructor*) ist ein etwa 1,5 mm großes Spinnentier, das aus Asien zu uns gelangt ist. Die Milbe lebt parasitisch auf Bienen bzw. ihren Larven (Abb. 3). Sie dringt mit ihren Mundwerkzeugen durch die Chitinhaut und saugt Hämolymphe, die Körperflüssigkeit der Insekten. Bei starkem Befall geht das ganze Volk zugrunde.

Zur Fortpflanzung legt die Milbe Eier in Brutzellen der Bienenwaben ab. Schlüpft die Biene, werden die Milben frei. Die asiatischen Bienen erkennen den Parasiten meist und entfernen ihn, europäische Bienen jedoch nicht.

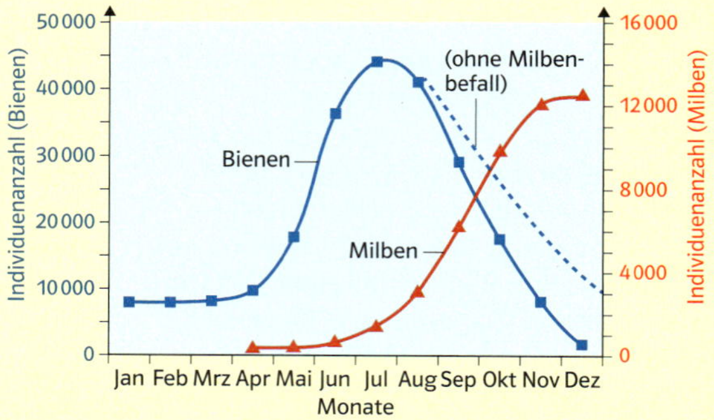

4 *Populationsentwicklungen im Bienenstock*

AUFGABEN >>

4 Erläutern Sie die Fortpflanzungs- und Verbreitungsstrategien der Varroamilbe.

5 Erklären Sie die Veränderungen der Populationsgrößen im Bienenstock unter Verwendung von Abb. 4.

Ein Räuber, zwei Beutetiere

Rädertiere sind winzige Mehrzeller, die z. B. im Plankton von Seen weit verbreitet sind. Es gibt Arten (A und B), die sich von pflanzlichem Plankton ernähren, und Arten (C), die räuberisch leben und auch kleinere Rädertiere fressen. In Anwesenheit von Räubern bildet Art A Dornen, die sie ungenießbar machen. Die drei Arten A, B, C lassen sich gut in Kultur halten. Dabei wurden die Kombinationen variiert: Räuber C und Beute A, Räuber C und Beute B, Beute A und Beute B, Räuber C und Beute A und B.

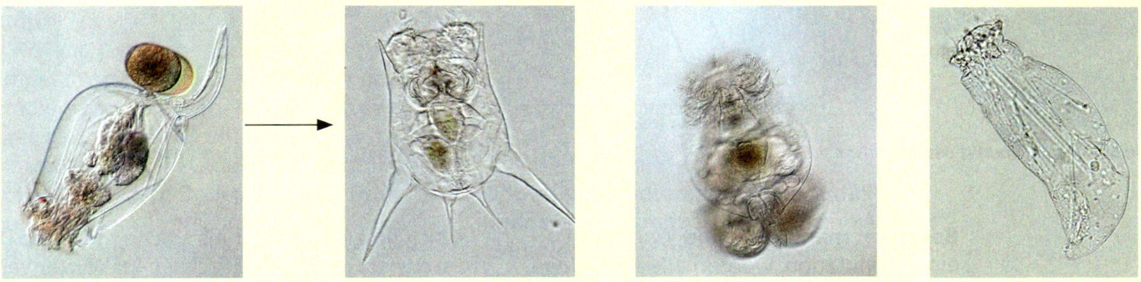

5 *Rädertierarten A, B, C im Experiment*

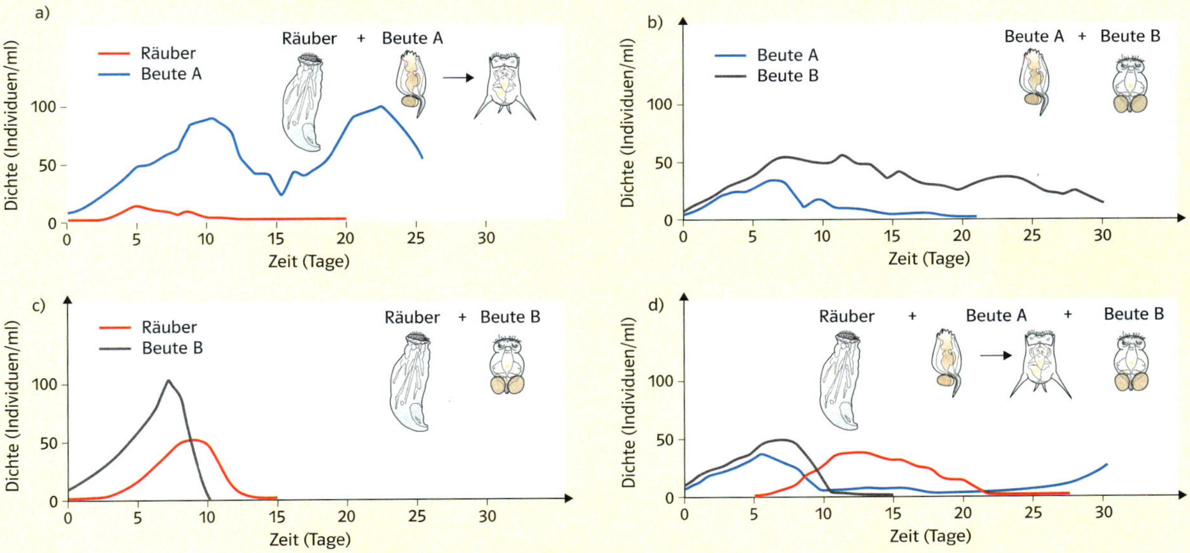

6 *Dichte von drei Rädertierarten in verschiedenen Kombinationen*

AUFGABEN >>

6 Vergleichen Sie, welches Rädertier in den verschiedenen Versuchsansätzen (a, b, c, d) nach 25 Tagen überlebt (Abb. 5 und 6).

7 Erklären Sie die Überlegenheit von Art A gegenüber Art B in Anwesenheit des Räubers C.

Teilpopulation und Metapopulation

Scharrschrecke

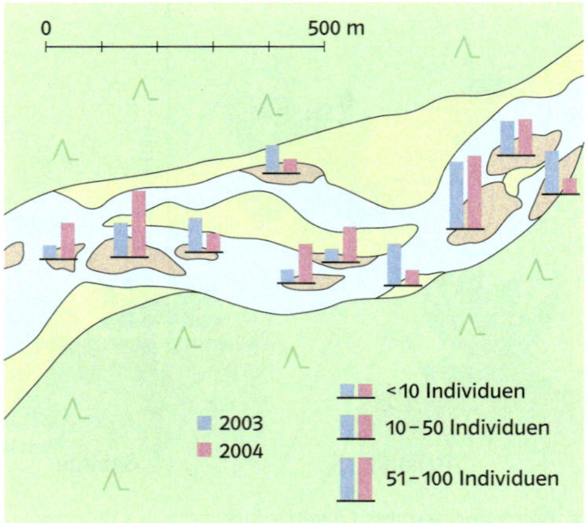

1 *Verbreitung einer Schreckenart auf Isarinseln*

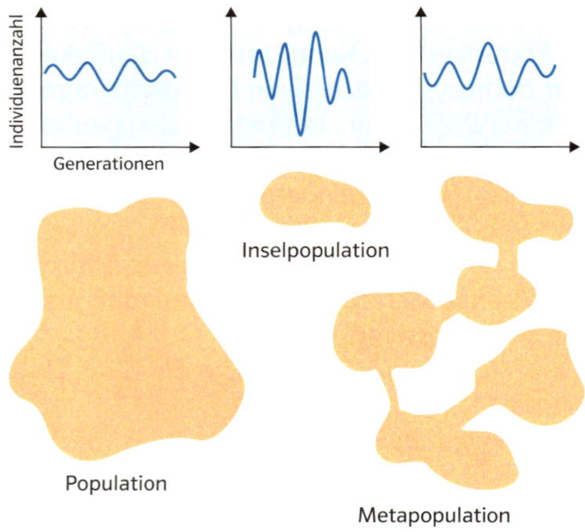

2 *Population und Metapopulation*

Auf Flussinseln der Isar fand man sehr kleine Insektenpopulationen. Nach theoretischen Überlegungen hätte man erwartet, dass manche von ihnen aussterben würden. Das geschah jedoch nicht.

Inselpopulationen

Die obere Isar hat in manchen Regionen ein breites Flussbett, in dem sich verschieden große und unterschiedlich hohe Schotterinseln befinden. Die Inseln sind teilweise bewachsen. Hier lebt die *Gefleckte Schnarrschrecke* (s. Randspalte). Dieses flugfähige Insekt benötigt strauchfreie, teilweise mit Kräutern bewachsene Bereiche. Die Inseln werden durch Hochwasser immer wieder verändert und überspült.

In einer Langzeituntersuchung wurden zehn Jahre lang die Bestandsdichten der Tiere auf benachbarten Inseln bestimmt (Abb. 1). Die Untersuchung ergab, dass die kleinen Inselpopulationen stark gefährdet sind. Durch Hochwasser dezimierte Populationen erholten sich jedoch schnell. Selbst auf völlig überschwemmten Inseln fand man später wieder Schrecken. Modellrechnungen mit den Werten der ersten Jahre führten zu der Vorhersage, dass die Schrecken auf den Inseln langfristig aussterben müssten. Das widersprach jedoch den Untersuchungsergebnissen der folgenden Jahre.

Das Konzept der Metapopulation

Bei konstanten Umweltbedingungen entwickeln sich die Schreckenpopulationen auf den Inseln unabhängig voneinander. Die Populationsdichte wird wesentlich von den biotischen und abiotischen Umweltfaktoren bestimmt. Nach Überflutungen siedeln sich Schrecken an, indem sie von Nachbarinseln einwandern *(Migration)*. Durch Migration zwischen den Teilpopulationen entsteht daraus eine *Metapopulation*. Es zeigte sich, dass Metapopulationen gegenüber schwankenden Umweltbedingungen deutlich stabiler sind als Inselpopulationen und fast so stabil wie große Populationen (Abb. 2). Das Konzept der Metapopulation gilt auch im übertragenen Sinne, also z. B. für Oasen in der Wüste.

Eine Metapopulation besteht also aus mehreren Teilpopulationen, unter denen ein — wenn auch eingeschränkter — genetischer Austausch möglich ist. Sie bilden einen gemeinsamen Genpool. Die Dichte der einzelnen Teilpopulationen reicht für den Fortbestand der Population auf Dauer nicht aus, sie sind immer auf den Zustrom von Individuen angewiesen. Werden die Teilpopulationen räumlich voneinander getrennt, erhöht sich das Aussterberisiko erheblich, obwohl sich die Biotopbedingungen selbst nicht geändert haben.

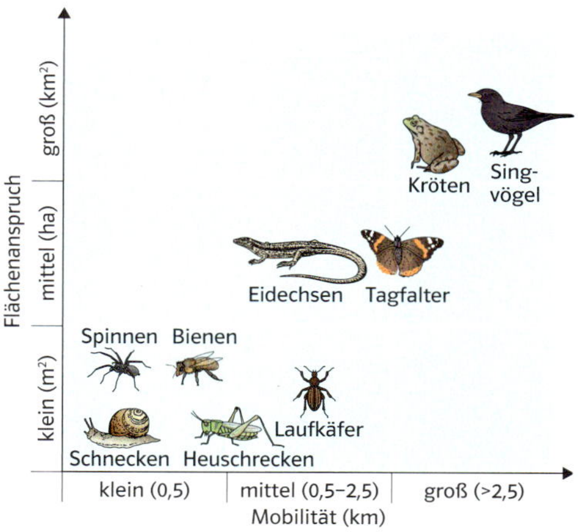

3 *Flächenbedarf und Mobilität bei Wildtieren*

5 *Wildbrücke über eine Autobahn*

Fragmentierung der Landschaft

Wo gestern noch Wiesen, Gehölze und Tümpel waren, sind heute Wohngebiete oder Straßen. Natürliche Lebensräume liegen wie Inseln in einer versiegelten Fläche. Straßen trennen Teilpopulationen einheimischer Wildtierarten. Die Landschaft ist fragmentiert und zerschnitten. Oft reicht die Größe der Restbiotope nicht für vermehrungsfähige Populationen aus. Der Flächenbedarf einer Population hängt von der betrachteten Art, ihren Ansprüchen an die Umwelt und ihrer Mobilität ab. Fliegende Tiere können größere Distanzen überwinden als langsam kriechende, um in einen entfernten, geeigneten Lebensraum zu gelangen (Abb. 3).

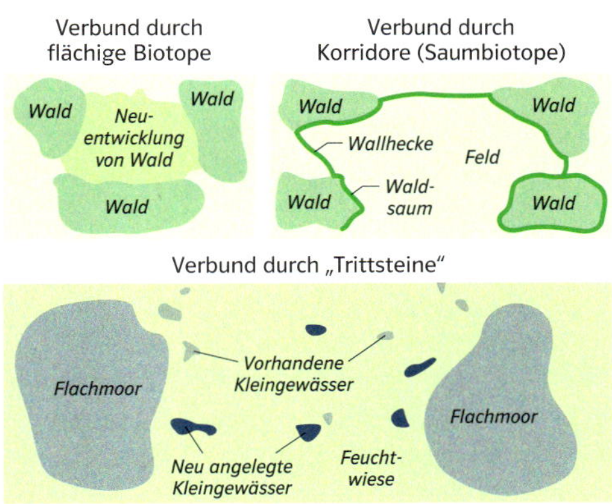

4 *Typen des Biotopverbundes*

Biotopverbund

Aus diesen Erkenntnissen wurden Konsequenzen für den Naturschutz gezogen. Naturbelassene Uferrandstreifen, Feldraine oder Hecken verbinden Restwälder wie Korridore. Gräben und naturnahe Bäche vernetzen Gewässerökosysteme (Abb. 4). Kleine Tümpel sichern zwar nicht das Überleben einer Population, ermöglichen Wassertieren aber eine Zwischenrast auf der Suche nach einem geeigneten größeren Lebensraum. Einwandernde Individuen frischen die Bestände in abgelegenen Lebensräumen auf. Dieser Biotopverbund stellt den Kontakt zwischen Individuen der Metapopulation wieder her.

AUFGABEN >>

○ 1 Vergleichen Sie die Schwankungen der Individuenanzahl in Insel- und Metapopulationen (Abb. 2).

◒ 2 Skizzieren Sie anhand der Angaben in Abb. 3, wie ein Biotopverbund für den Schutz von Kröten aussehen könnte.

◒ 3 Als Naturschutzmaßnahme werden regional begrünte Brücken (Abb. 5), andernorts Tunnel, zur Überquerung von Autobahnen gebaut. Nehmen Sie in Pro-und-Contra-Gruppen Stellung zu diesem Vorgehen.

● 4 Der Biotopverbund kann auch Nachteile haben. Auf den Halligen der Nordsee brüteten Watvögel ungestört von Füchsen. Beurteilen Sie die Wirkung von Dämmen zum Festland.

Population und Areal

1 *Neobiota: Kanadische Wasserpest, Ambrosia, Nandu*

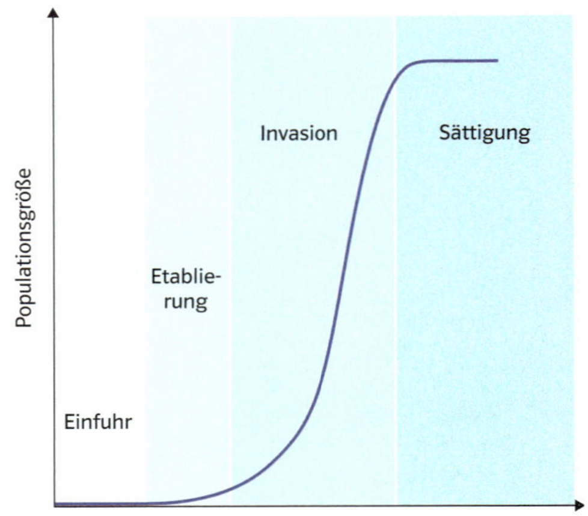

2 *Invasionsphasen*

Tiere wandern, Pflanzen säen sich aus, Pilze und Mikroorganismen verbreiten sich. Klimaänderungen, neue Landbrücken oder Wasserwege tragen zu solchen Arealänderungen bei. Erweisen sich die Umweltfaktoren im neuen Gebiet als günstig, können sich die neuen Arten hier halten, sie etablieren sich.

„Items that have been used for outdoor or farming activities, including any footwear, tents, camping, hunting, hiking, golf or sports equipment".

Biosecurity risc items (Neuseeland)

Archäobiota und Neobiota

Gebietsfremde Arten, die schon zu Beginn des Ackerbaus nach Deutschland gelangten, gelten als Archäobiota. Dazu gehören Kornblume oder Apfelbaum. Die Entdeckung Amerikas durch Kolumbus im Jahre 1492 gilt auch ökologisch als wichtige Zeitmarke.

Durch den Kontakt von alter und neuer Welt und den wachsenden globalen Handel beeinflussten Menschen von nun an bewusst oder unbewusst die Verbreitung von Lebewesen. Ab 1492 durch den Menschen eingeführte Arten nennt man *Neobiota* (Abb. 1). Zu ihnen gehören Neutiere *(Neozoen)* und Neupflanzen *(Neophyten)*.

Einheimische Arten *(Indigene)*, die schon seit dem Ende der letzten Eiszeit in Deutschland leben, müssen sich mit neuen Konkurrenten, fremdartigen Räubern oder Krankheitserregern auseinandersetzen.

Invasive Arten

Von den meisten Neobiota geht keine Gefahr für Natur und Gesundheit aus. Es gilt die 10-%-Regel, d.h. von 1000 eingeführten oder eingeschleppten Arten kommen 100 unbeständig vor, 10 etablieren sich dauerhaft und nur eine Art (0,1%) wird invasiv (Abb. 2). *Invasive Arten* verdrängen einheimische Arten oder führen zu wirtschaftlichen bzw. gesundheitlichen Schäden. Sie gelten nach der Lebensraumzerstörung weltweit als größte Gefahr für die Artenvielfalt. Inseln sind besonders gefährdet, da sich ihre Lebewelt lange isoliert entwickelte. Historisch besonders dramatisch verlief die Einführung von Säugetieren wie Kaninchen, Hund oder Ratte nach Australien und Neuseeland: Die Neozoen verdrängten viele indigene Beuteltiere und Laufvögel.

AUFGABEN >>

1 Recherchieren Sie im Internet und vergleichen Sie Herkunft, Weg und Probleme der Neobiota in Abb. 1.

2 Für die Einreise nach Neuseeland müssen Outdoor- Artikel deklariert werden (s. Randspalte). Begründen Sie diese Vorsichtsmaßnahme.

Material

Neophyten und Neozoen

Immer wieder werden Arten in weit entfernte Gebiete verschleppt, in denen sie zuvor nicht existierten. Solche Neobiota treffen im Allgemeinen auf abiotische und biotische Umweltfaktoren, an die sie nicht angepasst sind. So gehören z. B. die meisten unserer Kulturpflanzen zu den Neobiota. In natürlicher Umgebung sind sie so konkurrenzschwach oder durch Pflanzenfresser gefährdet, dass sie sich natürlich kaum verbreiten. In Einzelfällen können sich Neobiota jedoch zur Plage entwickeln. Eine Prognose ist nicht immer möglich.

Vom Garten zur Plage

Das aus dem Himalaya stammende *Drüsige Springkraut* wird bis zu 2 m groß. Die reich blühenden einjährigen Pflanzen wurden als exotische Bereicherung der Gärten in Europa eingeführt. Eine Pflanze produziert ca. 2000 — 4000 Samen, die sie aus Kapseln in die Umgebung schleudert.

1 *Drüsiges Springkraut*

Verwilderte Exemplare des Drüsigen Springkrauts bilden heute an feuchten Standorten große, dichte Bestände. Dort verdrängen sie einheimische Pflanzen aufgrund ihrer Schnellwüchsigkeit nahezu vollständig. In einem Gebiet wurde die Bestandsentwicklung untersucht (Abb. 2).

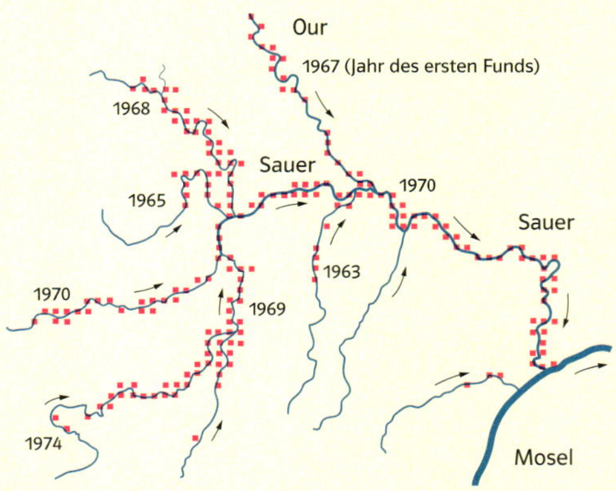

2 *Funde des Drüsigen Springkrauts*

AUFGABEN >>

1 Im Himalaya ist die Vegetationsperiode kürzer als in Europa. Erklären Sie die Bedeutung dieses Faktors für die Verbreitung in Europa.

2 Analysieren Sie Abb. 2 bezüglich der Ausbreitungswege des Springkrauts.

Vom Speiseteller zur Plage

Der *Karpfen* (Abb. 3) gelangte als Nutzfisch im 15. Jahrhundert von Asien nach Zentraleuropa und im 19. Jahrhundert von Europa nach Australien. Seit er dort in den 1960er-Jahren aus Zuchtanlagen entwich, ist er in den australischen Gewässern zur Plage geworden, teilweise bildet er 80 — 90 % der Fischbiomasse. Er konkurriert mit heimischen Fischen um die Nahrung, wühlt den Grund auf und trübt das Wasser. Die Regierung hat dem Fisch den Kampf angesagt: In dem Projekt „Carpageddon" sollen Herpesviren in Flüssen ausgesetzt werden und die Karpfen vernichten.

3 *Karpfen*

Exemplare der ebenfalls im Süßwasser lebenden *Chinesischen Wollhandkrabben* (Abb. 4) gelangten Anfang des 20. Jahrhunderts über das Ballastwasser von Schiffen aus China in unsere Flüsse. Hier leben sie als Allesfresser. Zur Laichabgabe wandern sie flussabwärts in salzige Gewässer. Im Alter von zwei Jahren ziehen die Jungkrabben in Scharen wieder flussaufwärts. Dabei untergraben sie Uferbauten und verstopfen Drainagen, zerschneiden Netzreusen und fressen die gefangenen Fische. Im Chinarestaurant gelten sie als Delikatesse, sie eignen sich zur Chitosan- und Biogasproduktion.

4 *Wollhandkrabbe*

AUFGABEN >>

3 Vergleichen Sie die Invasionsursachen, Schäden und Nutzen von Karpfen und Wollhandkrabben.

4 Erklären Sie, welche Eigenschaften der Wollhandkrabbe ihre Invasion nach Europa begünstigt haben.

5 Recherchieren Sie im Internet nach Maßnahmen gegen invasive Arten und werten Sie deren Erfolg aus.

Biologische Vielfalt — Biodiversität

1 *Artenvielfalt am Beispiel von Tieraugen*

Lebensraum	gemäßigte Zone	Tropenwald
Alter (Jahre)	10 000	> 100 000
Pflanzenarten regional	einige 100	einige 1000
global	einige 10 000	einige 100 000
Tierarten regional	einige 1000	einige 100 000
global	einige 100 000	10 Millionen

2 *Faustregel: 10 Tierarten pro Pflanzenart*

„Biological diversity" means the variability among living organisms from all sources including, inter alia, terrestrial, marine and other aquatic ecosystems and the ecological complexes of which they are part; this includes diversity within species, between species and of ecosystems.

Convention on Biological Diversity (Umweltkonferenz in Rio de Janeiro 1992)

So wie von Tieraugen (Abb. 1) ließe sich auch von beliebigen anderen Naturausschnitten eine Collage anlegen, bei der kein Bild dem anderen gleicht. Die Vielfalt in der Natur ist unermesslich, sie wird als *Biodiversität* bezeichnet und gilt als schützenswert.

Ebenen der Biodiversität

Die UN-Biodiversitäts-Konvention (Convention on Biological Diversity, CBD) bezeichnet Biodiversität als „die Variabilität unter lebenden Organismen jeglicher Herkunft, darunter unter anderem Land-, Meeres- und sonstige aquatische Ökosysteme und die ökologischen Komplexe, zu denen sie gehören". Sie hat also mehrere Ebenen: die genetische Vielfalt innerhalb von Arten, die Artenvielfalt und die Vielfalt der Ökosysteme.

Biodiversitäts-Regeln

Für einen wirksamen Schutz der Biodiversität muss man wissen, ob und wie die Vielfalt begrenzt wird und wie sie sich messen lässt. Dazu gibt es verschiedene Ansätze, die sich ergänzen. AUGUST THIENEMANN (1882—1960) verallgemeinerte seine ökologischen Beobachtungen zu folgenden *Biozönotischen Regeln*:

- Abwechslungsreiche (heterogene) Lebensbedingungen ermöglichen artenreiche, aber individuenarme Biozönosen.
- Einseitige oder extreme Lebensbedingungen bedingen artenarme, aber individuenreiche Biozönosen.

Jede zusätzliche Art steigert die Vielfalt im Ökosystem, es handelt sich um einen selbstverstärkenden Effekt. Eine zusätzliche Pflanzenart bietet durchschnittlich zehn weiteren Tierarten Nahrung und Raum. Dabei spielen auch Alter und Klima des Lebensraums eine Rolle, denn die Organismen müssen ausreichend Zeit haben, sich erfolgreich anzusiedeln (Abb. 2).

R. H. MACARTHUR und E. O. WILSON untersuchten die Biodiversität auf Inseln und stellten fest (1967):

- *Arealeffekt:* Je größer die Insel, umso mehr Arten leben dort.
- *Entfernungseffekt:* Je näher die Insel zum Festland liegt, umso mehr Arten beherbergt sie (Abb. 2).

Diese an echten Inseln im Meer ermittelten Regeln lassen sich auch auf Biotopinseln übertragen, also auf Oasen in der Wüste, auf Seen oder Feldgehölze in einer offenen Landschaft oder auf Naturschutzflächen in einem „Meer" landwirtschaftlich genutzter Flächen.

Arten-Individuen-Relationen

Bestimmt und zählt man die Arten und Individuen im Waldboden, im Plankton oder auf einer Wiese, fällt eine Gemeinsamkeit auf: Es gibt wenige (häufige) Arten mit einer relativ großen Populationsdichte und viele (seltene) Arten mit kleinen Populati-

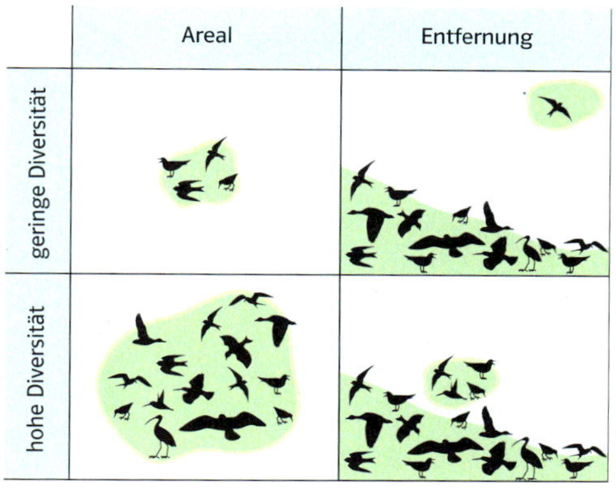

3 *Areal- und Entfernungseffekt auf Inseln*

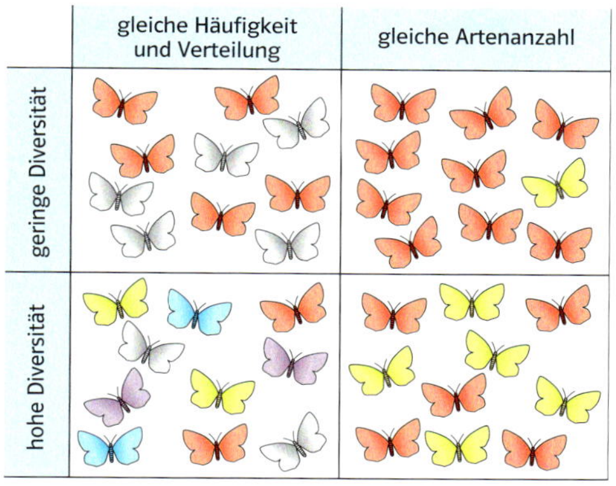

4 *Aspekte der Diversität*

onsdichten. Die häufigen Arten lassen sich im Allgemeinen leicht erfassen. Um alle seltenen Arten zu finden, muss man ein sehr viel größeres Areal besonders gründlich absuchen. Gerade unter den seltenen Arten gibt es viele, die um die gleichen Ressourcen konkurrieren und sich gegenseitig in der Dichte begrenzen.

Das *Konkurrenzausschlussprinzip* besagt, dass zwei Arten mit derselben ökologischen Nische, also mit denselben Ansprüchen an begrenzte Ressourcen, auf Dauer nicht nebeneinander bestehen können. Von zwei solchen Arten bleibt langfristig nur eine im Ökosystem erhalten, die Diversität ist verringert. Das heißt umgekehrt, alle Maßnahmen, die die Konkurrenz um Ressourcen vermindern, werden die Diversität erhöhen. Konkurrenten können koexistieren, wenn sie wegen geringer Populationsdichte die Ressourcen nicht ausschöpfen.

[► Steuerung und Regelung]

Aber auch die Spezialisierung der Konkurrenten auf andere Nahrungsvarianten, Tageszeiten etc. trägt dazu bei. Je schmaler (und spezialisierter) die ökologischen Nischen und je geringer die Dichte einzelner Arten, umso mehr Arten können koexistieren. Die Anwesenheit von räuberischen oder parasitischen Arten wirkt eher fördernd auf die Artenvielfalt, denn Konkurrenten werden ständig dezimiert.

Berechnung der Diversität

Um Biodiversität erfassen und vergleichen zu können, reicht es nicht aus, einfach die Arten zu zählen. Zusätzlich muss die Populationsdichte der einzelnen Arten berücksichtigt werden, denn eine Biozönose wirkt wesentlich eintöniger, wenn eine einzelne Art stark dominiert (Abb. 3). Weil gerade die seltenen, oft besonders schützenswerten Arten bei der Diversitätsberechnung aber auch nicht unterrepräsentiert sein sollen, verwendet man logarithmische Angaben der Dichte. Für die mathematische Darstellung der Diversität wird vielfach der Shannon-Index verwendet.

$$H = \sum_{i=1}^{s} \frac{n_i}{N} \ln \frac{n_i}{N}$$

Dabei ist n_i/N = Populationsdichte der Art i und s = Anzahl der Arten.

AUFGABEN >>

1 Je mehr Stockwerke ein Laubbaum-Gehölz hat, umso mehr Vogelarten kommen darin vor. Begründen Sie anhand einer der Diversitätsregeln.

2 Der Shannon-Index für die Schmetterlinge (Abb. 4, oben links) ist $H_s = -(5/10 \cdot \ln 5/10 + 5/10 \cdot \ln 5/10) = 0{,}7$. Berechnen und vergleichen Sie die anderen Werte.

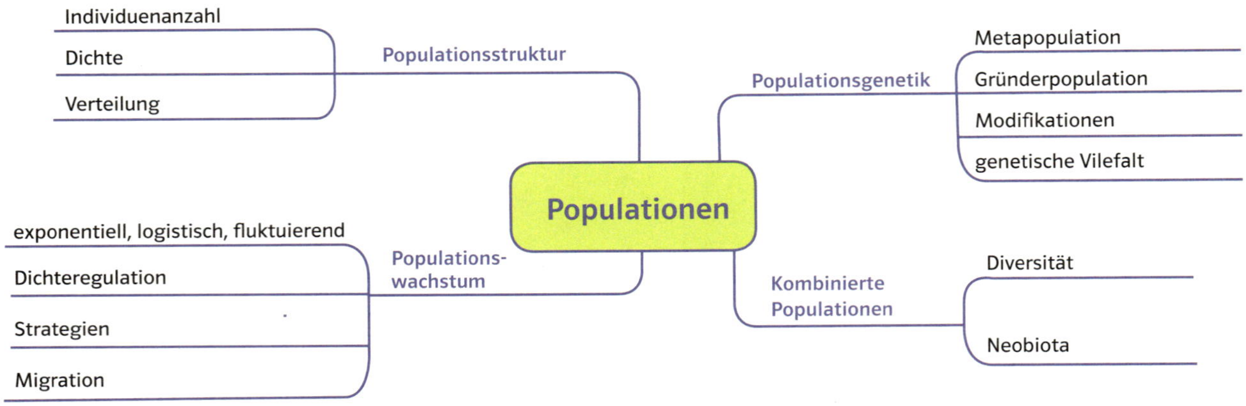

Eine Population ist eine Gruppe von Individuen, die sich untereinander fruchtbar fortpflanzen. Anders als Arten sind benachbarte Populationen aber nicht vollständig reproduktiv voneinander getrennt, sondern bilden Metapopulationen. Populationen lassen sich in Bezug auf Populationsgröße, zeitliche Veränderung, genetische Zusammensetzung und im Zusammenleben mit Populationen anderer Arten vergleichen.

Populationsstruktur

Die Populationsgröße hängt von den verfügbaren Ressourcen, den Umweltfaktoren und dem Einfluss von Räubern und Parasiten ab. Die Individuen einer Population sind nicht unbedingt zufällig verteilt, sondern können z. B. bei Revierbildung regelmäßige Abstände einhalten oder bei sozialer Bindung geklumpt auftreten. Außerdem bestimmt die Verteilung der Ressourcen das Verteilungsmuster der Individuen.

Populationswachstum

Populationen können sich mit der Zeit vergrößern (positives Populationswachstum), verkleinern (negatives Populationswachstum) oder unverändert bleiben (Nullwachstum). Dazu tragen Vermehrung und Migration bei.

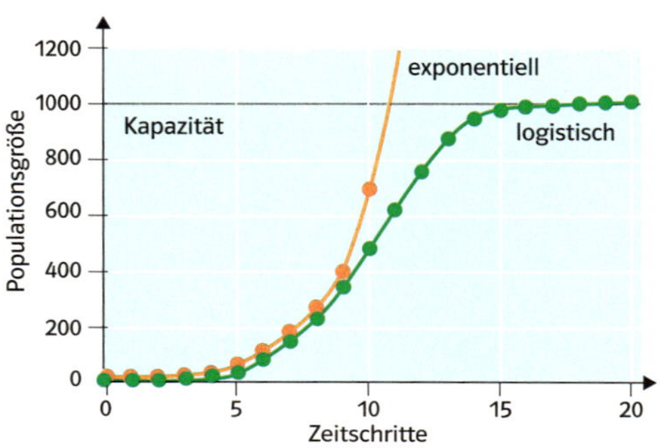

1 *Logistisches und exponentielles Wachstum*

Begrenzte Ressourcen verhindern längerfristig ein exponentielles Wachstum, die Populationsgröße stellt sich logistisch oder fluktuierend auf die Umweltkapazität K ein (Abb. 1). Das Lotka-Volterra-Modell berücksichtigt die dichteregulierenden Effekte in Räuber-Beute-Systemen: Räuber- und Beutepopulation schwanken phasenversetzt (Regel 1) um einen konstanten Mittelwert (Regel 2). Nach einem Dichteeinbruch erholt sich die Beutepopulation schneller als die Räuberpopulation (Regel 3). Eine hohe Wachstumsrate r bedeutet viel Nachwuchs, geht aber auf Kosten der individuellen Körpergröße; sie stellt in wechselhaften Lebensräumen einen Vorteil dar (r-Strategie). Langlebige, große Individuen haben dagegen eine niedrige Wachstumsrate, sie leben in vergleichsweise stabilen Biotopen (K-Strategie). Als S-Strategen bezeichnet man Arten mit geringer Größe und Wachstumsrate, die sich in lebensfeindlicher Umwelt behaupten.

Populationsgenetik

Unterschiede im Erscheinungsbild innerhalb einer Population können genetische oder modifikatorische (epigenetische) Ursachen haben. Unterschiedlich große Toleranzbereiche der Individuen einer Population erweitern den Toleranzbereich der Art. Populationen mit hohem Anteil an Heterozygotie haben daher in einer wechselhaften Umwelt einen Überlebensvorteil gegenüber solchen mit überwiegender Homozygotie.

Diversität

Populationen von mehreren verschiedenen Arten leben miteinander in bestimmten Zahlenverhältnissen und bestimmen die Vielfalt von Biozönosen (Diversität). Diversitätsberechnungen berücksichtigen nicht nur die Anzahl der Arten, sondern auch ihre jeweilige Dichte. Neu eingewanderte Arten (Neobiota) können solche evolvierten Zahlenverhältnisse empfindlich stören.

Schlüsselarten

Im Jahr 1926 wurden im Yellowstone-Nationalpark die letzten Wölfe erlegt. In der Folge beobachtete man im Park eine Reihe von Veränderungen. Die Population der Elche und Wapitihirsche wuchs rapide an, junge Bäume und Sträucher wurden stark verbissen und bei etlichen Arten beobachtete man einen starken Rückgang der Populationsdichte. Untersuchungen ergaben, dass die meisten Veränderungen direkt oder indirekt im Zusammenhang mit dem Verschwinden der Wölfe stehen. Arten, die einen sehr großen Einfluss auf eine Lebensgemeinschaft haben, bezeichnet man als Schlüsselarten.

In den Jahren 1995 und 1996 wurden insgesamt 31 Wölfe im Park ausgesetzt. In den Folgejahren wurden mehrfach Bestandserhebungen für verschiedene Arten durchgeführt. Teilweise untersuchte man die Auswirkungen von Arten, indem man sie durch Zäune auf einer Vergleichsfläche fernhielt.

○ 1 Beschreiben Sie mit Bezug zum einleitenden Text und zu Abb. 1 die Entwicklung der Populationsgrößen von Wolf, Wapitihirsch und Elch. *(Punkte: 10/50)*

◒ 2 Erläutern Sie mögliche Zusammenhänge zwischen den in Abb. 3 wiedergegebenen Untersuchungsergebnissen. *(Punkte: 16/50)*.

● 3 Ergänzen Sie Abb. 2 gedanklich um drei weitere mögliche Pfeile und begründen Sie Ihre Hypothesen. *(Punkte: 14/50)*

◒ 4 Erklären Sie mithilfe von Abb. 2, dass die Auswirkungen der Wiedereinbürgerung von Wölfen gezeigt hat, dass die Wölfe hier eine Schlüsselart darstellen. *(Punkte: 10/50)*.

1 *Wölfe jagen Wapitihirsch*

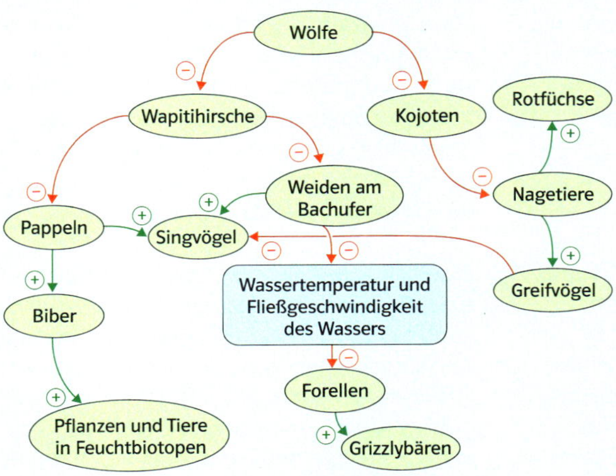

2 *Einflüsse von Arten im Yellowstone-Nationalpark*

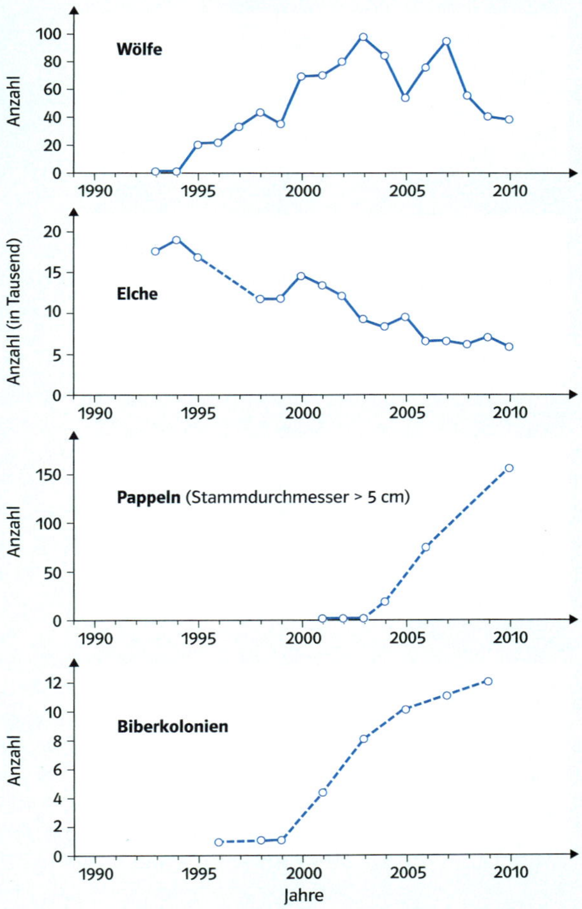

3 *Ergebnisse von Zählungen im Yellowstone-Nationalpark*

4 Energie und Stoffe

Biomasse

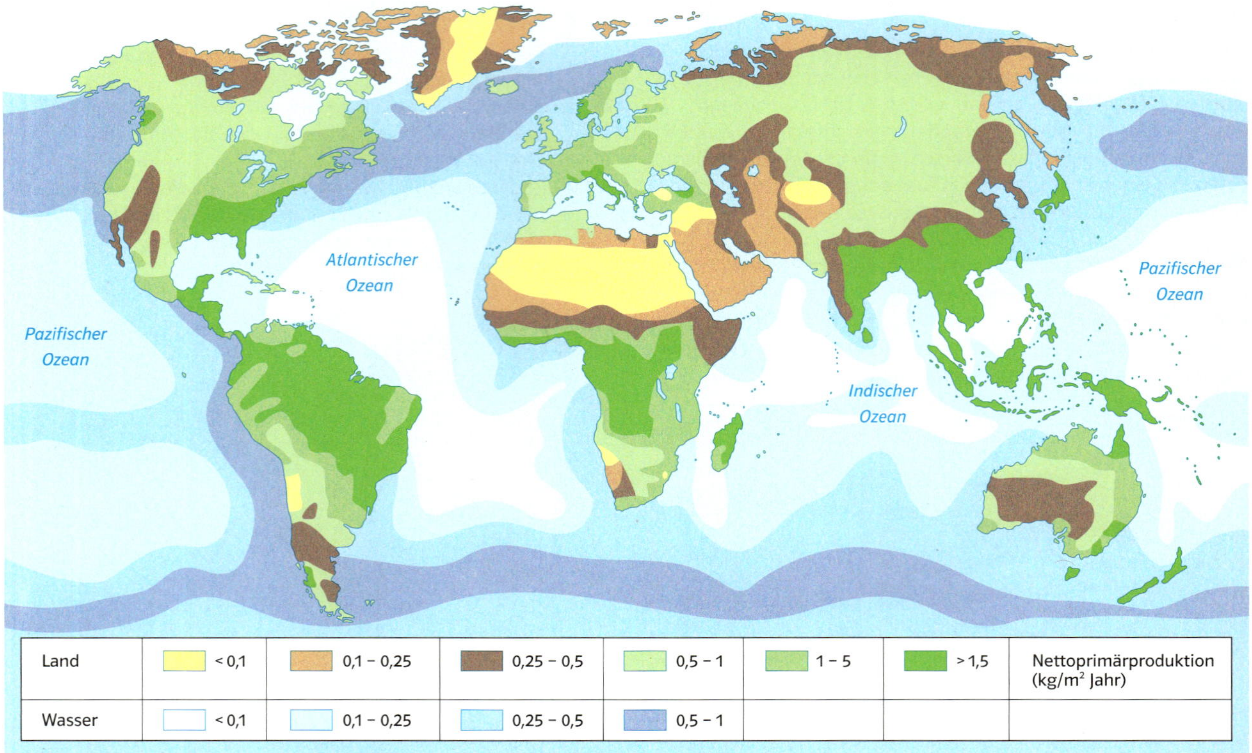

1 *Globale Nettoprimärproduktion in Land- und Gewässerökosystemen*

Wo im Winter noch nackter Ackerboden war, wachsen im Sommer schwere Kohlköpfe oder meterhohe Maispflanzen. Die entstandene lebende Substanz pro Fläche wird als *Biomasse* bezeichnet. Ein Vergleich mit der Situation im Winter ergibt den Biomassezuwachs, genannt *Produktion*, gemessen als Biomasse pro Fläche und Zeit.

Primär- und Sekundärproduktion

Autotrophe Lebewesen wie Pflanzen oder Algen erzeugen neue organische Substanz durch Fotosynthese (*Primärproduktion*). Einen Teil davon veratmen sie sofort in ihrem Energiestoffwechsel, den restlichen nutzen sie für Wachstum und Vermehrung, also zum Aufbau körpereigener Biomasse. Daher unterscheidet man zwischen *Bruttoprimärproduktion* und *Nettoprimärproduktion*. Lediglich die Nettoprimärproduktion steht Pflanzenfressern *(Konsumenten erster Ordnung)* als Nahrung zur Verfügung und ist damit indirekt auch für Fleischfresser (*Konsumenten zweiter und höherer Ordnung*) sowie für Verwerter abgestorbener Substanz (*Destruenten*) zugänglich. Auch diese heterotrophen Lebewesen wachsen und vermehren sich, sie wandeln also einen Teil der Biomasse ihrer Nahrung in körpereigene Biomasse um (*Sekundärproduktion*).

Zur Ermittlung der Nettoprimärproduktion eines Kohlackers reicht es nicht aus, die geernteten Kohlköpfe zu wiegen, denn auch die verworfenen Wurzeln und Außenblätter gehören aus ökologischer Sicht zur Biomasse. Außerdem würden die Ergebnisse je nach Frische des gewogenen Kohls sehr unterschiedlich sein, denn Gewebswasser verdunstet rasch. Man trocknet daher die

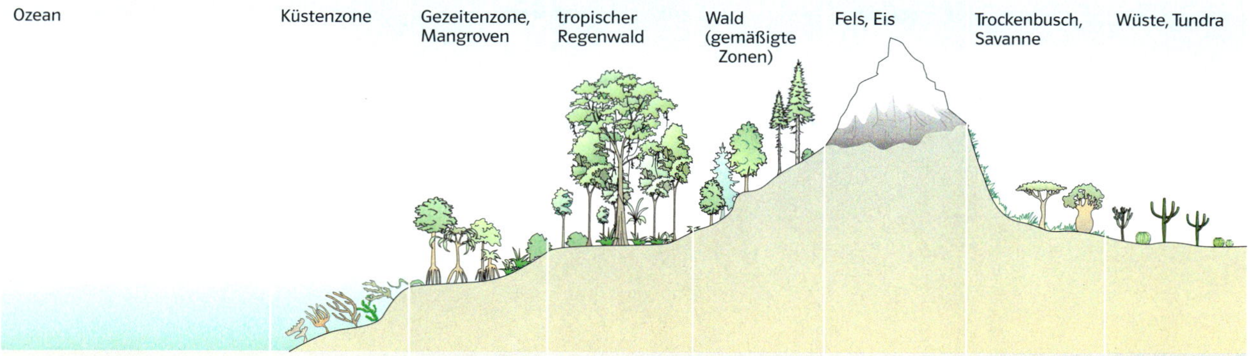

	Ozean	Küstenzone	Gezeitenzone, Mangroven	tropischer Regenwald	Wald (gemäßigte Zonen)	Fels, Eis	Trockenbusch, Savanne	Wüste, Tundra
Nettoprimärproduktion (kg/m²·Jahr)	< 0,4	7,30	1–6	1–3,5	0,5–2,5	< 0,001	0,2–2,5	< 0,04
Biomasse (kg/m²)	< 0,01	0,01–0,1	10–50	40–80	10–50	< 0,3	2–15	0–2

2 *Nettoprimärproduktion und Biomasse in den Naturräumen der Erde*

Pflanzenteile bis zur Gewichtskonstanz. Erst die so ermittelte *Trockenmasse* ergibt vergleichbare Produktionsdaten. Im ökologischen Kontext bezieht sich der Begriff Biomasse also immer auf die Masse von stoffwechselaktiven Lebewesen. In der Energietechnik ist mit Biomasse dagegen energetisch nutzbares organisches Material gemeint und schließt abgestorbenes und ausgeschiedenes Material ein.

Aufbau und Abbau von Biomasse

Naturräume unterscheiden sich in ihrer Nettoprimärproduktion (Abb. 2). Man könnte vermuten, dass Ökosysteme mit hoher Nettoprimärproduktion auch eine große Biomasse pro Fläche aufweisen, wie z. B. der tropische Regenwald. Das ist jedoch nur der Fall, wenn die erzeugte Biomasse von Konsumenten und Destruenten nicht gleich wieder abgebaut, d. h. in schnellen Kreisläufen umgesetzt wird. Dann ist zu jedem Zeitpunkt nur wenig Biomasse vorhanden, wie z. B. in Küstenzonen warmer Meere.

Sonnenlicht und Wärme sowie ein ausreichendes Wasserangebot fördern nicht nur das Wachstum autotropher Organismen, sondern schaffen auch für Konsumenten und Destruenten wie Bakterien und Pilze gute Lebensbedingungen.

Hohe Jahrestemperaturen fördern abbauende Stoffwechselprozesse stärker als die Fotosynthese, denn diese wird durch das Lichtangebot begrenzt. Wärme und Feuchtigkeit begünstigen ein schnelles Recycling der Biomasse. Das Gegenteil — wenig Nettoprimärproduktion und langsame Zersetzung — findet man in Ökosystemen mit geringem Wasserangebot, wie z. B. in einer Wüste, oder bei niedrigen Temperaturen, wie z. B. in der Tundra. Trotz geringer Nettoprimärproduktion ist dort die vorhandene Biomasse vergleichsweise hoch.

Die Biomasse in den Naturräumen ist unter natürlichen Bedingungen im langjährigen Mittel konstant. Das bedeutet, dass die Sauerstoff freisetzende Fotosynthese und die Sauerstoff bindende Zellatmung in gleichem Maße ablaufen. Damit bleibt auch das Mineralstoffangebot für die dort wachsenden Pflanzen ausgeglichen.

AUFGABEN >>

◒ 1 Anders als in Wäldern der gemäßigten Breiten gibt es in tropischen Regenwäldern kaum Bodenstreu. Erklären Sie.

○ 2 Nennen Sie die produktivsten Bereiche bei Land- und Gewässerökosystemen.

Fotosynthese — Bildung von Biomasse

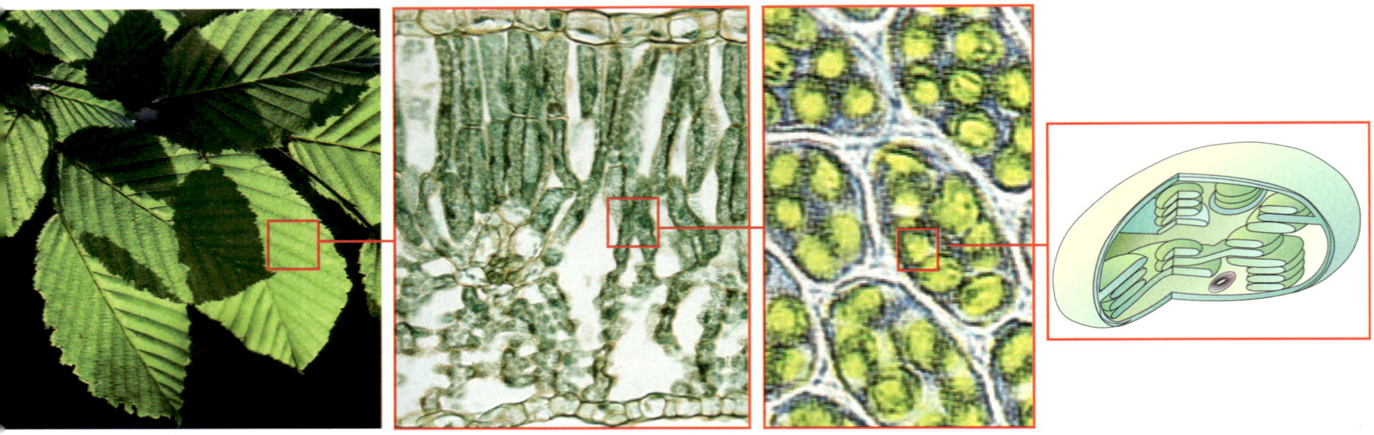

1 *Blatt — Blattgewebe — Pflanzenzelle — Chloroplast*

Lebewesen benötigen ständig Energie, die im Energiestoffwechsel durch die Nutzung von Nährstoffen bereitgestellt wird. *Heterotrophe* Lebewesen nehmen Nährstoffe mit der Nahrung auf, autotrophe Lebewesen stellen Nährstoffe z. B. durch Fotosynthese selbst her. Die Fotosynthese ist somit eine wichtige Existenzgrundlage des heutigen Lebens auf der Erde.

Zweigeteilte Fotosynthese

Fotosynthese findet bei Pflanzen ausschließlich in speziellen Organellen statt, den *Chloroplasten*. Sie sind bei Bäumen vor allem in den Blättern enthalten. 80 % der Chloroplasten eines Blattes befinden sich im Palisadengewebe. Es liegt unter der oberen Epidermis und wird stark belichtet (Abb. 1). Die *Fotosynthese* läuft in zwei Teilschritten ab. In der *Fotoreaktion* (auch *lichtabhängige Reaktion* genannt) werden mithilfe der Lichtenergie Stoffe hergestellt, mit denen in der *Synthesereaktion* (auch *lichtunabhängige Reaktion* genannt) aus Kohlenstoffdioxid und Wasser Glucose gebildet wird (Abb. 2).

In den Thylakoidmembranen der Chloroplasten befinden sich Chlorophyllmoleküle und weitere Hilfspigmente. Diese Blattfarbstoffe nutzen vor allem blaues und rotes Licht, man spricht von *Lichtabsorption*. Grünes und gelbes Licht wird hingegen kaum absorbiert, sondern gestreut. Daraus resultiert die grüne Färbung der Blätter (Abb. 1). In den belichteten Chlorophyllmolekülen sind Elektronen in einen angeregten Zustand versetzt. Durch die Anregung werden die Elektronen leichter an andere Moleküle abgegeben und letztlich auf $NADP^+$ zur Bildung von $NADPH + H^+$ übertragen (Abb. 2). Durch die Abgabe von Elektronen an ein Wassermolekül kehrt das Chlorophyllmolekül in den Ausgangszustand zurück. Dabei entstehender Sauerstoff wird frei. Die Lichtenergie wird außerdem genutzt, um ATP aus ADP und Phosphat herzustellen.

[► Stoff- und Energieumwandlungen]

Die Produkte der Fotoreaktion ($NADPH + H^+$ und ATP) können allerdings nicht lange gespeichert werden. Sie werden zur Synthese von Glucose weiterverwendet. Sie läuft im Stroma der Chloroplasten im sogenannten *Calvinzyklus* ab. Das ist die Synthesereaktion der Fotosynthese. Hier erfolgt die Fixierung von Kohlenstoffdioxid aus der Luft (Abb. 2). Durch energetische Kopplungen der exergonischen, also freiwillig ablaufenden Reaktion von ATP mit endergonischen, also nicht freiwillig ablaufenden Reaktionen und die Elektronenübertragung von $NADPH + H^+$ wird in mehreren Teilschritten das Kohlenhydrat Glucose aufgebaut (Abb. 2 und 3).

Die *Nettogleichung der Fotosynthese* lautet:
$6\,H_2O + 6\,CO_2 \rightarrow C_6H_{12}O_6 + 6\,O_2$

Sie gibt die Bilanz der aufgenommenen und gebildeten Stoffe wieder. Die sogenannte *Bruttogleichung der Fotosynthese* berücksichtigt die ablaufenden Mechanismen der Teilreaktionen. Es wird deutlich, dass der Sauerstoff aus der Fotolyse des Wassers und nicht aus dem Kohlenstoffdioxid stammt. Das entstehende Wasser wird in der Synthesereaktion gebildet (Abb. 2).

$12\,H_2O + 6\,CO_2 \rightarrow C_6H_{12}O_6 + 6\,O_2 + 6\,H_2O$

Bildung von Biomasse
Die gesamte Stoffproduktion durch Fotosynthese wird als *Bruttoprimärproduktion* bezeichnet. Ein Teil der gebildeten Glucose wird in der Zellatmung aller lebenden Zellen der Pflanze abgebaut, die so ihren Energiebedarf decken. Den Anteil der pflanzlichen Stoffproduktion, der nicht durch Zellatmung abgebaut wird, nennt man *Nettoprimärproduktion*. Nur wenn der Stoffaufbau durch Fotosynthese größer ist als der Stoffabbau durch Zellatmung, baut eine Pflanze Biomasse auf und kann wachsen. Glucose ist dabei der Ausgangsstoff für die Bildung von Stärke und Cellulose.

Pflanzen verwenden die Fotosyntheseprodukte unterschiedlich. Gräser und einjährige krautige Pflanzen investieren nur wenige Ressourcen in einen dauerhaften Pflanzenkörper, den größten Teil jedoch in die Erzeugung von Blüten und Früchten. Mehrjährige Pflanzen lagern Überschussproduktionen häufig in Speicherorganen wie Wurzeln oder Knollen ein und überstehen so die Wintermonate. Bäume produzieren erst nach vielen Jahren Samen und bauen vor allem in Stamm, Zweigen und Wurzeln dauerhafte Biomasse auf.

Die durch Pflanzen (Produzenten) hergestellte Biomasse ist Ernährungsgrundlage aller Konsumenten und Destruenten. Sie sind indirekt ebenfalls von den Fotosyntheseprodukten abhängig.

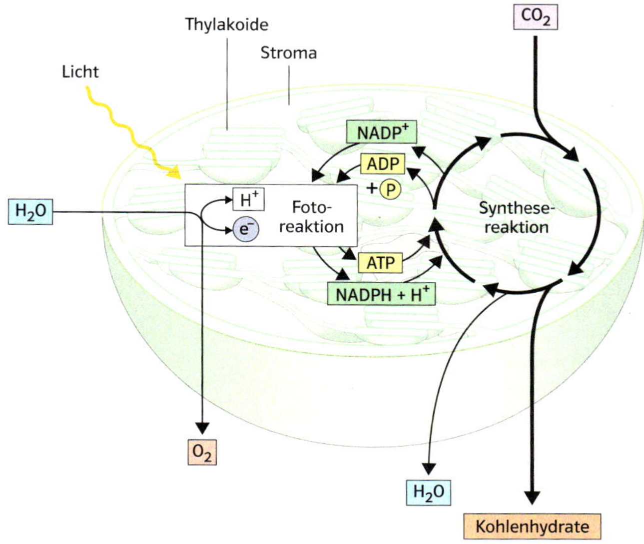

2 *Fotoreaktion und Synthesereaktion*

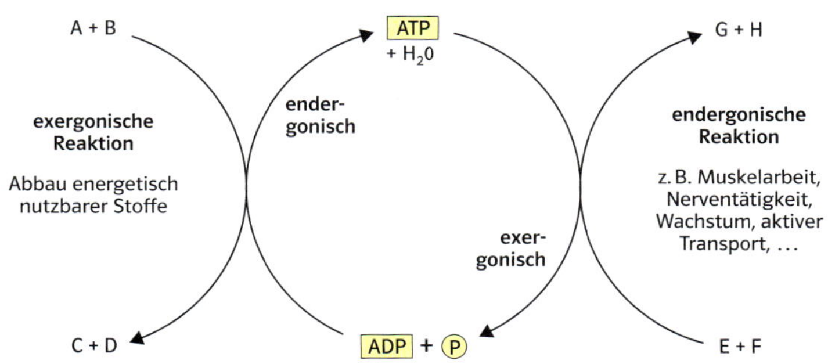

3 *Energetische Kopplung*

AUFGABEN >>

1. Erstellen Sie mithilfe der Informationen auf dieser Doppelseite ein Verlaufsschema zum Ablauf der Fotosynthese, in dem die wesentlichen Teilschritte erkennbar sind.
2. Erklären Sie, weshalb endergonische Prozesse (Fotosynthese, Muskeltätigkeit) immer an exergonische Prozesse gekoppelt sind (Abb. 3).
3. „In der Fotosynthese wird Lichtenergie chemisch nutzbar gemacht". Erläutern Sie.
4. Nehmen Sie Stellung zur folgenden Aussage: „Die Fotosynthese ist grundlegender Prozess für die Existenz aller Ökosysteme."

Fotosynthesespezialisten CAM- und C_4-Pflanzen

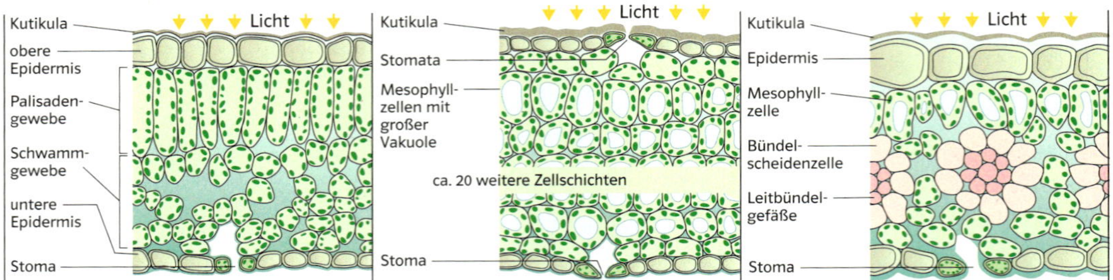

	C_3-Pflanzen	CAM-Pflanzen	C_4-Pflanzen
optimale Umgebungstemp. (°C)	15–30	tagsüber 30–40, nachts 10–15	30–45
Lichtsättigung	mittlere Beleuchtungsstärken	mittlere bis hohe	nicht erreichbar
Wasserbedarf (ml/g Trockengewicht)	450–950	50–55	230–250
Stoffproduktion	mittel	gering	hoch
Nettofotosynthese ($\mu mol\ CO_2/m^2 \cdot S$)	15–60	20–34	50–68

1 *Ökologischer Vergleich zwischen C_3-, CAM- und C_4-Pflanzen*

Sehr warme oder sehr trockene Standorte stellen Pflanzen vor besondere Herausforderungen. Bei manchen Arten haben sich spezielle Angepasstheiten in Blattbau und Stoffwechel an solche Lebensbedingungen entwickelt.

Gasaustausch und Verdunstung

Bei geöffneten Stomata nehmen Pflanzen mit ihren Blättern Kohlenstoffdioxid auf und geben Wasserdampf ab. Sind die Stomata geschlossen, ist zwar einerseits der Wasserverlust durch Transpiration verringert, gleichzeitig jedoch der Gasaustausch stark eingeschränkt. Besonders bei warm-trockenem Klima schließen Pflanzen ihre Stomata fast vollständig. Anhaltende Wasserknappheit stellt für die meisten Pflanzen ein Problem dar, da nur bei geöffneten Stomata dauerhaft Fotosynthese betrieben werden kann. Die nach der Anzahl der Kohlenstoffatome im ersten Produkt nach der Kohlenstoffdioxid-Fixierung benannten C_3-Pflanzen befinden sich dann in einem Dilemma zwischen Verhungern und Verdursten.

Trockenanpassungen

An sehr trockenen und heißen Standorten wachsen sogenannte CAM-Pflanzen. Viele von ihnen sind Kakteen oder Dickblattgewächse mit dicken, fleischigen Blättern. Diese bestehen aus sehr vielen Zellschichten. Die Mesophyllzellen haben besonders große Vakuolen und können darin sehr viel Wasser speichern (Abb. 1). Dieses Phänomen wird als *Sukkulenz* (lat. *succus* Saft) bezeichnet. Eine sehr dicke Kutikula verringert den Wasserverlust durch kutikuläre Transpiration. CAM-Pflanzen sind an sehr selten auftretende Niederschläge besonders gut angepasst. CAM-Pflanzen können dennoch viel Biomasse produzieren, da bei ihnen Kohlenstoffdioxidaufnahme und Fotosynthesereaktionen zeitlich entkoppelt ablaufen können.

Mais, Zuckerrohr und Hirse gehören zu den C_4-Pflanzen. Sie wachsen ursprünglich häufig an sehr warmen und trockenen Standorten. Dank einer besonders effizienten Kohlenstoffdioxid-Bindung können sie viel Biomasse produzieren.

[► Variabilität und Angepasstheit]

AUFGABEN >>

○ **1** Vergleichen Sie die Blattquerschnitte in Abb. 1.

◒ **2** Erläutern Sie, unter welchen Bedingungen C_3-, CAM- bzw. C_4-Pflanzen jeweils im Vorteil sind (Abb. 1).

Material

Fotosynthesespezialisten C_4- und CAM-Pflanzen

C_4- und CAM-Pflanzen zeigen im Vergleich zu C_3-Pflanzen Varianten der Synthesereaktionen.

Fotosynthese der C_4-Pflanzen

Das erste Produkt nach der Kohlenstoffdioxid-Fixierung in der Synthesereaktion ist bei C_4-Pflanzen ein Stoff mit vier statt drei Kohlenstoffatomen. Dieser C_4-Körper gibt den C_4-Pflanzen ihren Namen. C_4-Pflanzen enthalten zusätzlich zum Enzym *Rubisco*, mit dem C_3-Pflanzen Kohlenstoffdioxid aus der Luft fixieren, das Enzym *PEP-Carboxylase*.

PEP-Carboxylase hat eine wesentlich höhere Affinität zu Kohlenstoffdioxid als Rubisco.

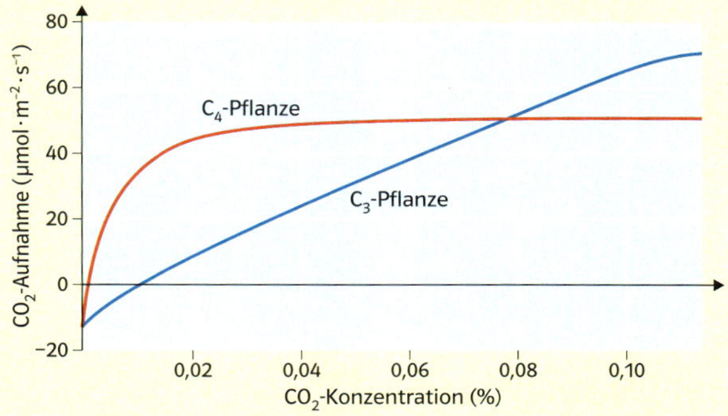

1 *Abhängigkeit vom Kohlenstoffdioxidgehalt*

AUFGABEN >>

1 Gewächshaus oder Feld im Freien? Begründen Sie anhand von Abb. 1, wo jeweils eine höhere Fotosyntheserate von C_3- bzw. C_4-Pflanzen zu erwarten ist.

2 Erklären Sie Abb. 1. Gehen Sie dabei darauf ein, wie C_4-Pflanzen trotz wenig geöffneter Stomata effektiv Fotosynthese betreiben.

Fotosynthese der CAM-Pflanzen

Der Biologe Benjamin Heyne (1770—1819) entdeckte, dass die fleischigen Blätter seines Brutblatts morgens viel saurer schmeckten als abends. Spätere Messungen des pH-Werts in der Vakuole der Mesophyllzellen bestätigten dies (Abb. 2). Tagsüber sind die Stomata von CAM-Pflanzen vollständig geschlossen. Es kann jedoch nur tagsüber bei Licht Fotosynthese stattfinden. Experimente gaben Aufschluss über den Stoffwechsel von CAM-Pflanzen. Sie haben wie C_4-Pflanzen zusätzlich das Enzym PEP-Carboxylase. CAM-Pflanzen fixieren Kohlenstoffdioxid zweimal, nachts mit PEP-Carboxylase, tagsüber mit Rubisco (Abb. 3).

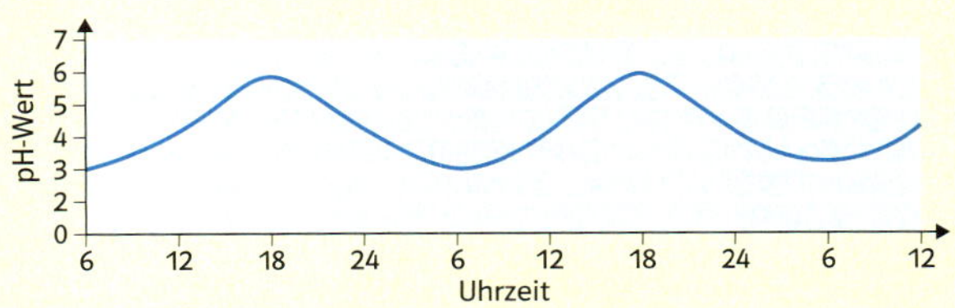

2 *pH-Wert in Vakuolen der Mesophyllzellen*

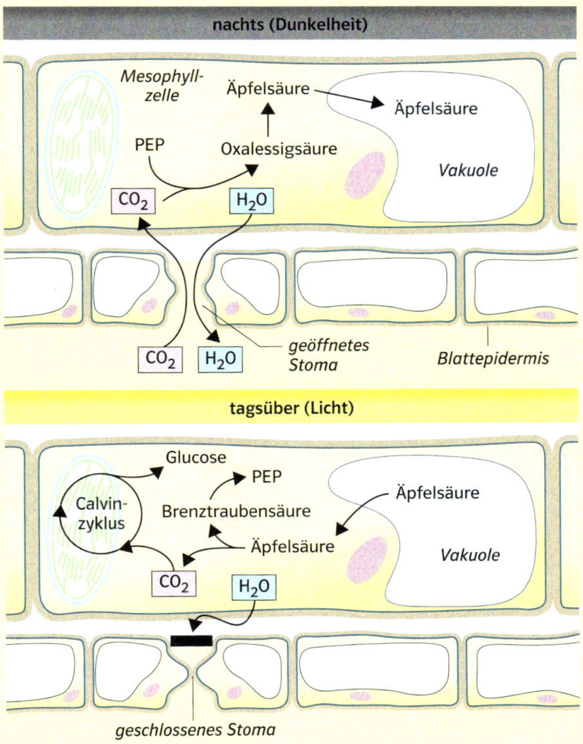

3 *Schema der Fotosynthese bei CAM-Pflanzen*

AUFGABEN >>

3 Erklären Sie die pH-Wert-Änderungen in Abb. 2 anhand des Schemas in Abb. 3.

4 Erläutern Sie die Vorteile der zeitlichen Trennung von Kohlenstoffdioxidaufnahme und Glucosebildung für CAM-Pflanzen an trocken-heißen Standorten.

Trophiestufen und Nahrungspyramiden

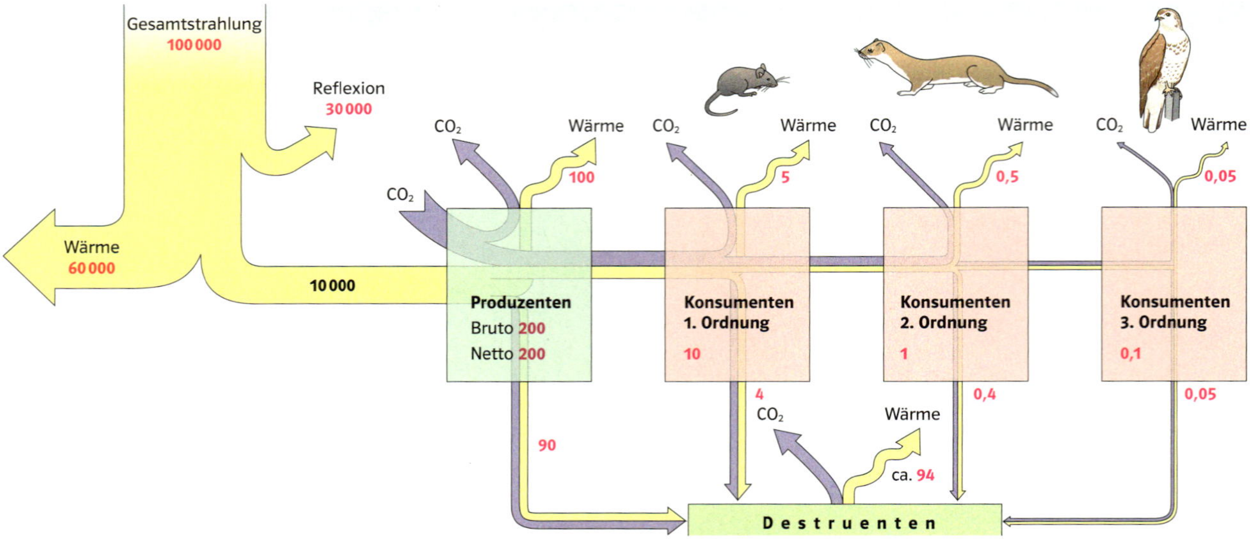

1 *Täglicher Energiefluss in einem Landökosystem (kJ/m² Tag)*

Ein Wiesel im Wald ernährt sich von pflanzenfressenden Mäusen und ist selbst Beutetier des Habichts – die Arten in einer Biozönose sind über Nahrungsbeziehungen miteinander vernetzt.

Trophiestufen

Ordnet man die Lebewesen nach ihrer Nahrungsgrundlage, kann man verschiedene *Trophiestufen* (gr. *trophe* Nahrung) unterscheiden. Die Nahrungsbasis eines Ökosystems bilden die autotrophen Lebewesen. Sie erzeugen mithilfe von Fotosynthese oder Chemosynthese Biomasse aus Kohlenstoffdioxid und Wasser, sie sind *Produzenten*. Zur zweiten Stufe gehören die *Konsumenten 1. Ordnung*. Diese Pflanzenfresser sind wiederum die Nahrungsgrundlage für die *Konsumenten 2. Ordnung*. Sie sind Fleischfresser, ebenso wie deren Fressfeinde, die *Konsumenten 3. Ordnung*. Nicht alle Konsumenten lassen sich eindeutig einer Trophiestufe zuordnen, da sie sich sowohl von Pflanzen als auch von Tieren ernähren oder Konsumenten unterschiedlicher Ordnung fressen. Alle Konsumenten haben gemeinsam, dass sie ihre Energie aus dem Abbau der Biomasse anderer Lebewesen beziehen.

Energiefluss

Leben benötigt Energie, sie wird vor allem durch die Strahlungsenergie der Sonne nachgeliefert. Die mit der Nahrung aufgenommenen Nährstoffe werden überwiegend energetisch genutzt. Da man jeweils nur die zur Verfügung stehende Energiemenge betrachtet, spricht man vereinfachend von einem Energie„fluss", obwohl eigentlich energetisch nutzbare Stoffe weitergegeben werden und thermische Energie abgegeben wird (Abb. 1). Geht man von einer jährlichen Sonneneinstrahlung von 30 — 40 Mio. kJ/m² aus, sind das täglich rund 100 000 kJ/m². Bis zu den Pflanzen dringen täglich etwa 10 000 kJ/m² vor. Im Rahmen der Fotosynthese entstehen Stoffe, die bei energetischer Nutzung 200 kJ/m² liefern können. Die Pflanzen nutzen davon die Hälfte in ihrem Betriebsstoffwechsel.

Konsumenten setzen den größten Teil der Energie aus der gefressenen Biomasse für Bewegung, Verdauung, Atmung usw. ein. Dabei nehmen sie Sauerstoff auf und geben Kohlenstoffdioxid und thermische Energie ab. Eine grobe Faustregel besagt, dass von einer Konsumentenstufe nur etwa 10 % der

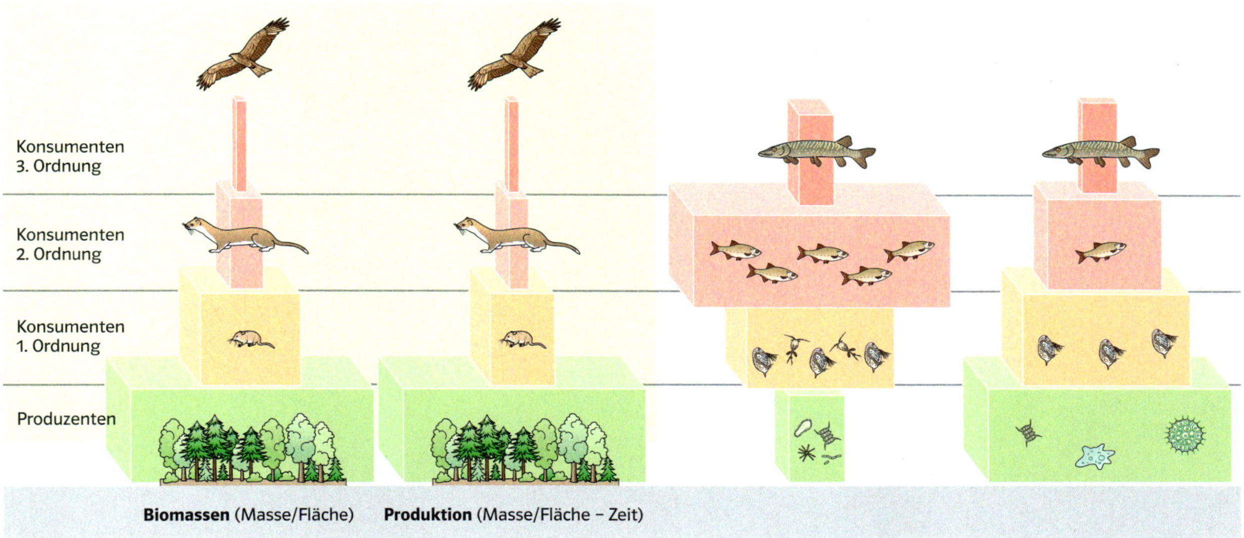

2 *Nahrungspyramiden in Land- und Gewässerökosystemen*

vorhergehenden Biomasse in die folgende Konsumentenstufe gelangt und dort energetisch genutzt werden kann. Das ist der Wirkungsgrad oder die *Produktivität* von Stufe zu Stufe in einem Ökosystem.

Nahrungspyramiden

Die Biomasse aller Lebewesen einer gemeinsamen Trophiestufe lässt sich ermitteln. In europäischen Wäldern ist die Biomasse der Produzenten (Waldpflanzen) weit größer als die aller Konsumenten bzw. Destruenten zusammen. Bei den Konsumenten verringert sich die Biomasse von Stufe zu Stufe. Jeder Trophiestufe steht nur ein Bruchteil der Biomasse der darunter liegenden Stufe zur Verfügung. Daraus erklärt sich die Pyramidenform bei der Darstellung von Biomasse und Produktion in Landökosystemen (Abb. 2).

Anders als in Landökosystemen beruht die Primärproduktion in größeren Gewässern und im Meer vor allem auf Einzellern, die in der oberen Wasserzone Fotosynthese betreiben. Auch die Konsumenten 1. Ordnung (tierisches Plankton) sind winzig, haben aber ebenfalls viele Nachkommen und eine schnelle Generationenfolge, also eine hohe Geburtenrate. Trotzdem ist ihre vorhandene Biomasse kleiner als die der übergeordneten Stufen, denn sie werden laufend von Konsumenten höherer Ordnung gefressen, haben also eine hohe Sterberate. Konsumenten wie die Fische sind vergleichsweise langlebig und bauen ihre große Biomasse aus vielen Produzentengenerationen auf. Die Biomassepyramide steht also quasi auf dem Kopf. Das lässt sich mit den Lebensmittelvorräten im Kühlschrank veranschaulichen. Sie wiegen weniger als der betreffende Verbraucher, denn dieser ergänzt sie laufend durch neue Einkäufe. Wie in Landökosystemen ist die Produktion der Konsumenten aber auch in Gewässerökosystemen kleiner als die Primärproduktion. Produktionswerte ergeben grundsätzlich die typische Pyramide mit breiter Basis.

AUFGABEN >>

○ **1** Beschreiben Sie den Aufbau von Biomasse- und Produktionspyramide in großen Gewässern.

◒ **2** Skizzieren Sie eine ökologische Pyramide für den Flächenbedarf (Reviere) von Konsumenten in Landökosystemen.

Stoffanreicherungen

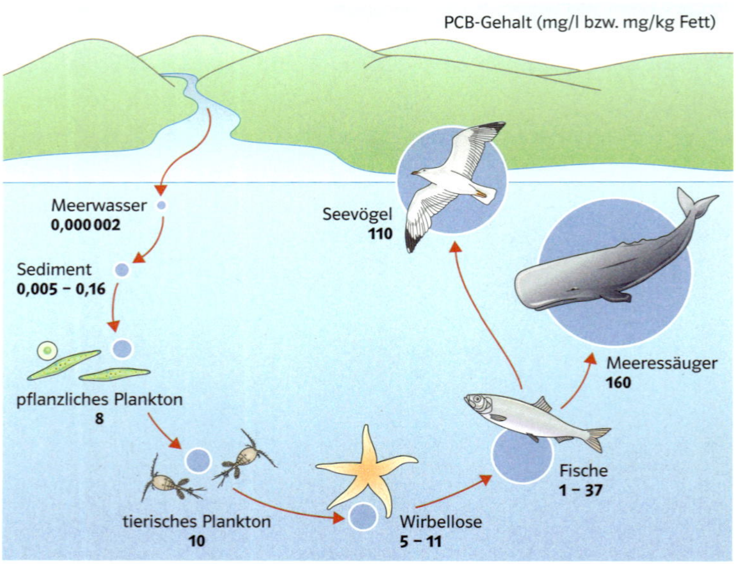

1 *Anreicherung von PCB in der Nahrungskette*

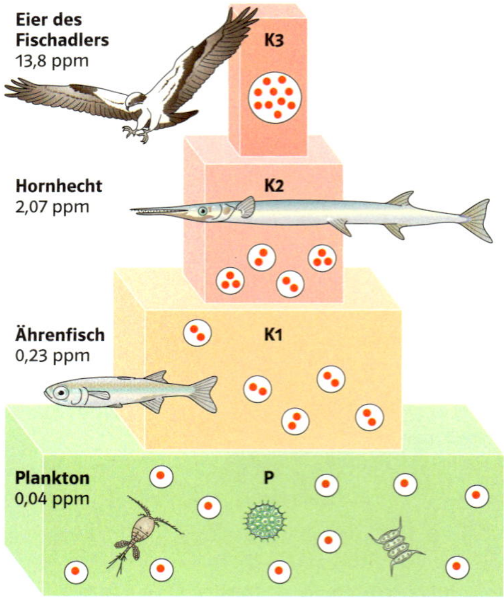

2 *Anreicherung von DDT in der Nahrungskette*

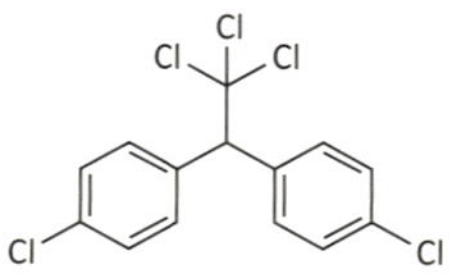

DDT Strukturformel (Dichlordiphenyltrichlorethan)

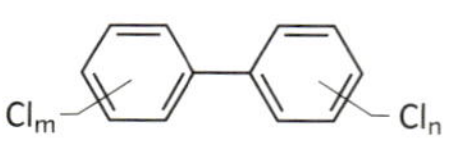

PCB Strukturformel (Polychlorierte Biphenyle)

„Silent Spring" – stummer Frühling ohne Vogelgesang, betitelte RACHEL CARSON 1962 ihr Buch über die ökologischen Folgen massiver Insektizid-Einsätze. Giftstoffe können sich von Trophiestufe zu Trophiestufe anreichern. Man spricht von *Bioakkumulation*.

Bioakkumulation

„Fressen und gefressen werden" heißt es für die Konsumenten in einem Ökosystem. Neben den gewünschten Nährstoffen (Proteine, Fette und Kohlenhydrate) nehmen sie dabei auch Stoffe auf, die sie nicht benötigen (*Ballaststoffe*) oder die sogar schädlich sind. Diese scheiden sie möglichst über das Verdauungs- oder Exkretionssystem wieder aus. Gelingt das nicht, sammeln sich solche Stoffe im Laufe des Lebens im Körper an. Von Konsumenten werden zwar nur etwa 10 % der aufgenommenen Biomasse als körpereigene Substanz festgelegt, aber gleichzeitig 100 % der darin enthaltenen Schadstoffe aufgenommen und nur teilweise abgebaut oder ausgeschieden. Bei Konsumenten hoher Ordnung kann die Schadstoffkonzentration schließlich so hoch sein, dass Vergiftungserscheinungen auftreten.

Fettlösliche organische Verbindungen

Vor allem *Dichlordiphenyltrichlorethan* (*DDT*), ein Kontakt- und Fraßgift, wurde Mitte des vorigen Jahrhunderts im Rahmen von Großaktionen der Land- und Forstwirtschaft und zur Vernichtung von Fiebermücken versprüht. DDT tötete aber nicht nur die unerwünschten Insekten, sondern auch die übrige Kleinlebewelt. Über die Nahrungskette gelangte es von Singvögeln, Fischen und anderen Konsumenten bis in das Gewebe der Tiere der höchsten Trophiestufe, wie z. B. beim Adler (Abb. 2). Diese konnten kaum noch Nachwuchs aufziehen, weil die Eierschalen durch das Gift dünn und brüchig wurden. Ende des letzten Jahrhunderts wurde der Einsatz von DDT verboten.

Polychlorierte Biphenyle (*PCB*) wurden in großtechnischem Maßstab für Kondensatoren, Isolieröle, Leuchtstofflampen und Fugendichtungen verwendet. Erst nach Umweltskandalen wurde ihre Herstellung Anfang dieses Jahrtausends verboten. Bis 2028 sollen alle noch vorhandenen PCB-Bestände vernichtet sein. Noch sind sie in Gewässern und Böden weltweit nachweisbar (Abb. 1). Sie führen beim Menschen zu schweren Hauterkrankungen und stören das Hormon- und Immunsystem. Außerdem stehen sie im Verdacht, Krebs auszulösen. Bei Meeressäugern am Ende der Nahrungskette verhindern sie die Fortpflanzung.

Schwermetalle

Auch natürlicherweise vorkommende Stoffe, wie das Schwermetall Blei, werden im Körper akkumuliert. Das geologische Bleivorkommen ist zwar begrenzt, aber wegen des Gebrauchs durch den Menschen wurde Blei zu einer allgemeinen Umweltbelastung. Blei wurde schon früh in der Menschheitsgeschichte aus Erzen und Verbindungen gewonnen und in reiner Form für Geschosse und Wasserleitungen, später in Verbindungen auch für Rostschutzfarben und als Treibstoffzusatz verwendet. Bleirohre können das Trinkwasser belasten, Bleistäube aus Autoabgasen, bleiverarbeitenden Betrieben und Abfallverbrennungsanlagen lagern sich als Staub auf Pflanzen ab. So gelangt Blei in die Nahrungskette. Blei schadet dem Nervensystem, stört die Blutbildung und die Fortpflanzung, verursacht Nierenschäden und Darmkoliken und ist krebserzeugend im Tierversuch. Es gibt zahlreiche Gesetze zur Reduzierung des Einsatzes von Blei, so wird es heute nur noch ausnahmsweise in Autokraftstoffen verwendet, neue Trinkwasserrohre dürfen nicht aus Blei sein.

AUFGABEN >>

○ 1 Vergleichen Sie den Bioakkumulationsfaktor (Quotient aus zwei Konzentrationen in Prozent) für DDT und PCB zwischen Plankton und Endkonsument (Abb. 1 und 2).

○ 2 Recherchieren Sie im Internet über „das dreckige Dutzend", eine Liste von Schadstoffen, und nennen Sie die Ursachen ihrer Gefährlichkeit.

● 3 Diskutieren Sie das Pro und Contra der Verwendung von Bleigeschossen bei der Jagd.

EXTRA >>

Plastik in Ozeanen

Bei der Untersuchung gestrandeter Wale machten Experten erstaunliche Entdeckungen: Plastiktüten, Kunststoffeimer und komplette Netze befanden sich in Magen und Darm. Die Meeressäuger hatten sie irrtümlich verschluckt, denn Plastikteile und anderer Müll treiben über Tausende von Kilometern im Meer. Sie bilden inzwischen mehrere gigantische Plastikwirbel in den Ozeanen — selbst auf unbewohnten, isolierten Inseln wird Plastikmüll angetrieben.
Eine Plastiktüte wird oft weniger als eine Stunde lang benutzt, ihre Zersetzung dauert jedoch Jahrzehnte. Bei anderen Kunststoffen ist die Abbaugeschwindigkeit noch langsamer (Abb. 3). Übrig bleiben schließlich kleine Teilchen (Mikropartikel), sie werden von kleineren Tieren gefressen und dann auch von deren Konsumenten verschlungen. Sie reichern sich zwar nicht im Gewebe an, füllen oder verstopfen aber den Verdauungstrakt und lassen die Tiere bei vollem Magen hungern. Auf ihrer Oberfläche können sich Schadstoffe ansammeln. Partikel im Nanobereich (1 nm = 1 Milliardstel Meter, 1000-mal dünner als ein Menschenhaar) sind so klein, dass sie sogar von Zellen aufgenommen werden. Nanopartikel entstehen durch den Zerfall größerer Kunststoffteile und werden nanotechnologisch z. B. für Zahnpasta oder Sonnencreme verwendet. Über die Wirkung von Nanoteilchen auf die Menschen und die Umwelt ist bisher sehr wenig bekannt.

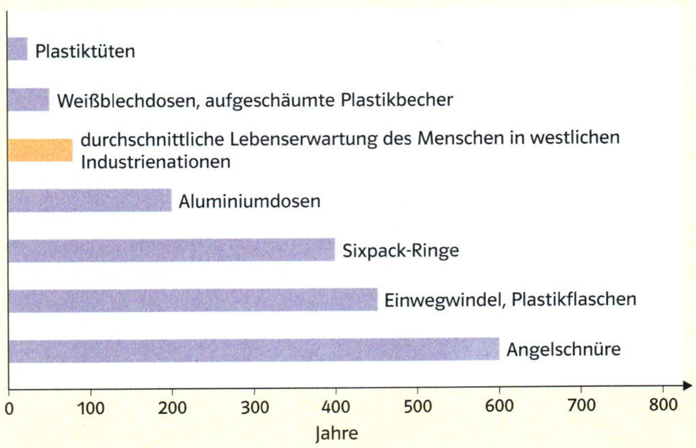

3 *Abbaugeschwindigkeit von Plastik*

AUFGABE >>

Diskutieren Sie Möglichkeiten, den in Ihrer Schule anfallenden Plastikmüll zu verringern.

Globaler Kohlenstoffkreislauf

1 *Kalkstein mit fossilen Muscheln*

Seit Längerem gilt dem Kohlenstoffdioxidgehalt der Atmosphäre besondere Beachtung, weil er Auswirkungen auf die globale Erwärmung der Erde und damit auf das Weltklima und die Höhe des Meeresspiegels hat. Der *globale Kohlenstoffkreislauf* zeigt, wie das Element Kohlenstoff auf der Erde verteilt ist und in welchem Umfang „Flüsse" zwischen „Speichern" stattfinden.

Lokaler Kohlenstoffkreislauf

Autotrophe Lebewesen nehmen Kohlenstoffdioxid aus der Umgebung auf und erzeugen daraus Glucose für ihren Energie- und Baustoffwechsel. Heterotrophe Konsumenten und Destruenten nutzen diese Biomasse, um daraus eigene Biomasse zu erzeugen. Durch aeroben Abbau von Biomasse entsteht dabei wiederum Kohlenstoffdioxid, das an die Umgebung abgegeben wird. So entstehen beinahe überall auf der Welt lokale Kohlenstoffkreisläufe.

Kohlenstoffspeicher und Stoffflüsse

Die Ozeane, die Landlebewesen, die Sedimente und auch die Atmosphäre kann man sich als große Kohlenstoffspeicher vorstellen. Man schätzt, dass alle Meere der Welt zusammen 38 Billionen Tonnen (= 38 000 Gigatonnen) Kohlenstoff enthalten (Abb. 2). Dazu zählen sowohl die in Lebewesen enthaltenen Kohlenstoffverbindungen wie auch das im Wasser gelöste Kohlenstoffdioxid. Alle Landlebewesen zusammen machen weniger als ein Zehntel der Kohlenstoffmasse der Meeresbewohner aus. Wenn ein Tier Nährstoffe mit Sauerstoff zu Wasser und Kohlenstoffdioxid umsetzt, fließen Kohlenstoffatome vom Speicher Landlebewesen zum Speicher Atmosphäre.

[► Stoff- und Energieumwandlung]

Den größten Kohlenstoffspeicher der Erde bilden Sedimente. Hier liegt der Kohlenstoff mit 100 Mio. Gt in Form von Kalkstein vor. Dieser Kohlenstoffspeicher hat sich in vielen Jahrmillionen gefüllt, indem Muscheln und andere Schalen bildende Tiere aus im Meerwasser gelöstem Kohlenstoffdioxid und Mineralien Kalk ($CaCO_3$) gebildet haben. Daraus sind am Meeresboden riesige Kalkschichten entstanden, die sich im Laufe der Zeit zu Kalkstein verfestigt haben (Abb. 1).

Die vorhandenen Kohlenstoffspeicher und die nicht vom Menschen beeinflussten Kohlenstoffflüsse zwischen ihnen bilden den natürlichen Kohlenstoffkreislauf. Die Übersicht zeigt, dass die Flüsse zwischen der Atmosphäre und den Landlebewesen bzw. der Atmosphäre und den Ozeanen nahezu ausgeglichen sind (Abb. 2). Durch die natürlichen Kohlenstoffflüsse ist keine deutliche Veränderung des Kohlenstoffdioxidgehalts der Atmosphäre zu erwarten. Man erkennt auch, dass die Größe von Speichern nicht die Flussrate, also die pro Jahr fließende Menge, bestimmt. Durch die Verwitterung von Kalkstein werden nur wenige Kohlenstoffatome freigesetzt.

Eingriffe des Menschen und die Folgen

Seit Mitte des 19. Jahrhunderts wird intensiv Kohle abgebaut und zur Energienutzung verbrannt. Dieser Kohlenstoffspeicher hat sich vor etwa 300 Mio. Jahren gefüllt, als große Wälder dicke Humusschichten bildeten, die in Sümpfen versanken oder von späteren Ablagerungen bedeckt wurden. Unter Sauerstoffausschluss und hohem Druck entstand daraus Kohle. Abgesunkenes Plankton bildete vergleichbar Erdgas und Erdöl.

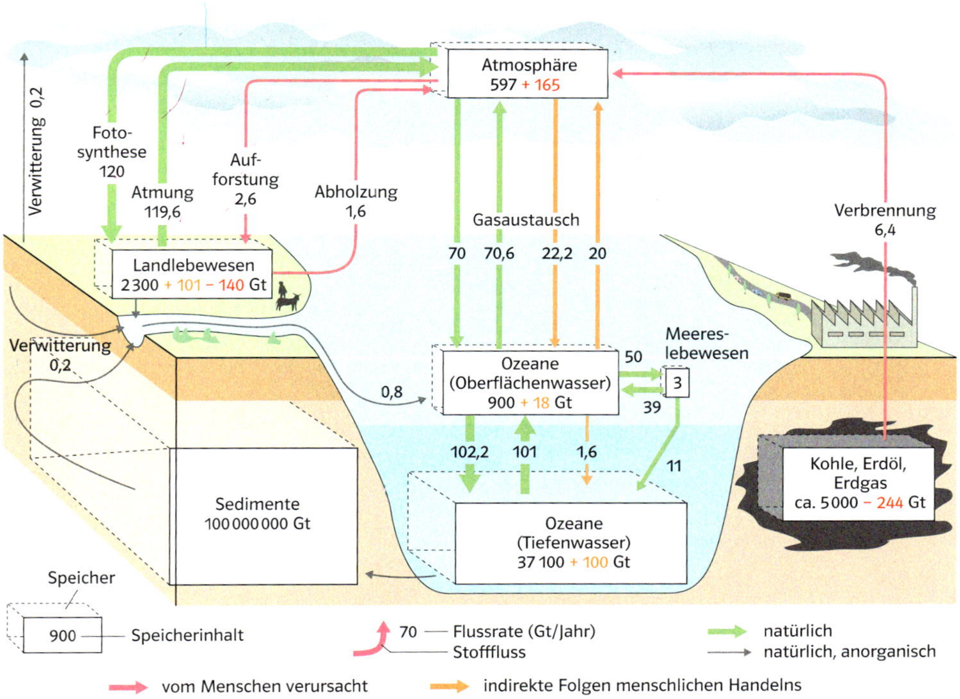

2 *Der globale Kohlenstoffkreislauf*

Verglichen mit anderen Speichern erscheint der Speicher mit diesen fossilen Brennstoffen nicht besonders groß. Tatsächlich ist durch die Nutzung fossiler Brennstoffe der Kohlenstoffdioxidgehalt der Atmosphäre in den letzten 50 Jahren um fast 20 % gestiegen (Abb. 3). Der Vergleich der Speichergrößen zeigt, dass schon die Verbrennung von etwa 10 % der bekannten Vorkommen von Kohle, Erdöl und Erdgas den Kohlenstoffdioxidgehalt der Atmosphäre fast verdoppeln würde (Abb. 2).

Der gestiegene Kohlenstoffdioxidgehalt der Atmosphäre führt dazu, dass sich mehr Kohlenstoffdioxid im Meerwasser löst und das Wachstum der Landpflanzen gefördert wird. Dadurch wird ein Teil des durch den Menschen freigesetzten Kohlenstoffdioxids gebunden, bis sich neue Gleichgewichte einstellen. Allerdings sind unerwünschte ökologische Auswirkungen durch die Versauerung der Meere zu befürchten, wie z. B. die Zerstörung von Kalkschalen bei Tieren.

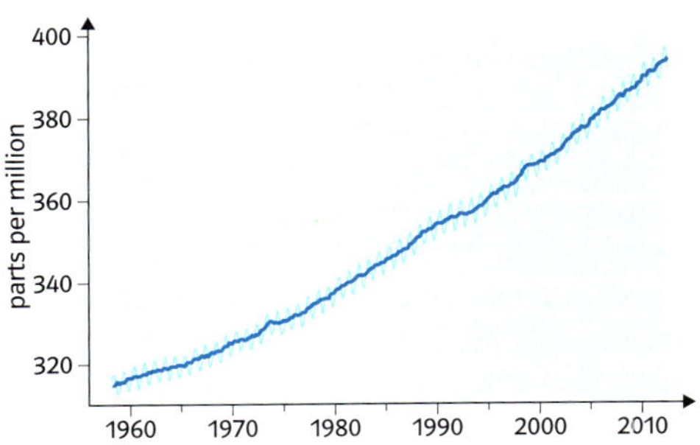

3 *Kohlenstoffdioxidgehalt der Atmosphäre*

AUFGABEN >>

1. Beschreiben Sie den möglichen Weg eines Kohlenstoffatoms von einer Landpflanze zum Tiefenwasser im Ozean.
2. Erläutern Sie mithilfe von Abb. 2 die Auswirkungen der Abholzung bzw. der Aufforstung von Wäldern.
3. Wenn der Säuregehalt der Meere durch das Lösen von Kohlenstoffdioxid zunimmt, kann ein Teil der Kalkschalen von Muscheln und Meeresschnecken sich unter Freisetzung von Kohlenstoffdioxid auflösen. Erläutern Sie die Folgen.

Stickstoff- und Phosphorkreislauf

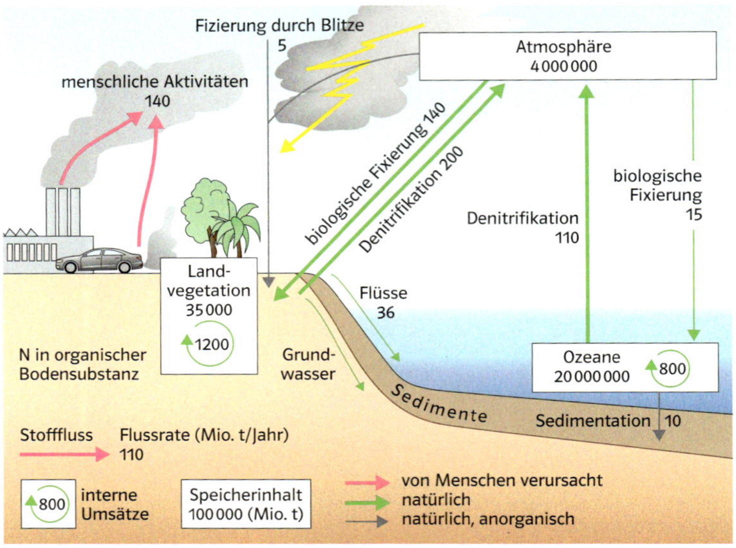

1 *Stickstoffkreislauf*

Nicht nur Kohlenstoffverbindungen sind auf der Erde nur begrenzt vorhanden, sondern auch stickstoff- und phosphorhaltige Stoffe. Ihre natürliche Wiederverwertung ist in globalen biogeochemischen Kreisläufen gesichert.

Globaler Stickstoffkreislauf

Stickstoff ist ein wichtiger Bestandteil der Aminosäuren, aus denen sich Proteine zusammensetzen. Die Luft besteht zwar zu 78 % aus molekularem Stickstoff (N_2), doch in dieser Form können ihn weder Pflanzen noch Tiere im Stoffwechsel verwenden. Der große atmosphärische Stickstoffspeicher ist für sie also nicht direkt zugänglich. Pflanzen nehmen Stickstoff vor allem aus dem Bodenwasser in Form von Nitrat-Ionen (NO_3^-) auf.

Bei der Zersetzung organischer Substanz durch Destruenten entstehen stickstoffhaltige Verbindungen wie Ammonium-Ionen (NH_4^+). *Nitritbakterien* oxidieren Ammonium-Ionen zu Nitrit-Ionen (NO_2^-), Nitratbakterien bilden daraus anschließend Nitrat-Ionen (NO_3^-),

Ammonium-Ionen (NH_4^+) → Nitrit-Ionen (NO_2^-) → Nitrat-Ionen (NO_3^-)

Nitrit- und Nitratbakterien treten immer gemeinsam auf. Giftige Zwischenprodukte wie das Nitrit werden dadurch sofort wieder umgesetzt und reichern sich nicht im Boden an. Der von den beiden Bakterienarten durchgeführte Prozess heißt *Nitrifikation*. Entstandene Nitrat-Ionen können von den Pflanzenwurzeln aufgenommen und in pflanzliche Proteine und andere stickstoffhaltige Stoffe umgebaut werden.

Konsumenten decken ihren Bedarf an Stickstoffverbindungen aus der pflanzlichen und tierischen Nahrung. Durch Pflanzen, Tiere und Bakterien entsteht so ein rein biologischer, an Lebewesen gebundener Stickstoffkreislauf mit internen Umsätzen (Abb. 1).

Ein kleiner Teil des atmosphärischen Stickstoffs kann durch die Stoffwechselleistung freilebender oder symbiotischer Mikroorganismen gebunden und so in den biologischen Stickstoffkreislauf eingespeist werden. *Cyanobakterien* sind Prokaryoten, die wie Algen und Pflanzen Fotosynthese betreiben. Früher wurden sie daher etwas irreführend Blaualgen genannt. Einige von ihnen können Stickstoff aus der Luft binden und Ammonium-Ionen herstellen. Manche benutzen dazu spezialisierte Zellen (*Hetero-*

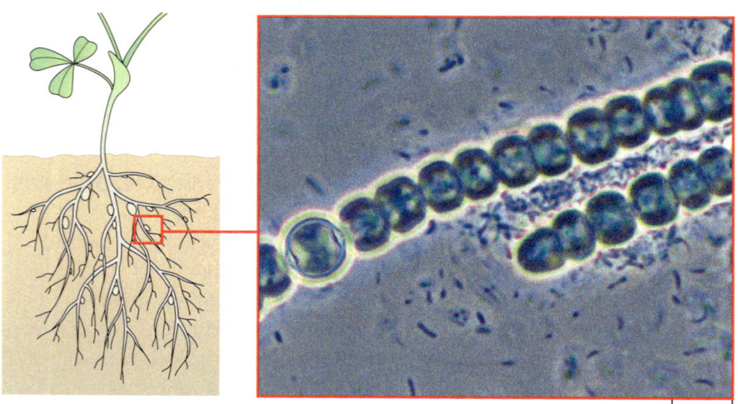

2 *Knöllchenbakterien und Cyanobakterien als Stickstofffixierer*

cysten). Cyanobakterien kommen fast überall vor — in feuchten Böden, im Süßwasser und an der Meeresküste (Abb. 2).

Als *Stickstofffixierer* wirken außerdem *Knöllchenbakterien*. Sie leben in den Wurzeln von Hülsenfrüchtlern wie den Bohnen (Abb. 2). Die Bakterien veranlassen ihre Wirtspflanze dazu, Wurzelknöllchen als Behausung zu bilden. Die Wirtspflanze liefert den Bakterien Nährstoffe und profitiert selbst von den Stickstoffverbindungen der Knöllchenbakterien. Daher sind Hülsenfrüchtler auf stickstoffarmen Böden besonders konkurrenzfähig. In der Landwirtschaft werden sie vielfach zur sogenannten Gründüngung eingesetzt. Dabei werden u.a. Hülsenfrüchte angebaut, aber nicht geerntet. Ihre Biomasse wird in den Boden eingearbeitet.

Unter sauerstofffreien Bedingungen können die Mikroorganismen keinen molekularen Stickstoff fixieren. Im Gegenteil, dann werden Mikroorganismen aktiv, die aus Nitrat-Ionen über Nitrit-Ionen wieder molekularen Stickstoff herstellen. Dieses Gas entweicht in die Luft und steht den Pflanzen nicht mehr zur Verfügung. Deshalb spricht man von *Denitrifikation*.

Globaler Phosphorkreislauf

Phosphor kommt im Kreislauf ausschließlich als Phosphat vor, der Kreislauf ist rein geochemisch, d. h. er wird von Organismen wenig beeinflusst. Phosphate stammen primär aus der Verwitterung von phosphathaltigem Gestein (Apatit), der Hauptspeicher ist im Boden. Phosphatreste (Säurereste der Phosphorsäure) sind neben Basen und Zuckerbausteinen ein Hauptbestandteil der Nucleinsäuren (DNA, RNA). Für den Energiestoffwechsel sind sie außerdem als Adenosintriphosphat (ATP) lebenswichtig. Phosphate sind daher wichtiger Bestandteil mineralischer Dünger. Die bei der Zersetzung organischer Substanz freigesetzten Phosphat-Ionen im Wasser können in einem kurzgeschalteten Kreislauf wieder in die Lebewesen gelangen.

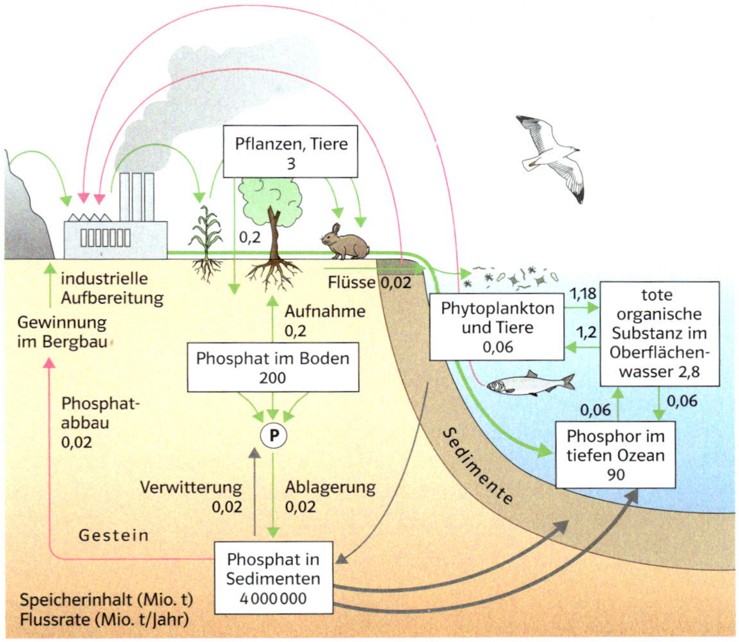

3 *Phosphorkreislauf*

Über die Flüsse gelangen Phosphate ins Meer. Unter aeroben Bedingungen setzen sie sich dort als Sediment ab und werden erst in geologischen Zeiträumen wieder freigegeben. Unter anaeroben Bedingungen können Phosphate in eine lösliche Form übergehen und zu einer Überdüngung von Gewässern führen.

AUFGABEN >>

◒ 1 Bei den Stoffkreisläufen von Kohlenstoff, Stickstoff und Phosphor unterscheidet man zwischen Speichern und Flüssen. Stellen Sie die wichtigsten jeweils tabellarisch gegenüber.

◒ 2 Beim Kompostieren sollte man darauf achten, dass Bioabfälle locker gelagert und gut belüftet verrotten und nicht unter Luftabschluss und Gestank verfaulen. Erklären Sie diese Gärtnerregel unter Berücksichtigung des Stickstoffkreislaufs.

○ 3 Beschreiben Sie die Rolle der Destruenten in den Stoffkreisläufen und die Form der Wechselbeziehung zwischen Nitrit- und Nitratbakterien.

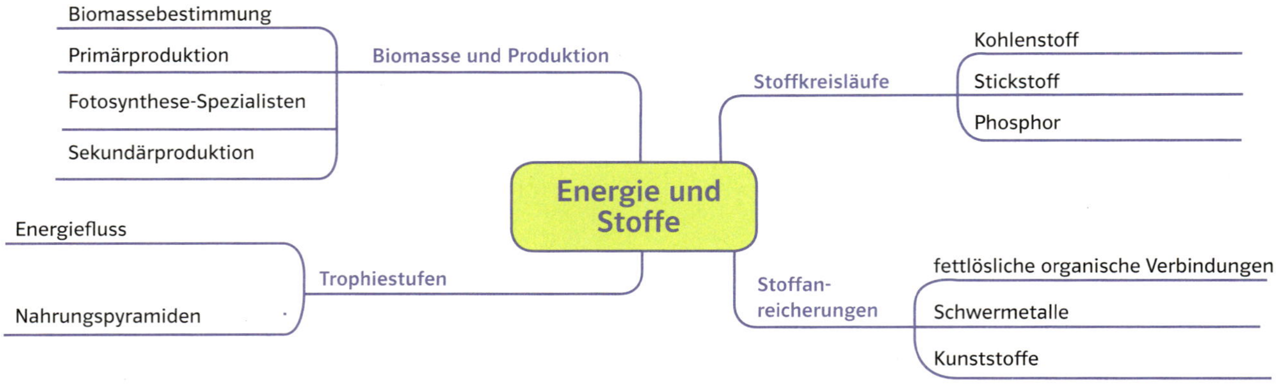

Stoff- und Energiehaushalt lassen sich nicht nur auf kleinräumige Biotope und deren Biozönosen beziehen, z. B. einen Laubbaum oder einen Komposthaufen. Ökosysteme können auch großräumig für Klimaregionen oder die ganze Erde bilanziert werden. Dabei fasst man vergleichbare Vegetationen und ihre Besiedlung als Biome der Erde zusammen, z. B. den Laubwald oder die Wüste.

Biomasse und Produktion

Als Biomasse bezeichnet man in der Ökologie die Masse stoffwechselaktiver Lebewesen, gemessen als Lebend- oder Trockenmasse pro Flächen- bzw. Volumeneinheit. Die zeitliche Veränderung dieser Biomasse nennt man Produktion. Primärproduzenten erzeugen körpereigene organische Substanz durch Fotosynthese oder Chemosynthese. Bei der Fotosynthese gibt es je nach der Versorgung mit Licht und Wasser am jeweiligen Standort verschiedene Spezialisierungen (C_4- und CAM-Pflanzen). Sekundärproduzenten bauen Nahrungsbiomasse in körpereigene Biomasse um, Destruenten bilden sie aus abgestorbener Biomasse (Detritus).

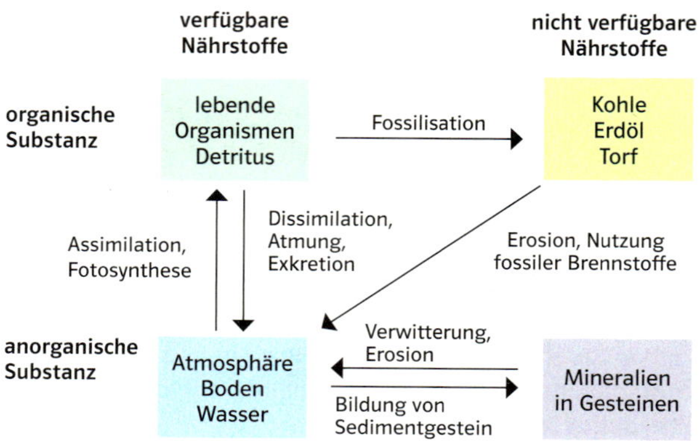

1 *Allgemeines Schema eines Stoffkreislaufs*

Trophiestufen

Die Lebewesen eines Ökosystems lassen sich den Trophiestufen Produzenten, Konsumenten und Destruenten zuordnen. Zu den Produzenten zählen die autotrophen Pflanzen und Bakterien. Zu den Konsumenten gehören heterotrophe Organismen wie die Tiere, darunter gibt es Pflanzenfresser (Konsumenten 1. Ordnung) und Fleischfresser (Konsumenten höherer Ordnung). Destruenten wie Bakterien und Pilze sind ebenfalls heterotroph. Sie setzen beim Abbau organischer Substanz Mineralstoffe frei, die wiederum Pflanzen aufnehmen. Stoffe kreisen also in einem Ökosystem, während energetisch nutzbare Stoffe von Stufe zu Stufe gelangen (Energiefluss). Dabei wird nur ein Teil chemisch genutzt, der Rest geht als Wärme für die biologische Nutzung verloren. Die Produktion von Produzenten ist deutlich größer als die von Konsumenten. Dadurch ergibt sich eine Pyramidenform bei der Darstellung der Produktionsdaten für die Trophiestufen.

Stoffkreisläufe

Wasser, Atmosphäre und Boden bilden Speicher für Stoffe, die zwischen Lebewesen und Umwelt kreisen. Hauptspeicher für Stickstoff ist die Luft, für Kohlenstoff und Phosphor der Boden. Von einem Speicher zum anderen gelangen die Stoffe durch die Stoffwechselaktivität der Lebewesen und durch geologische Vorgänge, genannt „Flüsse" (Abb. 1).

Stoffanreicherungen

Nicht alle mit der Nahrung aufgenommenen Stoffe eignen sich als Nährstoffe. Können sie nicht ausgeschieden werden, reichern sie sich vor allem im Fettgewebe der Endkonsumenten an. Fettlösliche organische Verbindungen und Schwermetalle, die industriell oder landwirtschaftlich eingesetzt wurden, können Umwelt und Gesundheit erheblich beeinträchtigen.

Stickstoffkreislauf im Ökosystem Hochmoor

Hochmoore sind unabhängig vom Grundwasser und werden ausschließlich mit Regenwasser gespeist. Wurzellose Torfmoose sind die dominierenden Pflanzen im Hochmoor. Sie können sehr viel Wasser aufsaugen und speichern. Die oberen Schichten sind fast immer mit Regenwasser durchfeuchtet, ein Hochmoor ist allerdings schon in wenigen Zentimetern Tiefe sauerstoffarm. Torfmoose wachsen ständig weiter nach oben, die unteren Teile sterben aus Licht- und Luftmangel ab. Abgestorbene Torfmoose und andere Pflanzenreste werden kaum abgebaut, diese tote, wenig zersetzte organische Substanz wird zu Torf. Torfmoose sind in der Lage, Mineralstoff-Ionen (z. B. Ammonium-Ionen) aus dem Moorwasser aufzunehmen. Dabei erniedrigen sie den pH-Wert des Moorwassers, der mit 3 — 4,5 deutlich niedriger ist als der pH-Wert von Böden in anderen Ökosystemen.

○ 1 Beschreiben Sie allgemein die Wechselwirkungen zwischen Produzenten, Konsumenten und Destruenten auf stofflicher Ebene. *(Punkte: 10/50)*

◒ 2 Erklären Sie das Anwachsen des Hochmoores (Abb. 2), indem Sie auf die Besonderheiten im Stofffluss eingehen. *(Punkte: 14/50)*

◒ 3 Erläutern Sie allgemein die Funktion von Pilzen und Bakterien im Boden (Abb. 4). *(Punkte: 10/50)*

● 4 Stellen Sie eine Hypothese zur Versorgung der Pflanzen im Hochmoor mit Nitrat-Ionen auf. Begründen Sie mit Abb. 3 und 4. *(Punkte: 16/50)*

1 *Hochmoor*

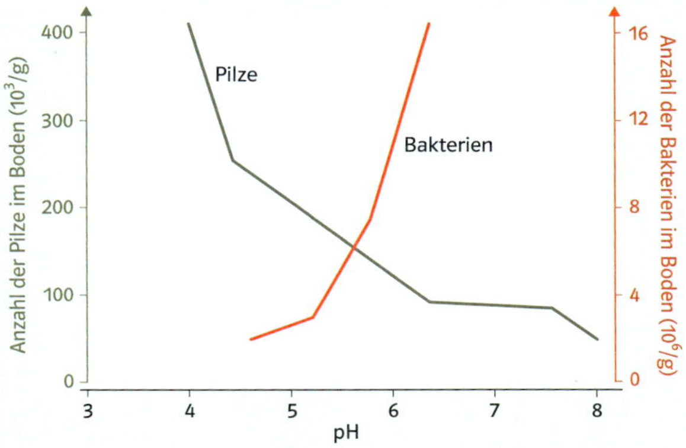

3 *Bakterien und Pilze im Boden*

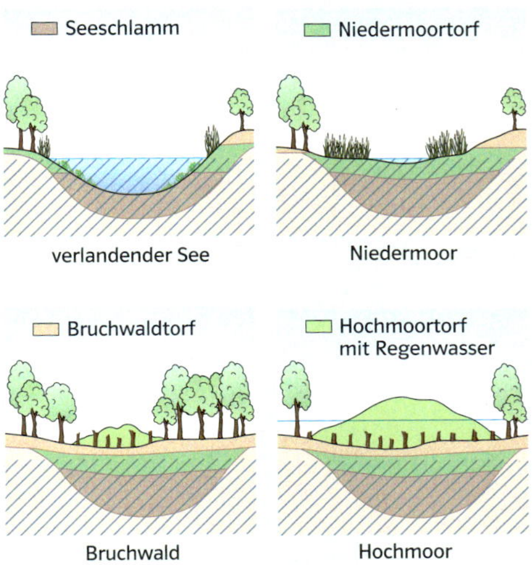

2 *Querschnitt Hochmoor*

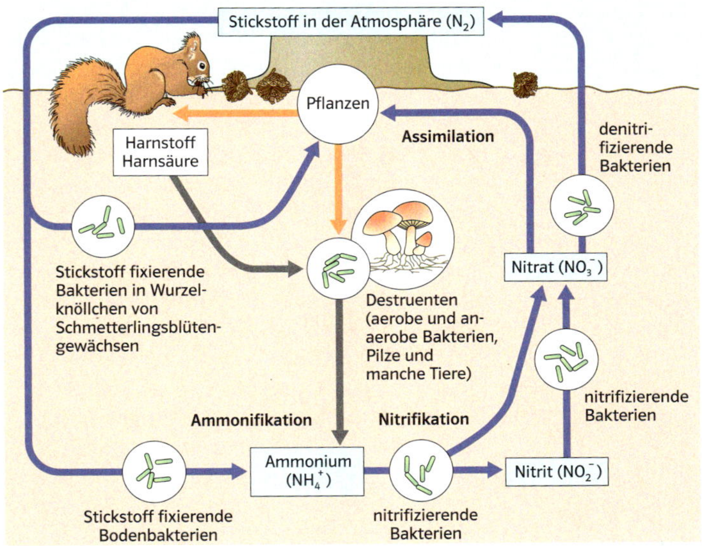

4 *Lokaler Stickstoffkreislauf im Wald*

5 Gewässerökosysteme

Leben im Wasser

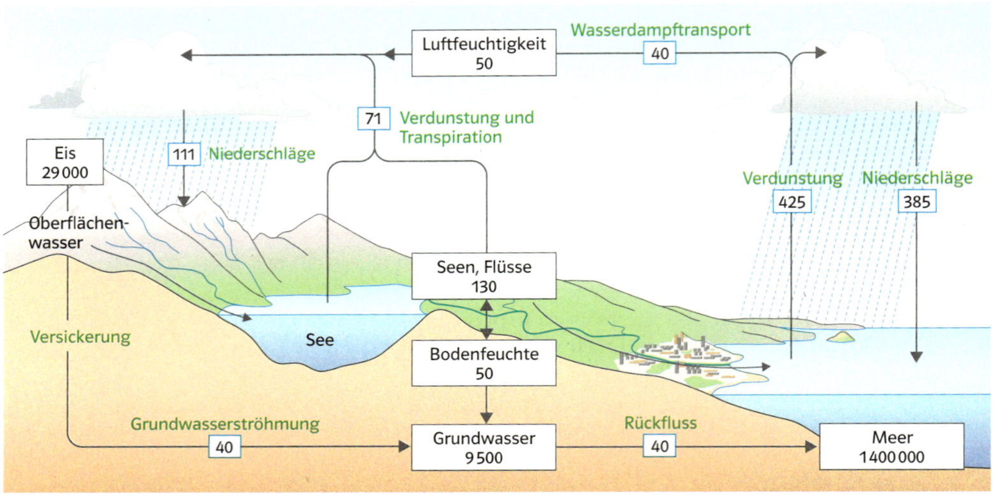

1 *Globaler Wasserkreislauf (Angaben in 1 000 km³/Jahr)*

Der blaue Planet Erde verdankt seine Farbe einem einfachen, aber bemerkenswerten Stoff, dem Wasser. Seine besonderen Eigenschaften machten die Evolution von Lebewesen erst möglich.

Kreislauf des Wassers

Wasser zirkuliert zwischen Meer, Luft und Festland. Es verändert dabei seinen Aggregatzustand (Eis, flüssiges Wasser, Wasserdampf), aber nicht seine Masse. Den größten Speicher von Wasser bilden mit etwa 96,5 % oder 1 338 Mio. km³ die Ozeane. Die Wasservorräte der Kontinente machen nur 2,5 % bzw. 35 Mio. km³ aus. Davon ist ein Großteil auf den Polen und Gletschern als Eis gespeichert. Durch Sonnenwärme verdunstet Wasser auf den Landflächen und von Gewässeroberflächen, der größte Teil von der Meeresoberfläche. Gelöste Salze bleiben im Meerwasser zurück. Durch den Wind wird die feuchtwarme Luft landwärts transportiert. Aufsteigende Luft kühlt sich ab und gibt das Wasser als Niederschläge wie Regen oder Schnee wieder frei. So gelangt es in Grundwasser, Seen und über die Flüsse wieder ins Meer. Alle Gewässerökosysteme sind also über den globalen Wasserkreislauf miteinander verbunden (Abb. 1).

Eigenschaften des Wassers

Die meisten chemischen Stoffe besitzen ihre höchste Dichte am Schmelzpunkt. Beim Wasser liegt der Schmelzpunkt bei 0 °C, die größte Dichte aber bei +4 °C (Abb. 2). Sobald Wasser kälter als +4 °C wird, sinkt seine Dichte, es dehnt sich also aus und steigt auf. Beim Gefrieren nimmt die Dichte sprunghaft ab und das Volumen vergrößert sich. Deshalb schwimmt Eis auf flüssigem Wasser.

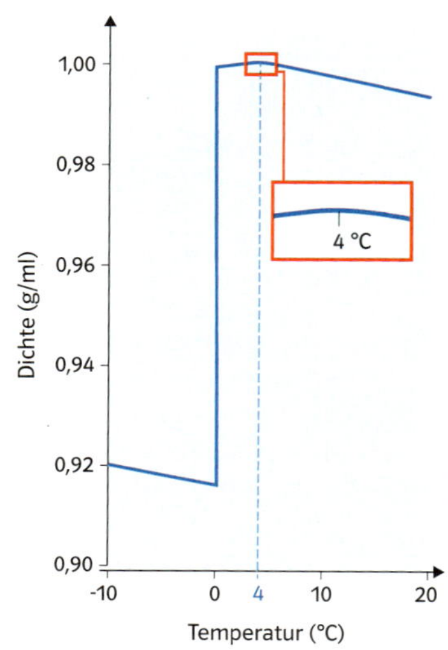

°C	mg O_2/l
0	14,2
5	12,4
10	10,9
15	9,8
20	8,8
25	8,1
30	7,5
35	7,0
40	6,6

Sauerstoffsättigung

2 *Dichteanomalie des Wassers*

3 *Wasserläufer auf der Wasseroberfläche*

Diese als *Dichteanomalie* bezeichnete Eigenschaft des Wassers hat wichtige Konsequenzen für Gewässerlebensräume. Bei Frost bedeckt die Eisschicht die Oberfläche eines Sees, während das wärmere und dichtere Wasser (bis +4 °C) am Gewässerboden flüssig bleibt und Überwinterungsmöglichkeiten für Lebewesen bietet. Wasser kann viele Gase physikalisch lösen. Dabei nimmt die Löslichkeit der Gase generell mit steigender Temperatur ab. Erwärmtes Wasser gibt also gelöste Gase wie Sauerstoff und Kohlenstoffdioxid frei. Allerdings ändert sich die Temperatur nur langsam, denn es ist ziemlich viel Energie nötig, um ein Kilogramm Wasser um ein Grad zu erwärmen. Die *spezifische Wärme* ist also hoch. Wasser ist daher ein guter *Wärmespeicher* und gleicht Temperaturschwankungen der Umwelt aus.

Die *Oberflächenspannung* von Wasser ist durch die Wasserstoffbrückenbindungen zwischen den Wasser-Dipolen relativ hoch. Dadurch können leichte Tiere auf dem Wasser laufen (Abb. 3). Sie bilden einen eigenen Lebensformtyp, das *Pleuston*. Der Begriff ist analog gewählt zu *Plankton* für Lebewesen, die sich überwiegend passiv im Wasser bewegen und *Nekton* für aktive Schwimmer.

EXTRA >>

Das Wassermolekül

Ein Wassermolekül besteht aus einem Sauerstoffatom und zwei Wasserstoffatomen. Die bindenden Elektronenpaare werden durch das Sauerstoffatom stärker angezogen als durch die Wasserstoffatome. Dadurch entsteht eine Polarisierung des Moleküls mit negativer Partialladung (δ^-) beim Sauerstoffatom und positiver Partialladung (δ^+) bei den Wasserstoffatomen. Das Wassermolekül ist ein Dipol. Benachbarte Dipole ziehen sich gegenseitig an, es entsteht ein Netz aus Wasserstoffbrückenbindungen. Sie bewirken auch die hohe Siedetemperatur im Vergleich zu unpolaren Stoffen mit ähnlicher Molekülmasse.

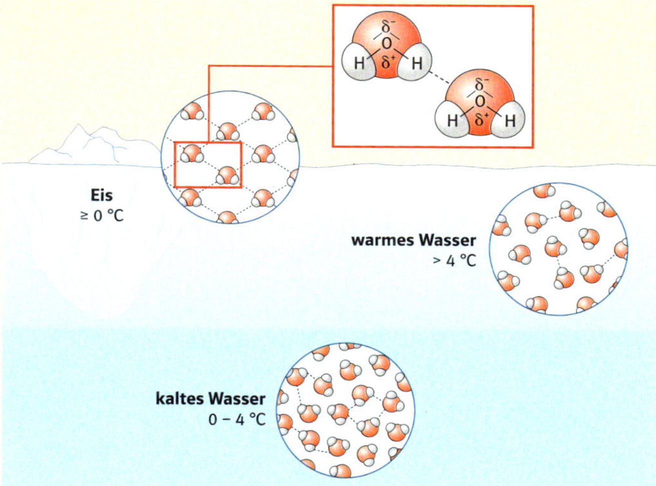

4 *Wassermolekül und Wasserstoffbrückenbindungen*

AUFGABE >>

Beschreiben Sie die Anordnung der Wasser-Dipole in Eis, in warmem und in kaltem Wasser.

AUFGABEN >>

1. Nennen Sie die Konsequenzen einer Klimaerwärmung für Sauerstoff- und Kohlenstoffdioxidgehalt der Gewässer.
2. Beschreiben Sie die körperlichen Eigenschaften, die Plankton-Organismen haben müssen.

Ökosystem See

1 *See*

Umgangssprachlich werden viele stehende Binnengewässer als Seen bezeichnet. Sie können Zu- und Abflüsse mit begrenztem Wasseraustausch aufweisen.

Typen von Stillgewässern

Weder ein kleiner Baggersee noch der Neusiedler See mit einer Fläche von 320 km^2 haben die typischen Merkmale des Ökosystems *See*. Sie gehören als Flachgewässer mit geringer Wassertiefe ökologisch zu den *Weihern*. Die Wurzeln der Schwimmblattpflanzen erreichen den Grund des Gewässers und können mitunter die ganze Wasseroberfläche bedecken. *Tümpel* sind ebenfalls Flachgewässer, die jedoch regelmäßig austrocknen. Künstlich angelegte kleine Gewässer werden als *Teiche* bezeichnet. Die für das Ökosystem See typische Ausbildung von stabilen Wasserschichten im Sommer und Winter tritt nur bei Stillgewässern mit einer Mindesttiefe von 20 m auf.

Gliederung eines Sees

Seen werden grundsätzlich in eine Freiwasserzone (*Pelagial*) und eine Bodenzone (*Benthal*) gegliedert. In tiefen Seen teilt man das Benthal zusätzlich in das lichtdurchflutete, ufernahe *Litoral* und den tiefen Seeboden, das lichtlose *Profundal*. Neben dieser vertikalen Schichtung wird ein See horizontal in Vegetationszonen bzw. -gürtel gegliedert (Abb. 2).

Das Lichtangebot für die Fotosynthese nimmt mit zunehmender Wassertiefe ab. Im oberen Teil, der Nährschicht, überwiegt die Fotosynthese und daher die Produktion von Biomasse und die Freisetzung von Sauer-

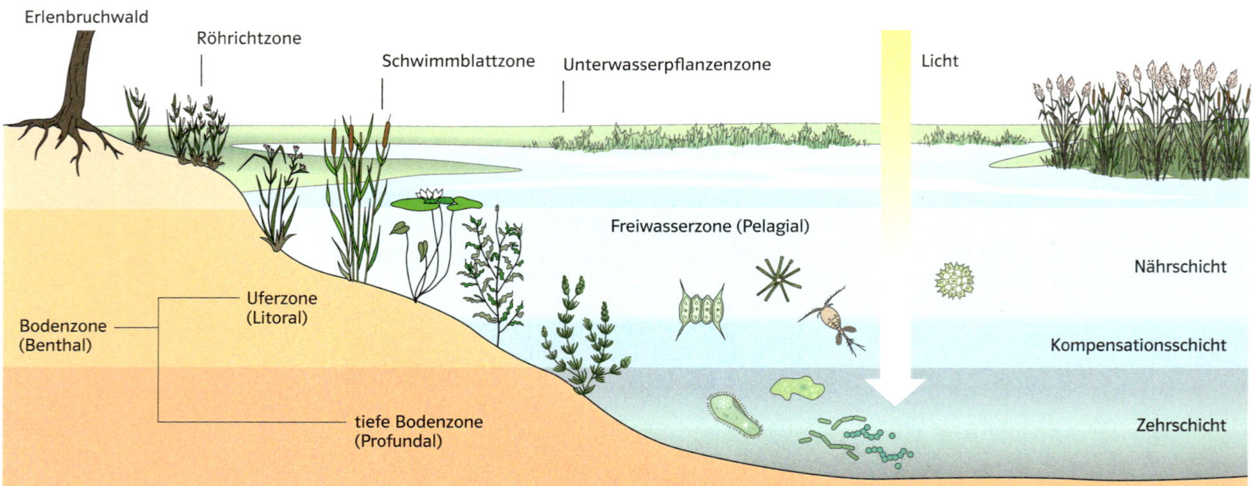

2 *Gliederung des Ökosystems See*

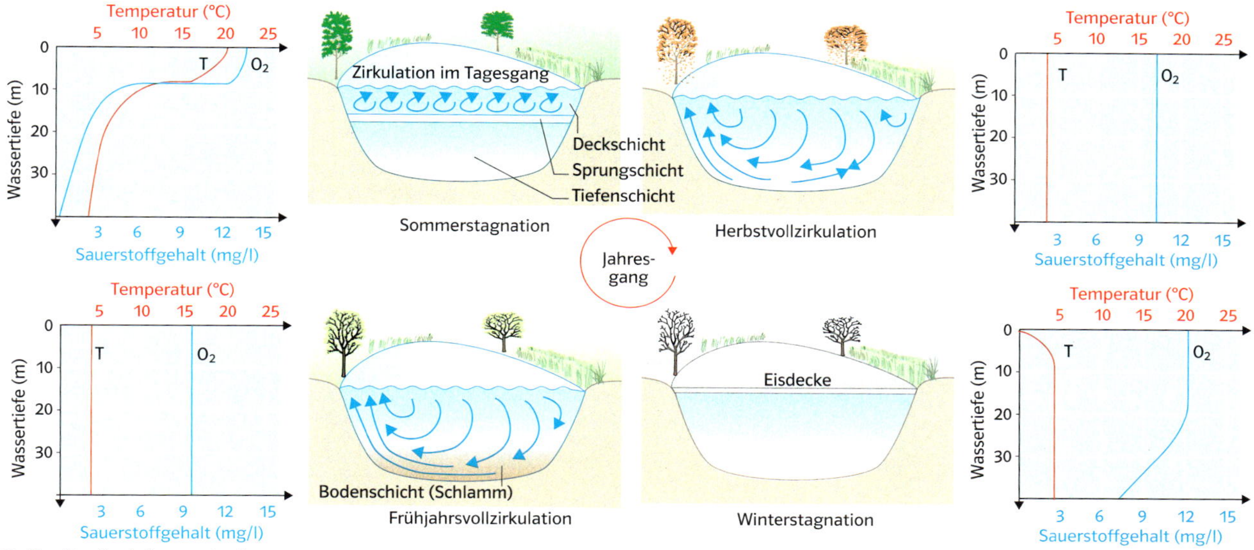

3 *Der See im Jahresverlauf*

stoff. Im unteren Teil, der Zehrschicht, wird durch Zellatmung mehr Biomasse abgebaut, als durch Fotosynthese aufgebaut wird. Der Sauerstoffgehalt ist daher gering. In der dazwischen liegenden Kompensationsschicht sind beide Prozesse ausgeglichen, d.h. die Fotosynthese kompensiert die Zellatmung.

Stagnations- und Zirkulationsphasen

In mitteleuropäischen Seen mischt sich das kühle Wasser aus der Tiefe im Sommer nicht mit dem Wasser darüber, da Wasser bei 4 °C die größte Dichte hat *(Sommerstagnation)*. Im oberflächennahen Wasser steigt die Temperatur und durch die Fotosynthese betreibenden Algen auch der Sauerstoffgehalt an (Abb. 4). Unterhalb der *Sprungschicht*, in der die Temperatur sprunghaft sinkt, herrscht eine Temperatur von 4 °C. In der Tiefenschicht verringert sich die Sauerstoffkonzentration durch den Stoffwechsel der Destruenten.

Im Herbst und im Frühjahr durchlaufen Seen der gemäßigten Klimazone eine Phase mit einheitlicher Wassertemperatur. In dieser Zeit durchmischt sich das Wasser *(Vollzirkulation)*. Dabei gelangt Sauerstoff in die Tiefe. Im Frühjahr werden Mineralstoffe aus dem Biomassenabbau am Seeboden für das oberflächennahe Wachstum der Primärproduzenten verfügbar.

Im Winter beträgt die Temperatur in der Tiefe weiterhin 4 °C *(Winterstagnation)*. Darüber befindet sich Eis bzw. Wasser mit einer Temperatur von unter 4 °C. Beides hat eine geringere Dichte als das Wasser darunter. Durch die Dichteanomalie des Wassers können Fische und Amphibien in der Tiefe des Sees frostfrei überwintern. Die Stoffwechseltätigkeit der Destruenten führt zur Verringerung des Sauerstoffgehalts im Tiefenwasser und zum Anstieg des Mineralstoffgehalts.

AUFGABEN >>

○ 1 Stellen Sie in einer Tabelle die Lebensbedingungen in der Uferzone, der Freiwasserzone und der tiefen Bodenzone im Sommer zusammen.

● 2 Vergleichen Sie die Verteilung von Sauerstoff und Mineralstoffen im Jahresverlauf in einem tiefen See mit denen in einem flachen See mit nur wenigen Metern Wassertiefe.

◒ 3 Phytoplankton hält sich im Sommer tagsüber oberflächennah auf, sinkt jedoch nachts in tieferes Wasser. Bilden Sie eine Hypothese zur Erklärung dieser Beobachtung.

Nahrungsbeziehungen im See

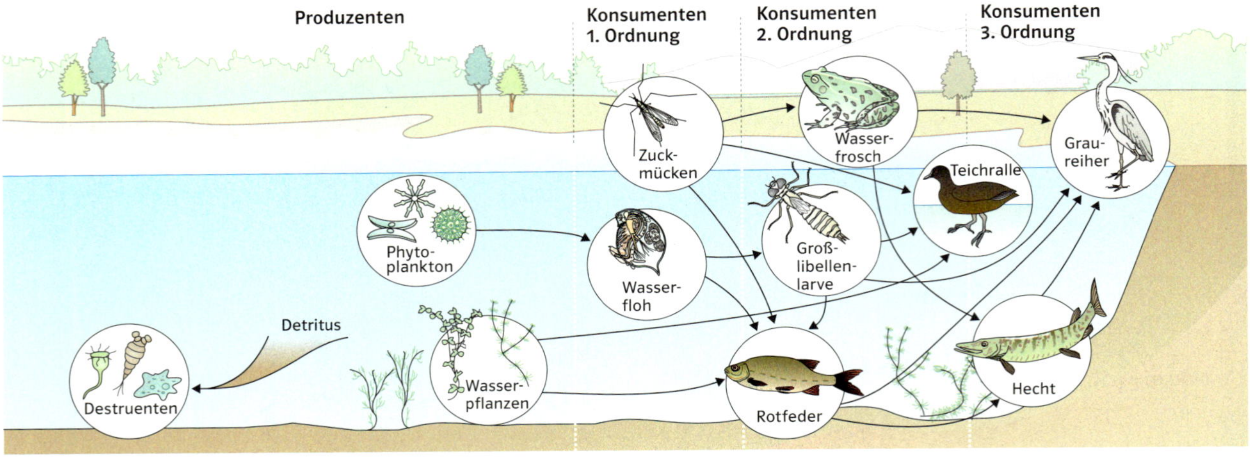

1 *Nahrungsnetz im See*

Die Zonen in einem See bieten unterschiedliche Lebensbedingungen für große und kleine Lebewesen. Vor allem knapp unter der Wasseroberfläche lebt eine große Vielfalt an Organismen, die miteinander in Wechselbeziehungen stehen.

Nahrungsnetze

Im lichtdurchfluteten Pelagial leben Kleinstlebewesen, die passiv im Wasser schweben, das *Plankton*. Die Nahrungskette beginnt mit dem *Phytoplankton*, also der Gesamtheit aller fotosynthetisch aktiven Kleinstlebewesen (Grün- und Kieselalgen sowie Cyanobakterien). Sie sind neben Wasserpflanzen die wichtigsten *Primärproduzenten* in einem See. Sie bilden die stoffliche und energetische Grundlage für Nahrungsbeziehungen der *Konsumenten*. Zahlreiche Arten wie Wasserflöhe und Hüpferlinge gehören zum tierischen Plankton (*Zooplankton*), sie fressen autotrophe Organismen des Phytoplanktons und sind damit *Konsumenten 1. Ordnung*. Sie werden wiederum von *Konsumenten 2. Ordnung* und diese von Konsumenten 3. Ordnung gefressen. Sich so ergebende *Nahrungsketten* sind durch das Nahrungsspektrum der Konsumenten verbunden, sie bilden ein *Nahrungsnetz* (Abb. 1).

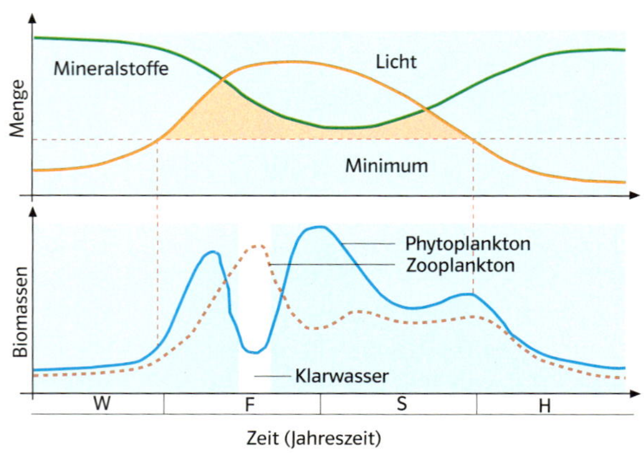

2 *Plankton und abiotische Faktoren im Jahresverlauf*

Abgestorbenes Plankton und Überreste anderer Lebewesen sinken auf den Seegrund. Diese als *Detritus* bezeichnete Biomasse wird dort von *Destruenten* abgebaut. Kleintiere wie Wasserasseln und Flohkrebse zerkleinern den Detritus, Bakterien und Pilze zersetzen ihn. Das alles geschieht unter Sauerstoffaufnahme und Freisetzung von Kohlenstoffdioxid und Mineralstoffen. Diese stehen dem Phytoplankton und den Wasserpflanzen wieder zur Verfügung, wenn sie durch die Wasserzirkulation nach oben verfrachtet werden. Die Biomasseproduktion des Phytoplanktons und der Wasserpflanzen schwankt im Jahresverlauf stark. Das Wachstum wird maßgeblich von der Lichtintensität und der Mineralstoffkonzentration im See bestimmt. Die Biomasse der Produzenten hat in Folge Einfluss auf die Mengen von Konsumenten und Destruenten (Abb. 2). Diese erzeugen körpereigene Biomasse aus entsprechenden Bausteinen in ihrer Nahrung. Sie werden als *Sekundärproduzenten* zusammengefasst.

Algenblüte und Biomanipulation

In einen See gelangen von außen ständig Stoffe hinein, z. B. Falllaub und Mineralstoffe. Je nach Art und Menge der Stoffeinträge verbessern sich die Wachstumsbedingungen für das Phytoplankton und die Pflanzen. Dieser Effekt wird durch die Frühjahrszirkulation verstärkt. Die remineralisierten Stoffe des Vorjahres gelangen aus der Tiefenschicht in das Oberflächenwasser. Steigende Wassertemperaturen und die hohe Lichtintensität im Frühjahr fördern das Wachstum des Phytoplanktons (Algen und Cyanobakterien) zusätzlich. Ist ein See bereits sehr mineralstoffreich, kann es zur Massenvermehrung von Phytoplankton kommen (Abb. 3). Diese sogenannten *Algenblüten* haben weitreichende Folgen. Die Zersetzung der stark erhöhten Detritusmenge durch heterotrophe Bakterien benötigt so viel Sauerstoff, dass sich die Lebensbedingungen der Tiere drastisch verschlechtern. Die Vielfalt und Anzahl der Tiere im See nimmt ab.

Eine Möglichkeit zur Verhinderung von übermäßigen Algenblüten und ihren Folgen ist der Eingriff in die biotischen Beziehungen eines Sees. Solche Maßnahmen bezeichnet man als *Biomanipulation*. Man kann z. B. viele der Fische wie Rotfedern entfernen. Großes Zooplankton (Wasserflöhe, Hüpferlinge) kann sich dann stärker vermehren und die Algen durch Fraß stärker dezimieren, das Wasser wird wieder klar (Abb. 3). Die absinkende Detritusmenge aus abgestorbenem Phytoplankton sinkt. Die Remineralisierung des Detritus in der Tiefe erfolgt langsam. Durch die Langlebigkeit von Konsumenten sinkt die Mineralstoffkonzentration im Seewasser. Das Wachstum des Phytoplanktons wird so zusätzlich eingeschränkt. Biomanipulationen und andere Maßnahmen zur Seesanierung können allerdings langfristig nur zum Erfolg führen, wenn der erhöhte Stoffeintrag von außen verringert wird.

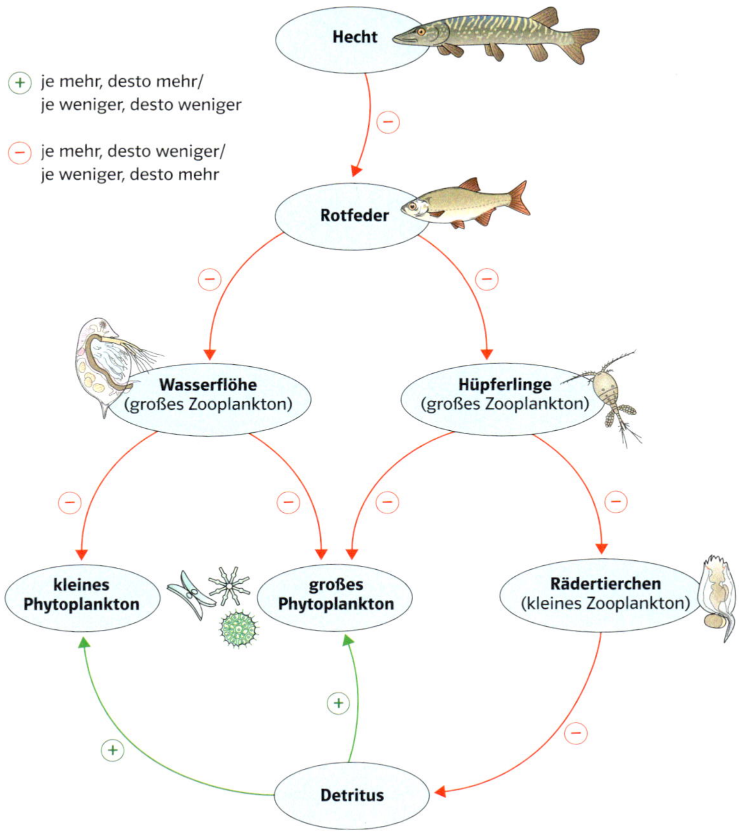

3 *Nahrungsbeziehungen im See*

AUFGABEN >>

○ **1** Nennen Sie je eine Nahrungskette des Pelagials und des Profundals (Abb. 1).

◒ **2** Erläutern Sie die Zusammenhänge der Kurvenverläufe in Abb. 2. Gehen Sie dabei auch auf die Klarwasserphase ein, in der die Grünfärbung des Wassers verschwindet.

● **3** Entwickeln Sie mindestens eine weitere Maßnahme zur Verhinderung der Algenblüte durch Biomanipulation (Abb. 3).

Eutrophierung und Regeneration eines Sees

1 *Oligotropher und hypertropher See*

Manche Seen laden mit klarem Wasser zum Baden ein. Das Seeufer ist wenig bewachsen. In anderen Seen ist das Wasser vom Plankton trüb und das Ufer ist üppig mit Schilf und anderen Pflanzen bewachsen (Abb. 1). Das Pflanzenwachstum ist ein Hinweis auf den Mineralstoffgehalt.

Oligotrophe und eutrophe Seen

Das Pflanzenwachstum wird von der Ressource begrenzt, die relativ zum Bedarf am wenigsten vorhanden ist *(Gesetz des Minimums)*. Die Mineralstoffkonzentration, insbesondere die von Phosphat-Ionen, schränkt die Bildung neuer Biomasse im See ein. Einen See mit geringem Mineralstoffgehalt im Wasser bezeichnet man als *oligotroph* (gr. *oligos* wenig, *trophe* Nahrung).

In allen Gewässern reichern sich Mineralstoffe aus angrenzenden Ökosystemen an. So entwickeln sich oligotrophe Seen in einigen Hundert oder Tausend Jahren zu eutrophen Seen (gr. *eu* gut). Das Seewasser enthält relativ viele Phosphat-Ionen (PO_4^{3-}), das Pflanzenwachstum ist stark. Durch zusätzliche Einschwemmung von Düngemitteln bei Regen oder starken Eintrag von Biomasse durch Laub im Herbst kann ein See in den *hypertrophen* („überdüngten") Zustand übergehen. Diese von Menschen verursachte Eutrophierung verläuft wesentlich schneller als die natürliche Eutrophierung.

Im Sommer enthält im eutrophen See nur das oberflächennahe Wasser hinreichend Sauerstoff (Abb. 2). Mehr Pflanzenwachstum bedeutet also nicht mehr Sauerstoff. Im Gegenteil: Das verstärkte Algenwachstum *(Algenblüte)* fördert Wachstum und Vermehrung der Konsumenten. Die Trübung des Wassers verringert den Lichteinfall in tiefere Schichten. Abgestorbene Lebewesen aller Trophiestufen sinken auf den Seegrund. Dort vermehren sich Bakterien, die den Detritus unter Sauerstoffaufnahme aerob abbauen.

[► Stoff- und Energieumwandlung]

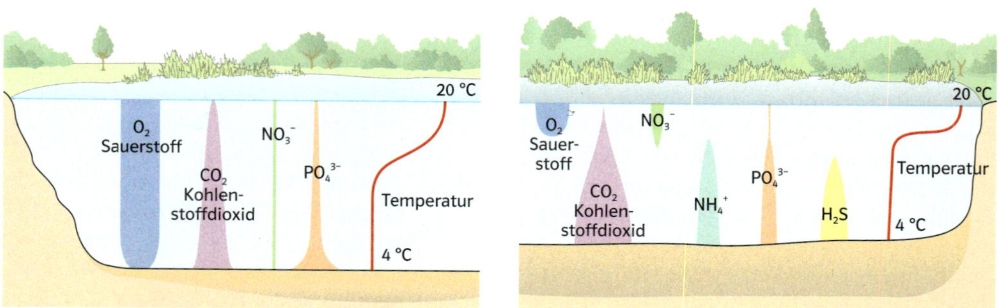

2 *Sommerprofile im oligotrophen und im eutrophen See*

Hypertrophierung

Gelangt selbst in den Zirkulationsphasen im Frühjahr und Herbst nicht genug Sauerstoff in die Tiefe, kann die große Menge Detritus am Seegrund nicht mehr aerob abgebaut werden. Anaerob lebende Bakterien bauen dann Biomasse ab. In den Proteinen enthaltener Schwefel wird dabei in Form von Schwefelwasserstoff (H_2S) in das Wasser abgegeben (Abb. 2). Schwefelwasserstoff ist für viele Organismen giftig.

Im Extremfall „kippt der See um", d.h. nahezu alle aeroben Lebewesen im See sterben aufgrund von Sauerstoffmangel ab. Dies verstärkt die Schlammbildung und den anaeroben Abbau am Seegrund. Auch der Phosphatkreislauf im See ändert sich bei fehlendem Sauerstoff im Wasser (Abb. 3). Im oligotrophen oder wenig eutrophen See binden Eisen-Ionen (Fe^{3+}) einen Teil des Phosphats, das beim Abbau der Biomasse frei wird. Dadurch wird das Pflanzenwachstum begrenzt. In sauerstofffreiem Wasser liegt Eisen als Fe^{2+}-Ionen vor. Diese Ionen binden kein Phosphat. Dadurch wird das Pflanzenwachstum zusätzlich gefördert. Der Stickstoffkreislauf beschreibt die Umwandlung von Stickstoffverbindungen durch Lebewesen im Gewässer. Nitrifizierende Bakterien oxidieren ausgeschiedene Ammonium-Ionen (NH_4^+) mit Sauerstoff zu Nitrat-Ionen (NO_3^-). Die Ammonium-Ionen stammen überwiegend aus dem Proteinabbau durch Destruenten. Bei geringer Sauerstoffkonzentration reichert sich im Wasser giftiges Ammoniak (NH_3) an (Abb. 4).

Sanierungsmaßnahmen

Neben der Sanierung durch Biomanipulation gibt es weitere Möglichkeiten zur Regenerierung eines hypertrophen Sees. Zu Beginn muss die Quelle des Mineralstoffeintrags identifiziert und beseitigt werden. Das kann durch Verzicht auf Düngung auf seenahen Feldern oder durch die Verhinderung von Einleitungen verunreinigten Wassers geschehen. Durch Abpumpen von Schlamm am Seeboden kann die Freisetzung von Mineralstoffen durch Mikroorganismen eingedämmt werden. In manchen Fällen wird Luft in den See gepumpt, um die Phosphatfällung zu fördern und die Entstehung von Schwefelwasserstoff zu verhindern.
Nach mehreren Jahren mit Stagnations- und Zirkulationsphasen kann ein See in den oligotrophen oder natürlich eutrophen Zustand zurückkehren.

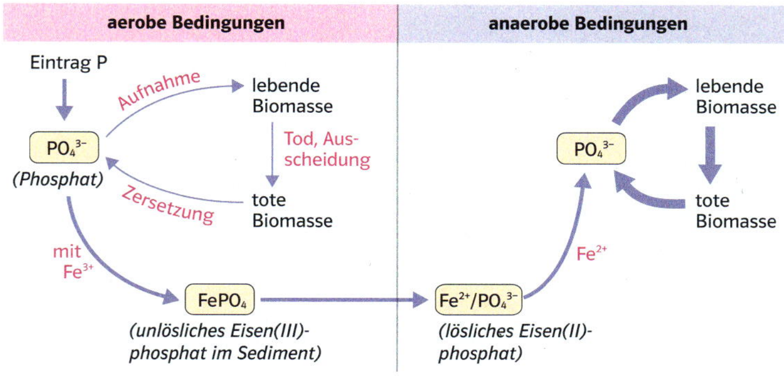

3 *Phosphate im See*

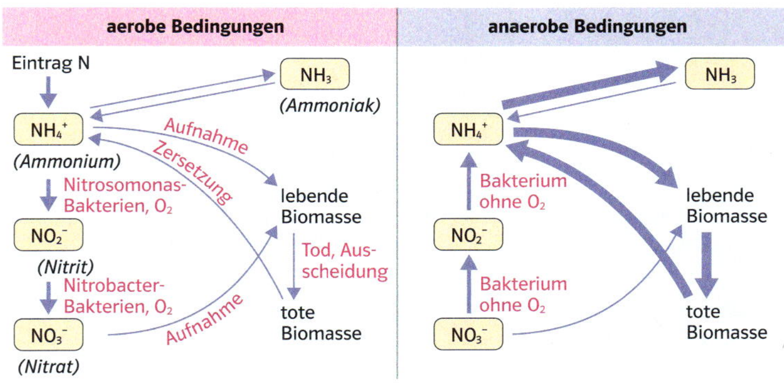

4 *Stickstoffverbindungen im See*

AUFGABEN >>

○ 1 Vergleichen Sie die Stoffkonzentrationen im oligotrophen und im eutrophen See (Abb. 2).

◒ 2 Erläutern Sie die Veränderung der Stoffkonzentrationen im Herbst.

◒ 3 Eine unterstützende Sanierungsmaßnahme für einen hypertrophen See ist das Abernten von Pflanzen insbesondere aus dem Schilfgürtel des Sees. Erläutern Sie die Wirkung dieser Maßnahme unter Einbeziehung von Abb. 3 und 4.

Material

Ökosystem See

Die Lebewesen in einem See sind wie in allen anderen Lebensräumen abiotischen Umweltbedingungen ausgesetzt. Insbesondere in kleinen Seen oder solchen mit geringen Zu- und Abflüssen können Veränderungen Prozesse in Gang setzen, die die dort herrschenden Bedingungen verändern.

Ein See im Jahresverlauf

Der Bielersee gehört mit einer Wasserfläche von fast 40 km^2 und einer maximalen Tiefe von 72 m zu den großen Seen der Schweiz. In den 1970er-Jahren wurde die Sauerstoffkonzentration in unterschiedlichen Wassertiefen gemessen.

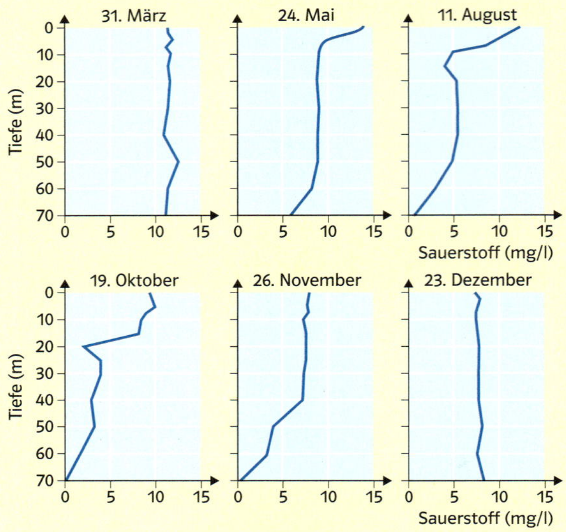

1 *Sauerstoffgehalt im Bielersee*

In Wasserproben bestimmte man im Folgejahr die Phosphatkonzentration.

Datum	Wassertiefe (m)	Phosphatkonzentration (mg / l)
13.03.	1	0,36
13.03.	60	0,39
16.08.	1	0,03
16.08.	60	0,57

2 *Phosphatkonzentrationen in Wasserproben*

AUFGABEN >>

1 Erläutern Sie anhand von Abb. 1 den jährlichen Wechsel von Stagnations- und Zirkulationsphasen im See.

2 Erklären Sie die Messergebnisse für die Phosphatkonzentration (Abb. 2)

Sanierung eines hypertrophierten Sees

In einem hypertrophen See mit unnatürlich hohem Mineralstoffgehalt im Wasser kann im Sommer der Sauerstoffgehalt in Bodennähe und in mittlerer Wassertiefe gegen null gehen. Fischsterben und die Freisetzung von giftigem Schwefelwasserstoff durch anaerobe Destruenten sind die Folge.

Zur Sanierung eines solchen Sees kommen verschiedene Verfahren in Betracht. Dabei unterscheidet man Maßnahmen am Wasserkörper und solche am Sediment auf dem Seegrund.

Maßnahme	Funktionsweise
Chemische Fällung	Phosphat-Ionen werden dauerhaft an zugegebenes Material gebunden.
Tiefenwasserableitung	Seewasser wird in Bodennähe abgesaugt.
Tiefenwasserbelüftung	Luft wird in bodennahe Wasserschichten gepumpt und dort durch Düsen verteilt.
Entschlammung	Bodennaher Schlamm wird abgesaugt.
Sedimentabdeckung	Auf den Bodenschlamm im See wird eine Abdeckschicht aus wasserunlöslichem Material aufgebracht.

3 *Maßnahmen zur Sanierung hypertropher Seen*

„Alle Sanierungsmaßnahmen sind zum Scheitern verurteilt, wenn die richtigen Begleitmaßnahmen fehlen. In der Regel sind die Quellen der Mineralstoffzufuhr bekannt. Nur durch deren Beseitigung kann erreicht werden, dass der See in einen Zustand gelangt, in dem er langfristig ohne Eingriffe des Menschen ein intaktes Ökosystem darstellt."

4 *Aus einer Stellungnahme zur Seesanierung*

AUFGABEN >>

3 Ordnen Sie die in Abb. 3 genannten Maßnahmen nach ihrer Wirkungsweise.

4 Analysieren Sie die in Abb. 4 wiedergegebene Stellungnahme bezüglich der kausalen Zusammenhänge.

5 Von den in Abb. 3 und 4 genannten Maßnahmen können auch mehrere in Kombination eingesetzt werden. Entwerfen Sie eine Maßnahmenkombination für eine rasche und nachhaltige Seesanierung.

Praktikum

Untersuchung eines Sees

Durch die Untersuchung einiger ausgewählter Umweltfaktoren können Rückschlüsse auf den ökologischen Zustand eines Sees gezogen werden. Im See ändern sich viele Umweltfaktoren mit der Tiefe des Gewässers. Um ein Tiefenprofil zu erstellen, werden Messungen in verschiedenen Tiefen durchgeführt.

Bestimmung der Sichttiefe

Die Sichttiefe in einem See gibt meist Aufschluss über die Stärke des Algenwachstums und den Trophiegrad, also die Versorgung mit Mineralstoffen.

1 *Secchi-Scheibe zur Bestimmung der Sichttiefe*

Material
Secchi-Scheibe, 10 — 20 m langes Seil mit Skalierung in 50-cm-Abständen, Boot

Durchführung
Von einem Boot aus wird die Secchi-Scheibe am Seil langsam in die Tiefe gelassen. Ist der Schwarz-Weiß-Kontrast der Scheibe nicht mehr erkennbar, wird die Tiefe am Seil abgelesen.

AUFGABEN >>

1 Bestimmen Sie die Sichttiefe an mehreren Stellen des Sees. Werden die Messungen zu verschiedenen Jahreszeiten wiederholt, stellen Sie diese in einem Balkendiagramm dar.
2 Erläutern Sie Zusammenhänge zwischen Sichttiefe und Algenwachstum (ggf. im Jahresverlauf).
3 Interpretieren Sie Ihre Messergebnisse.

Temperatur- und Sauerstoff-Tiefenprofil

Die Messung von Temperatur und Sauerstoffgehalt in unterschiedlichen Tiefen eines Sees ermöglicht die Erstellung eines Tiefenprofils. Aus diesem können Rückschlüsse auf Wasserschichtung und Trophiegrad des untersuchten Sees gezogen werden.

Material
Digitale Messgeräte zur Bestimmung der Temperatur und des Sauerstoffgehalts mit möglichst langem, skaliertem Kabel und Messdatenspeicher, Boot (Alternative: Einrichtung zur Entnahme von Wasserproben aus den entsprechenden Tiefen für die sofortige Messung an Land, Abb. 2)

Durchführung
Wählen Sie sinnvolle Wassertiefen für Temperatur- und Sauerstoffmessungen zur Erstellung eines Tiefenprofils. Führen Sie in diesen Tiefen bzw. mit von dort gewonnenen Wasserproben Temperatur- und Sauerstoffmessungen nach Angaben des Herstellers der Messgeräte durch.

2 *Sauerstoff-Messung*

Grad I	oligotroph (mineralstoffarm)	Sichttiefe 5 – 10 m, max. 20 m Sauerstoffgehalt >8 mg/l
Grad II	mesotroph (mittlere Mineralstoffversorgung)	Sichttiefe 1 – 2 m, max. 10 m Sauerstoffgehalt 6 – 8 mg/l
Grad III	eutroph (mineralstoffreich)	Sichttiefe 1 m, max. 3 m Sauerstoffgehalt 2 – 4 mg/l
Grad IV	hypertroph (hohe Mineralstoffbelastung)	Sichttiefe weniger als 1 m, Sauerstoffgehalt 0 mg/l

3 *Trophiegrade im See*

AUFGABEN >>

4 Ermitteln Sie anhand von Messungen die Tiefe der Sprungschicht (im Sommer).
5 Stellen Sie Ihre Messergebnisse grafisch sinnvoll dar.
6 Werten Sie Ihre Messergebnisse im Hinblick auf die vorliegende Jahreszeit aus.
7 Ordnen Sie dem untersuchten See begründet einen Trophiegrad zu (Abb. 3).
8 Reflektieren Sie kritisch Ihre Ermittlung des Trophiegrads des Sees.

Vom See zum Moor

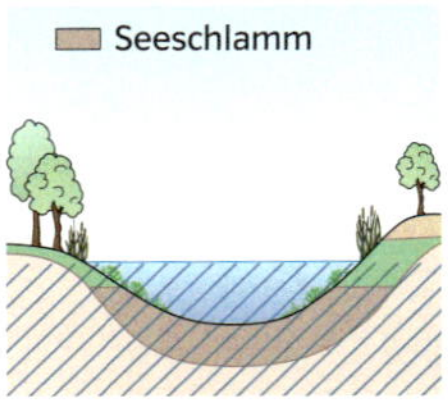

verlandender See

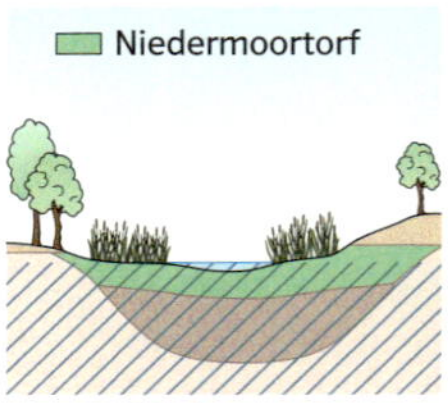

Niedermoor

Niedermoor

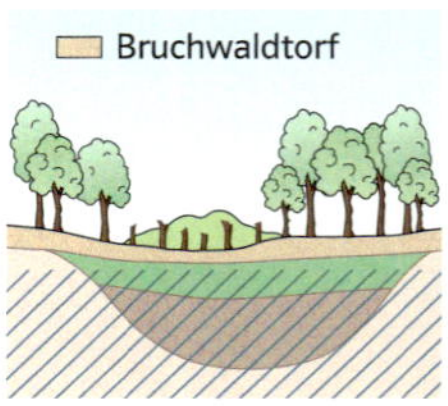

Bruchwald

Hochmoor

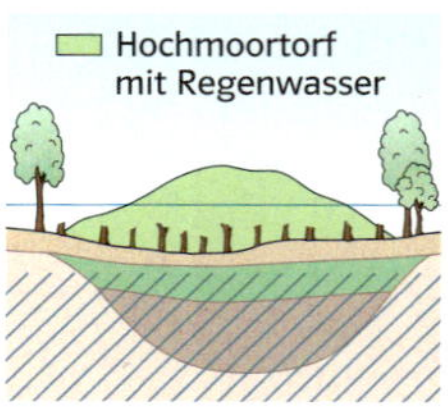

Hochmoor

1 *Entstehung von Niedermoor und Hochmoor*

Im Uferbereich von Seen und Flüssen ist der Boden oft sumpfig. Bleibt die Durchfeuchtung dauerhaft bestehen, werden absterbende Pflanzenteile wegen des Sauerstoffmangels kaum zersetzt und bilden organisches Sediment (*Torf*). Wassergetränkte Torfschichten kennzeichnen das Ökosystem *Moor*.

Niedermoor

Niedermoore entstehen sehr häufig durch die Verlandung von flachen, mineralstoffreichen Seen. Laubfall und absterbende Uferpflanzen erhöhen mit der Zeit die Schlammschicht am Seeboden. Da jede Pflanzenart an eine bestimmte Wassertiefe angepasst ist, verschieben sich die Ufervegetations-zonen aus Erlen, Schilf und Schwimmpflanzen in Richtung Seemitte. Schließlich ist keine freie Wasserfläche mehr übrig, der See ist verlandet (Abb. 1). Man spricht von einer Sukzession vom See zum Niedermoor. Niedermoore haben Kontakt zum Grundwasser und sind mineralstoffreich. Üppiger Graswuchs lässt sie grün erscheinen. Solange noch eine Wasserblase vom ursprünglichen See unter der Vegetation erhalten bleibt, schwingt der Boden beim Betreten in charakteristischer Weise, man spricht von *Schwingrasen*.

Hochmoor

Gleichmäßig verteilte Niederschläge im Jahresgang, die in ihrer Menge die Verdunstung im gleichen Zeitraum übertreffen, schaffen ideale Umweltfaktoren für Torfmoos-Arten (*Sphagnum*). *Torfmoose* besitzen keine Wurzel, sondern nehmen Wasser und Mineralstoffe über ihre Blättchen und Stämmchen auf, sogar wenn diese bereits abgestorben sind. Das Moorwasser hat durch Humussäuren aus zersetzten Pflanzen bereits einen niedrigen pH-Wert. Torfmoose sorgen bei ihrer Mineralstoffaufnahme für eine zusätzliche Versauerung. Torfmoose wachsen nach oben und sterben im unteren Bereich ab. Schließlich hebt sich die Torfmoosschicht wie eine Kuppel über die umgebende Landschaft. Ein *Hochmoor* ist entstanden. Ein Hochmoor bezieht kein Wasser mehr vom Grundwasser, sondern wird nur noch durch mineralstoffarmes Regenwasser versorgt. Nur spezialisierte Pflanzen können unter diesen Bedingungen leben.

AUFGABE >>

◒ **1** Vergleichen Sie Niedermoor und Hochmoor tabellarisch.

Material

Spezialisten im Hochmoor

Hochmoore werden anders als Niedermoore nur von mineralstoffarmen Niederschlägen mit Wasser versorgt. Dieses saugen Torfmoose wie ein Schwamm auf. Es gibt dickere und dünnere Torfmoosschichten. Dadurch entsteht eine Feinstruktur aus einige Dezimeter hohen, besonnten *Bulten* und flachen, nassen *Schlenken*.

Torfmoose (Sphagnum)

Torfmoose enthalten unzählige abgestorbene Zellen, deren Zellwand erhalten geblieben ist. Solche Wasserspeicherzellen können Regenwasser wie Miniaturflaschen aufnehmen (Abb. 1). Torfmoose gedeihen auch in saurem Milieu, also bei niedrigen pH-Werten. Zur Mineralstoffversorgung nehmen sie Calcium-Ionen ($Ca2^{+}$) aus dem Moorwasser auf und geben Oxonium-Ionen (H_3O^{+}) ab. Das senkt den pH-Wert im Außenmilieu noch zusätzlich.

1 *Polster und Wasserspeicherzellen von Torfmoos*

AUFGABEN >>

○ **1** Beschreiben Sie anhand von Abb. 1 den Bau der Wasserspeicherzellen beim Torfmoos.

◒ **2** Erläutern Sie den Einfluss der Säuretoleranz auf die Konkurrenzfähigkeit der Torfmoose.

Sonnentau-Arten (Drosera)

Die Blätter dieser Blütenpflanzen sind mit tentakelförmigen, beweglichen Drüsenhaaren besetzt. Das klebrige, süße Sekret lockt Kleintiere an, die hier verkleben und eingehen. Das Blatt rollt sich ein und gibt Verdauungsflüssigkeit ab. So gelangen die Aminosäuren, Stickstoff- und Phosphorbestandteile aus dem verdauten tierischen Eiweiß in den Sonnentau-Stoffwechsel.

2 *Fangblatt vor und nach dem Fang*

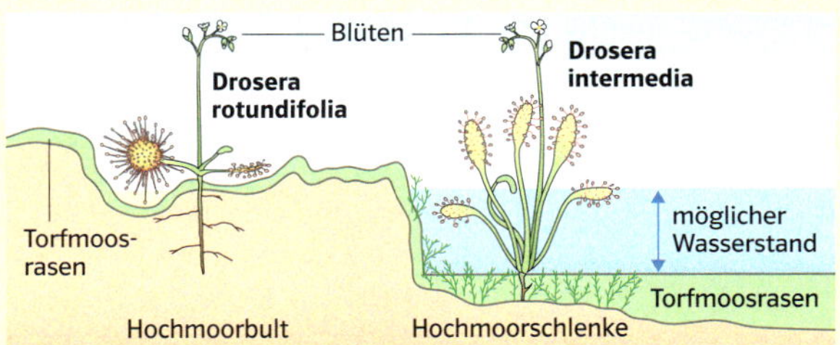

	Rundblättriger Sonnentau	Mittlerer Sonnentau
Wassergehalt im Boden	90,3 %	97,8 %
Temperatur auf Blatthöhe	bis zu 54 °C	bis zu 37,5 °C
Beutetiere	Milben, Spinnen, Käfer	Fliegen und andere Fluginsekten

3 *Ökologische Nischen zweier Sonnentau-Arten*

AUFGABEN >>

○ **3** Vergleichen Sie die Deckung des Stickstoff- und Phosporbedarfs beim Sonnentau mit der bei anderen Pflanzen.

◒ **4** Erläutern Sie die Einnischung der beiden Sonnentau-Arten (Abb. 3).

Von der Quelle zur Mündung

1 *Flusslandschaft*

Groppe

Döbel

Aus Quellen in den Alpen und den Mittelgebirgen entspringende Bäche vereinigen sich zu immer größeren Flüssen, die sich durch die flacher werdende Landschaft schlängeln (Abb. 1). Schließlich münden diese als breite Ströme ins Meer. In unterschiedlichen Abschnitten der Fließgewässer herrschen verschiedene Umweltbedingungen. Die dort lebenden Organismen sind daran auf vielfältige Weise angepasst.

Auswirkungen der Strömung

Man unterteilt Fließgewässer in *Oberlauf*, *Mittellauf* und *Unterlauf*, wobei die Strömungsgeschwindigkeit meist kontinuierlich abnimmt (Abb. 2). In der Nähe der Quelle (Oberlauf) ist die Strömung aufgrund des starken Gefälles im Gebirge meist am stärksten. Während im Oberlauf kleine Steine und Sand mitgerissen werden, setzt sich das Material im Mittellauf ab. Im Unterlauf mit geringer Strömung sinkt feiner Sand und Schlamm ab.

Der starken Strömung im Quellgebiet können nur wenige Tier- und Pflanzenarten widerstehen. Im kalten, gleichbleibend sauerstoffreichen Oberlauf lebt z. B. die *Groppe*. Dieser Fisch toleriert bezüglich des Umweltfaktors Sauerstoffgehalt nur geringe Schwankungen, ist also *stenök*. Dort ebenfalls vorkommende *Döbel* gedeihen auch im Mittellauf. Sie können in unterschiedlich sauerstoffreichem Wasser leben, sind also bezüglich dieses Umweltfaktors *euryök*.

Insbesondere im Mittellauf findet man im Flussprofil unterschiedliche Strömungsverhältnisse (Abb. 3). Im äußeren Bereich einer Flusskrümmung, dem *Prallufer*, fließt das Wasser schnell und reißt dabei häufig Material aus der Uferböschung mit sich. Auf der gegenüberliegenden Seite lagert das langsamer fließende Wasser Sand ab. An diesem *Gleitufer* können Sandbänke entstehen, die je nach Wasserstand überflutet oder trocken sein können. Im Bereich stärkerer Strömung lebende Köcherfliegenlarven verwenden Steine als Baumaterial für ihre Köcher, am Gleitufer vorkommende Arten verwenden Holzstückchen. Auch in Körperbau und Verhalten sind im Fließgewässer lebende Organismen an die jeweilige Strömung angepasst.

Gewässerabschnitt	Oberlauf	Mittellauf	Unterlauf
Wassertemperatur	< 10 °C	> 15 °C	> 20 °C
Sauerstoffgehalt	hoch	hoch	geringer
Wasserfärbung	klar	grün	grün / trüb
Nitrat- und Phosphatgehalt	niedrig	mittel	hoch
Hauptnahrung für Wirbellose	Falllaub	Detritus und Algen	Phytoplankton

2 *Abschnitte von Fließgewässern*

Lebensgemeinschaften im Fließgewässer

Im Verlauf des Fließgewässers verändern sich die abiotischen und biotischen Umweltbedingungen kontinuierlich. Das Quellwasser selbst enthält keine Lebewesen und kaum Mineralstoffe. Im Oberlauf bilden Laub und andere meist organische Sinkstoffe *(Detritus)* die Nahrungsgrundlage für das Zooplankton. Algen nutzen die dabei freigesetzten Mineralstoffe für ihr Wachstum. Verschiedene Insektenlarven und Bachflohkrebse ernähren sich von ihnen. Sie selbst sind Nahrung für Fische und für Wasservögel.

Im Mittellauf findet man stärkeres Pflanzenwachstum, das die Nahrungsgrundlage für Konsumenten und Destruenten bildet (Abb. 4). Im Unterlauf führen Schwebstoffe aus teilweise abgebauter Biomasse zur natürlichen Wassertrübung, sodass Fotosynthese nur begrenzt möglich ist. Der aerobe Stoffwechsel von Zooplankton und Destruenten wie Bakterien führt zu einer Abnahme des Sauerstoffgehalts im Wasser. Dazu tragen auch die höhere Wassertemperatur und die geringe Verwirbelung durch die Strömung bei.

In den unterschiedlichen Abschnitten kommen verschiedene Fischarten vor, die sich in ihrem Anspruch an den Sauerstoffgehalt und in der Art der Ernährung unterscheiden. Man teilt Fließgewässer nach den typischen Fischarten von der Quelle bis zur Mündung in die Forellen-, Äschen-, Barben-, Brachsen- und Kaulbarschregion ein. Neben diesen *Leitfischen* kommt insbesondere in den Regionen unterhalb der Forellenregion eine Reihe weiterer Fischarten vor. Bezüglich der Umweltfaktoren euryöke Arten wie den Aal findet man in mehreren Flussabschnitten.

Im Mündungsbereich der Flüsse in Nord- und Ostsee vermischt sich das Süßwasser der Flüsse mit dem salzhaltigen Meerwasser zu *Brackwasser*. Hier leben Fischarten wie die Flunder, die den unterschiedlichen Salzgehalt im Wasser durch Osmoregulation ausgleichen können.

[► Variabilität und Angepasstheit]

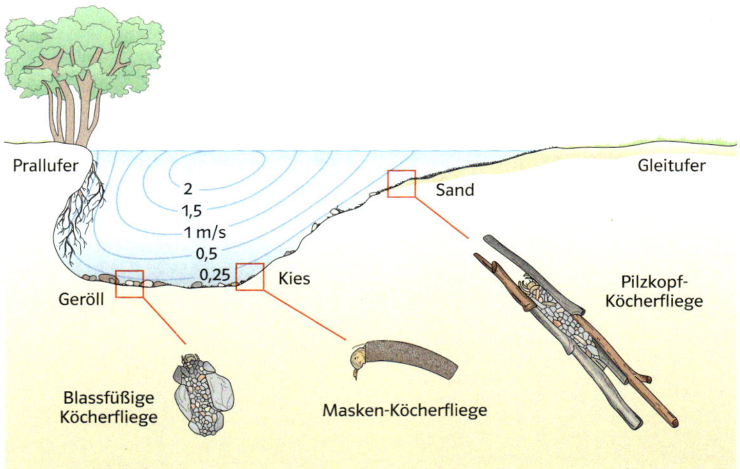

3 *Flussprofil und Köcherfliegenlarven*

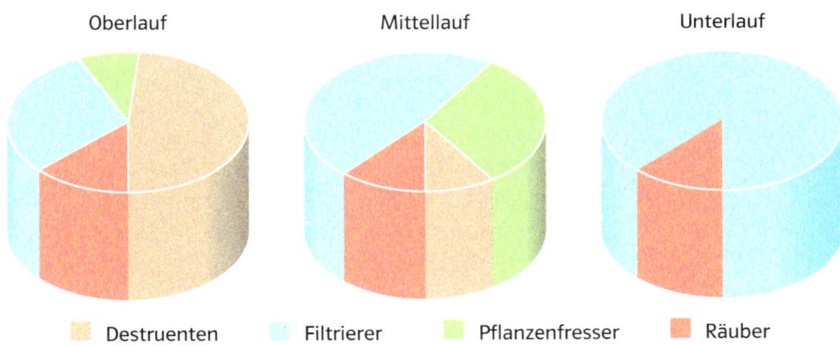

4 *Anteile der Ernährungstypen im Flussverlauf*

Wassertemperaturen und Wasserstände schwanken jahreszeitlich. Im Frühjahr z. B. führt die Schneeschmelze in den Bergen zu Hochwasser im Bereich von Mittel- und Unterlauf.

AUFGABEN >>

◒ **1** Flüsse schlängeln sich im Mittel- und Unterlauf typischerweise durch die Landschaft, sie mäandrieren. Erläutern Sie, wodurch dies entsteht.

◒ **2** Beschreiben Sie mögliche Auswirkungen von Flussbegradigungen durch den Menschen.

● **3** Erklären Sie die in Abb. 4 dargestellten Unterschiede bei den Anteilen der Ernährungstypen in verschiedenen Abschnitten von Fließgewässern.

Ökologischer Zustand von Fließgewässern

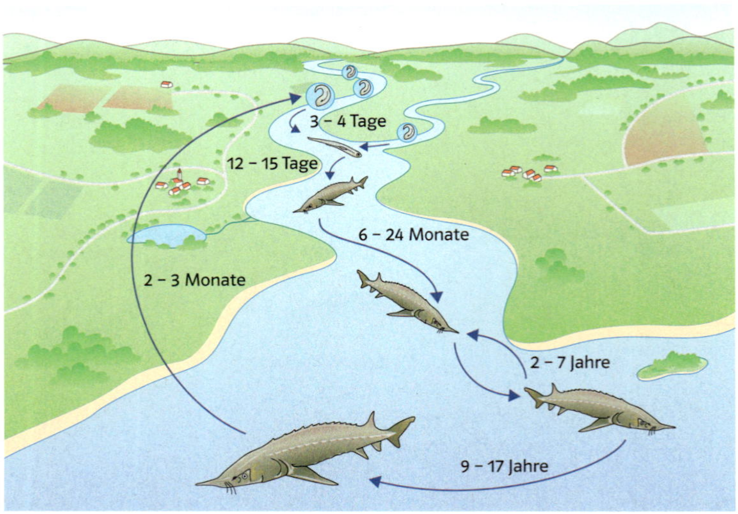

1 *Wanderweg des Europäischen Störs*

Europäische Störe zogen noch im 19. Jahrhundert flussaufwärts bis zu den Quellen von Rhein, Elbe und Weser. Hier laichten sie im sauerstoffreichen Wasser. Inzwischen sind diese über drei Meter großen Fische vom Aussterben bedroht, denn der *ökologische Gewässerzustand* hat sich erheblich verändert.

Strukturgüte

Bäche, Flüsse und Ströme durchziehen die Landschaft wie ein fein vernetztes Adersystem. Sie sammeln, transportieren und verteilen Wasser, Sedimente und gelöste Stoffe. Der Mensch macht sich seit Generationen diese Funktionen zunutze und veränderte dabei die abiotischen und biotischen Umweltfaktoren. Die *Durchgängigkeit* von Fließgewässern ist heute vielerorts durch Schleusen oder Sperrwerke verbaut und blockiert wandernden Arten ihren Weg. Flüsse dienen als Schifffahrtsstraßen, Abwasserleitungen oder Entwässerungskanäle. Oft haben bebaute Uferböschungen ufernahe Pflanzenzonen ersetzt.

Physikalisch-chemische Gewässergüte

Die Gewässerstruktur beeinflusst indirekt auch die abiotischen Umweltfaktoren. Der Schatten von Uferpflanzen wirkt sich auf die Wassertemperatur und die Lichtintensität aus. Ein veränderter Flusslauf mit weniger Mäandern erhöht die Fließgeschwindigkeit und vermindert die Sedimentation. Phosphor- bzw. Stickstoffverbindungen im Wasser bestimmen in der Regel das Pflanzenwachstum. Die Tiere im Fließgewässer benötigen einen ausreichenden Sauerstoffgehalt. Er sinkt, wenn Bakterien organische Substanzen aus Abwässern abbauen. Der Biochemische Sauerstoffbedarf BSB_5 gibt an, wie viel Sauerstoff dabei in einer Wasserprobe innerhalb von fünf Tagen verbraucht wird. Damit ist er ein Maß für Gehalt an organischer Substanz in der Probe.

Biologische Gewässergüte

Für Lebewesen sind nicht unbedingt die aktuellen Umweltfaktoren entscheidend. Langfristig können Arten nur bei dauerhaft günstigen Bedingungen überleben. Stenöke Arten bezogen auf den Gehalt an organischen Stoffen und an Sauerstoff eines Gewässers eignen sich als Zeigerarten für die Belastung eines Fließgewässers mit organischen Stoffen. Man bezeichnet sie als *Saprobien*. Ihre Häufigkeit lässt Rückschlüsse auf zurückliegende Umweltbedingungen zu. Anders als physikalisch-chemische Messwerte beschreibt die *biologische Gewässergüte* also nicht nur den momentanen Zustand.

Saprobiensystem

Von 1975 bis 2000 wurden Fließgewässer in Deutschland nach dem *Saprobiensystem* beurteilt und im Fünfjahresrhythmus in amtlichen Gewässergütekarten dargestellt. Das Saprobiensystem verwendet die ökologische Toleranz verschiedener Insekten, Weichtiere oder Ringelwürmer gegenüber organischer Belastung und Sauerstoffmangel. Der *Saprobienindex* beruht auf der Beobachtung dieser *Zeigerarten* und deren Häufigkeit, also nicht auf Laboruntersuchungen. Das Saprobiensystem berücksichtigt allerdings nicht die Versauerung oder Versalzung von Gewässern, die Belastung mit Giftstoffen (Quecksilber, aromatische Kohlenwasserstoffe u.a.) oder die Verbauung des Flussbettes.

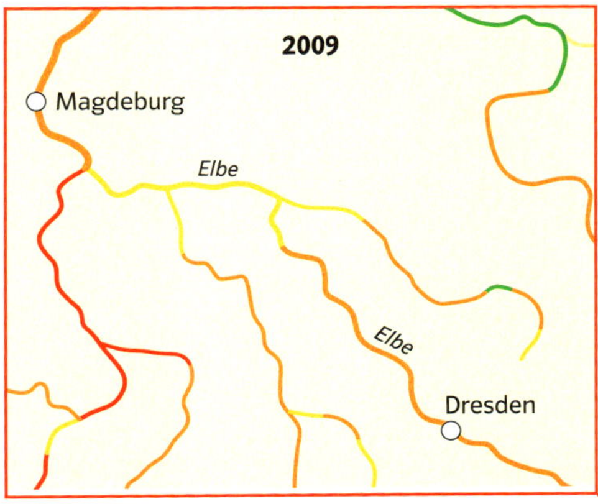

Ein Saprobienindex von 2,0 kann im Tiefland einen sauberen Fluss, im alpinen Quellbereich dagegen einen stark belasteten Fluss bedeuten. Außerdem verfuhren nicht alle europäischen Länder nach denselben Kriterien. Das erschwert die Vergleichbarkeit der Daten. Das Saprobiensystem ist in verfeinerter Form aber weiterhin ein wichtiges Kriterium bei der Beurteilung des ökologischen Gewässerzustands.

Saprobielles Leitbild

Nach der *europäischen Wasserrahmenrichtlinie* (WRRL 2000) werden in Deutschland 20 Gewässertypen vom Alpenquellbach bis zum Niederungsfluss unterschieden. Für jeden Gewässertyp gilt ein eigenes *„saprobielles Leitbild"*, also ein ökologischer Zustand, der bei völliger Naturbelassenheit erreichbar wäre. Jeder Flussabschnitt wird einer von fünf ökologischen Zustandsklassen zwischen „sehr gut" und „schlecht" zugeordnet. Dabei entscheidet die Abweichung vom Leitbild über die jeweilige Einstufung (Abb. 2). Für die biologische Gewässergüte werden Wirbellose, Fische und Gewässerflora erfasst. Neben den physikalisch-chemischen Standardmessungen werden auch „flussgebietsspezifische Schadstoffe" untersucht. Das sind beispielsweise Schwermetalle in einer bergbaulich genutzten Region. Die dritte Säule bezieht sich auf die Gewässerstruktur, also Gewässerverlauf, Ausbaugrad, Durchgängigkeit usw.

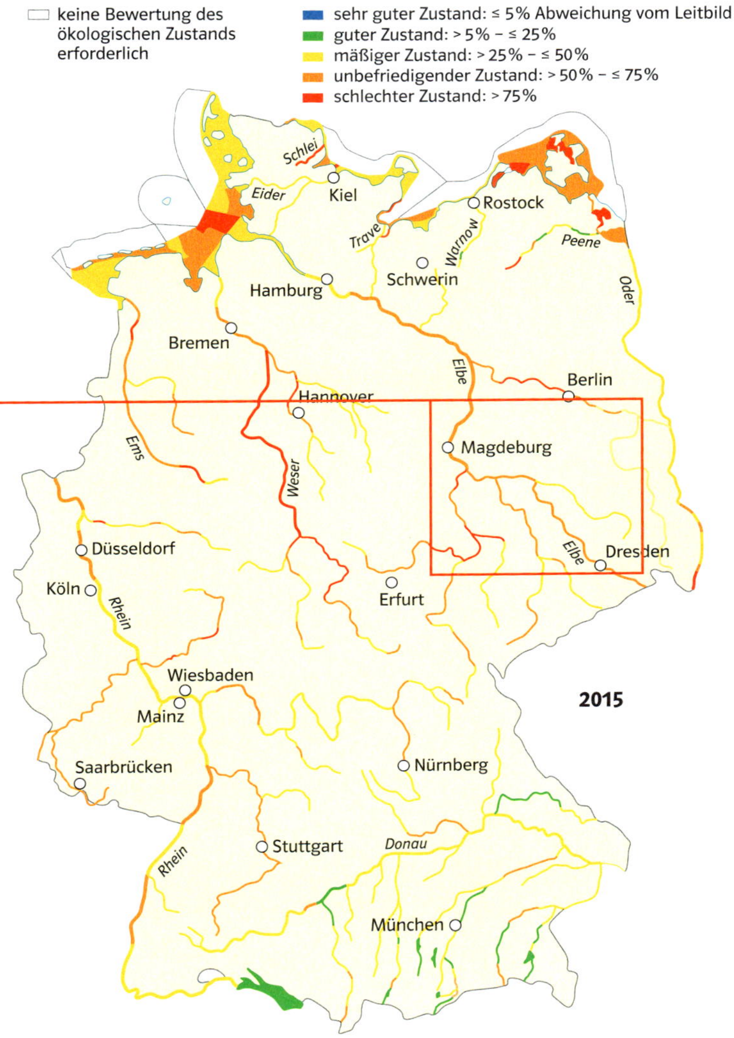

2 *Ökologischer Gewässerzustand nach WRRL in Deutschland 2009 / 2015*

AUFGABEN >>

○ **1** Erklären Sie die Unzulänglichkeit des Saprobiensystems für die Wiederansiedlung des Europäischen Störs (Abb. 1).

◒ **2** Vergleichen Sie den ökologischen Zustand der Elbe (Abb. 2) von 2009 und 2015 und damit die Wirksamkeit des Maßnahmenkatalogs der zehn anliegenden Bundesländer.

◒ **3** Vergleichen Sie den ökologischen Zustand von Fließgewässern von 2015 mit dem aktuellen Zustand laut Online-Angaben des Umweltbundes.

Praktikum

Untersuchung eines Fließgewässers

Das Leitbild für das Fließgewässer-Management besteht darin, dem potenziellen natürlichen Zustand möglichst nahe zu kommen. Dabei werden etwa zwanzig Gewässertypen unterschieden, die sich grob folgendermaßen gruppieren lassen:

A: Bäche und Flüsse der Kalkalpen;
M: Bäche und Flüsse der Mittelgebirge;
O: Bäche und Flüsse mit organischer Prägung;
T: Bäche, Flüsse und Ströme im Tiefland;
S: Unterläufe von Strömen.

Gewässerstruktur und physikalisch-chemische Gewässergüte

Material
Kamera, Protokollblock, Landkarte, Thermometer, Test-Kits, Messgeräte oder Teststäbchen zur Bestimmung von abiotischen Umweltfaktoren

Durchführung
Wählen Sie einen charakteristischen Abschnitt des Fließgewässers für die weiteren Untersuchungen. Entnehmen Sie Wasserproben und bestimmen Sie die physikalisch-chemischen Werte nach den Angaben des Herstellers.

Güteklasse	Grad der Veränderungen	Kurze Beschreibung
I	unverändert	Die Gewässerstruktur entspricht dem potenziell natürlichen Zustand.
I - II	gering verändert	Die Gewässerstruktur ist durch einzelne, kleinräumige Eingriffe nur gering beeinflusst.
II	mäßig verändert	Die Gewässerstruktur ist durch mehrere kleinräumige Eingriffe nur mäßig beeinflusst.
II – III	deutlich verändert	Die Gewässerstruktur ist durch verschiedene Eingriffe, z. B. in Sohle, Ufer, durch Rückstau und/oder Nutzungen in der Aue deutlich beeinflusst.
III	stark verändert	Die Gewässerstruktur ist durch Kombination von Eingriffen, z. B. in der Linienführung durch Uferverbau, Querbauwerke, Stauregulierung, Anlagen zum Hochwasserschutz und/oder durch die Nutzungen in der Aue beeinträchtigt.
III – IV	sehr stark verändert	Die Gewässerstruktur ist durch Kombination von Eingriffen, z. B. in der Linienführung durch Uferverbau, Querbauwerke, Stauregulierung, Anlagen zum Hochwasserschutz und/oder durch die Nutzungen in der Aue stark beeinträchtigt.
IV	vollständig verändert	Die Gewässerstruktur ist durch Eingriffe in der Linienführung, durch Uferverbau, Querbauwerke, Stauregulierung, Anlagen zum Hochwasserschutz und/oder durch die Nutzungen in der Aue vollständig beeinträchtigt.

1 *Beschreibung der Gewässerstrukturklassen*

Güteklasse	Nitrat-Stickstoff	Gesamtphosphor Gewässertyp: A, M, T	Gesamtphosphor Gewässertyp: O	Gesamtphosphor Gewässertyp: S
I	≤ 1 mg/l	≤ 0,05 mg/l	≤ 0,05 mg/l	≤ 0,1 mg/l
I - II	≤ 1,5 mg/l	≤ 0,075 mg/l	≤ 0,1 mg/l	≤ 0,2 mg/l
II	≤ 2,5 mg/l	≤ 0,1 mg/l	≤ 0,15 mg/l	≤ 0,3 mg/l
II – III	≤ 5 mg/l	≤ 0,2 mg/l	≤ 0,3 mg/l	≤ 0,6 mg/l
III	≤ 10 mg/l	≤ 0,4 mg/l	≤ 0,6 mg/l	≤ 1,2 mg/l
III – IV	≤ 20 mg/l	≤ 0,8 mg/l	≤ 1,2 mg/l	≤ 2,4 mg/l
IV	> 20 mg/l	> 0,8 mg/l	> 1,2 mg/l	> 2,4 mg/l

2 *Güteklassen für Nitrat-Stickstoff und Gesamtphosphor*

AUFGABEN >>

1 Fotografieren und beschreiben Sie das Gewässer.
2 Beurteilen Sie seine Strucktur anhand von Abb. 1.
3 Entwickeln Sie ein Verfahren zur Bestimmung der Fließgeschwindigkeit eines Gewässers.
4 Beschreiben Sie die Beschaffenheit des Gewässerbodens (Lehm, Sand, Kies, Steine).
5 Ordnen Sie Ihre Messwerte einer ökologischen Zustandsklasse zu (Abb. 2).

Biologische Gewässergüte und Saprobienindex

Material

Kescher, Sieb, Gefäße, Lupe, Bestimmungshilfe, Kamera

Durchführung

Fangen Sie Tiere im Freiwasser, am Gewässergrund und unter Steinen, zählen Sie die Häufigkeit in der Probe und bestimmen Sie die Arten. Machen Sie ggf. Fotos und setzen Sie die Tiere zeitnah am Fundort wieder aus.

Den Zeigerarten für organische Belastung (Saprobien) lässt sich ein Saprobiewert zwischen 1 und 4 zuordnen (Abb. 4). Je kleiner der Wert, umso wichtiger ist sauerstoffhaltiges Flusswasser für ihr Überleben. Berücksichtigt man außerdem, wie häufig sie in der Probe anzutreffen sind, lässt sich daraus ein Saprobienindex ermitteln. Er ist ein wichtiges Kriterium für die biologische Gewässergüte.

Saprobienindex berechnen

$$S = \frac{\sum_{i=1}^{n} s_i H_i}{\sum_{i=1}^{n} H_i}$$

S = Saprobienindex
s_i = Saprobiewert der Art i
i = 1 bis n Saprobienarten
H_i = Häufigkeit der Art i

1 = einzelne (1 – 2) Individuen
2 = wenige (3 – 10) Individuen
3 = wenige bis mittelviele (11 – 30) Individuen
4 = mittelviele (31 – 60) Individuen
5 = mittelviele bis viele (61 – 100) Individuen
6 = viele (101 – 150) Individuen
7 = massenweise (> 150) Individuen

Beispiel

Saprobien (i)	Individuenanzahl	H	s
Dreikantmuschel	5	2	2,3
Flohkrebs	132	6	2,0
Weißer Strudelwurm	12	3	2,3
Rollegel	4	2	3,0

$$S = \frac{(2{,}3 \times 2 + 2{,}0 \times 6 + 2{,}3 \times 3 + 3{,}0 \times 2)}{(2 + 6 + 3 + 2)} = 2{,}27$$

Gewässertyp					
Bäche und Flüsse der Kalkalpen (A)	– 1,4	– 1,9	– 2,6	– 3,3	– 4,0
Bäche und Flüsse der Mittelgebirge (M)	– 1,5	– 2,0	– 2,7	– 3,3	– 4,0
Bäche und Flüsse mit organischer Prägung (O)	– 1,6	– 2,1	– 2,7	– 3,4	– 4,0
Bäche, Flüsse und Ströme im Tiefland (T)	– 1,8	– 2,2	– 2,8	– 3,4	– 4,0
Unterläufe von Strömen (S)	– 2,1	– 2,5	– 3,0	– 3,5	– 4,0

4 *Saprobielle Güteklassen (Saprobienindex)*

AUFGABEN >>

6 Berechnen Sie den Saprobienindex für Ihren Untersuchungsort.

7 Vergleichen Sie den Wert mit der aus den strukturellen und physikalisch-chemischen Daten ermittelten ökologischen Zustandsgröße.

5 *Steckbrief und Saprobiewert der Zeigerarten für Gewässergüteklassen (Saprobien)*

Selbstreinigung im Fließgewässer

1 *Abwassereinleitung in ein Fließgewässer*

Fließgewässer sind dynamische Ökosysteme: Eingetragene Stoffe wie abgestorbene Pflanzenteile oder tierische Ausscheidungen werden durch nachfließendes Wasser abtransportiert und verdünnt. Gleichzeitig werden sie von Bakterien, Pilzen und tierischen Destruenten abgebaut. Diese natürlichen biologischen Abläufe bezeichnet man als „Selbstreinigung". Schon immer nutzten Menschen diesen Prozess zur Entsorgung ihrer häuslichen Abwässer.

Ablauf der Selbstreinigung

Gelangen ungeklärte Haushaltsabwässer, Gülle oder eingeschwemmter Ackerboden in einen Fluss, vermehren sich dort rasch Bakterien und Einzeller (Abb. 2). Die zugeführte organische Substanz wird von Destruenten zu Kohlenstoffdioxid und Wasser abgebaut und Mineralstoffe werden freigesetzt, die wiederum das Algenwachstum fördern. Durch diese natürlichen Stoffwechselwege nähert sich die Anzahl der jeweiligen Organismen im weiteren Verlauf der Fließstrecke wieder dem Ausgangszustand an. Ist der Gehalt der Einleitung an Stickstoff- und Phosphorverbindungen nicht zu hoch, erreicht auch das Pflanzenwachstum annähernd den Zustand vor der Einleitung.

Der Verlauf der sogenannten Selbstreinigung lässt sich auch an den Konzentrationen von Mineralstoffen und Sauerstoff im Wasser erkennen (Abb. 3). Unterschreitet der Sauerstoffgehalt des Wassers einen Mindestwert, kommt es zu einem Fischsterben.

Giftstoffe im Fließgewässer

Gelangen Giftstoffe z. B. durch einen Störfall in einem Betrieb in das Wasser, können sie Lebewesen schädigen und sich teilweise in der Nahrungskette anreichern. Mit der Strömung gelangen sie stromabwärts bis ins Meer. Der Bau von Kläranlagen hat in Deutschland zu einer verringerten organischen Belastung der Fließgewässer geführt. Im Rhein sind z. B. 63 Fischarten wieder anzutreffen, die dort zuvor ausgestorben waren.

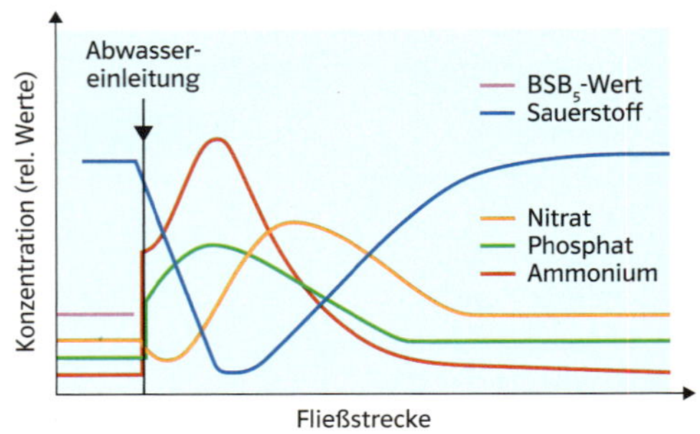

2 *Ablauf der Selbstreinigung in einem Fließgewässer*

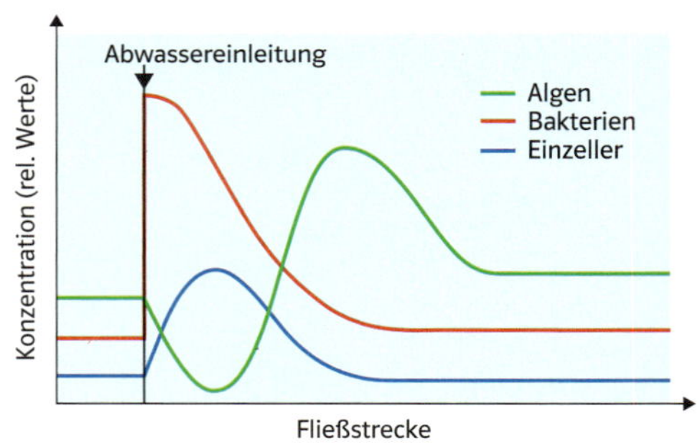

3 *Stoffkonzentrationen bei der Selbstreinigung*

AUFGABE >>

1 Erklären Sie die Veränderungen der Stoffkonzentrationen (Abb. 3) während der sogenannten Selbstreinigung.

Material

Abwasserreinigung

Durchschnittlich verbraucht jeder Deutsche etwa 121 Liter (2013) Trinkwasser pro Tag im Haushalt, das sind 23 Liter weniger als 20 Jahre zuvor.. Etwa je ein Drittel dieser Menge werden für Duschen, Baden oder die Toilettenspülung verwendet.
Fast die ganze Wassermenge verlässt als Abwasser den Haushalt. Das bedeutet, über 9 Mrd. Liter Abwasser müssen pro Tag gereinigt werden, bevor sie wieder in die Umwelt gelangen.

Kläranlagen

Der größte Teil der Haushaltsabwässer wird in mehrstufigen kommunalen Kläranlagen gereinigt (Abb. 1). In der biologischen Reinigungsstufe bauen Bakterien und Einzeller organische Stoffe ab. Biologisches Material, das sich im Vorklär- und im Nachklärbecken absetzt, wird in den Faulturm gepumpt. Dort vermehren sich unter anaeroben Bedingungen Bakterien im Faulschlamm, die Methangas produzieren. Abgelegene Einzelhaushalte und kleine Gemeinden, die nicht an die Kanalisation angeschlossen sind, nutzen oft biologische Kläranlagen (Abb. 2). Solche Anlagen benötigen etwa ein Jahr, bis sie ihre Funktion voll erfüllen, da sich erst dann der Schilfbewuchs und die Besiedlung mit Mikroorganismen voll entwickelt haben.

AUFGABEN >>

1. Erläutern Sie die Funktionsweise und Bedeutung der einzelnen Stufen einer kommunalen Kläranlage (Abb. 1).
2. Im Denitrifikationsbecken leben Bakterien, die bei Abwesenheit von freiem Sauerstoff Nitrat zu molekularem Stickstoff (N_2) reduzieren. Erläutern Sie die Bedeutung dieses Reinigungsschritts für die Umweltverträglichkeit des gereinigten Wassers.
3. Vergleichen Sie die Funktionsweise einer biologischen Kläranlage (Abb. 2) mit der einer typischen kommunalen Kläranlage.

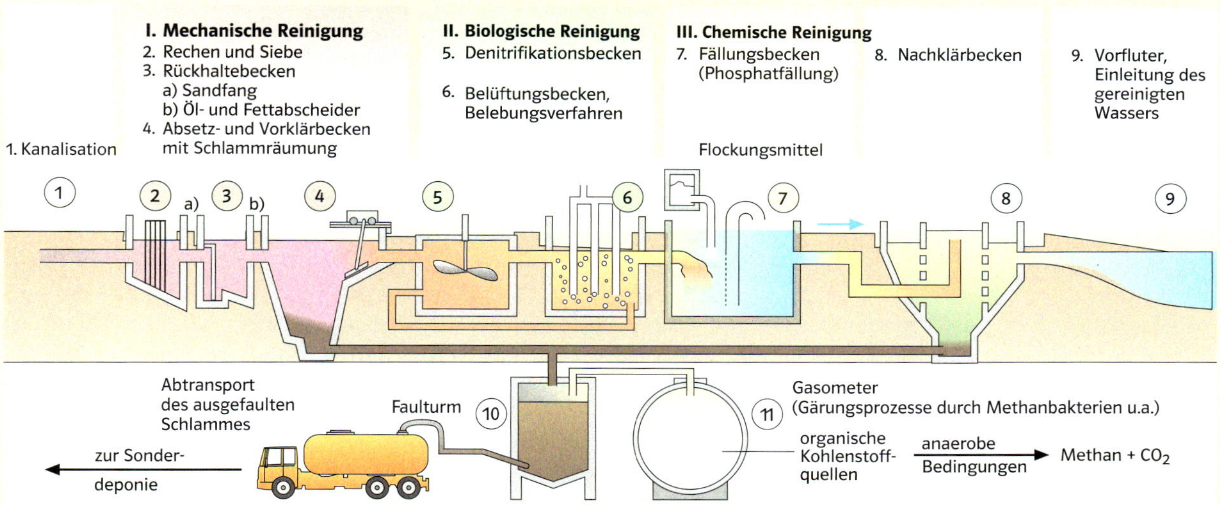

1 *Aufbau einer kommunalen Kläranlage*

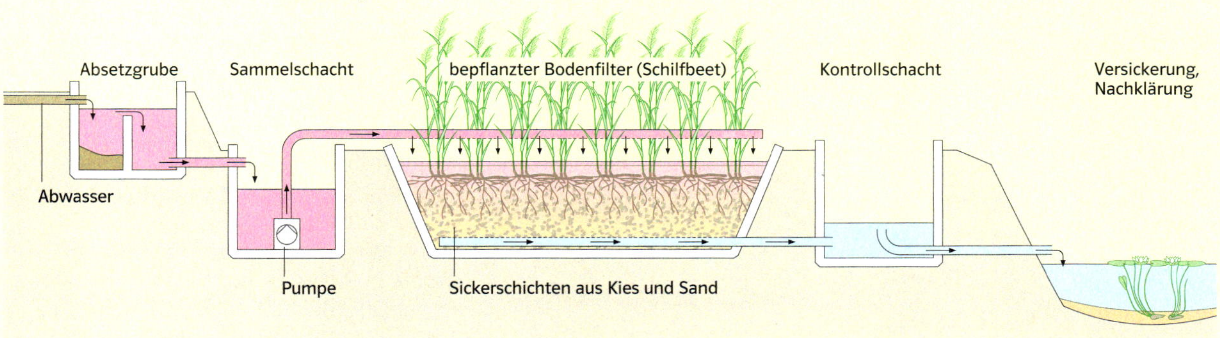

2 *Biologische Kläranlage für Hausabwässer*

Ozeane und Meere

1 *Leben im Meer*

Fast drei Viertel der Erdoberfläche sind vom Meer bedeckt. Im Gegensatz zu den voneinander getrennten Kontinenten stehen die Wassermassen der Ozeane untereinander in direkter Verbindung. Küstenferne und küstennahe Bereiche unterscheiden sich in Wellengang und Mineralstoffgehalt, die Tiefenzonen in den Licht- und Druckverhältnissen.

Salzgehalt und Sprungschichten

Meerwasser enthält durchschnittlich etwa 35 g Salze pro Liter (3,5 % oder 35 ‰). Dabei handelt es sich überwiegend um Kochsalz, also Natrium- und Chlorid-Ionen. Bei vielen Meeresorganismen stimmt die Körperionenkonzentration mit der des Meerwassers überein (*Konformer*). Abweichende Salzgehalte werden von ihnen in warmem Wasser schlechter als in kaltem Wasser vertragen. Meeressäuger, Meeresvögel und einige Meeresfische sind in gewissem Rahmen zur *Osmoregulation* befähigt, sie sind überwiegend hypotonische *Regulierer*.

Gelöste Salze erhöhen die Dichte des Wassers. Salzarmes Wasser schwimmt auf salzreicherem und gefriert früher. Seine größte Dichte erreicht Salzwasser erst bei Temperaturen unter 0 °C (Süßwasser bei +4 °C). Meereis enthält nur 5 ‰ Salze und sorgt für einen erhöhten Salzgehalt im umgebenden flüssigen Wasser. Durch unterschiedliche Temperatur- und Salzgehalte entstehen horizontale Wasserzonen, die als *Sprungschichten* die Passage von Lebewesen behindern.

[► Kompartimentierung]

Strömungen und Winde

Dichte- und Temperaturunterschiede des Wassers, die Windgürtel und die Rotation der Erde sowie die Form der Kontinente und des Meeresbodens steuern die globalen Meeresströmungen. Die niedrigen Temperaturen an den Polen kühlen nicht nur das Meerwasser ab, sondern erhöhen durch Eisbildung auch den Salzgehalt des flüssigen Wassers. Kaltes Salzwasser sinkt aufgrund seiner relativ hohen Dichte in die Tiefe. Man schätzt die Größenordnung auf 17 Mio. m^3 pro Sekunde. Dabei reißt es gelösten Sauerstoff und Kohlenstoffdioxid mit nach unten.

Diese Umwälzbewegung (*Konvektion*) an den Polen hält das sogenannte *ozeanische Förderband* in Bewegung (Abb. 2). Dichtes, sauerstoffreiches Wasser fließt über *Bodenströme* in Richtung Äquator, Gegenströme an der Oberfläche transportieren das von der Sonne erwärmte Wasser zu den Polen. Den nach Norden fließenden warmen Ober-

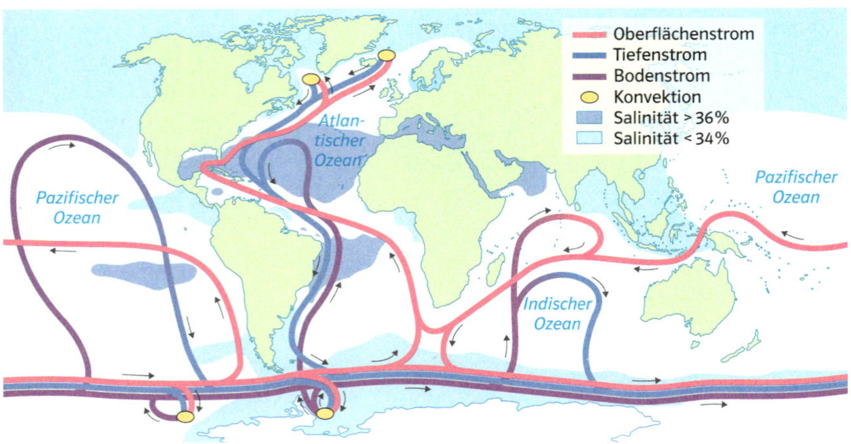

2 *Meeresströmungen des ozeanischen Förderbandes*

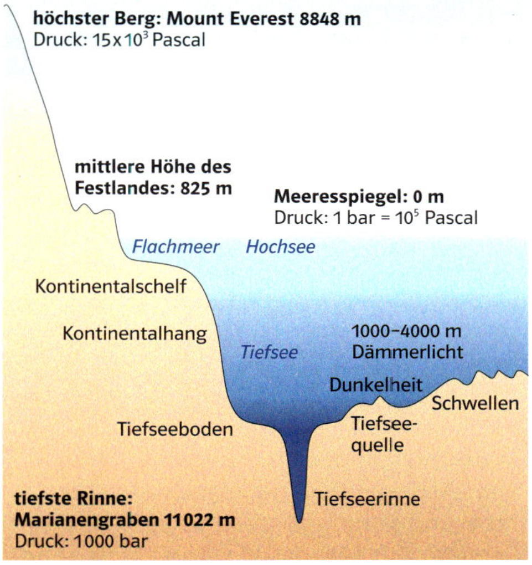

3 *Vertikalzonierung der Ozeane*

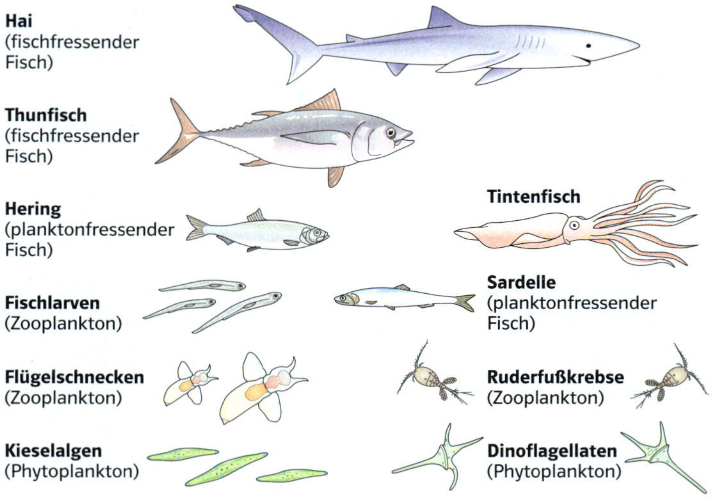

4 *Nahrungsnetz im Meer*

flächenstrom des Atlantiks bezeichnet man als *Golfstrom*. Die von Süden in Richtung Äquator fließenden Kaltwasserströme liegen als sogenannte *Tiefenströme* noch unter den kalten Bodenströmen.

Nahrungsnetz und Vertikalzonierung

Bis in eine Tiefe von etwa 200 m dringt genügend Licht für die Fotosynthese, im offenen Ozean begrenzt allerdings das Mineralstoffangebot das Wachstum der Primärproduzenten. Außer den Tangen produziert vor allem mikroskopisch kleines Phytoplankton in den oberen Wasserzonen jährlich ca. 20 Mrd. Tonnen Biomasse. Sie bildet die Nahrung für ein umfangreiches Zooplankton, das seinerseits von Konsumenten wie Fischen, Tintenfischen und Meeressäugern gefressen wird (Abb. 4).

Abgestorbene Organismen und Ausscheidungen der Tiere sinken mit Bakterien versetzt in die Tiefe und führen zu einem ständigen „Biomasseregen" aus Detritus und Bakterien. In der Dämmerlichtzone bis etwa 1000 m und der darunter liegenden Tiefsee mit absoluter Dunkelheit ernähren sich viele heterotrophe Organismen von diesen absinkenden Stoffen.

Tiefsee

Meeresbereiche, die mehr als 1000 m tief sind, gehören zur Tiefsee (Abb. 3). Sie machen etwa 62 % der Erdoberfläche aus. Die maximale Tiefe beträgt ca. 11 000 m. Die Lebewesen der Tiefsee sind an hohen Druck angepasst. Er beträgt 1000 bar in 10 000 m Tiefe. Einige Quallen-, Krebs-, Tintenfisch- und Fischarten haben Leuchtorgane, in denen Bakterien durch chemische Reaktionen Licht erzeugen, das die Tiere für Beutefang und Partnersuche nutzen. Tiefseetiere sind überwiegend Destruenten und Konsumenten. Primärproduktion erfolgt hier meist durch Chemosynthese. Im Bereich vulkanischer Quellen leben z. B. Schwefelbakterien, die Energie aus der Oxidation von Schwefelwasserstoff zur Produktion von Biomasse nutzen. Fotosynthese mit der Infrarotstrahlung heißer Quellen ist die Ausnahme.

AUFGABEN >>

○ 1 Erklären Sie, warum das ozeanische Förderband auch als thermohalines Förderband bezeichnet wird.

● 2 Erläutern Sie die Sauerstoffversorgung der Tiefseetiere.

Flachmeere und Küsten

1 *Korallenriff im Roten Meer*

Im Bereich des Kontinentalschelfs liegen flache Meere mit einer Tiefe von höchstens 200 m (*Schelfmeere*). Hier befinden sich die produktivsten und artenreichsten Ökosysteme der Erde, wie die Korallenriffe (Abb. 1).

Auftriebszonen

An den Westküsten Afrikas und Südamerikas lässt ablandiger Wind sogenannte Auftriebszonen entstehen (Abb. 3). Dabei werden Mineralstoffe, die Destruenten am Meeresboden freigesetzt haben, aus der Tiefe nach oben befördert. Sie führen im oberflächennahen Wasser zu üppigem Algenwachstum. In diesen Gebieten wird 50 % der marinen Biomasse produziert. Pflanzenfresser und Fleischfresser folgen in großen Schwärmen dem Nahrungsangebot.

Gezeitenzonen

An den Küsten des Atlantiks schwankt der Meeresspiegel zweimal täglich zwischen Hoch- und Niedrigwasser. Das Steigen des Wassers wird *Flut*, das Sinken *Ebbe* genannt. Diese *Gezeiten* (*Tiden*) entstehen durch die Anziehungskräfte von Mond und Sonne auf die Wassermassen. Bei Vollmond und Neumond verstärken sich die Kräfte der Himmelskörper zur *Springtide*, bei Halbmond schwächen sie sich ab zur *Nipptide* (Abb. 2). Damit gibt der Mond den Takt für die Lebewesen vor. Die Küstenzone (*Litoral*) lässt sich in unterschiedlich oft überflutete Zonen unterteilen. Meerestiere des Litorals wie Miesmuscheln und Seepocken entfalten ihre Hauptaktivität bei Hochwasser, Landtiere wie Insekten oder Watvögel dringen bei Niedrigwasser in diese Region vor.

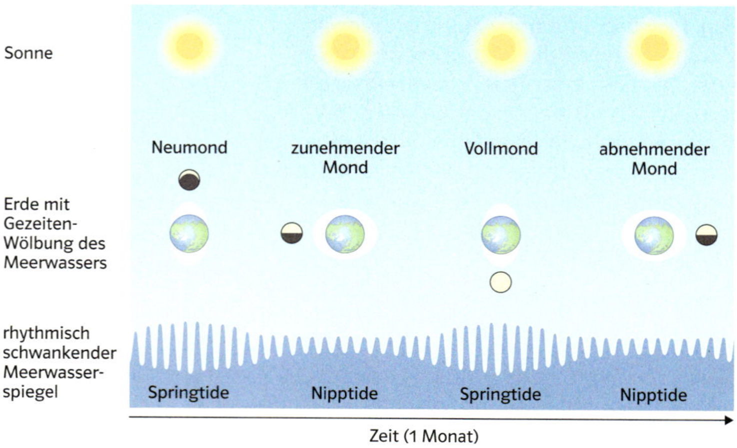

2 *Entstehung der Gezeiten*

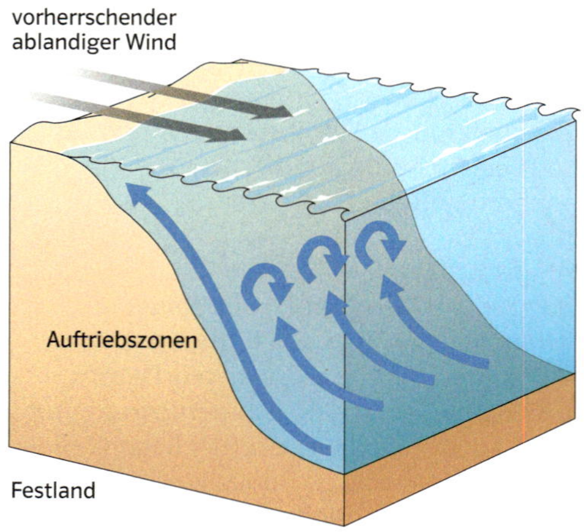

3 *Auftriebszonen im Küstenbereich*

Korallenriffe

Schelfmeere können *Riffe* aufweisen, also Bodenerhebungen aus Felsen (Klippen), Sand (Sandbänke) oder Korallen. Riffe brechen die Wellen und schützen das Hinterland vor Sturmfluten. Korallenriffe entstehen durch Polypen-Kolonien von Nesseltieren (*Steinkorallen*), die einen Kalksockel abscheiden. Die Flachmeer-Arten leben in Symbiose mit Fotosynthese betreibenden Einzellern, benötigen also Licht zum Gedeihen. Riffkorallen vertragen keine Wassertemperaturen unter 20 °C und sind daher nur in warmen Meeren zu finden.

Das *Great Barrier Reef* in Australien mit einer Fläche von 346 000 km² gilt als das größte von Lebewesen errichtete Bauwerk der Erde. Hunderte Korallenarten konkurrieren hier um Raum, Licht und Plankton. Solide, krustenförmige Korallen überleben besser bei starkem Wellengang, verzweigte Formen gelangen mit weniger Aufwand zur Wasseroberfläche. Zahllose weitere Tierarten nutzen das Korallenriff als Lebensraum, zur Nahrungssuche und zur Fortpflanzung. Veränderte Umweltbedingungen schädigen Korallenriffe zunehmend. Erhöhte Temperaturen führen zum „Coral bleaching", d.h. Korallen erblassen, weil sie sich von ihren Symbionten getrennt haben. Das schwächt sie gegenüber weiteren ungünstigen Umweltbedingungen. Erhöhte Nähr- und Mineralstoffeinträge begünstigen Überwuchs durch Tang und Massenvorkommen von Dornkronen-Seesternen, die die Korallen abweiden (Abb. 4).

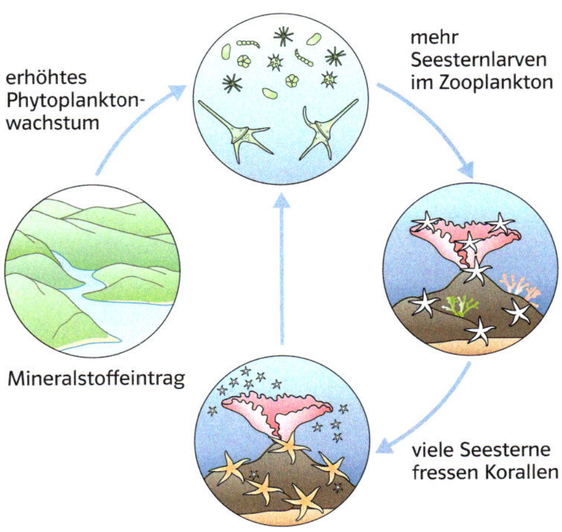

4 *Massenauftreten von Seesternen*

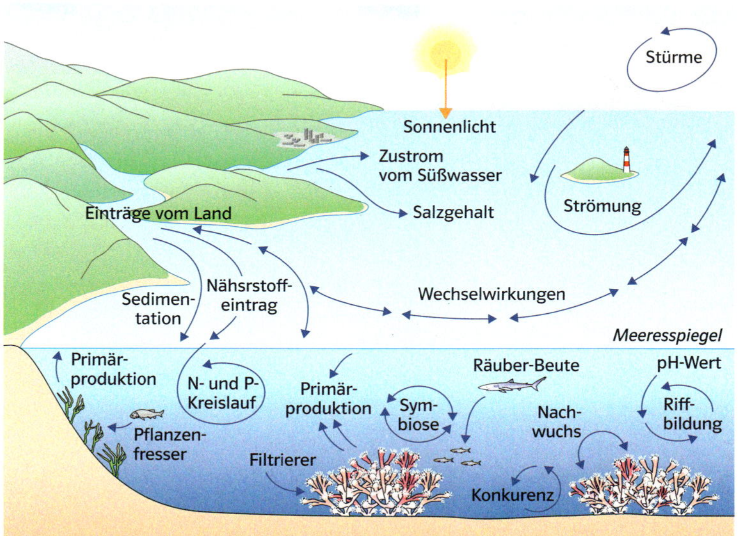

5 *Abiotische und biotische Prozesse im Korallenriff*

Integriertes Küstenzonenmanagement

Fast die Hälfte der Weltbevölkerung lebt weniger als 100 km von der Küste entfernt. Es locken Nahrungs-, Rohstoff und Energieressourcen sowie Handelswege über Meer und Land. Küstenzonen werden für Schifffahrt, Industrie, Fischerei, Aquakultur, Tourismus und Landwirtschaft genutzt, sie sollen vor Sturmfluten schützen und gleichzeitig die Natur bewahren. Ein *Integriertes Küstenzonenmanagement* (IKZM) versucht, zwischen den Interessen zu vermitteln.

AUFGABEN >>

◒ **1** Hochseefischerei wird zwar nicht in Küstennähe, aber auch nur selten inmitten der großen Ozeane betrieben. Erläutern Sie die Gründe aus biologischer Sicht.

○ **2** Beschreiben Sie anhand Abb. 4 und 5, wie sich ein erhöhter Nähr- und Mineralstoffeintrag auf das Korallenriff auswirkt.

Nordsee und Ostsee

1 *Kieselalgen, die Primärproduzenten im Wattenmeer*

Obwohl Nordsee und Ostsee miteinander verbunden sind, weisen sie große ökologische Unterschiede auf. Ein ausgedehntes Wattenmeer kennzeichnet die Nordsee, charakteristisch für die Ostsee ist der verminderte und wechselnde Salzgehalt.

Hartboden, Sandboden, Weichboden

Wellengang und Brandung sorgen dafür, dass an einigen Küsten Stoffe abgetragen, an anderen abgelagert werden (*Sedimentation*). So entstehen einerseits Felsküsten, bewohnt von festsitzenden Schwämmen, Tangen, Seepocken und Flechten, und andererseits Dünen, Sandstrände und Schlickböden.

In millimeterdünnen abgestuften Tiefenzonen des Schlickbodens leben braune Kieselalgen, grüne Cyanobakterien, rote Purpurbakterien und schwarze sulfatreduzierende Bakterien. Sie bilden mattenartige Zellverbände und festigen so den Wattboden. Ähnlich stellt man sich die Mikrobenmatten in der Urzeit der Evolution vor. In tropischen Regionen können Holzpflanzen zu Wäldern heranwachsen (*Mangroven*), in gemäßigten Breiten entsteht in solchen Sedimentationsräumen ein Wattenmeer.

Sedimentation im Wattenmeer

Als Randmeer des Atlantiks zeigt die Nordsee ausgeprägte Gezeiten. Inselketten in der Nordsee grenzen das *Wattenmeer* vom offenen Meer ab. Zweimal täglich werden die Wattflächen bei Flut schnell von Meerwasser bedeckt und bei Ebbe allmählich wieder freigegeben. Dadurch wird mehr Sand und Schlick vom Meer angespült als abtransportiert. Von den Flüssen kommen zusätzliche Sinkstoffe, die sich am Boden ansammeln. Auf diese Weise bildete sich eine einzigartige Küstenlandschaft. Sandwatt entsteht in

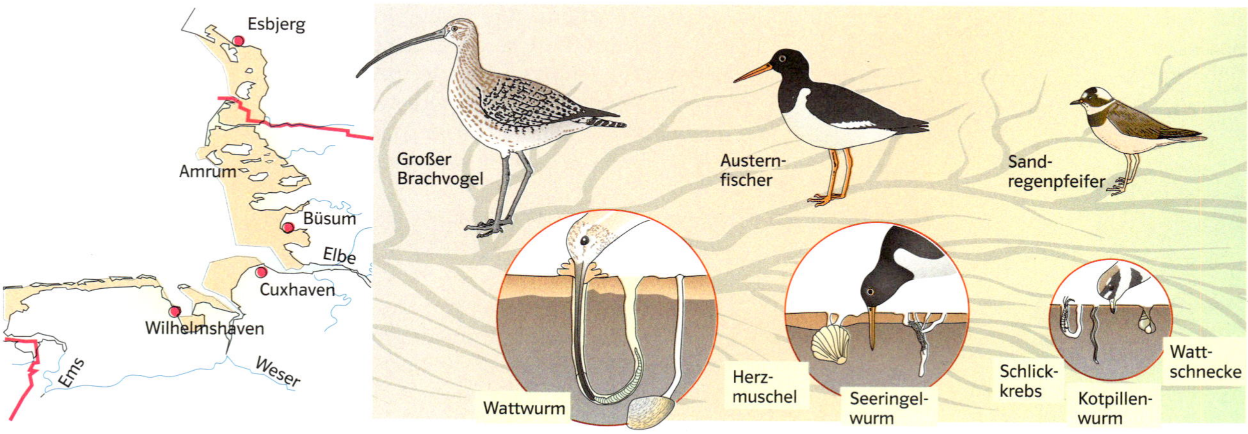

2 *Nationalpark Wattenmeer und seine Bewohner*

Bereichen, in denen Wasser etwas stärker in Bewegung ist, an der Oberfläche zeigt es typische Rippeln. Schlickwatt besteht aus besonders winzigen tonigen Teilchen (< 0,002 mm). Es bildet sich in strömungsarmen Bereichen des Wattenmeers. Mischwatt ist eine Zwischenform.

Leben im Wattenmeer

An einigen Stellen zwischen Hoch- und Niedrigwasserlinie siedeln gehäuft Miesmuscheln, Seegras oder Queller. Sie tragen dazu bei, dass noch mehr Teilchen absinken und liegenbleiben. Dadurch wächst der Wattboden regelrecht nach oben und wird schließlich nur noch bei besonders hohen Fluten vom Meerwasser bedeckt. Jetzt können sich salzverträgliche Gräser und Kräuter ansiedeln, *Salzmarschen* sind entstanden. Solche Flächen werden teilweise als Viehweide genutzt und bilden dann kurzwüchsige Salzwiesen. An windreichen Küsten verwehen die Sandkörner und bilden Sandbänke und Dünen.

Auf einem Quadratzentimeter Wattboden wachsen bis zu einer Million mikroskopisch kleiner Kieselalgen. Sie sind die wichtigsten Primärproduzenten. Bei Ebbe erkennt man sie als braungelbe Schleimschicht auf dem Wattboden. Erst unter dem Mikroskop zeigen sie ihre ganze Vielfalt (Abb. 1). Von ihnen und Planktonalgen leben wirbellose Konsumenten wie Wattschnecken, Herzmuscheln oder Schlickkrebse, die selbst wieder Beutetiere für Fische, Watvögel oder Krebse sind. An der Spitze der Nahrungspyramide stehen Seehund und Kegelrobbe.

AUFGABEN >>

○ 1 Vergleichen Sie die Schnabellänge der Watvögel und die Eingrabtiefe der Beutetiere in Bezug auf die Einnischung der Arten.

◒ 2 Skizzieren Sie ein Nahrungsnetz im Wattenmeer.

EXTRA >>

Brackwasser der Ostsee

Die Ostsee entstand nach der Eiszeit aus einem Schmelzwassersee, in den zeitweise aus der Nordsee Meerwasser einfloss und noch heute einfließt. Das Meerwasser sammelt sich aufgrund höherer Dichte und geringer Durchmischung in der Tiefe an, Süßwasser aus 250 Flüssen schichtet sich über die sauerstoffarme, salzigere Tiefenzone (Abb. 3). Verdünntes Salzwasser bezeichnet man als Brackwasser, es stellt Lebewesen vor besondere Herausforderungen in der Osmoregulation. Nur wenige Tiere können in Brackwasser überleben (Abb. 4). Sie sind dann oft kleiner als ihre Artgenossen in der Nordsee, wie der Dorsch im Vergleich zum Kabeljau. Andere Ostseetiere haben im Vergleich zu Nordseetieren leichtere Kalkschalen oder kommen in tieferen, salzigeren Wasserzonen vor, wie zum Beispiel die Miesmuscheln.

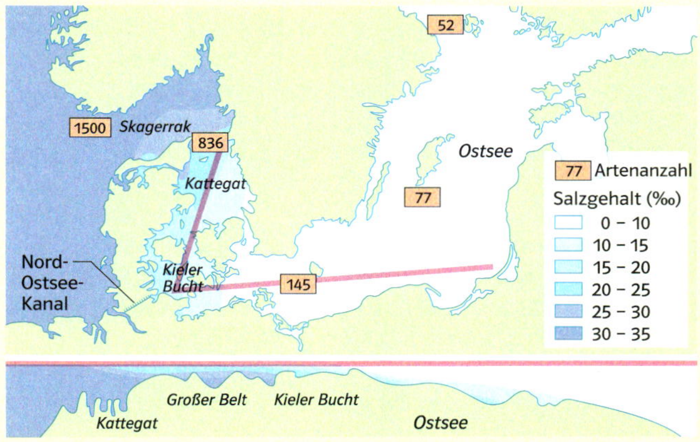

3 *Salzgehalt und Bodenprofil in Nord- und Ostsee*

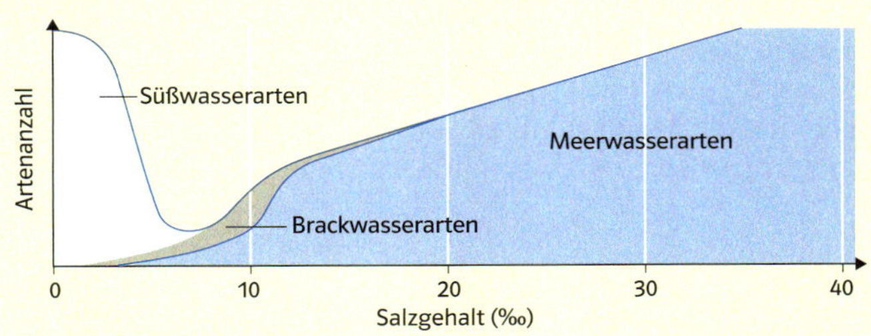

4 *Artenanzahl und Salzgehalt*

AUFGABE >>

Das schwedische Holzschiff Vasa versank im Jahre 1628 in der Ostsee. Bei seiner Bergung 1961 war es erstaunlich gut erhalten. In der Nordsee werden Holzteile dagegen schnell von der Schiffsbohrmuschel und anderen Meeresorganismen zersetzt. Nennen Sie eine mögliche Ursache für diesen Unterschied.

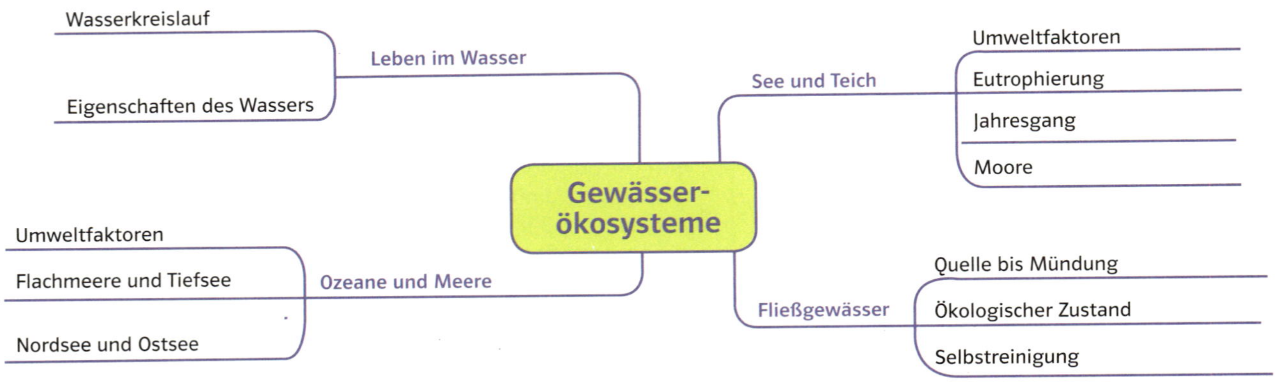

Das Leben auf der Erde ist an Wasser gebunden. In den Ozeanen entstand im Laufe einer Milliarden Jahre langen Evolution die heutige Vielfalt der Arten. Auch Landorganismen benötigen Wasser für ihren Stoffwechsel und leben in bestimmten Entwicklungsstadien in einer wässrigen Umwelt. Gewässer lassen sich nach Salzgehalt, Strömung, Größe, Entstehung, Dauerhaftigkeit und ihrer Abgrenzung zum Land weiter unterteilen (Abb. 1).

Leben im Wasser

Wasser zirkuliert zwischen Meer, Luft und Festland, der größte Wasserspeicher liegt in den Ozeanen. Die Dichteanomalie des Wassers führt dazu, dass festes Wasser (Eis) auf flüssigem schwimmt. Dadurch können Tiere auch bei Frost am Gewässerboden überleben. Arten des Pleustons haften sich an die Wasseroberfläche, Arten des Planktons schweben passiv im freien Wasser, Arten des Nektons sind aktiv beweglich.

Ozeane und Meere

Ein Salzgehalt von etwa 35 g pro Liter charakterisiert die Nordsee und die meisten Meere und Ozeane. Bei starkem Süßwasserzufluss kann Meerwasser wie zum Beispiel in der Ostsee zu Brackwasser verdünnt sein. Strömungen verbinden nicht nur die Meere und Ozeane miteinander, sondern führen auch zu einem Austausch von Tiefen- und Oberflächenwasser. Das versorgt die küstennahen Auftriebszonen mit Mineralstoffen und die Tiefsee mit Sauerstoff. Dunkelheit und hohe Drücke kennzeichnen die Tiefsee, wechselnde Wasserstände (Gezeiten) die Küsten. Sedimentation bzw. Erosion bestimmen die Bedingungen am Meeresboden und lassen Wattenmeere, Sandstrände oder Felsküsten entstehen. Die Lebewelt ist entsprechend vielfältig an diese Umweltfaktoren angepasst. Die höchste Biomasseproduktion gibt es in mineralstoffreichen Küstenzonen.

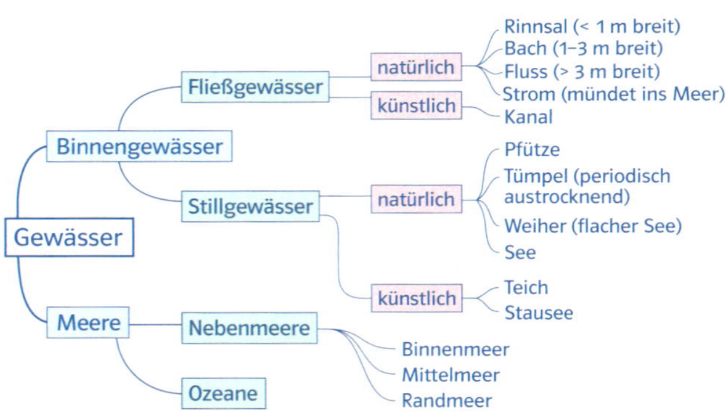

1 *Gewässertypen*

See und Teich

Unter den Stillgewässern lassen sich mineralstoffreiche (eutrophe) und mineralstoffarme (oligotrophe) Seen unterscheiden. Durch zusätzlichen Mineralstoffeintrag können Gewässer hypertrophiert sein. Das führt durch den vermehrten Abbau absinkender Biomasse zu Sauerstoffmangelsituationen vor allem am Gewässerboden. In geografischen Regionen mit jahreszeitlich schwankenden Temperaturen treten in Seen (Mindesttiefe ca. 20 m) Stagnations- und Zirkulationsphasen auf, die im Frühling und Herbst das Wasser durchmischen. Seen können zu Nieder- oder Hochmooren verlanden.

Fließgewässer

Charakteristisch für Fließgewässer ist die Strömung. Sie transportiert das Wasser samt Inhaltsstoffen und Lebewelt von der Quelle zur Mündung. Tiere klammern sich fest oder bewegen sich aktiv wieder stromaufwärts. Von Menschen werden Flüsse für Schifffahrt, Abwassereinleitung sowie Be- und Entwässerungsmaßnahmen genutzt und verändert. Das kann die Selbstreinigungsfähigkeit von Bächen, Flüssen und Strömen überfordern und die ökologische Gewässergüte beeinträchtigen.

Korallenriffe

Korallenriffe sind in subtropischen und tropischen Meeren weit verbreitet. Steinkorallen bestehen aus zahlreichen Einzeltieren, den Korallenpolypen. In diese lagern sich einzellige Algen ein, die zur Fotosynthese fähigen Zooxanthellen, die etwa 50 % der Fläche eines Riffs ausmachen. Steinkorallen scheiden Kalk ab und bilden auf diese Weise die größten von Tieren erzeugten Bauwerke, die Korallenriffe.

1 Benennen und beschreiben Sie die Wechselbeziehungen von Polypen und Zooxanthellen in Abb. 2. *(Punkte: 12/50)*

2 Skizzieren Sie anhand von Abb. 3 ein Nahrungsnetz im Riff und ordnen Sie die Trophiestufe zu. *(Punkte: 12/50)*

3 Erläutern Sie Ursachen und Folgen einer Massenvermehrung des Dornenkronen-Seesterns im Ökosystem Korallenriff. *(Punkte: 10/50)*

4 Diskutieren Sie Maßnahmen zur Bekämpfung des Dornenkronen-Seesterns. *(Punkte: 12/50)*

5 Vergleichen Sie die Produktivität von Korallenriffen und europäischen Laubwäldern in Abb. 5 und stellen Sie eine Hypothese zu den Ursachen der Produktivität in Korallenriffen auf. *(Punkte: 10/50)*

1 *Vielfalt im Korallenriff*

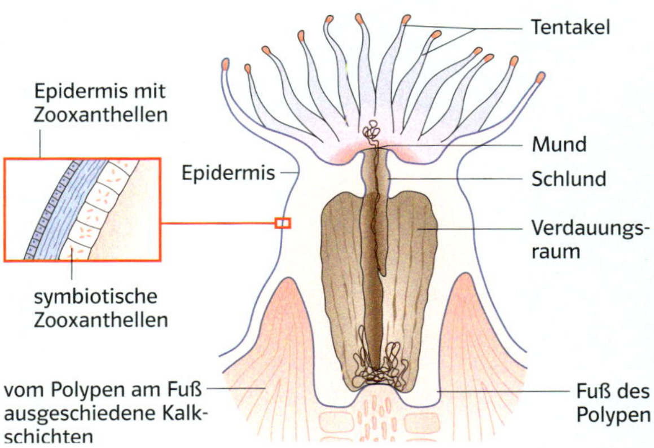

2 *Polyp einer Steinkoralle (schematische Zeichnung)*

	Nahrung
Fische	Phyto- und Zooplankton, Korallenpolypen, Muscheln, Schnecken, Fische
Seesterne	Korallenpolypen, Muscheln
Seeigel	Fadenalgen
Schnecken	Fadenalgen, Korallenpolypen
Muscheln	Plankton
Tritonshorn	Seesterne

3 *Nahrung einiger Rifftiere*

Der bis zu 60 cm große Dornenkronen-Seestern *(Acanthaster planci)* weidet die Polypen der riffbildenden Korallen ab. Bei starker Vermehrung stellt er eine Gefahr für die Korallenriffe dar. Bei hohen Konzentrationen des Phytoplanktons vermehren sich die Dornenkronen-Seesterne stark. Das Wachstum des Phytoplanktons hängt sehr vom Mineralstoffgehalt des Wassers ab. Hohe Mineralstoffgehalte entstehen zum Beispiel durch menschliche Einflüsse in Küstennähe.

Zu den natürlichen Fressfeinden der Dornenkronen-Seesterne gehört neben großen Raubfischen auch das Tritonshorn *(Charonia tritonis)*, eine bis zu 45 cm große Meeresschnecke. Das Tritonshorn ist jedoch ein äußerst beliebtes Souvenir bei Touristen und deshalb nahezu ausgerottet.

4 *Dornenkronen-Seestern und Tritonshorn*

Ökosystem	Nettoprimärproduktion (kg C/m² · Jahr)	Biomasse (kg/m²)
Korallenriffe	2,00	2
europäischer Laubwald	1,25	32

5 *Vergleich Korallenriff und Wald*

6 Landökosysteme

Biome der Erde

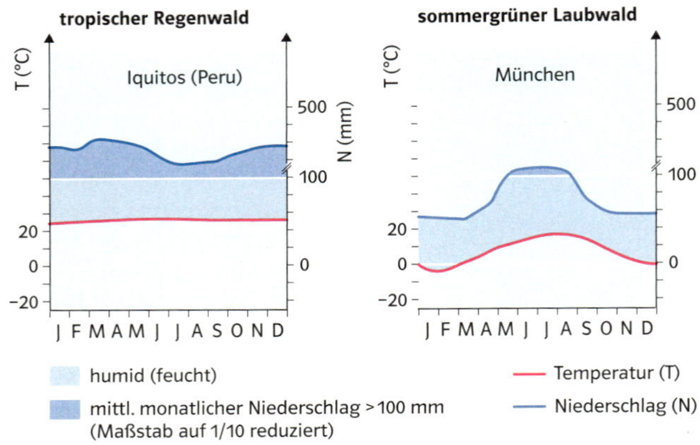

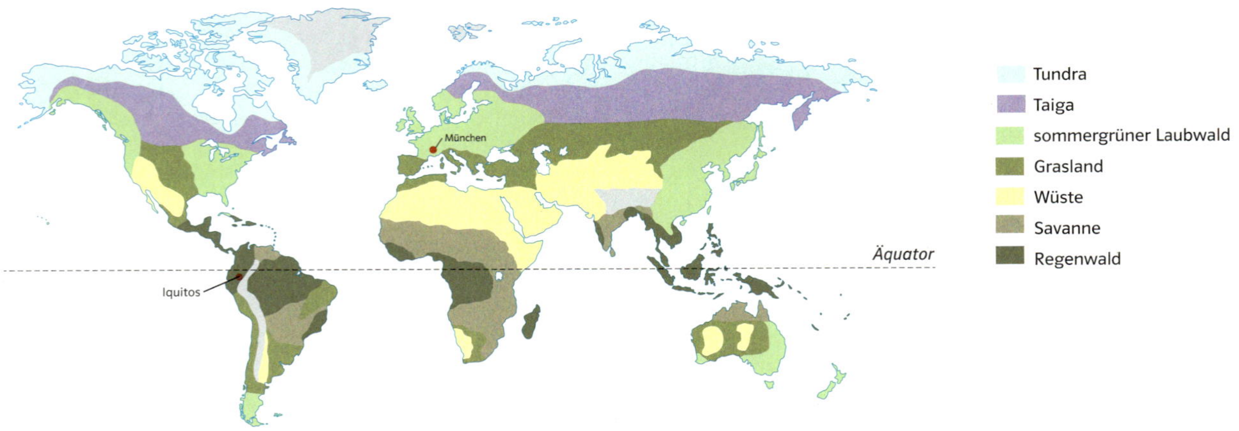

1 *Biome der Erde*

Sommergrüne Laubwälder in Mitteleuropa und Nordamerika sind sich äußerlich sehr ähnlich, obwohl sie teilweise aus anderen Baumarten bestehen. Ein Blick auf die Weltkarte zeigt, dass ähnliche *Ökosysteme* auf gleichen Breitengraden zu finden sind (Abb. 1).

Biome der Erde

Vergleichbare Landökosysteme auf der Erde werden zu Biomen zusammengefasst. Darunter versteht man ausgedehnte geografische Regionen mit typischer Lebensgemeinschaft. *Biome* sind durch das Vorkommen ähnlicher Pflanzengesellschaften gekennzeichnet. Die Ursache dafür liegt im ähnlichen vorherrschenden Klima. Die Sonneneinstrahlung und die Verfügbarkeit von Wasser im Jahresverlauf sind die entscheidenden abiotischen Faktoren für das Pflanzenwachstum. In den Wäldern gemäßigter Zonen treten im Gegensatz zu den Tropen Jahreszeiten mit niedrigen Temperaturen auf (Abb. 1).

Die Biome bilden keine einheitlichen Gürtel um die Erde, weil z. B. Gebirge als natürliche Barrieren durch Höhenstufen das Klima beeinflussen. Trägt die vorherrschende Windrichtung Wolken an ein Gebirge heran, führt die aufsteigende, sich abkühlende Luft zu Niederschlag. Auf der anderen Seite der Berge findet man häufig trockene Gebiete. Hier gibt es Graslandschaften oder vegetationsfreie Wüsten. Baumfreie Kältezonen bilden die Tundra.

Wälder der Erde

Ein Wald ist ein größerer Flächenbestand von hochgewachsenen Holzgewächsen. Anders als die vereinzelten Bäume der *Savanne* bilden Waldbäume ein mehr oder minder geschlossenes Kronendach. Wälder entstehen nur, wenn zumindest in bestimmten Jahreszeiten ausreichend Feuchtigkeit vorhanden ist. In Wäldern schwankt die Temperatur weniger als in waldfreien Regionen und der Wind ist abgeschwächt.

Der nördlichste Waldtyp der Erde besteht aus Nadelbäumen und wird als *Taiga* bezeichnet. Fichten, Tannen und Kiefern sind die häufigsten Baumarten. Dank der frostresistenten Nadeln und der ganzjährigen Fotosyntheseaktivität können Nadelbäume hier besser gedeihen als Laubbäume. Die Winter sind lang und selbst im Sommer mit seinen langen Tagen erreicht nur wenig Licht den Nadelwaldboden. Hier wachsen allenfalls Heidelbeeren, Moose und Flechten. Die Nadelstreu und das Totholz werden aufgrund ihrer Beschaffenheit und niedriger Temperaturen nur langsam abgebaut.

Der *sommergrüne Laubwald* wächst in den durch vier Jahreszeiten gekennzeichneten gemäßigten Breiten. Der herbstliche Laubfall reduziert im Winter die Transpiration und somit die Wasserverluste der Bäume. Trotzdem verlieren selbst nackte Zweige von Laubbäumen mehr Wasser durch Transpiration als die Zweige von immergrünen Nadelbäumen. Dafür sind große Blattflächen im Sommer bei der Fotosynthese wesentlich produktiver als dünne Nadeln. Im Frühjahr erreicht das Sonnenlicht den Waldboden und fördert hier das Wachstum einer Krautschicht. Für die Holzgewinnung wird vielfach anstelle des Laubwalds ein Fichtenforst angelegt. Fichten erbringen schnell einen Holzertrag, wenn sie nicht mit Laubbäumen konkurrieren müssen.

Der *tropische Regenwald* wächst in Regionen, in denen ein gleichmäßiges, stets frostfreies Klima herrscht und die Wasserversorgung gesichert ist. Hohe Laubbäume und Baumriesen sowie Lianen und Epiphyten (Aufsitzerpflanzen) charakterisieren die Vegetation. Im Jahresgang verändern sich die klimatischen Bedingungen kaum, es gibt aber 10 — 20 °C Temperaturunterschied zwischen Tag und Nacht. Tropische Wälder sind zwar immergrün, ihre Blätter sind aber nicht ausdauernd, sondern werden unregelmäßig und einzeln abgeworfen. Einen vollständigen Laubfall gibt es bei einigen Arten zur Blütezeit. Kurzzeitig erscheint dann das Blütenkleid besonders auffällig.

2 *Nadelwälder: Deutscher Fichtenforst und schwedische Taiga*

AUFGABEN >>

○ **1** Vergleichen Sie anhand von Abb. 1 die Wachstumsbedingungen in Mitteleuropa mit denen in den immerfeuchten Tropen.

◒ **2** Erläutern Sie, warum in Nordamerika beheimatete Baumarten wie die Douglasie auch bei uns im Freien gut gedeihen.

○ **3** Beschreiben Sie die Merkmale eines Fichtenforstes im Vergleich zur Taiga (Abb. 2).

◒ **4** Stellen Sie tabellarisch die drei im Text genannten Waldtypen hinsichtlich Klimazone, Vegetation, Licht und Temperatur gegenüber.

Sommergrüner Laubwald in Mitteleuropa

1 *Urwüchsiger Buchenwald (Nationalpark Hainich)*

Unter den in Mitteleuropa herrschenden klimatischen Bedingungen in Höhen bis etwa 1000 m ist sommergrüner Laubwald die verbreitetste Vegetation. Vom Menschen unbeeinflusste „Urwälder" gibt es allerdings nicht mehr. Der 1997 gegründete Nationalpark Hainich in Thüringen gibt auf 75 Mio. m^2 noch einen Eindruck vom natürlichen Zustand eines mitteleuropäischen Urwalds (Abb. 1).

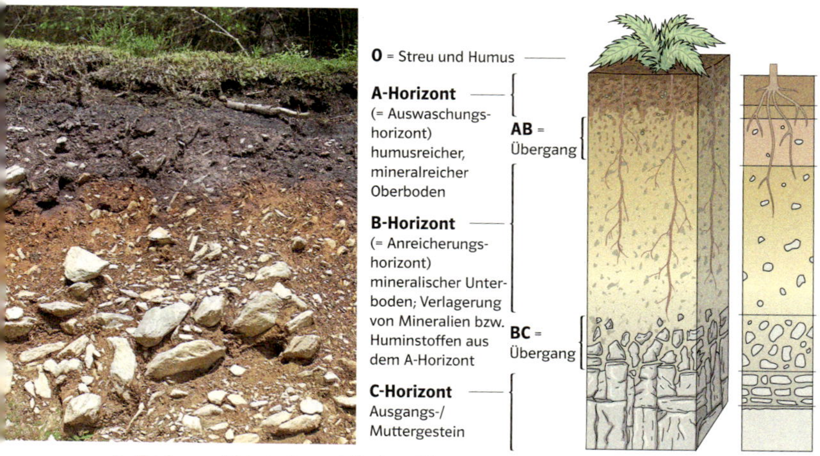

2 *Bodenprofil bei einem Mischwald*

Stockwerke des Waldes

Im Sommer erkennt man in naturnahen Laubwäldern verschiedene Stockwerke der Vegetation. Das Laub der Bäume bestimmt das Lichtangebot für die kleineren Pflanzen. Die Strauch- und Krautschicht ist entsprechend mehr oder weniger ausgeprägt.

Der Boden ist bedeckt von Pflanzenresten, z. B. Laub und Früchten des Vorjahrs, und teilweise zersetztem Totholz. Die Bodenschicht in Laubwäldern ist Lebensraum für eine Vielzahl von Mikroorganismen, Pilzen, Insekten und anderen Kleintieren. Im Frühjahr, bevor sich das Blätterdach schließt, nutzen *Frühblüher* wie das Buschwindröschen das Zeitfenster mit genügend Licht und Wärme zur Blüten- und Fruchtbildung. Aufgrund der abiotischen Umweltfaktoren und angepasst an das Nahrungsangebot durch die Produzenten entfalten die Konsumenten und Destruenten in den warmen Monaten ihre höchste Aktivität (Abb. 3).

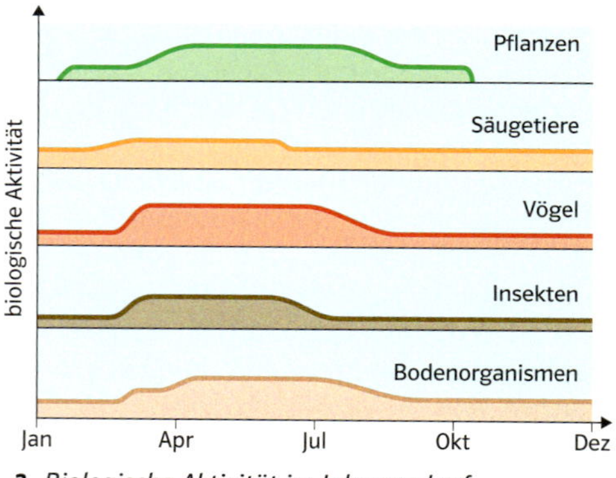

3 *Biologische Aktivität im Jahresverlauf*

Schichtung des Waldbodens

Waldböden haben sich langfristig auf natürliche Weise entwickelt, denn sie werden anders als landwirtschaftlich genutzte Flächen kaum befahren, gepflügt oder gedüngt.
Ein Spatenstich zeigt daher einen oft ungestörten Profilaufbau, der durch komplexe chemisch-physikalisch-biotische Prozesse geschichtet ist (Abb. 2).

Das *Bodenprofil* besteht aus einer oberflächlichen Schicht organischer Materialien. Diese Streu bedeckt einen Unterboden mit bereits stärker zersetztem *Humus* und gehört zum *O-Horizont* (organisch geprägte Humusschicht). Darunter folgt der mineralische Oberboden, er ist durch Auswaschung mit eingesickerten Humussäuren oft verfärbt (*A-Horizont*, oberer Mineralboden). Der *B-Horizont* bildet den mineralischen Unterboden. Hier dominieren physikalisch-chemische Prozesse, oft sammeln sich hier ausgewaschene feine Tonpartikel aus den darüberliegenden Horizonten. Es ist der tiefste Bereich, in den Baumwurzeln vordringen und in dem grabende Tiere vorkommen. Die Chemie dieses Bodens bestimmt den Kalkgehalt und den pH-Wert des darüber liegenden Bodens. Darunter liegt das Ausgangsgestein (*C-Horizont*).

Boden als Umweltfaktor

Für Pflanzen ist der Boden ein wichtiger Umweltfaktor, denn seine Zusammensetzung entscheidet darüber, ob sie an diesem Standort gedeihen können. Oft lässt sich schon auf die Bodenqualität schließen, wenn man die dort wachsenden Pflanzen bestimmt (*Zeigerarten* für pH-Wert, Kalkgehalt etc.). Umgekehrt beeinflussen auch Pflanzen das Bodenprofil. Oberflächennahe, flachwurzelnde Baumarten können die darunter liegenden Bodenschichten verdichten, Tiefwurzler lockern den Oberboden eher auf und begünstigen das allmähliche Versickern von Niederschlägen. Das fallende Laub beeinflusst die Bodenchemie, denn hohe Stickstoffanteile in der Streu begünstigen die Zersetzertätigkeit von Mikroorganismen und damit den Mineralstoffgehalt (Abb. 4).

Baumart	Zersetzungsdauer	C:N
Esche	1 Jahr	21:1
Ahorn	2 Jahre	52:1
Pappel	2–3 Jahre	63:1
Buche	3 Jahre	51:1
Lärche	> 5 Jahre	113:1

4 *Zersetzungsdauer verschiedener Laubstreu*

EXTRA >>

Die Geschichte mitteleuropäischer Wälder

Nach dem Ende der letzten Eiszeit vor etwa 10 000 Jahren glich Mitteleuropa überwiegend einer Tundra. Allmählich nahm die Bewaldung zu. Mit zunehmender Erwärmung wurden die ersten Baumarten (Kiefern und Birken) teilweise von Eichen, Linden und Ulmen verdrängt. Vor etwa 5 000 Jahren gewann die eingewanderte Rotbuche an Bedeutung. Unter den klimatischen Bedingungen der späten Warmzeit und den Bodenverhältnissen war sie nahezu konkurrenzlos. In den letzten 2 000 Jahren dominierten Rotbuchenwälder.

In der jüngeren Steinzeit vor etwa 7 000 Jahren begannen die Menschen, durch Brände den Wald für den Ackerbau und die Waldweidewirtschaft zu roden. Seit etwa 2 000 Jahren bildet der Wald eine wichtige Quelle für Baustoffe und Energie für die Metallgewinnung. Durch Rodung entstanden landwirtschaftliche Nutzflächen und Siedlungsflächen für die stark anwachsende Bevölkerung.

Im 18. Jahrhundert entwickelte sich aufgrund des enorm steigenden Holzbedarfs die Forstwirtschaft. Kahlschläge wurden mit ausgewählten Baumarten aufgeforstet. Aufgrund des schnellen Wachstums und der wirtschaftlich günstigen Holzeigenschaften wurden nun Fichten und Kiefern in Monokulturen angebaut. Nach 70—100 Jahren wurden die Bäume gefällt und wieder Setzlinge gepflanzt. Die artenarmen Monokulturen erwiesen sich aber als anfällig für Schädlinge. Stürme führten zu großflächigem Windbruch. Moderne Forstwirtschaft setzt deshalb auf Mischkulturen und eine abgestufte Altersstruktur.

AUFGABE >>

Erläutern Sie am Beispiel der Waldgeschichte in Mitteleuropa die Aussage, dass das „Gleichgewicht" in einem Ökosystem nur einen zeitlich befristeten Ausnahmefall darstellt.

AUFGABEN >>

○ **1** Beschreiben Sie anhand von Abb. 3 die jahreszeitlichen biologischen Aktivitäten im Wald.

○ **2** Nennen Sie physikalisch-chemische und biotische Faktoren, die die Bodenqualität beeinflussen.

◒ **3** Erläutern Sie den Zusammenhang zwischen der Zersetzungsdauer verschiedener Laubstreu und dem C:N-Wert (Abb. 4).

Sukzession im Wald

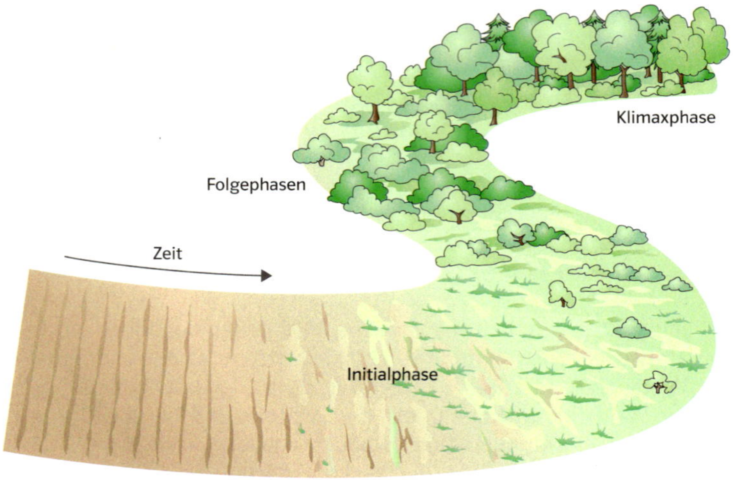

1 *Sukzession auf einer Freifläche in Deutschland*

Nach einem Waldbrand, Sturmschaden oder einer anderen Störung wachsen Waldpflanzen auch ohne Eingriffe des Menschen schrittweise nach und füllen entstandene Lücken.

Sukzessionsphasen

Frei gewordene Flächen im Wald bieten hineingetragenen Samen oder im Boden verbliebenen Pflanzenteilen Licht und Raum zum Gedeihen (*Initialphase*). Kleine lichthungrige Pionierarten werden in der *Folgephase* durch den Schatten und Raumbedarf von mehrjährigen Pflanzen verdrängt (Abb. 1). Diese Stauden und jungen Bäume und Sträucher bieten wiederum Wind- und Sonnenschutz für weitere Arten. Vorhandene Pflanzen tolerieren, fördern oder hemmen also ihre Nachfolger und umgekehrt. Schließlich entsteht ein Wald mit typischer Schichtung. Diese Entwicklung eines Ökosystems wird *Sukzession* genannt (lat. *succedere*, nachrücken).

[► Variabilität und Angepasstheit]

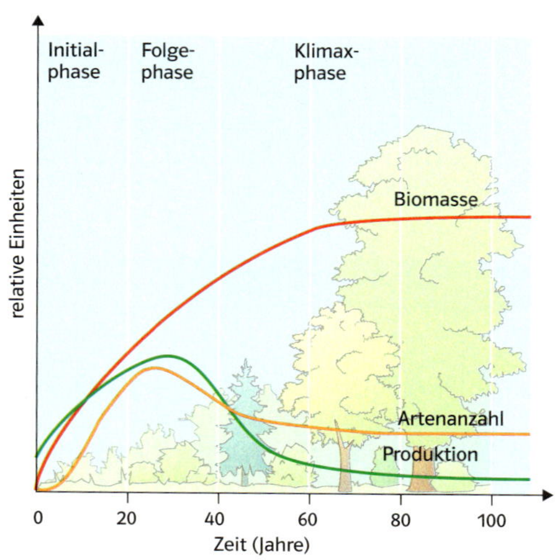

2 *Sukzession im Wald*

Klimax und Gleichgewicht

In der *Klimaxphase* befinden sich Aufbau und Abbau von Biomasse in einem dynamischen Gleichgewicht, der Wald scheint sich kaum zu verändern. Lokale Störungen können die Sukzession jederzeit wieder starten. Verschiedene Stadien der Sukzession liegen daher in einem älteren natürlichen oder naturnahen Wald mosaikartig nebeneinander (Abb. 3, S. 147). Diese Mosaikstruktur trägt zur Vielfalt einer Waldlandschaft bei. In Deutschland ist der Buchenwald eine typische Klimax-Vegetation, je nach Bodenverhältnissen oder Höhenlage kann die Pflanzendecke aber auch anders aussehen (*Polyklimax*). Von einem Idealzustand des „ökologischen Gleichgewichts" wird daher heute im Naturschutz und in der Wissenschaft nicht mehr gesprochen.

AUFGABEN >>

○ **1** Erläutern Sie die Angaben zu Produktion, Artenanzahl und Biomasse in Abb. 2

● **2** In der Initialphase findet man unter den Pflanzen vor allem r-Strategen, in der Folgephase K-Strategen. Erklären Sie.

Material

Sukzessionen

Bei einer Sukzession löst eine Biozönose mit der Zeit die vorherige ab. Das liegt am Veränderungen der Umweltfaktoren, die Lebewesen oft selbst verursachen. Trotz verschiedener Formen der Sukzession lassen sich Regelmäßigkeiten beobachten.

Formen der Sukzession

Die erstmalige Besiedlung von neugebildeten Freiflächen nennt man *primäre Sukzession*. Die Wiederherstellung des vorherigen Vegetations-Zustandes nach einer Störung bezeichnet man als *sekundäre Sukzession*. Diese kann durch Zersetzung von vorhandener Biomasse oder durch den Aufbau neuer Biomasse entstehen.

AUFGABE >>

○ **1** Ordnen Sie das Verrotten eines Baumstumpfes, die Verlandung eines Sees, die Zersetzung von Aas und die Neubesiedlung einer Vulkaninsel jeweils einem Sukzessionstyp zu.

Selbstausdünnungs-Regel

Pflanzen konkurrieren um freien Raum, denn dieser sichert den Zugang zu Licht, Bodenwasser und Mineralstoffen. Je größer die Dichte, umso weniger Raum bleibt für die einzelne Pflanze. Das gilt für den Wald wie für den Acker. Sät man Pflanzen in unterschiedlichen Dichten aus, hemmen die Keimlinge einander im Wachstum, sobald sie eine bestimmte Einzelgröße (Biomasse) überschritten haben. Konkurrenzschwächere Individuen gehen zugrunde, wenige große Pflanzen ersetzen viele kleine (*Selbstausdünnungs-Regel*). Dadurch bleibt die Gesamt-Biomasse pro Fläche in der Klimaxphase unverändert. Stellt man die Biomasse-Dichte-Verhältnisse logarithmisch dar, bedeutet das eine Steigung von −1 der sogenannten *Ausdünnungslinie*. In den früheren Sukzessionsphasen steigt die Gesamt-Biomasse dagegen stärker als die Dichte abnimmt (Steigung etwa −3/2). Diese Regel gilt für Mischkulturen und Monokulturen. Vermutlich hängt sie mit dem maximal möglichen Volumen pro Fläche zusammen. Landwirte wissen aus Erfahrung, dass sie ihren Ernteertrag nicht steigern, indem sie mehr Saat ausbringen („Gesetz vom konstanten Ertrag").

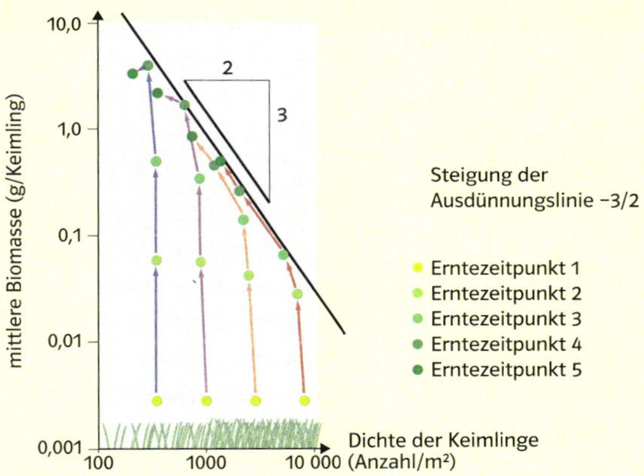

1 *Selbstausdünnung einer Rasensaat*

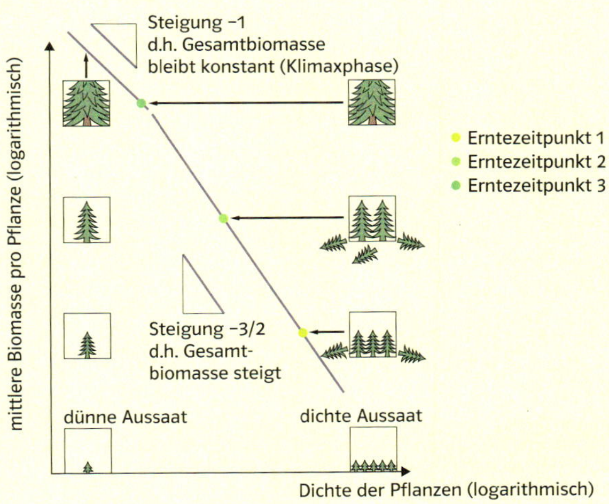

2 *Selbstausdünnung im Wald*

AUFGABEN >>

● **2** Die Kurven in Abb. 1 stellen vier zeitliche Verläufe vom Keimlingswachstum bei dünner bis dichter Rasensaat dar (logarithmische Achsen). Ermitteln Sie, bei welcher mittleren Biomasse eine deutliche Ausdünnung jeweils beginnt.

○ **3** Bei der Sukzession im Wald wachsen nur wenige Bäumchen zu Baumriesen heran (Abb. 2). Beschreiben Sie, wie sich die Pflanzendichte in der Initialphase auf die Klimaxphase auswirkt.

◒ **4** In der Klimaxphase sinkt die Artenanzahl bei gleichbleibender Biomasse. Erklären Sie dies anhand der Ausdünnungs-Regel.

Bioindikatoren im Wald

1 *Einheimischer Laubwald*

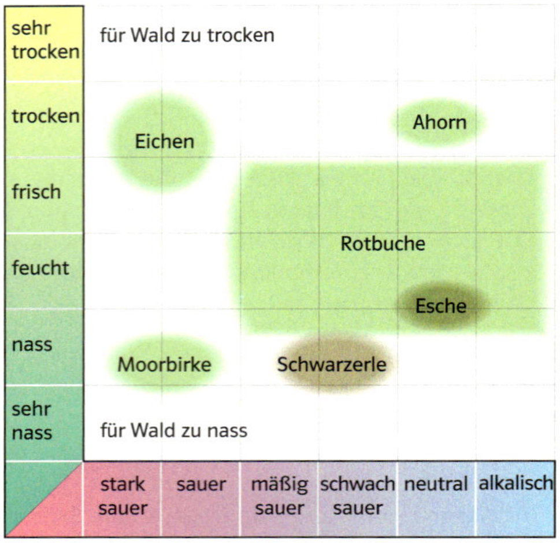

3 *Standortfaktoren für Waldbäume*

Der seit 1984 jährlich in Deutschland erstellte Waldzustandsbericht zeigt, dass die anfänglich beobachtete starke Zunahme der Waldschäden ab ca. 2000 in eine mehr oder weniger konstante Phase mit geringeren Schäden übergegangen ist (Abb. 1).

Bodenfeuchte und pH-Wert

Boden besteht aus anorganischen Verwitterungsprodukten von Gesteinen und unterschiedlich stark abgebautem organischem Material. Je nach Zusammensetzung ist der Boden verschieden wasserdurchlässig. Ein hoher Anteil an feinem Ton oder verdichtete Bodenschichten können dazu führen, dass der Boden nach Regenfällen lange durchnässt bleibt. Hier wachsen nässeverträgliche Pflanzen wie die *Flatterbinse*. Auf wasserdurchlässigen Böden mit hohem Sandanteil findet man z. B. häufig den *Feldbeifuß*. Die Bodenfeuchte hat ebenso wie der pH-Wert des Bodens Einfluss darauf, wie gut sich verschiedene Pflanzenarten dort entwickeln und wie konkurrenzstark sie dort sind (Abb. 3).

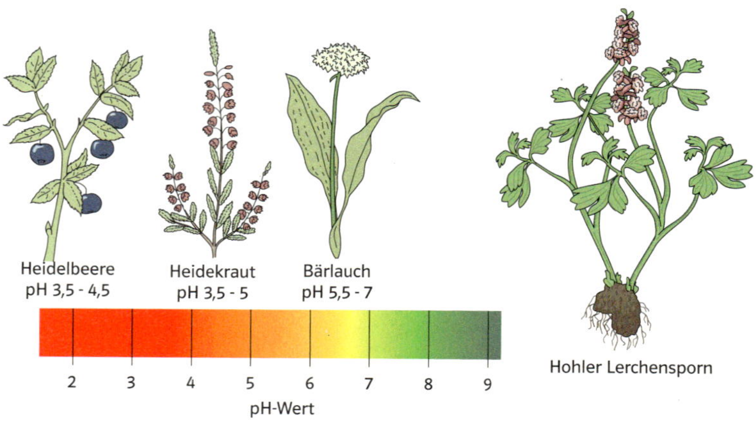

2 *Zeigerarten für Boden-pH-Werte*

Kalkhaltige Böden haben einen hohen pH-Wert, solche mit einem hohen Anteil an Humussäuren einen niedrigen. Das Vorkommen von Arten, die bezüglich eines Boden-pH-Wertes stenök sind, werden als *Zeigerarten* oder *Bioindikatoren* für bestimmte pH-Werte bezeichnet (Abb. 2).

Mineralstoffangebot im Boden

Auch für die unterschiedliche Verfügbarkeit von Mineralstoffen gibt es Zeigerarten. Vorkommen des Aronstabs weisen z. B. auf ein hohes Angebot an Stickstoff in Form von Ammonium- oder Nitrat-Ionen hin, während das Maiglöckchen für stickstoffarme Böden typisch ist.

METHODE >>

Biomonitoring

Während man bei Zeigerorganismen das natürliche Vorkommen von Arten untersucht und daraus meist Rückschlüsse auf abiotische Umweltfaktoren zieht, exponiert man Testorganismen gezielt in einer bestimmten Umgebung und bestimmt die Überlebensrate.

Mit *Monitoring*-Verfahren wird u.a. das Vorkommen von Schadstoffen untersucht. Dabei kann man am Untersuchungsort natürlicherweise vorkommende Arten betrachten (passives Monitoring) oder dort natürlich nicht vorkommende Arten einsetzen (aktives Monitoring).

In beiden Fällen kann man die Reaktion des Organismus messen oder die Anreicherung (Akkumulation) von Stoffen im jeweiligen Organismus oder in Teilen von ihnen. Im Gegensatz zu chemischen Analyseverfahren liefern Bioindikatoren Hinweise auf langfristig wirkende oder möglicherweise unbekannte Stoffe.

4 Exposition von Indikatororganismen für saure Niederschläge

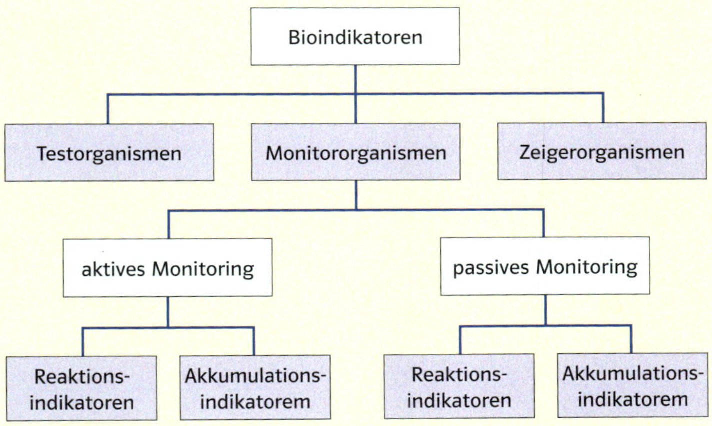

5 Formen der Bioindikatornutzung

AUFGABE >>

Nach dem Reaktorunfall von Tschernobyl wurde über viele Jahre der Gehalt an radioaktivem Cäsium in Waldpilzen untersucht. Erläutern Sie, welcher Verfahrens-typ hier gewählt wurde.

Einträge aus der Luft

Über die Atmosphäre können unterschiedliche Stoffe in den Wald gelangen und die Lebensbedingungen dort vorkommender Arten beeinflussen. Bioindikatoren leisteten einen wichtigen Beitrag zur Aufklärung der Waldschäden durch Schwefeloxid-Emissionen im vorigen Jahrhundert. Über den Regen gelangen auch Reaktionsprodukte von Stickstoffoxiden in terrestrische und aquatische Ökosysteme und verändern dort das Mineralstoffangebot.

AUFGABEN >>

○ 1 Nennen Sie günstige Standortfaktoren für Schwarzerlen.

◒ 2 Erläutern Sie, dass das häufige Vorkommen bestimmter Baumarten in einem nicht durch Pflanzungen veränderten Wald sehr zuverlässige Aussagen über die Bodenbeschaffenheit ermöglicht.

● 3 Erklären Sie mithilfe von Abb. 2, dass die Moorbirke eine Zeigerart ist, die Rotbuche jedoch nicht.

Praktikum

Vegetationsanalyse im Wald

Das Vorkommen und die Verbreitung von Pflanzen, d. h. die Vegetation, in einem Wald spiegeln die abiotischen und biotischen Lebensbedingungen wider. Die Analyse der Vegetation ermöglicht Aussagen über den Zustand eines Ökosystems und die Wirkung von Einflüssen des Menschen.

Die Vegetationsaufnahme

1 *Überwachsener Waldweg*

In einem naturnahen Wald soll die Vegetation erfasst werden. Bei der Festlegung einer aussagekräftigen – also für das Ökosystem repräsentativen – Untersuchungsfläche muss der Abstand zu Lichtungen, Waldwegen, Straßen und Gewässern genügend groß sein.

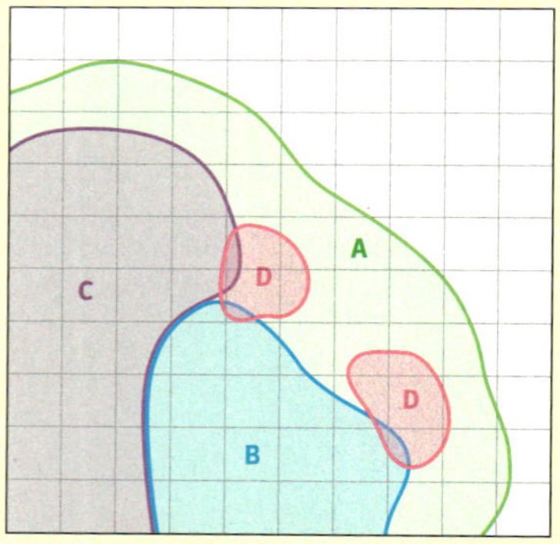

Art	Flächenanteil	Deckungsgrad
A: Rotbuche	64 %	4
B: Waldmeister	15 %	2
C: Wald-Bingelkraut	24 %	2
D: Hohler Lerchensporn	5 %	1

2 *Bedeckung durch Arten*

Material
Maßband, Schnur, vier Pflöcke, Hammer, Karte (1:25 000) Bestimmungsbücher bzw. Bestimmungs-Apps, Schreibzeug, Fotoapparat

Durchführung
Stecken Sie nach Bearbeitung von Aufgabe 1 eine Untersuchungsfläche von 100 m^2 (10 m × 10 m) ab. Bei der Vegetationsaufnahme werden die Pflanzenarten in der Untersuchungsfläche bestimmt. Das gelingt am einfachsten, wenn die meisten Pflanzen blühen, also in der Zeit von Ende April bis Anfang Juni.

Für jede identifizierte Art wird der Deckungsgrad bestimmt. Dabei handelt es sich um den Anteil der Untersuchungsfläche, der von der Art beschattet wird, wenn das Licht senkrecht von oben kommen würde. Man unterscheidet üblicherweise fünf Deckungsgrade (Abb. 3). Die Summe der Werte aller Arten kann 100 % überschreiten.

bedeckte Fläche (%)	0 – 5	6 – 25	26 – 50	51 – 75	76 – 100
Deckungsgrad	1	2	3	4	5

3 *Stufen des Deckungsgrads*

Bestimmen Sie die auf der Untersuchungsfläche vorkommenden Pflanzen geordnet nach der Schichtung des Waldes (Bäume, Sträucher, Kräuter). Fotografieren Sie Pflanzen, deren Bestimmung Ihnen vor Ort nicht gelingt. Blattform, Blattstellung, Spross und ggf. die Blüte sollten erkennbar sein. Diese Pflanzen können Sie später anhand der Fotos bestimmen. Notieren Sie zu jeder bestimmten Art den geschätzten Deckungsgrad. Die durch Baumkronen bedeckte Fläche ermitteln Sie, indem sich die Gruppenmitglieder so aufstellen, dass sie senkrecht über sich den Rand der Baumkrone sehen.

AUFGABEN >>

1 Prüfen Sie die im Text genannten Kriterien und wählen Sie begründet eine Untersuchungsfläche aus. Tragen Sie diese in Ihre Karte ein.
2 Fertigen Sie anhand Ihrer Beobachtungen und Pflanzenbestimmungen ein Protokoll und eine Skizze mit der Bedeckung durch die Arten aus der Vogelperspektive an (Abb. 2).
3 Begründen Sie, dass die Summe der bedeckten Flächen 100 % überschreiten kann.
4 Vergleichen Sie Ihre Skizze und die Liste der von Ihnen bestimmten Arten mit denen der anderen Gruppen.

Die Auswertung

Bärlauch wächst unter natürlichen Konkurrenzbedingungen nur auf Böden mit einem hohen Stickstoffangebot. Er ist *stenök* bezüglich dieses Umweltfaktors. Das Vorkommen von Bärlauch ist ein Indikator für ein hohes Stickstoffangebot im Boden. Pflanzen, die bezüglich eines Umweltfaktors stenök sind, nennt man *Bioindikatoren*.

Der Botaniker Heinz Ellenberg (1913—1997) ordnete für die mitteleuropäische Vegetation allen stenöken Pflanzenarten für bestimmte Umweltfaktoren sogenannte Zeigerwerte von 1 bis 9 zu (Abb. 4).

Umweltfaktor	1 bedeutet	9 bedeutet
Licht L	Schattenpflanze	Volllichtpflanze
Temperatur T	Kälteanzeiger	Wärmeanzeiger
Kontinentalität K	ozeanisch	kontinental*
Feuchtigkeit F	Trockenanzeiger	Nässeanzeiger
Reaktionszahl R	saurer Boden	Kalkzeiger
Stickstoffgehalt N	N-Mangelzeiger	Stickstoffzeiger

* Klima mit heißen Sommern und sehr kalten Wintern

Für Umweltfaktoren, bei denen die Pflanzen weite Bereiche tolerieren, bezüglich derer sie also *euryök* sind, ist ihnen kein Zeigerwert zugeordnet. Das ist mit x gekennzeichnet.

Material
Für die Vegetationsaufnahme im Untersuchungsareal: Tabelle mit Zeigerwerten (Abb. 4)
Für die Erstellung der Präsentation: Computer mit Präsentationssoftware

Durchführung
Ermitteln Sie für jeden der sechs Umweltfaktoren den mittleren Zeigerwert Ihres Waldstückes, indem Sie folgendermaßen vorgehen:
- Notieren Sie die Werte für die von Ihnen gefundenen Arten in der Liste (z. B. Licht L 3 für die Rotbuche).
- Addieren Sie dann die Werte der gefundenen Arten.
- Dividieren Sie zum Schluss die Summe durch die Anzahl der Arten mit einem Wert für Licht (Arten mit x werden nicht berücksichtigt).

AUFGABEN >>

5 Leiten Sie aus den ermittelten Werten Aussagen über die Untersuchungsfläche ab.

6 Vergleichen Sie Ihre Ergebnisse mit denen der anderen Gruppen.

7 Erstellen Sie mit Ihren Ergebnissen und Fotos eine Präsentation.

Bäume**	L	T	K	F	R	N	Sträucher/Kräuter	L	T	K	F	R	N	Kräuter	L	T	K	F	R	N
Rotbuche	3	5	2	5	x	x	Waldrebe	7	6	3	5	7	7	Walderdbeere	7	x	5	5	x	6
Stieleiche	7	6	8	x	x	x	Haselnuss	6	5	3	x	x	5	Waldgerste	4	5	4	5	7	6
Traubeneiche	6	6	2	5	x	x	Rote Heckenkirsche	5	6	4	5	7	6	Waldziest	4	x	3	7	7	7
Hainbuche	4	6	4	x	x	x	Eingriffliger Weißdorn	7	5	3	4	8	4	Aronstab	3	6	2	7	7	8
Esche	4	5	3	x	7	7	Roter Hartriegel	7	5	4	5	7	x	Einbeere	3	x	4	6	7	7
Winterlinde	5	5	4	5	x	5	Hundsrose	8	5	3	4	x	x	Gemeine Nelkenwurz	4	5	5	5	x	7
Bergahorn	4	x	4	6	x	7	Efeu	4	5	2	5	x	x	Scharbockskraut	4	5	3	6	7	7
Feldahorn	5	6	4	5	7	6	Bärlauch	2	x	2	6	7	8	Heidelbeere	5	x	5	x	2	3
Eberesche	6	x	x	x	4	x	Maiglöckchen	5	x	3	4	x	4	Leberblümchen	4	6	4	4	7	5
Fichte	5	3	6	x	x	x	Buschwindröschen	x	x	3	5	x	x	Wald-Bingelkraut	2	x	3	x	8	7
Weißtanne	3	5	4	x	x	x	Wald-Veilchen	4	x	4	5	7	6	Wald-Hainsimse	4	x	4	5	3	4
Waldkiefer	7	x	7	x	x	x	Waldmeister	2	5	2	5	6	5	Hohler Lerchensporn	3	6	4	6	8	8
Eibe	4	5	2	5	7	x	Sauerklee	1	x	3	5	4	6	Frühlings-Platterbse	4	6	4	5	8	4

** Bei den Baumarten bezieht sich die Lichtzahl auf den Jungwuchs.

4 *Zeigerwerte einiger in Wäldern häufiger Pflanzenarten*

Lokale Stoffkreisläufe im Wald

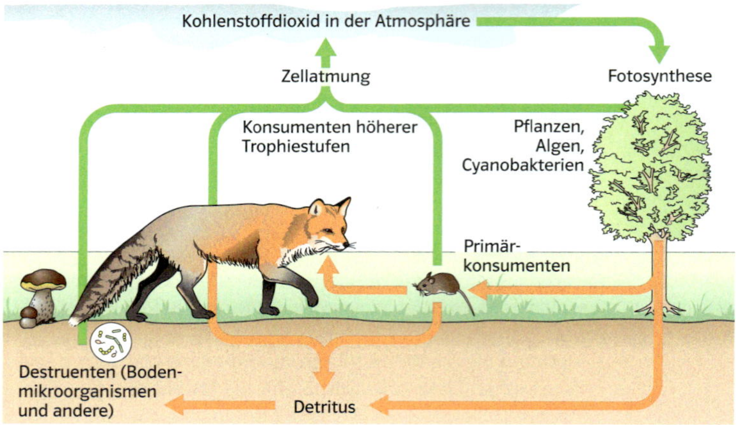

1 *Kohlenstoffkreislauf im Wald*

3 *Recycling im Wald*

Pflanzen benötigen zum Wachstum Kohlenstoffdioxid aus der Luft und in Wasser gelöste Mineralstoffe aus dem Boden. Beides ist nicht unbegrenzt verfügbar. Konsumenten und Destruenten halten lokale Stoffkreisläufe in Gang, bei denen aus totem organischem Material (*Detritus*) wieder Mineralstoffe für die Primärproduzenten freigesetzt werden (Abb. 1).

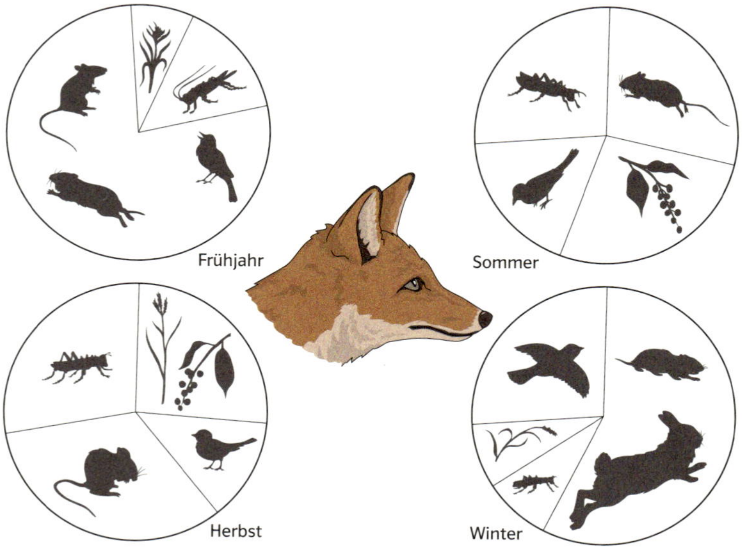

2 *Jahreszeitliche Änderungen in der Nahrung des Fuchses*

Lokaler Kohlenstoffkreislauf

Typisch für den mitteleuropäischen Wald sind nicht nur große Laubbäume, Sträucher und Kräuter, sondern auch eine dicke Waldstreu und Totholz am Waldboden. Hier ist der Lebensraum der Destruenten (Abb. 3).

Die Pflanzen im Wald nutzen in der Fotosynthese atmosphärisches Kohlenstoffdioxid zur Bildung von Kohlenhydraten. Durch Zellatmung gelangt ein Teil der Kohlenstoffatome kurzfristig in die Atmosphäre zurück. Der von Bäumen für die Holz- und Wurzelbildung verwendete Anteil bleibt jedoch zuweilen über Jahrhunderte in der Pflanze fixiert. Auch die Konsumenten und Destruenten binden einen Teil der Kohlenstoffatome.

Atmosphäre, Lebewesen und Detritus stellen Speicher für Kohlenstoffatome dar. Zwischen ihnen finden Kohlenstoffflüsse in Form von Kohlenstoffdioxid bzw. Biomasse statt. Lichtangebot und Temperatur sind die wichtigsten Faktoren, die sich auf die Stoffflüsse auswirken. Bei einem Wald in der Klimaxphase sind die Speichergrößen und die Stoffflüsse im langjährigen Mittel konstant. Im Verlauf eines Jahres treten jedoch starke Schwankungen auf (Abb. 2). Von Frühling bis Herbst wachsen die Pflanzen und bilden Früchte. Tiere pflanzen sich fort, Junge wachsen heran. Die Kohlenstoffatome in diesen Speichern nehmen zu. Der Detritus nimmt durch die Tätigkeit der Destruenten ab. Sommerliche Temperaturen erhöhen die Stoffwechselrate der Destruenten. Der Laubfall im Herbst lässt sich nach dem Speicher-Fluss-Modell als Fluss von Kohlenstoffatomen von den Lebewesen zum Detritus beschreiben.

Lokaler Stickstoffkreislauf

Auch die Stickstoffatome im Ökosystem Wald kann man Speichern zuordnen. Neben Atmosphäre, Boden und Detritus sind diese Speicher auch hier autotrophe und heterotrophe Lebewesen. Pflanzen nehmen bei ihrem Wachstum mit den Wurzeln Mineralstoffe auf. Nach dem Minimumgesetz ist das Pflanzenwachstum durch diejenige Ressource begrenzt, die im Verhältnis zum Bedarf am wenigsten zur Verfügung steht. Stickstoffmoleküle sind zwar als Gas in der Luft mit ca. 78 Volumen-% reichlich vorhanden, aber in dieser Form für Pflanzen nicht nutzbar. Pflanzen nehmen hauptsächlich Nitrat-Ionen (NO_3^-), aber auch Ammonium-Ionen (NH_4^+) aus dem Boden auf. Sie benötigen Stickstoffverbindungen z. B. für den Aufbau von Chlorophyll, Aminosäuren und Nucleotiden.

Konsumenten und Destruenten nehmen mit der Nahrung mehr Stickstoffverbindungen auf, als sie benötigen. Sie scheiden deshalb Stickstoffverbindungen (Ammoniak, Harnstoff bzw. Harnsäure) aus. Bakterien setzen Harnstoff und Harnsäure zu Ammoniak (NH_3) um. Ammoniak reagiert im Boden mit Wasser oder organischen Säuren zu Ammonium-Ionen. Es kann aber auch als gasförmiges Ammoniak entweichen. Im Boden lebende *nitrifizierende Bakterien* oxidieren Ammonium-Ionen zu Nitrit-Ionen oder direkt zu Nitrat-Ionen (Abb. 4). Sie nutzen die dabei frei werdende Energie zur Bildung von Nährstoffen aus Kohlenstoffdioxid und Wasser. Diese Bakterien sind also chemoautotroph. Sie stellen ein wichtiges Glied im Stickstoffkreislauf dar, denn sie machen Stickstoffatome aus dem Detritus für die Pflanzen verfügbar. Im Gegensatz

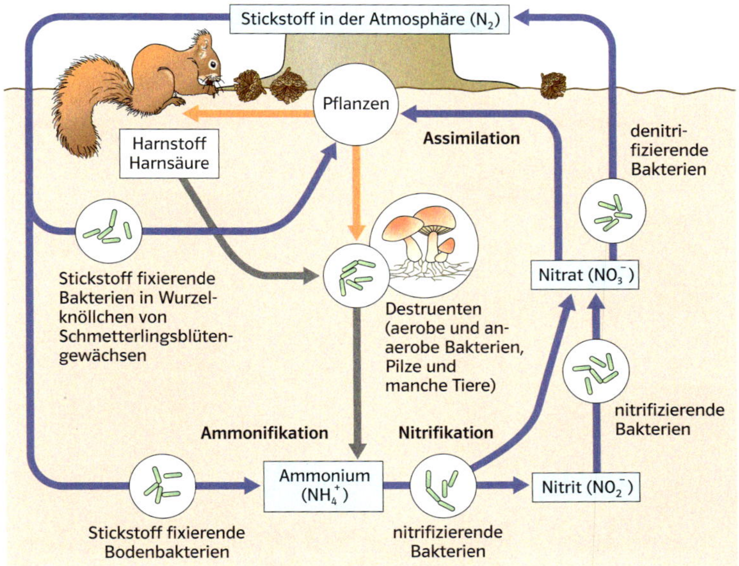

4 *Stickstoffkreislauf im Wald*

dazu bilden *denitrifizierende Bakterien* aus Nitrat-Ionen Stickstoffmoleküle bzw. Stickstoffoxidmoleküle und verringern dadurch das Stickstoffangebot für die Pflanzen.

Anthropogene Einflüsse auf Stoffkreisläufe

Gelangen Kohlenstoffdioxid oder Stickstoffoxide durch Abgase zusätzlich in die Atmosphäre, hat dies Auswirkungen auf die beiden Stoffkreisläufe. Den Stoffeinträgen steht die Entfernung von Kohlenstoff- und Stickstoffverbindungen durch die Entnahme von Bäumen und Totholz gegenüber. Aus der Bilanz kann sich ein verstärktes oder vermindertes Pflanzenwachstum ergeben.

AUFGABEN >>

○ 1 Erläutern Sie jahreszeitliche Aspekte des Kohlenstoffkreislaufs anhand von Abb. 1 und 2.

◒ 2 Im Mittelalter wurden in Wäldern im Sommer Schweine gehalten. Erklären Sie deren Einflüsse auf die Stoffkreisläufe.

● 3 Erklären Sie die Auswirkungen intensiver Forstwirtschaft auf den Kohlenstoff- und den Stickstoffkreislauf im Wald.

Tropischer Regenwald

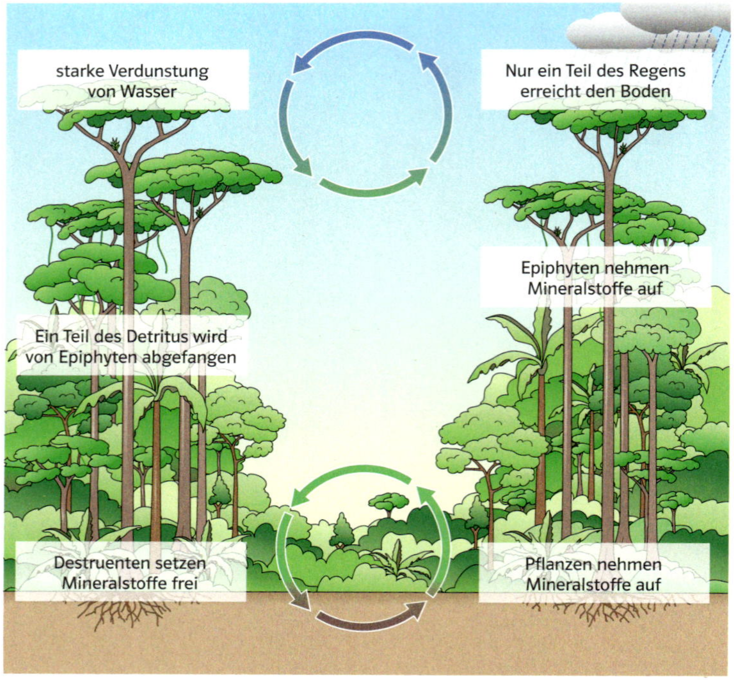

1 *Wasser- und Mineralstoffkreislauf im Regenwald*

Würgefeige

Im Amazonasgebiet befindet sich der größte tropische Regenwald der Erde. Die üppige Vegetation scheint auf einen fruchtbaren Boden hinzudeuten. Er gehört jedoch zu den mineralstoffärmsten Böden der Erde.

Konkurrenz um Licht und Mineralstoffe

Regenwälder sind dadurch gekennzeichnet, dass die jährlichen Niederschläge 2000 mm (2000 l / m²) deutlich überschreiten. Der Mittelwert für Deutschland beträgt nur ca. 900 mm. Für tropische Regenwälder ist außerdem die ganzjährig hohe Temperatur kennzeichnend.

Das Licht- bzw. das Mineralstoffangebot begrenzt unter diesen Bedingungen das Pflanzenwachstum. Eine dichte Baumschicht lässt wenig Licht bis zum Boden durch. Manche Pflanzenarten sichern sich den Zugang zu Licht durch eine spezielle Lebensweise. Die Samen von *Würgefeigen* keimen in Baumkronen und bilden dann Spross und Wurzeln aus (s. Randspalte). Sie überwuchern die Baumkrone und den Stamm des sogenannten Tragbaums. Wenn dieser abstirbt, haben sie genügend Standfestigkeit entwickelt. In den Baumkronen wachsen auch Pflanzen, die mit den Blättern Wasser und Mineralstoffe aufnehmen können *(Epiphyten)*. Sie fangen teilweise durch einen trichterförmigen Bau Detritus sowie Mineralstoffe mit dem Wasser auf (Abb. 1). Zur weiteren Mineralstoffversorgung nutzen sie die Ausscheidungen von Tieren und Mikroorganismen.

Stoffkreisläufe im Regenwald

Niederschläge gelangen überwiegend nicht bis zum Boden, sondern werden von Epiphyten und in den Baumkronen lebenden Tierarten genutzt. Die hohe Temperatur sowie die hohe Luftfeuchtigkeit und die Feuchtigkeit im Boden führen dazu, dass abgestorbene Biomasse sehr schnell durch Destruenten abgebaut wird. Die dabei im Boden frei werdenden Mineralstoffe werden von Pflanzen ebenso rasch aufgenommen, sodass sich keine Mineralstoffe im Boden anreichern. Die schnelle Aufnahme verhindert ihre Auswaschung bei starken Regenfällen. Auf gerodeten Flächen wird der Boden schnell ausgespült und unfruchtbar. Rodung zur Gewinnung von Anbauflächen zerstört das komplexe Ökosystem „Tropischer Regenwald“. Entwaldete Flächen regenerieren sich nicht.

Artenvielfalt im tropischen Regenwald

Tropische Regenwälder weisen eine große Artenvielfalt auf. Viele Arten sind *endemisch*, kommen also nur in einem kleinen Gebiet vor. Man schätzt, dass es in den tropischen Regenwäldern mehr unentdeckte Arten gibt als bekannte.

AUFGABE >>

◒ **1** Der Regenwald-Boden ist von Mykorrhiza durchzogen, von Termiten bewohnt und ausgesprochen mineralstoffarm. Erläutern Sie.

Material

Tropischer Regenwald

Aus der Vogelperspektive erscheint der tropische Regenwald einheitlich. Das hohe Licht- und Wasserangebot führt zu einer extrem hohen Bruttoprimärproduktion. Die große Produktivität und Diversität der Pflanzenarten bildet die Grundlage für eine Vielfalt an Tieren mit unterschiedlichen ökologischen Nischen.

Schichtung und Mikroklima

Im tropischen Regenwald des Amazonasgebiets wurden Daten zur Pflanzenwelt und zu den klimatischen Verhältnissen erhoben (Abb. 1).

Bei der Auswahl der Messstellen wurde darauf geachtet, Abstand zu solchen Stellen zu halten, an denen vor kurzer Zeit ein großer Urwaldbaum umgefallen war.

AUFGABEN >>

1 Erklären Sie die in Abb. 1 dargestellten Messergebnisse.

2 Erläutern Sie das Vorgehen bei der Auswahl der Messstellen.

Verteilung der Baumarten und Baumhöhen
- Verteilung der Baumarten (%)
- Höhe der Bäume
- Kronenansätze

Profil
- Epiphyten
- Lianen
- Termitennester

Mikroklima-Faktoren
- Anteil des einfallenden Lichts
- Verdunstung an Blättern
- relative Luftfeuchtigkeit (%)
- CO_2-Gehalt

1 *Pflanzenwuchs und Klima im tropischen Regenwald*

Mikrolebensraum Bromelie

2 *Bromelie mit Pfeilgiftfrosch*

3 *Bromelienkrabbe*

Bromelien gehören zu den Epiphyten im tropischen Regenwald. Sie wachsen in den Baumkronen großer Urwaldbäume in bis zu 60 m Höhe. In Bromelientrichtern fand man eine Vielzahl unterschiedlicher Lebewesen, u. a. Detritus zersetzende Bakterien, tierische und pflanzliche Einzeller, Kaulquappen, Mückenlarven, verschiedene im Wasser lebende Insektenarten, Baumfrösche und die Bromelienkrabbe *Metopaulias depressus* (Abb. 3).

AUFGABEN >>

3 Erstellen Sie ein Nahrungsnetz aus den genannten Arten und ordnen Sie diese einer Trophiestufe zu.

4 Erläutern Sie am Beispiel des Bromelientrichters den Begriff Mikroökosystem.

KOMPAKT

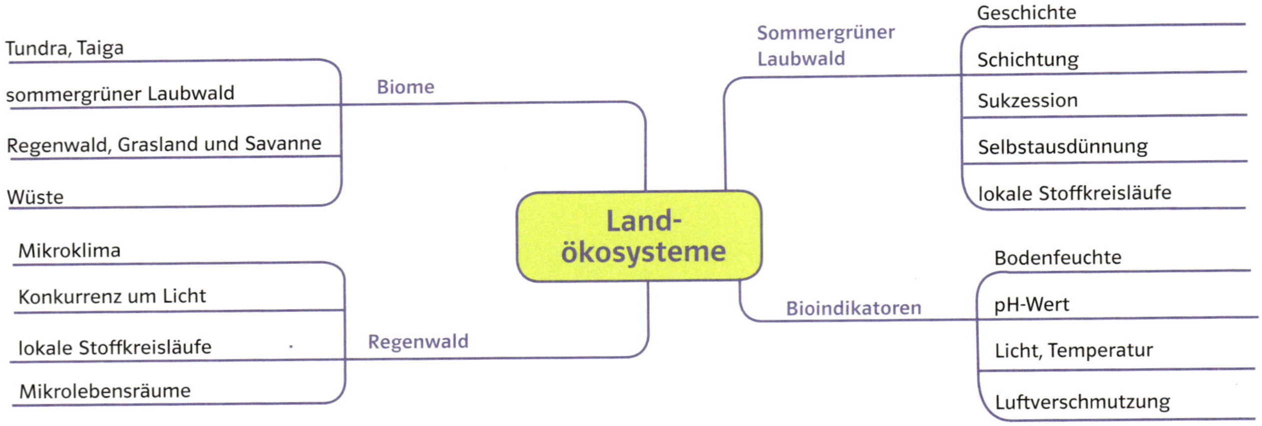

Klimatische Bedingungen, insbesondere Temperatur und Niederschlag, beeinflussen die Vegetation des Festlandes. Der Breitengrad auf dem Globus entscheidet über die jahres- und tageszeitliche Einstrahlung der Sonne und begrenzt damit die Primärproduktion. Nord- und Südpol sind weniger lichtversorgt als der Äquator. Eine besonders hohe Primärproduktion findet man daher in tropischen Regionen.

Biome der Erde

Hohe Bäume wachsen nur bei ausreichend Licht, Wasser und Mineralstoffangebot. In kalten Regionen bilden sie Nadelwälder (Taiga), in gemäßigten Breiten sommergrüne Laubwälder, in den Tropen Regenwälder. In den Savannen kommen nur noch einzelne Baumgruppen vor, Grasländer sind komplett baumfrei. Noch weiter ist die Vegetation bei Extremtemperaturen wie in Wüsten oder Tundren reduziert. Dabei zeigt sich eine Parallele zur Höhenlage im Gebirge (Abb.1)

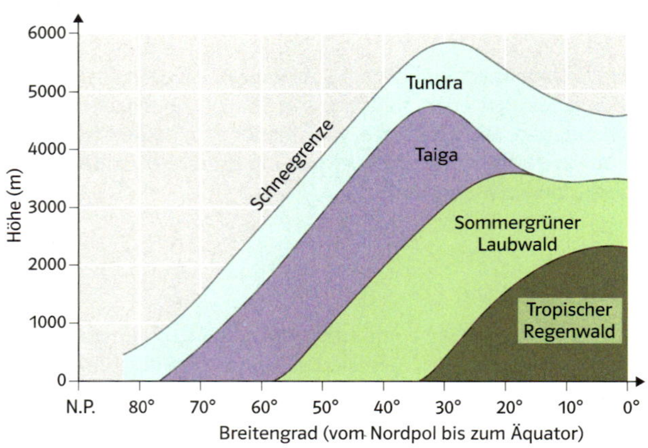

1 *Biome der Erde nach Breitengrad und Höhe*

Regenwald

Ganzjährig feuchtwarmes Klima kennzeichnet die Umweltbedingungen immergrüner Bäume und Pflanzen des Regenwaldes. Hier konkurrieren Baumriesen, Palmenartige, Lianen und Epiphyten um die Ressource Licht und bieten Lebensraum für eine vielfältige Tierwelt. Ein schneller Abbau der organischen Substanz durch Mykorrhiza und andere Destruenten sowie die hohe Primärproduktion haben über Jahrmillionen dazu geführt, dass fast alle Mineralstoffe aus dem Boden in die Vegetation verlagert wurden.

Sommergrüner Laubwald

Frosttemperaturen im Winter und Eiszeiten der Vergangenheit begünstigten in Mitteleuropa Baumarten, die im Herbst die frostempfindlichen Blätter abwerfen. Im Frühjahr erreicht das Sonnenlicht daher auch die bodennahe Krautschicht. Nach einem Kahlschlag besiedeln lichthungrige Pionierarten den Boden (Initialphase), konkurrenzstärkere Pflanzen folgen (Folgephase), bis schließlich der ursprüngliche Zustand wiederhergestellt ist (Klimaxphase). Die Phasen dieser Sukzession laufen mosaikartig nebeneinander im Wald ab. Dabei sinkt die Anzahl der Individuen und Arten bei gleichbleibender Gesamtbiomasse (Selbstausdünnung). Anders als im Regenwald liegt der Hauptspeicher für Mineralstoffe im Boden des Laubwaldes.

Bioindikatoren

Waldpflanzen sind an bestimmte abiotische Umweltfaktoren angepasst. Arten, die bezogen auf Bodenfeuchte, pH-Wert, Licht, Temperatur oder Luftverschmutzung eine besonders schmale ökologische Potenz aufweisen, zeigen durch ihr Gedeihen genau diese Umweltbedingungen an, es sind Bioindikatoren.

Waldrodung und Klimafolgen

Zur Holzgewinnung kann man natürliche Wälder oder angepflanzte Forste entweder vollständig roden oder aus ihnen einzelne Bäume entnehmen. Die beiden Methoden unterscheiden sich nicht nur in ihrer Wirtschaftlichkeit, sondern auch in ihren Auswirkungen auf das Ökosystem.

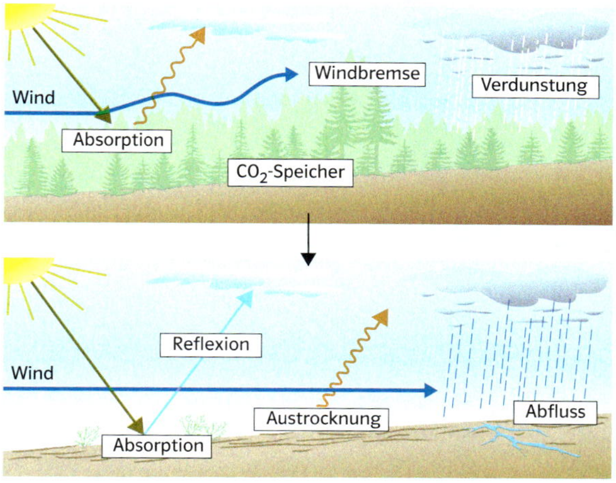

1 *Folgen von Waldrodung*

3 *Mosaikstruktur im Wald*

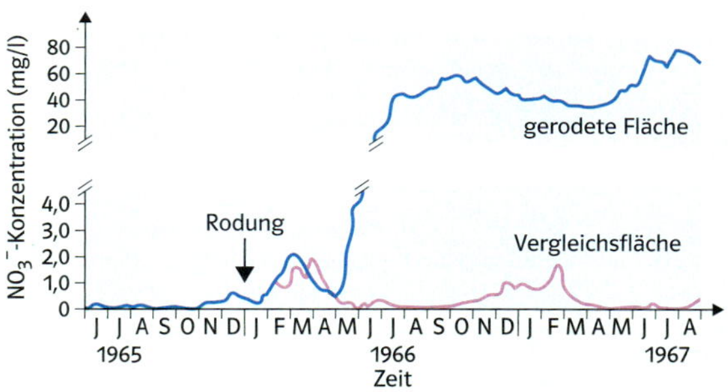

2 *Nitratgehalt in abfließendem Wasser*

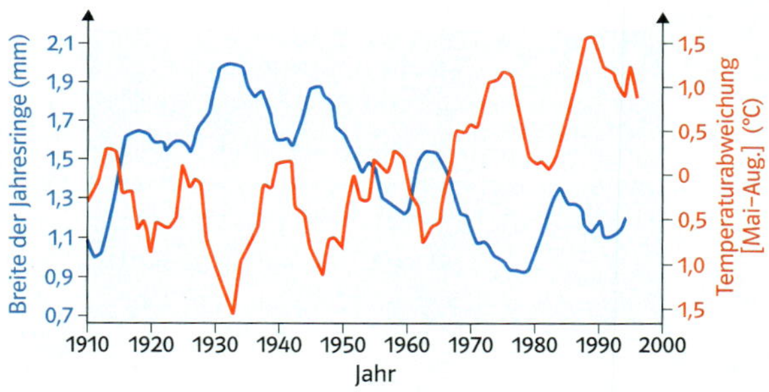

4 *Temperatur und Baumwachstum in Alaska*

1 Beschreiben Sie die ökologischen und wirtschaftlichen Folgen einer Flächenrodung anhand von Abb. 1. *(Punkte: 10/50)*

2 In einem Experiment wurden auf einer Waldfläche in leichter Hanglage alle Bäume gefällt, während eine nahe gelegene Vergleichsfläche unberührt blieb. Im abfließenden Wasser beider Flächen wurde der Nitratgehalt bestimmt (Abb. 2). Erklären Sie die Versuchsergebnisse. *(Punkte: 13/50)*

3 Stellen Sie eine Hypothese dazu auf, welche Auswirkung das von der Rodungsfläche abfließende Wasser auf einen dort fließenden Bach haben könnte. *(Punkte: 7/50)*

4 Die globale Abholzung von Wäldern hat zu den aktuell feststellbaren Klimaveränderungen beigetragen. Erläutern Sie an diesem Beispiel die Auswirkungen menschlichen Handelns auf den globalen Kohlenstoffkreislauf. *(Punkte: 12/50)*

5 In Abb. 4 sind die Abweichungen der Sommertemperaturen vom langjährigen Mittel und das Dickenwachstum von Weißfichten in Alaska dargestellt. Interpretieren Sie das Diagramm bezüglich der Folgen von Klimaveränderungen für die Wälder in Alaska. *(Punkte: 8/50)*

7 Siedlungsökosysteme

Flächennutzung und Landwirtschaft

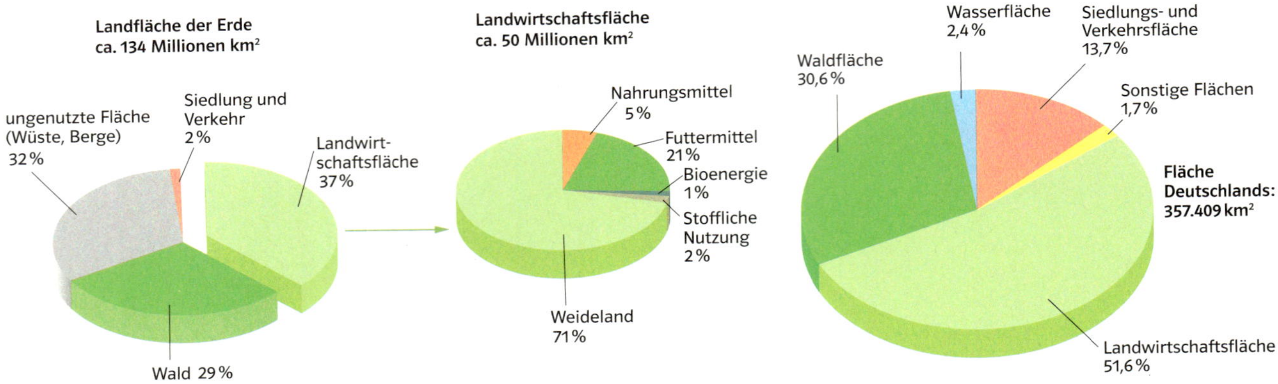

1 *Flächennutzung weltweit und in Deutschland (2015)*

Reh im Getreide

Als steinzeitlicher Jäger und Sammler ernährte sich der Mensch von Pflanzen und Tieren, die er am natürlichen Standort vorfand. Der Anbau von Nutzpflanzen sowie die Haltung und Zucht von Nutztieren machten ihn dauerhaft sesshaft. Im Laufe der Zeit entstanden Siedlungen und Städte.

Flächennutzung

Gut ein Drittel der Landfläche der Erde wird heute landwirtschaftlich genutzt, in Deutschland sogar mehr als die Hälfte (Abb. 1). Erst in den letzten Jahren sank hier die landwirtschaftliche Nutzfläche etwas zugunsten von Siedlungsfläche. Ein zunehmender Teil der Nutzflächen dient dem Anbau von Energiepflanzen.

Ackerbau und Viehhaltung

Ackerbau ist unmittelbar an Bodenqualität und Fläche gebunden. Ein weiterer wesentlicher Faktor ist die Verfügbarkeit von Wasser. Dabei werden Pflanzen vor allem in Reinsaat (*Monokultur*) ausgebracht. Konkurrenten der Nutzpflanzen werden als sogenanntes Unkraut beseitigt, Schädlinge und Krankheitserreger bekämpft. Bei der Ernte wird ein Teil der pflanzlichen Produktion dem Feld entnommen und für die Ernährung des Menschen oder zur Fütterung von Nutztieren verwendet. Der damit verbundene Entzug von Mineralstoffen wird durch natürliche oder mineralische Düngung ersetzt.

Die Wiesen- und Weidewirtschaft nutzt natürlich nachwachsende Pflanzen für die Nutztierhaltung. Entnommen wird die Sekundärproduktion der Tiere in Form von Fleisch, Milch, Wolle, Federn oder Eiern. Bei der Tierhaltung ist eine flächenunabhängige Mast mit erworbenem Futter möglich. Überschüssige Exkremente (Gülle) werden an Betriebe mit überwiegendem Ackerbau abgegeben.

Landwirtschaft im Wandel

Konventioneller Landbau mit Einsatz von Insektiziden, Mineraldüngern oder nicht artgerechter Tierhaltung stand jahrelang einem umweltfreundlicheren *ökologischen Landbau* gegenüber. Heute wird vielfach versucht, ökologischen und ökonomischen Erfordernissen in gleicher Weise gerecht zu werden (*integrierter Landbau*). Das schont nicht nur die Umwelt, sondern hat auch eine größere Akzeptanz bei den Konsumenten, im Gegensatz zur Verwendung genetisch veränderter Sorten.

AUFGABEN >>

○ **1** Beschreiben Sie anhand von Abb. 1 die Flächennutzung in Deutschland.

● **2** Diskutieren Sie den Einfluss von Verbrauchern auf die Form der Landwirtschaft.

Material

Integrierter Pflanzenschutz

In Monokulturen kommt es manchmal zur Massenvermehrung von Schädlingen. Zu deren Bekämpfung werden bei der *chemischen Schädlingsbekämpfung* künstlich hergestellte Giftstoffe eingesetzt. Unter dem Begriff *biologische Schädlingsbekämpfung* fasst man alle Methoden zusammen, bei denen andere Lebewesen, wie Fressfeinde, oder von Lebewesen produzierte Substanzen, wie Sexuallockstoffe (Pheromone), eingesetzt werden. Bei der Kombination von Methoden aus beiden Bereichen spricht man von *integriertem Pflanzenschutz*.

Methodenwahl und Schadensschwelle

Der *Einbindige Traubenwickler* ist ein Schmetterling, dessen Raupen die Blüten und Trauben von Weinreben schädigen (Abb. 2). Dadurch entstehen erhebliche Ernteschäden. Zur Bekämpfung der Traubenwickler stehen unterschiedliche Methoden zur Verfügung (Abb. 3). Jedoch nicht jeder Schädlingsfund führt zum Einsatz einer Bekämpfungsmethode.

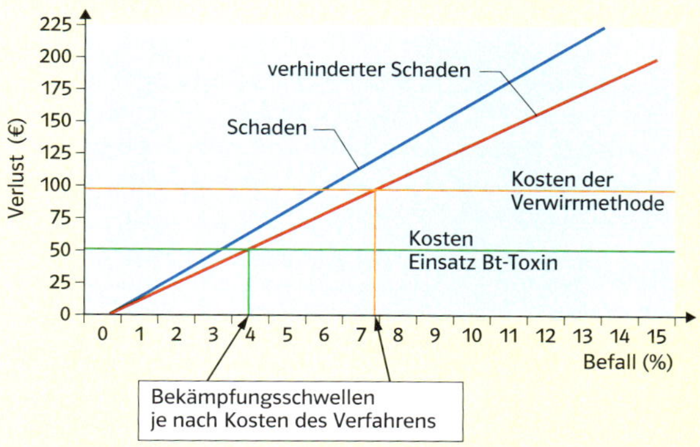

1 *Ermittlung der Schadensschwelle*

Methoden	Vorgehen	Wirkung
mechanisch	Absammeln der Puppen	Senkung der Geburtenrate
biologisch	Ausbringen von Pheromonen (Verwirrmethode)	Männchen finden die Weibchen nicht
biologisch	Ausbringen von *Bacillus thuringiensis* (Bt)	Bt befällt die Raupen und tötet sie
biologisch	Ausbringen von Bt-Toxinen	Abtöten der Raupen
chemisch	Ausbringen von Insektiziden	Abtöten der Raupen

3 *Übersicht über die angewandten Bekämpfungsmittel*

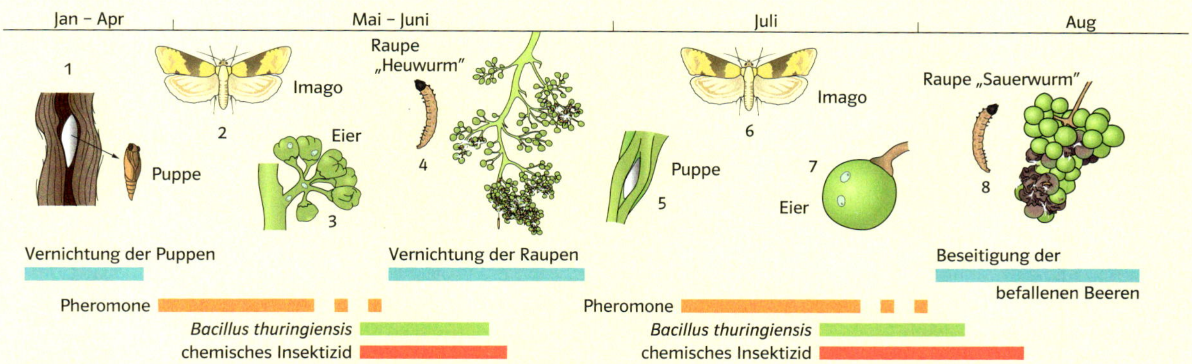

2 *Entwicklung des Traubenwicklers und seine Bekämpfung*

AUFGABEN >>

1 Erläutern Sie unter Verwendung von Abb. 2 und 3 die Zeiträume für den Einsatz der jeweiligen Methode zur Bekämpfung des Traubenwicklers.

2 Beurteilen Sie die Einbeziehung ökonomischer Aspekte bei der Entscheidung, ob eine Schädlingsbekämpfung durchgeführt wird (Abb. 1).

Material

Arten- und Sortenvielfalt in der Landwirtschaft

Die landwirtschaftliche Produktion von Nahrungsmitteln und Rohstoffen entwickelt sich in Richtung immer höherer Produktivität und Rationalisierung. Dabei kann man einen Trend zu immer größeren Anbauflächen und zur Verringerung von Hecken, Feldrainen und Brachflächen beobachten, die Rückzugsorte für viele Tier- und Pflanzenarten bilden.

Artenvielfalt durch Hecken und Brachland

1 *Hecken zwischen landwirtschaftlichen Nutzflächen*

Manche Regionen Deutschlands sind geprägt durch großflächige Äcker und Wiesen. Als Folge der Flächenzusammenlegungen ist ein starker Rückgang der Artenvielfalt zu beobachten. Damit sind auch die Voraussetzungen für eine natürliche Schädlingsbekämpfung durch räuberisch lebende Arten verlorengegangen.

Untersuchungen haben gezeigt, dass ein wesentlicher Beitrag zur Erhaltung oder Wiedererlangung der Artenvielfalt erreicht werden kann, indem man auf 3 % der möglichen landwirtschaftlichen Nutzfläche verzichtet. Eine Möglichkeit ist die Anlage oder der Erhalt von naturbelassenen Hecken (Abb. 1). Sie bestehen überwiegend aus Sträuchern, zwischen denen sich auch viele Kräuter ansiedeln. Beobachtungen zeigen, dass die dort vorkommenden Tiere nicht nur die Hecken selbst als Lebensraum nutzen (Abb. 2).

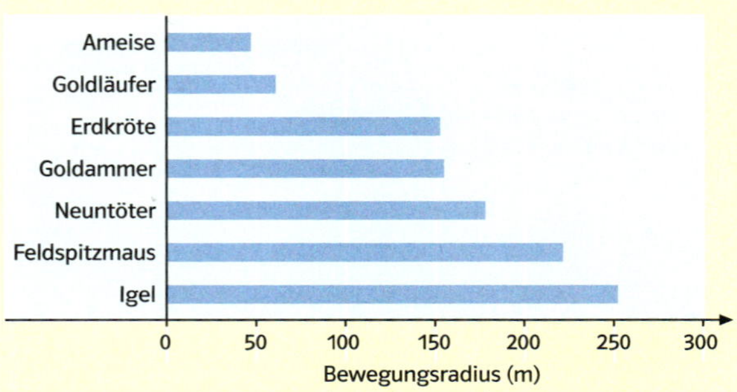

2 *Bewegungsradius von räuberischen Heckentieren*

Eine weitere Möglichkeit zur Förderung der Artenvielfalt stellen Brachflächen dar. Darunter versteht man Flächen, die periodisch oder dauerhaft nicht mehr landwirtschaftlich genutzt werden. Bei der Anlage wird eine Samenmischung aus Grasarten und Wildkräutern ausgebracht. Auf angrenzenden Äckern unerwünschte Arten werden dabei vermieden. Nach zwei oder drei Jahren wird die Fläche wieder landwirtschaftlich genutzt und eine andere Fläche als Brachland angelegt. Brachen werden nicht gedüngt und nicht mit Pestiziden behandelt.

Bei sogenannten *Brutbrachen* richtet sich der Termin für das jährliche Mähen nach den Brutzeiten dort vorkommender am Boden brütender Vögel. In einer Untersuchung wurden die Auswirkungen dieser Maßnahme über mehrere Jahre beobachtet (Abb. 3).

3 *Bestandsentwicklung auf Brutbrachen*

AUFGABEN >>

1. Erläutern Sie anhand von Abb. 2, dass selbst bei einem Heckenabstand von 0,5 km ein nahezu flächendeckender Rückgang von Ernteschädlingen erhofft werden kann.
2. Werten Sie Abb. 3 aus.
3. Stellen Sie unter Verwendung des gesamten Materials Argumente für und gegen die Errichtung von Hecken bzw. Brachflächen zusammen.

Erhaltung alter Sorten — ein Gewinn

In Nordamerika richtet die Larve eines Blattkäfers, des Maiswurzelbohrers (*Diabrotica virgifera*), große Schäden auf den riesigen Maisfeldern an („Billion-Dollar-Worm"). Durch Insektizideinsatz versuchen die Farmer, den Schaden so gering wie möglich zu halten. Gesucht wird außerdem nach Sorten, die weniger empfindlich reagieren. Auffallend ist, dass alte Maissorten weit weniger durch den Maiswurzelbohrer geschädigt werden als die Neuzüchtungen. Im Bereich einiger geschädigter Maiswurzeln fand man Fadenwürmer (*Heterorhabditis megidis*), die die Larven des Blattkäfers befallen und getötet hatten. Geschädigte Wurzeln gaben außerdem den Duftstoff Caryophyllen ab (Abb. 4). In Wahlversuchen wurden den Fadenwürmern (F) verschiedene Kombinationen von jungen Maispflanzen (A, B), Maiswurzelbohrer (K), und Caryophyllen (C) angeboten (Abb. 5). Das Ergebnis zeigte, dass Maiswurzeln nach Fraßschäden den Duftstoff Caryophyllen aussenden und so Fadenwürmer anlocken. Diese vernichten die Blattkäferlarven. Maissorten, die viel Caryophyllen aussenden, haben also einen besonders guten Fraßschutz vor den Blattkäfern.

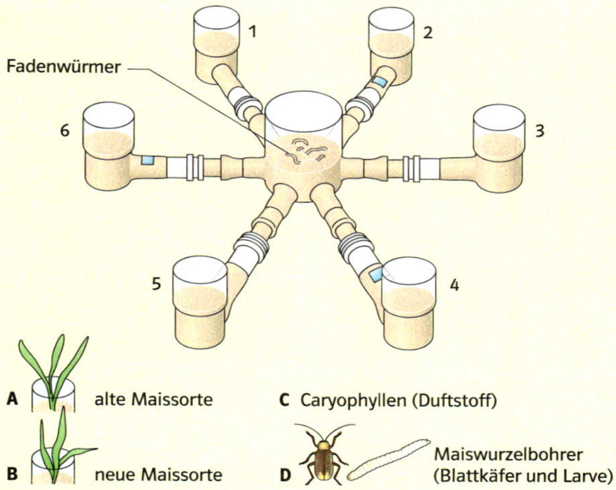

5 *Apparatur zum Wahlversuch*

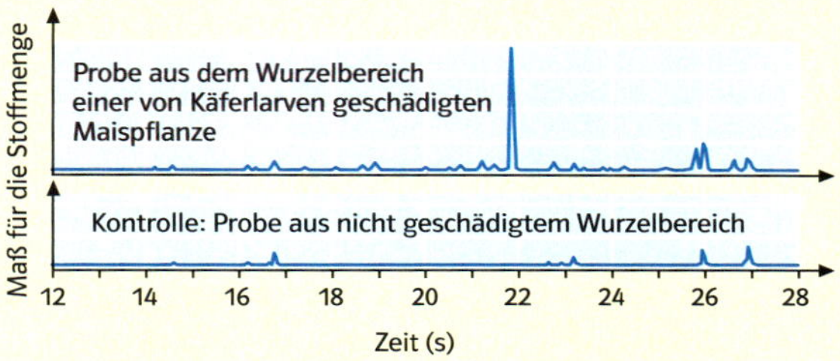

4 *Nachweis von Caryophyllen (Gaschromatographie)*

AUFGABEN >>

4 Werten Sie die in Abb. 4 dargestellten Versuchsergebnisse aus.

5 Erklären Sie, durch welche Befüllungen der Behälter mithilfe der in Abb. 5 gezeigten Apparatur die Bedeutung des Caryophyllens für die Maispflanzen nachgewiesen werden kann.

6 Erläutern Sie, inwiefern dieses Beispiel die Bedeutung der Erhaltung alter Sorten unterstreicht.

Sortenvielfalt — Möglichkeit zur Anpassung

In Deutschland sind über 150 Weizensorten für den landwirtschaftlichen Anbau zugelassen. Die Sortenzüchtung dient nicht nur der Leistungssteigerung.

Globaler Klimawandel und landwirtschaftliche Erfolgsaussichten

[...] Die Landwirtschaft in Mitteleuropa kann zunächst gewisse Vorteile aus dem Klimawandel ziehen. „Der Bremsweg ist sehr lang", erklärt Prof. Olaf Christen die langsam ablaufende Veränderung der Witterungsbedingungen. Der höhere CO_2-Gehalt in der Atmosphäre treibe den Stoffwechsel der Pflanzen an und mache sie trockenverträglicher. Außerdem entstünden durch mildere Winter längere Wachstumsphasen. Allerdings seien die Effekte zeitlich stark begrenzt, betont Prof. Olaf Christen: „Der Klimawandel kann höchstens für einige Jahrzehnte und nur in Mitteleuropa Vorteile bringen." Wichtig für den Erfolg landwirtschaftlicher Betriebe wird in der anschließenden Phase wachsender Trockenheit die richtige Sorten- und Fruchtartwahl sein. „Falls die prognostizierten Szenarien eintreten, werden wir bei getreidebasierten Systemen bleiben", so Prof. Olaf Christen. „Zu den bisher in Deutschland angebauten Fruchtarten kommen möglicherweise Hirse und Soja hinzu, auch Winterhafer könnte zu einer Option werden." Gefordert sind Sorten mit hoher Leistungsfähigkeit bei Trockenheit und Hitze für die hiesige Tageslichtdauer. [...] (aus Saat-Gut, Ausgabe 4/2007)

AUFGABE >>

7 Werten Sie den Artikel unter dem Blickwinkel der ökologischen und ökonomischen Bedeutung der Sortenvielfalt bei Kulturpflanzen aus.

Lebensraum Stadt

1 *Raum und Nahrung für Wildtiere in der Stadt (Turmfalke, Waschbär, Haussperling)*

Allein in Berlin leben mehr als 50 verschiedene Säugetierarten und rund 180 Vogelarten – Haustiere nicht eingeschlossen (Abb. 1).

Umweltfaktoren in der Stadt

Die Umweltbedingungen in der Stadt unterscheiden sich von denen im Umland. Die Jahresdurchschnittstemperatur liegt ein Grad höher, an wolkenfreien Tagen ist es sogar mehrere Grad wärmer als im Umland. Niederschläge fließen durch Entwässerungsbauten schneller ab. Daher ist die relative Luftfeuchtigkeit geringer. Durch den Straßenverkehr und die Betriebsamkeit ist es laut. Die Luft ist vielerorts mit Abgasen und Staubpartikeln belastet. Das kann zu vermehrter Nebel- oder Smogbildung führen und vermindert die Sonneneinstrahlung. Kunstlicht von Haus- und Straßenlampen verkürzt die Phasen der Dunkelheit. Straßenkehricht hat einen höheren Stickstoffgehalt als Gartenerde. Das ist auf Abfälle, Haustierkot und Abgase zurückzuführen. Gärten, Parks und Friedhofsanlagen enthalten eine vielfältigere Flora als so mancher Forst.

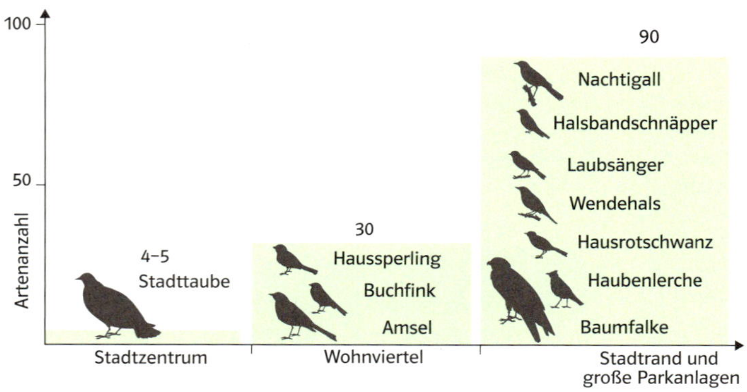

2 *Brutvogelarten im Siedlungsraum*

Kulturfolger

Bis zum Ende des 19. Jahrhunderts war die Amsel in Europa noch ausschließlich ein Waldvogel. Allmählich wandelte sie sich von Westen nach Osten hin zu einem Stadtvogel (Abb. 2). Dazu trugen reich strukturierte Gärten und die Winterfütterung durch den Menschen bei. Straßenrandpflanzen stellen für sie und andere Wildlebewesen eine direkte Verbindung von Siedlung zu Siedlung dar. Nisthilfen für Schwalben oder Eulen in ländlichen Siedlungsgebieten binden diese Arten an Häuser und sind ein traditioneller Beitrag zur biologischen Schädlingsbekämpfung.

Bauwerke gleichen einer Kunstfels-Landschaft und bieten Platz für Höhlenbewohner wie Fledermäuse und Felsenbrüter wie Turmfalke, Dohle, Mauersegler oder Haussperling. Nahrungsabfälle bereichern ihren Speisezettel, wobei die Fluchtdistanz zum Menschen oft erstaunlich gering ist (Abb. 1). Kanalisationen bieten dunkle Feuchtbiotope nicht nur für Ratten.

Die erhöhte Sterberate im Straßenverkehr oder durch Hauskatzen und Hunde gleichen Wildtiere in der Stadt mit hoher

Geburtenrate und angepasstem Verhalten aus. Selbst größere Wildtiere wie Füchse oder Wildschweine nutzen die Vorzüge des Stadtlebens, vor allem, wenn im Umland die Überlebenschancen sinken. Wildwechsel-Verkehrsschilder im städtischen Umland zeigen, wie eng Wildtiere und Stadt zusammengerückt sind (Abb. 3).

Konflikte mit Wildtieren in der Stadt

Nicht alle Kulturfolger unter den Wildtieren sind vom Menschen gleich gern gesehen. Freut man sich noch über ein zutrauliches Eichhörnchen im Park, so kann eine nach dem Brötchen schnappende Silbermöwe in der Einkaufsstraße eher lästig sein. Wildtiere können außerdem hygienische Probleme aufwerfen, Nahrungsvorräte verderben oder Krankheitserreger übertragen (*Zoonosen*). Ein historisches Beispiel ist die Pest, bei der krankmachende Bakterien über Flöhe von Hausratten auf den Menschen übertragen wurden. Die als Friedensvogel verehrte Felsentaube wird gelegentlich als „Ratte der Lüfte" empfunden, weil sie sich in Städten unkontrolliert vermehrt und Schmutz verbreitet.

Leistung von Stadtbäumen

Im Zusammenleben mit Wildarten unterscheidet der Mensch oft zwischen „Schädlingen" und „Nützlingen". Da Arten untereinander in positiver oder negativer Wechselbeziehung stehen, ist das aus ökologischer Sicht nicht immer sinnvoll. Im Naturschutz spricht man heute eher von Leistungen von Arten oder von Funktionen der Ökosysteme für den Menschen. Dabei wird nicht unbedingt aus naturwissenschaftlicher Sicht argumentiert. In diesem Sinne leisten Pflanzen, vor allem Bäume in der Stadt, einen erheblichen Beitrag zur Verbesserung des Stadtklimas.

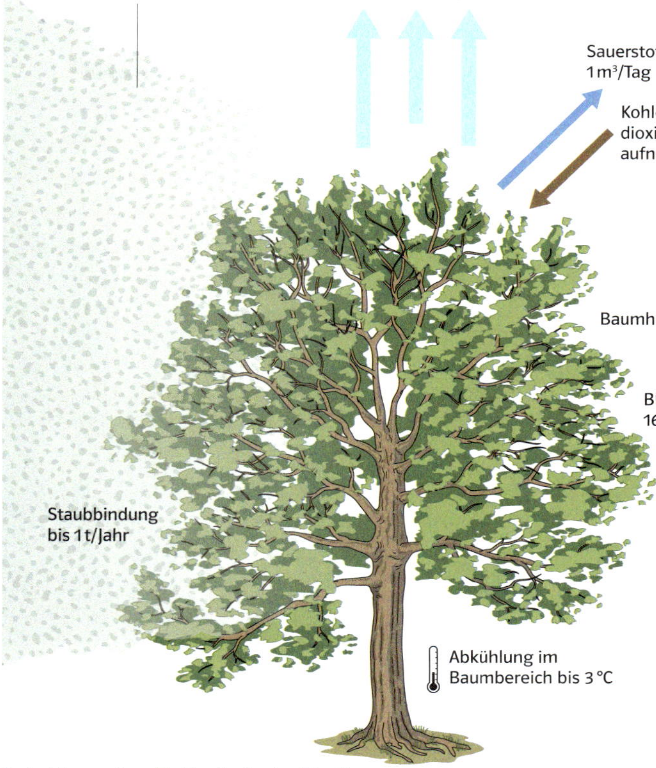

4 *Leistung einer Rotbuche in der Stadt*

3 *Wildwechsel am Stadtrand*

AUFGABEN >>

○ **1** Vergleichen Sie tabellarisch die abiotischen Umweltfaktoren in Stadt- und Landökosystemen.

○ **2** Nennen Sie Tiere und Pflanzen, deren Artname schon die Nähe zu Siedlungsräumen andeutet.

◒ **3** Beschreiben und erklären Sie die Unterschiede in der Anzahl von Brutvögeln in Stadtzentrum und Umland (Abb. 2).

● **4** Erklären Sie am Beispiel der Rotbuche (Abb. 4), wie sich ein Baum auf das Stadtklima auswirkt.

Material

Lebensraum Stadt

Städte werden von Menschen für Menschen gebaut. Sie weisen spezielle abiotische Umweltfaktoren auf und bieten auch Pflanzen und Tieren einen geeigneten Lebensraum.

Wasserhaushalt bei bebauten Flächen

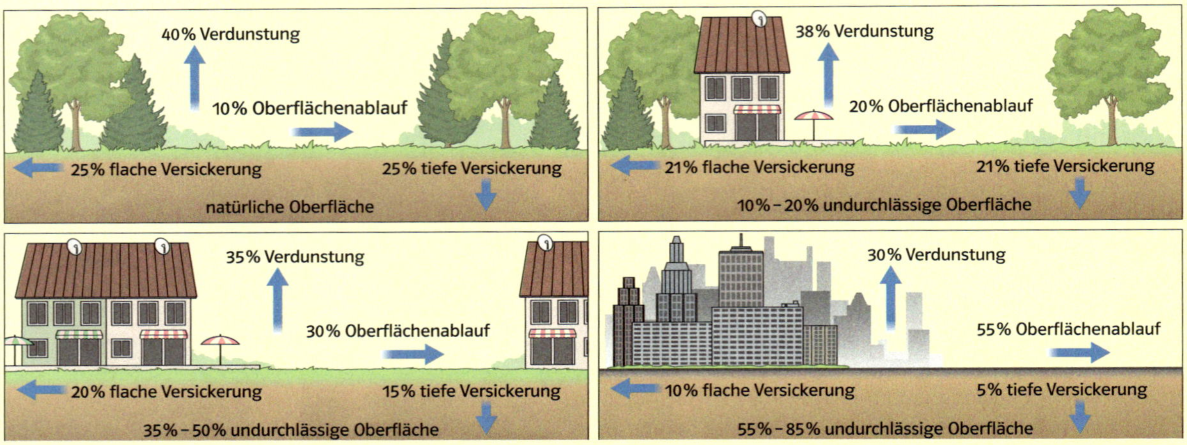

1 *Veränderung des Wasserhaushalts bei Bebauung*

Eine Bebauung verändert den Windeinfluss, den Niederschlagswinkel und die Verdunstungsbedingungen. Pflasterung und Asphaltierung versiegeln Flächen. Der Wasserhaushalt in einer Stadt unterscheidet sich deutlich von dem der unbebauten Umgebung.

AUFGABE >>

○ **1** Beschreiben Sie die Veränderung des Wasserhaushalts bei zunehmender Bebauung (Abb. 1).

Mitbewohner in Gebäuden

2 *Änderung der Präferenzen von Siedlungsbewohnern*

Häuser und andere Gebäude bieten den Bewohnern ausgeglichene Temperaturen, Schutz vor Niederschlägen und Lagerraum für Vorräte. Sie sind daher nicht nur für Menschen bevorzugte Lebensräume.

AUFGABEN >>

○ **2** Vergleichen Sie die Umweltfaktoren in einem bewohnten Gebäude mit denen in der unbebauten natürlichen oder landwirtschaftlichen Umgebung.

○ **3** Recherchieren Sie im Internet die ökologische Nische der in Abb. 2 genannten Gliederfüßer.

◒ **4** Entwickeln Sie eine begründete Hypothese für die unterschiedlichen Präferenzen in Nord-, Mittel- und Südeuropa bei den verschiedenen Arten.

Praktikum

Ökologische Untersuchungen auf dem Schulgelände

Für ökologische Untersuchungen sind keine ausgedehnten Exkursionen nötig
Schon auf dem Schulgelände lassen sich vielfältige Lebensräume finden.

Städtische Kleinstlebensräume

Selbst in schmalen Ritzen zwischen Pflastersteinen können sich Pflanzen ansiedeln. Auch Mauern, Regenrinnen, Holzverkleidungen oder Sandkisten eignen sich als Lebensraum.

1 *Stiefmütterchen und Ahornkeimling in Pflasterritzen*

AUFGABEN >>

1 Unternehmen Sie in Gruppen eine Foto-Exkursion auf dem Schulgelände. Bestimmen und kartieren Sie die gefundenen Pflanzen in Kleinstlebensräumen und beschreiben Sie die Umweltfaktoren des Standorts (Sonneneinwirkung, Beanspruchung des Pflasters, Breite und Tiefe der Ritzen etc.).

2 Stellen Sie eine begründete Hypothese über die Herkunft der jeweiligen Pflanzen auf.

3 Informieren Sie sich über die Ansprüche der Pflanzen und geben Sie eine begründete Prognose zu den Erfolgsaussichten am Standort ab.

4 Besuchen Sie ausgewählte Standorte nach einer und zwei Wochen noch einmal, vergleichen Sie den Bewuchs und dokumentieren Sie Ihre Ergebnisse in einer Präsentation.

Citizen Science und Urban Gardening

Ökologisch Gärtnern und Forschen kann man auch in der Stadt. Schließt man sich dabei einer Online-Gemeinschaft an, kann man von den Erfahrungen anderer profitieren und diese mit eigenen Daten vergleichen.

2 *Urban Gardening*

AUFGABEN >>

5 Suchen Sie im Internet nach Anregungen zum städtischen Gärtnern in leeren Obstkisten und anderen Behältnissen (Milchtüten, Dosen …) und wählen Sie geeignetes Saatgut (Schnittlauch, Radieschen, Wachsblume …).

6 Wählen Sie auf Ihrem Schulgelände Standorte mit unterschiedlichen Umweltfaktoren für solche Pflanzbehälter aus (z. B. innen/außen, Licht/Schatten, Asphaltfläche/Rasenfläche, windgeschützt, freistehend).

7 Führen Sie Protokoll (auch mit Fotos), wie sich die Minigärten entwickeln: Wann keimt die Saat, wie hoch wachsen die Pflanzen, wann blühen sie, werden sie von bestäubenden Insekten besucht oder von Vögeln oder Schnecken gefressen?

8 Vergleichen Sie die Ergebnisse an den verschiedenen Standorten und erklären Sie mögliche Unterschiede.

9 Suchen Sie im Internet nach vergleichbaren Projekten unter dem Suchwort „Citizen Science“.

10 Verwerten Sie die Ernte für ein gemeinsames Klassen-Essen.

KOMPAKT

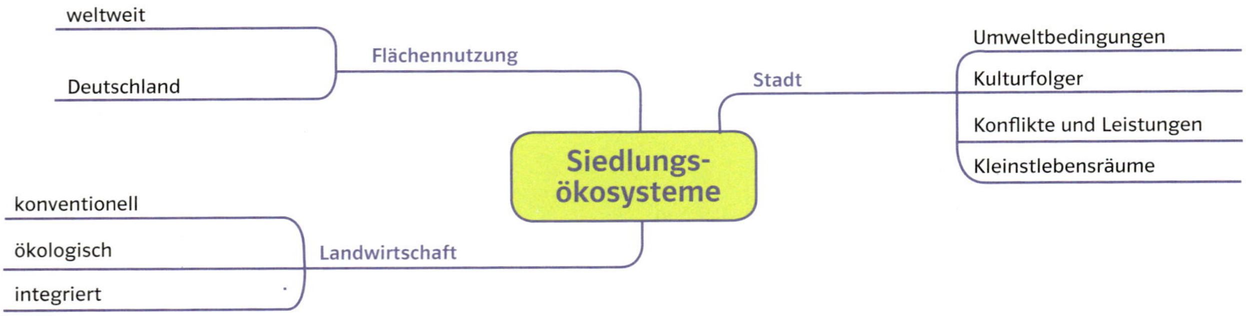

Auf der Erde gibt es kaum noch vollkommen „unberührte", also vom Menschen unbeeinflusste Natur. Für viele Arten und Ökosysteme war die Ansiedlung von Menschen fatal. Doch auch in Siedlungsräumen lassen sich ökologische Beobachtungen machen. Es gibt Arten, die an diese besonderen Umweltbedingungen angepasst sind oder sie gezielt aufsuchen, andere gehen in ihrem Bestand zurück oder sterben sogar aus.

Flächennutzung

Die Landfläche der Erde von etwa 134 Millionen km² wird heute zu 37% landwirtschaftlich und zu 2% für Städte und Verkehr genutzt. In Deutschland wird sogar mehr als die Hälfte der verfügbaren Fläche landwirtschaftlich genutzt. Der überwiegende Teil dient als Weideland, der Rest dem Anbau von Futtermitteln, Nahrungsmitteln, Naturstoffen oder der Bereitstellung von Bioenergie.

Landwirtschaft

Historisch gesehen ist die Landwirtschaft untrennbar mit dem Sesshaftwerden der Menschen verknüpft. Die Produktion von Nahrungsmitteln wurde durch Züchtung ertragreicher Sorten, durch natürliche und künstliche Düngemittel und durch den Einsatz von Herbiziden und Insektiziden immer weiter gesteigert. Auf diese Weise wurde die Versorgung einer wachsenden Bevölkerung sichergestellt. Die Intensivierung der Landwirtschaft hat aber auch Schattenseiten in Form von Umweltbelastungen, Tierwohlgefährdung und umstrittener Lebensmittelqualität. Im Rahmen des integrierten Landbaus versucht man heute zunehmend, sowohl ökonomischen als auch ökologischen Anforderungen gerecht zu werden. Dabei bemüht man sich, die Vielfalt an Sorten und Arten zu erhalten, Monokulturen einzuschränken und die Schädlingsbekämpfung mengenmäßig, räumlich und zeitlich zu begrenzen.

Stadt

Die Jahresdurchschnittstemperatur in einer Stadt ist etwa ein Grad höher als im Umland, die Luftfeuchtigkeit ist geringer. Lärm, Kunstlicht und Abgase sind siedlungstypische Umweltfaktoren. Pflanzen in der Stadt können das Stadtklima auch für den Menschen erheblich verbessern. Kulturfolger leben im städtischen Umfeld, sie dringen zum Teil bis in die beheizten Wohnräume oder Vorratsspeicher vor. Einige Arten werden durch Winterfütterung, Parkanlagen oder Haustierhaltung von den Menschen gezielt gefördert, andere Arten werden nicht gern gesehen, weil sie Bauwerke zerstören oder Krankheiten übertragen können.

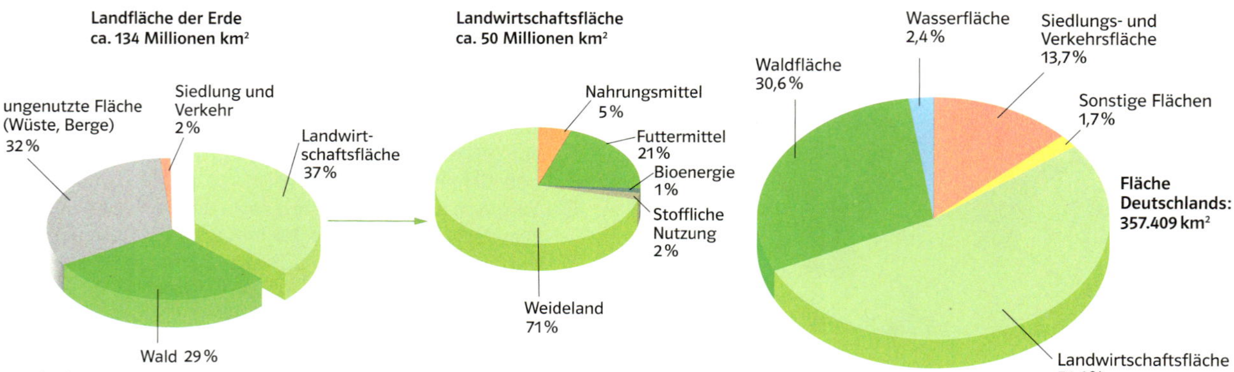

1 *Flächennutzung weltweit und in Deutschland*

Umweltfaktoren in der Stadt

In einer Stadt herrscht im Vergleich zum umgebenden Land eine andere klimatische Struktur. Häuser, Heizungen und Bodenoberflächen haben Auswirkungen auf Wärmeverteilung, Wasseraufnahme und Verdunstung. Verunreinigungen der Luft (z. B. Kohlenstoffdioxid (CO_2), Schwefeldioxid (SO_2) und Stickstoffoxide (NO_x) können zu einer Dunstglocke über der Stadt führen. Obwohl Häuser, Asphalt und Beton den Boden versiegeln, haben die meisten mitteleuropäischen Städte eine mosaikartige Struktur mit vielen Biotopen. In Stadtwäldern, auf Stadtwiesen, auf Friedhöfen, auf Bahndämmen und Flachdächern, an Mauern und selbst in Pflasterritzen gibt es einige Hundert Pflanzen- und Tierarten. Kulturfolger wie die Amsel finden in Städten gute Lebensbedingungen vor und sind dort sogar häufiger vertreten als in ihrem natürlichen Lebensraum.

○ 1 Erläutern Sie die unterschiedliche Intensität der Umweltfaktoren in Abb. 1. *(Punkte: 12/50)*

● 2 Formulieren Sie anhand von Abb. 2 eine Untersuchungsfrage zur Größe von Pflasterritzen-Pflanzen und entwickeln Sie ein mögliches Experiment zur Überprüfung. *(Punkte: 10/50)*

◒ 3 Pflanzen in Pflasterritzen können meistens einer der beiden Gruppen in Abb. 4 zugeordnet werden. Erläutern Sie die Eigenschaften als Angepasstheiten an den Standort. *(Punkte: 12/50)*

◒ 4 Erklären Sie den in Abb. 3 dargestellten Unterschied bei Amselrevieren im Wald und in der Stadt. *(Punkte: 12/50)*

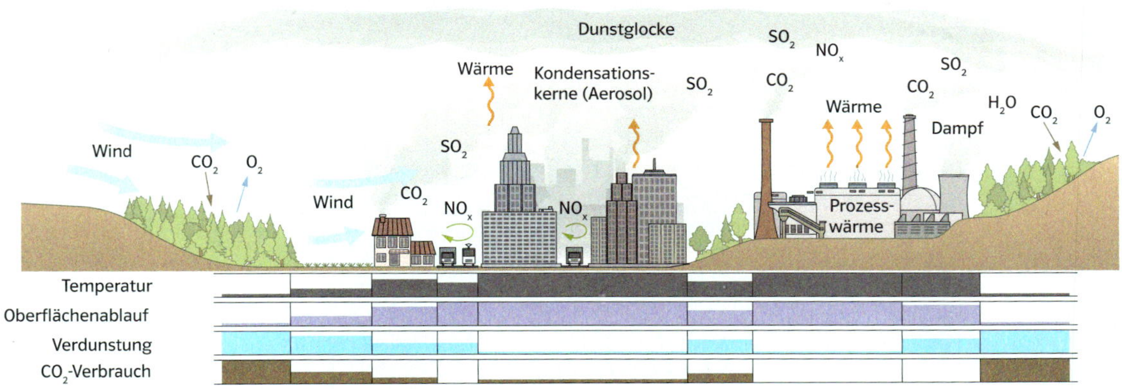

1 *Stadtklima*

2 *Breitwegerich (links: Pflastersteine, rechts: Wiese)*

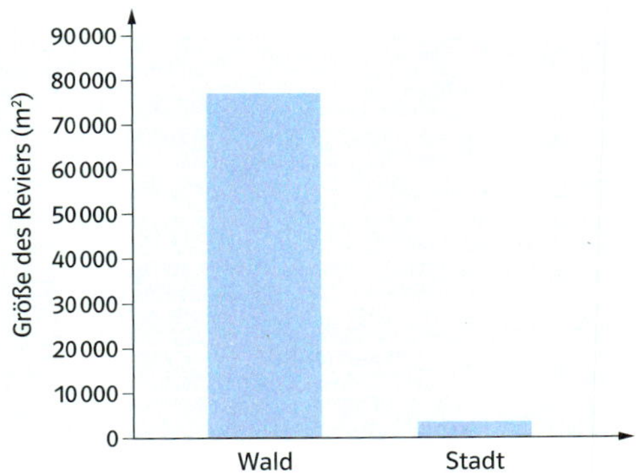

3 *Größe von Amselrevieren*

Gruppe 1
wachsen schnell, produzieren schnell Samen, sterben nach wenigen Wochen wieder ab (z. B. Vogelknöterich, Hirten-Täschelkraut)

Gruppe 2
mehrjährig, treiben knapp über dem Boden aus, kräftige und lange Wurzeln (z. B. Löwenzahn, Breitwegerich)

4 *Pflasterritzen-Pflanzen*

8 Mensch und Umwelt

Bevölkerung und Welternährung

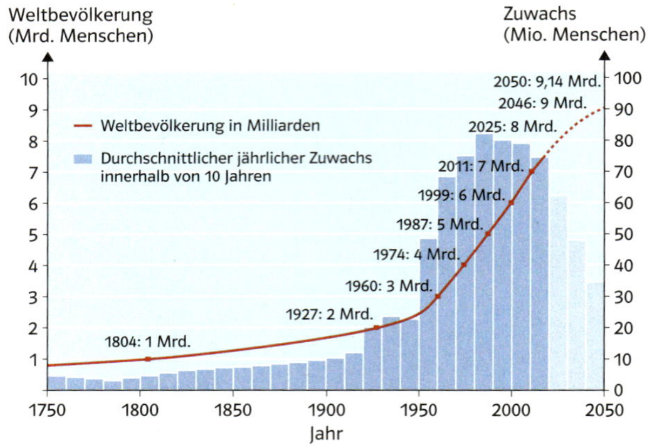

1 *Wachstum der Weltbevölkerung*

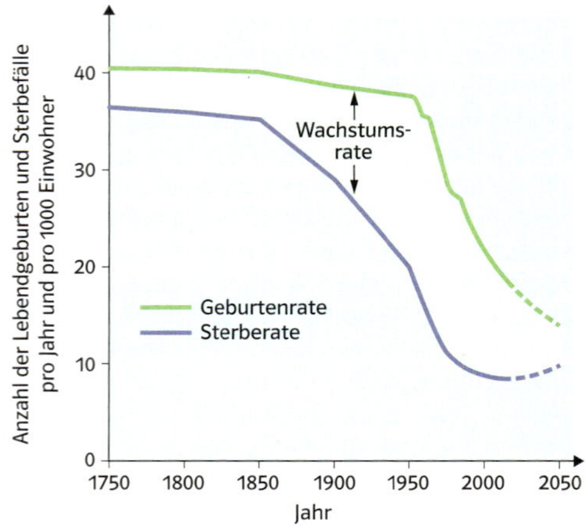

3 *Geburten- und Sterberate*

Im 20. Jahrhundert hat sich die Weltbevölkerung nahezu vervierfacht. Nachdem sie viele Jahrzehnte lang immer schneller wuchs, beobachtet man seit 1990 einen langsameren Anstieg (Abb. 1). Seit etwa 50 Jahren befassen sich Forscher mit der Frage, wie viele Menschen die Erde langfristig mit Wasser und Nahrung versorgen kann.

Das Bevölkerungswachstum

Im Vergleich der Kontinente erkennt man, dass die Bevölkerung in der jüngeren Vergangenheit und nahen Zukunft besonders in Asien und Afrika voraussichtlich steigt, gefolgt von Lateinamerika. Gerade in asiatischen Ländern wie China und Indien, aber auch in afrikanischen Ländern gibt es seit längerem Programme, die eine geringere Kinderzahl in den Familien propagieren. Warum die Bevölkerung dennoch wächst, zeigt ein Blick auf die Geburten- und Sterberaten (Abb. 3).

Durch die Verbesserung der medizinischen Versorgung und die globale Bekämpfung von Seuchen ist insbesondere in diesen Ländern die Lebenserwartung stark gestiegen. Hingegen nimmt die Bevölkerung der Industriestaaten aufgrund einer sinkenden Geburtenrate langsamer zu oder sogar ab.

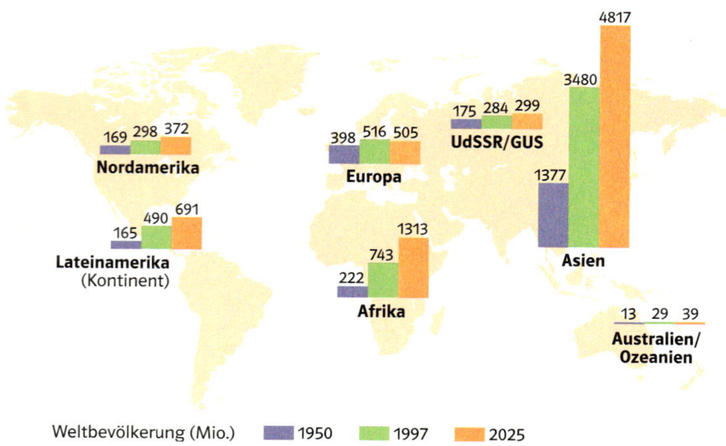

2 *Bevölkerung nach Kontinenten*

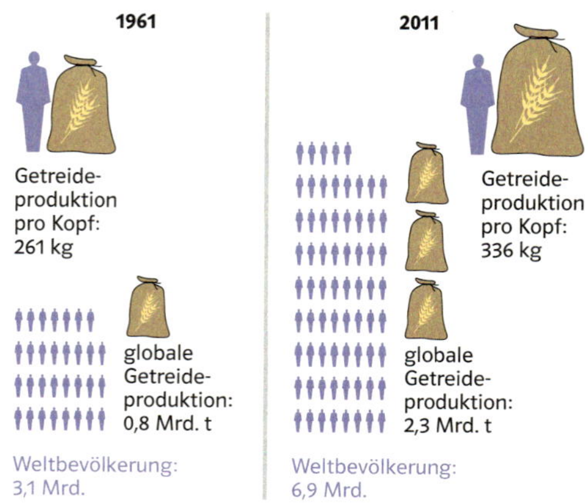

4 *Entwicklung der Getreideproduktion*

Nahrungsmittelproduktion und Verteilung

Die Nahrungsmittelproduktion steigt schneller als die Weltbevölkerung (Abb. 4). Dennoch leiden etwa 12% der Menschen auf der Erde an Unter- bzw. Fehlernährung (Abb. 5). Die Gründe dafür sind vielfältig. Etwa die Hälfte der Betroffenen sind Kleinbauern, die Nahrungsmittel nur für die eigene Familie anbauen. Missernten führen bei diesen Kleinbauern wegen fehlender Einnahmen zu Mangelernährung, da sie ihre Nahrung nicht durch Zukäufe ergänzen können.

In vielen Ländern wird der Anbau von Pflanzen für die Erzeugung von Genussmitteln (Kaffee, Tee), die Energieerzeugung oder Rohstoffgewinnung gefördert. Dies trägt zum Anstieg der Preise für Nahrungsmittel bei. Die Erzeugung von Brotgetreide konkurriert z. B. mit dem Anbau von Mais für die Energiebereitstellung durch Biogas. Auf fruchtbaren Flächen in Asien und Südamerika werden z. B. Palmölplantagen angelegt, die einen begehrten Rohstoff für die Herstellung von Kosmetika, Nahrungsmitteln und Brennstoffen liefern.

Weltweit dienen etwa 35% des geernteten Getreides als Tierfutter und damit indirekt der Deckung des steigenden Fleischbedarfs. Andererseits trägt auch die Fleischproduktion zur Verbesserung der Welternährung bei. Das trifft insbesondere für Regionen zu, in denen der Anbau von Nahrungspflanzen aus klimatischen Gründen bzw. aus Wassermangel nicht möglich ist. Das gilt z. B. für die Schafhaltung in Regionen Südeuropas und Australiens.

Obwohl weltweit genügend Nahrung produziert wird, um die derzeitige Weltbevölkerung zu ernähren, führen hohe Nahrungsmittelpreise, politische Krisen und fehlende Einnahmequellen Betroffener dazu, dass viele Menschen hungern. Außerdem bewirken die seit einigen Jahrzehnten beobachteten Klimaveränderungen, dass in manchen Regionen bisherige Selbstversorger zunehmend auf Nahrungsimporte angewiesen sind (Abb. 6).

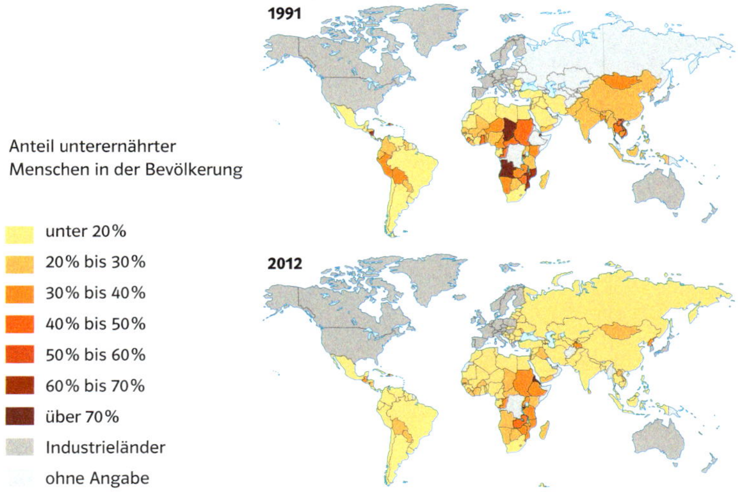

5 *Entwicklung der Unterernährung*

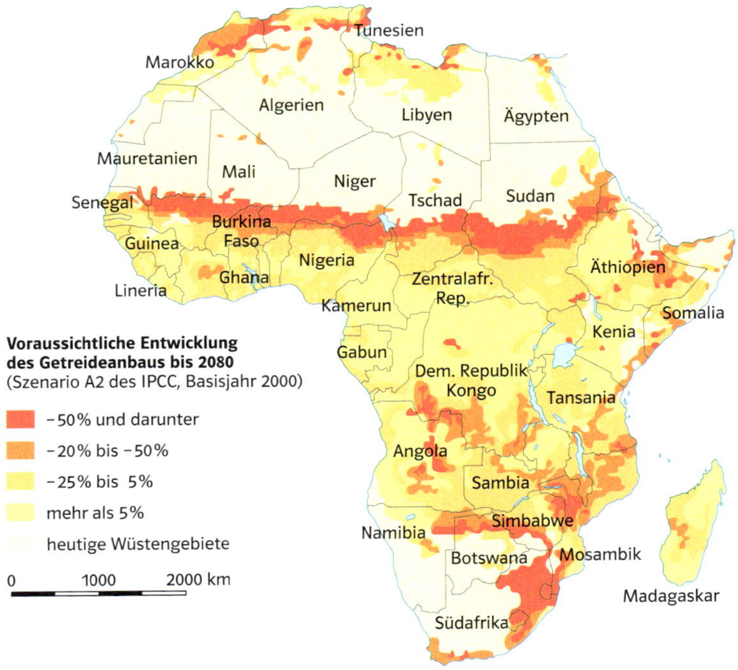

6 *Ausbreitung der Wüsten und Getreideanbau*

AUFGABEN >>

○ 1 Erläutern Sie Abb. 3.

● 2 Vergleichen Sie die Aussagen von Abb. 2 und 5 und nennen Sie mögliche Erklärungen.

◒ 3 Recherchieren Sie die Ursachen der Ausbreitung der Wüsten in Afrika unter dem Stichwort Desertifikation und leiten Sie aus Abb. 6 die Folgen ab.

Der Klimawandel

1 *Rückgang eines Gletschers (Hornkees) innerhalb von 100 Jahren*

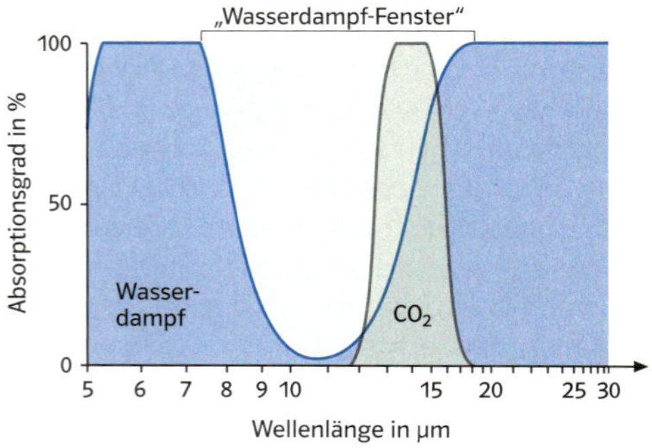

3 *Absorption von Infrarotstrahlung in der Atmosphäre*

Manche Sommer sind wärmer als andere, manche Winter sind besonders kalt. Langfristige Klimaveränderungen sind nicht leicht von Wetterschwankungen warmer oder kalter Jahre zu unterscheiden. Hinweise auf eine *globale Erwärmung* liefert der Vergleich von Gletschern der letzten 100 Jahre (Abb. 1). Der Meeresspiegel steigt nach Satellitenmessungen seit 1993 durchschnittlich um 2,9 mm / Jahr, also um 29 cm pro Jahrhundert.

Der Treibhauseffekt

Im Zusammenhang mit der globalen Erwärmung wird oft der Begriff „Treibhauseffekt“ verwendet. Er leitet sich aus der Beobachtung ab, dass die Temperatur in Treibhäusern und Wintergärten an sonnigen Tagen weit über der Außentemperatur liegt. Sonnenlicht gelangt durch die Glashülle auf den Boden des Treibhauses und erwärmt ihn. Die langwellige Wärmestrahlung kann Glas weniger durchdringen als das Licht; die Temperatur steigt. Bei höherer Temperatur stellt sich jeweils ein neues Strahlungsgleichgewicht aus Ein- und Abstrahlung ein.

Auf der Erde vermindert die Atmosphäre die Wärmeabstrahlung. Das auf die Erdoberfläche treffende Sonnenlicht wird in langwelligere Wärmestrahlung umgewandelt. Von der durch das Sonnenlicht erwärmten Erdoberfläche geht im Wesentlichen Wärmestrahlung mit einer Wellenlänge von 5 — 30 µm aus, die höchste Intensität hat sie bei 10 µm. Wärmestrahlung mit einer Wellenlänge von 8 — 13 µm gelangt nahezu ungehindert ins Weltall.

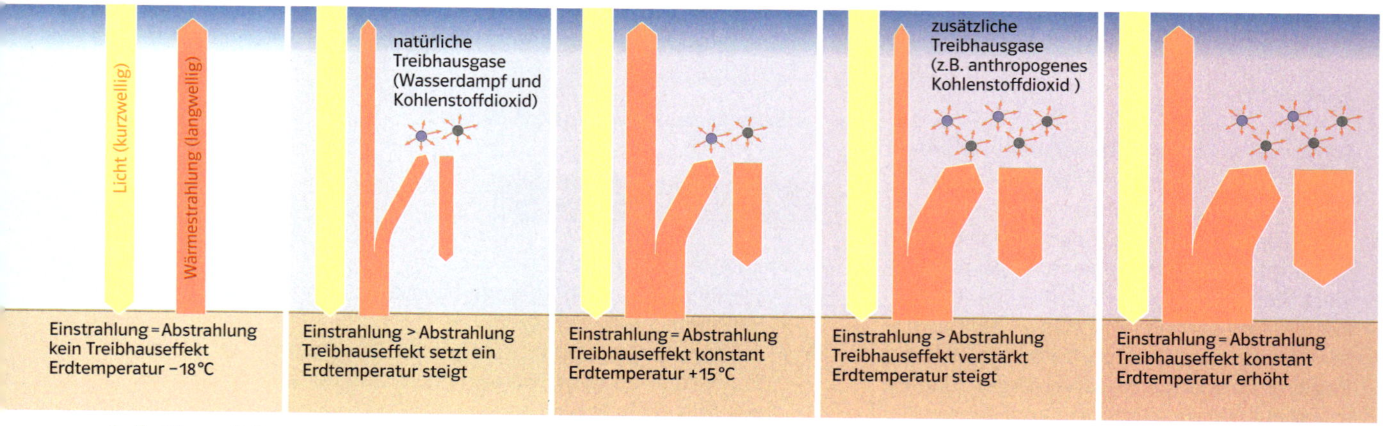

2 *Treibhauseffekt*

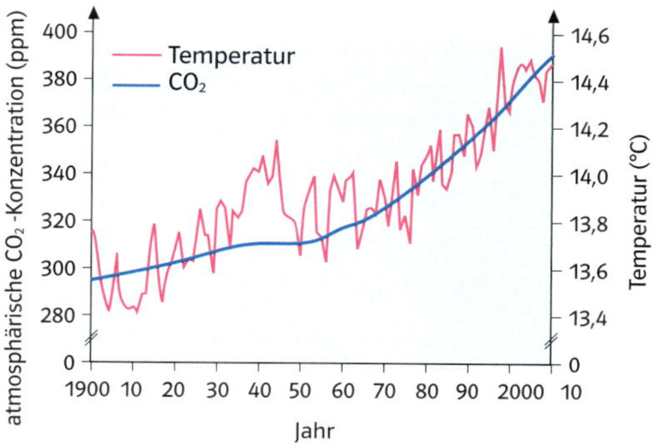

4 *Jahresmitteltemperatur und CO_2-Gehalt*

Treibhausgas	Konzentration (global) in ppm		Anteil am anthropogenen Treibhauseffekt	relative Wirksamkeit pro Molekül
	1985	2013		
CO_2	345,7	396	50 – 60 %	1
CH_4	1,66	1,82	15 – 20 %	25
N_2O	0,304	0,326	5 – 6 %	298
FCKW	ca. 0,003	ca. 0,005	< 10 %	bis 14 400
O_3 (Boden)	regional verschieden		4 – 8 %	2 000

5 *Anteil der Treibhausgase am Treibhauseffekt*

Sowohl kürzer- als auch längerwellige Wärmestrahlung wird vor allem durch die natürlichen Treibhausgase Wasserdampf und Kohlenstoffdioxid absorbiert (Abb. 3). Dadurch wird die Atmosphäre erwärmt. Die globale Jahresdurchschnittstemperatur würde ohne diesen Treibhauseffekt −18 °C betragen statt tatsächlich heute +15 °C.

Gegenwärtiger Einfluss des Menschen

Der Anstieg der globalen Jahresmitteltemperatur zeigt starke Übereinstimmungen mit dem Anstieg der Kohlenstoffdioxidkonzentration in der Atmosphäre (Abb. 4). Die Hauptursache für die Zunahme des Kohlenstoffdioxids ist die Verbrennung der fossilen Brennstoffe Kohle, Erdöl und Erdgas. Außerdem trägt die Abholzung von Wäldern durch verminderte Kohlenstoffdioxidfixierung dazu bei.

Mit zunehmender Industrialisierung wurden weitere Stoffe freigesetzt, die die Strahlung im sogenannten Wasserdampf-Fenster absorbieren (Abb. 5), z. B. das inzwischen in vielen Ländern verbotene Treibgas für Sprayflaschen Distickstoffmonooxid (N_2O). Bodennahes Ozon (O_3) entsteht verstärkt durch Luftverschmutzungen, Methan (CH_4) wird bei der Erdöl- und Erdgasförderung freigesetzt und von Rindern ausgeschieden (ca. 140 l pro Tier und Tag). Entscheidend für den Einfluss auf die Erderwärmung ist nicht nur die Konzentration der Stoffe, sondern auch die Wirksamkeit pro Molekül im Wasserdampf-Fenster (Abb. 3).

Folgen der anthropogenen Einflüsse

Mit Computersimulationen versucht man, den zu erwartenden Temperaturanstieg und dessen Folgen vorherzusagen. Die Zusammenhänge sind sehr komplex. Ein Teil des durch Menschen freigesetzten Kohlenstoffdioxids löst sich im Meerwasser. Es kann dort allerdings durch Senkung des pH-Werts die Bildung von Kalk durch Muscheln und Korallen stören.

Der Rückgang von Gletschern und vereisten Polkappen kann die Lichtreflexion verringern und so die Erwärmung beschleunigen. Auch die Folgen von veränderten Meeresströmungen durch die erhöhte Wassertemperatur sind schwer abzuschätzen. Die Simulationen sagen einen Temperaturanstieg von 2 bis 6 °C in 100 Jahren voraus. Das könnte einem Meeresspiegelanstieg von 0,5 bis 2 m bedeuten. Dadurch drohen Inselstaaten und Küstenregionen Überflutungen.

AUFGABEN >>

○ **1** Nennen Sie mögliche Folgen für Lebewesen durch die relativ schnelle Verschiebung von Klimazonen.

◒ **2** Erklären Sie am Beispiel des Gletscherrückgangs das Prinzip der positiven Rückkopplung.

● **3** Diskutieren Sie folgende Aussage: „Der Klimawandel wird überwiegend von Industriestaaten verursacht, trifft jedoch besonders stark Menschen in wirtschaftlich weniger entwickelten Regionen".

Material

Die Atmosphäre und der Klimawandel

Das Klima auf der Erde war in der Vergangenheit immer wieder Veränderungen unterworfen. Informationen dazu erhielt man z. B. aus Eisbohrkernen, die man dem arktischen und antarktischen Eis entnahm. Auch zyklische Aktivitäten der Sonne werden als Ursachen für Temperaturschwankungen diskutiert. Sie hinterließen im arktischen und antarktischen Eis Spuren in Form von Isotopen verschiedener Elemente. Die jüngsten Veränderungen sind jedoch Folge menschlicher Aktivitäten.

Klimageschichte

Aus Daten zur Breite der Jahresringe und der Schichten in Eisbohrkernen wurde die globale Durchschnittstemperatur der letzten 11 000 Jahre abgeleitet (Abb. 1).

In Moorböden bleiben Pollen und andere Pflanzenteile über Jahrtausende erhalten. Die Analyse der Pollen erlaubt Schlüsse auf die Häufigkeiten verschiedener Baumarten, die zu bestimmten Zeiten der Moorablagerungen in dem Gebiet vorkamen.

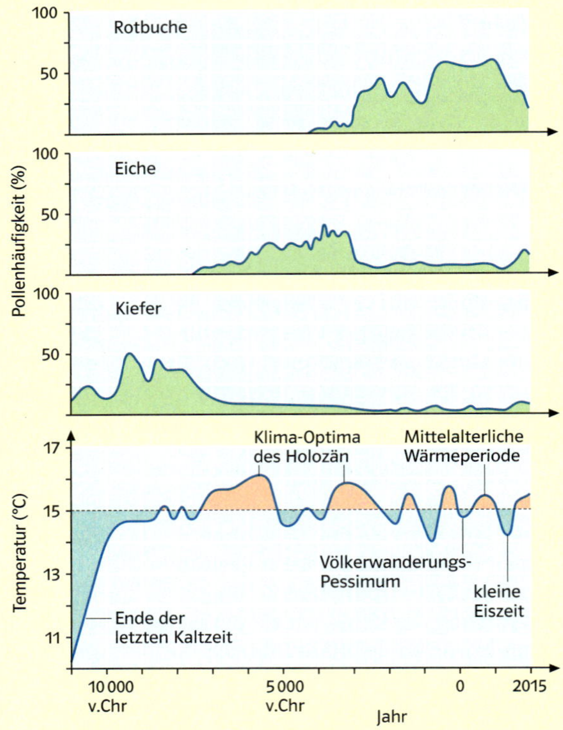

1 *Temperaturen und Pollenhäufigkeiten auf der Nordhalbkugel*

AUFGABEN >>

○ 1 Beschreiben Sie den in Abb. 1 dargestellten Verlauf der Temperatur.

◒ 2 Aktuelle Simulationen sagen einen Temperaturanstieg von zwei oder mehr °C in 100 Jahren voraus. Vergleichen Sie diese Angabe mit den historischen Temperaturänderungen laut Abb. 1.

● 3 Vergleichen Sie die Ergebnisse der Pollenanalyse (Abb. 1) mit den Temperaturwerten und erklären Sie mögliche Zusammenhänge.

Der Einfluss der Sonne

Die Anzahl der Sonnenflecken ist ein Maß für die Strahlungsaktivität der Sonne und somit für die Intensität der Sonneneinstrahlung auf der Erde. Um den Einfluss zufälliger Einzelereignisse auf die Betrachtung des Verlaufs zu verringern, bildet man mehrjährige Mittelwerte (Abb. 2). Das Gleiche gilt für die Angaben der globalen Durchschnittstemperatur.

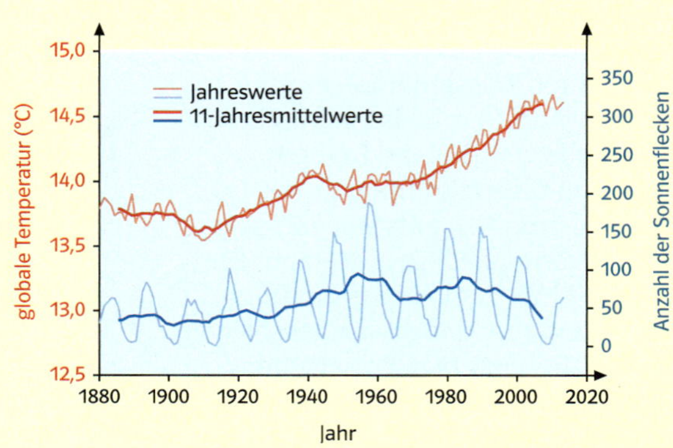

2 *Sonnenaktivität und mittlere Jahrestemperatur auf der Erde*

AUFGABE >>

◒ 4 Nehmen Sie Stellung zu der Hypothese, dass die globale Erwärmung überwiegend auf die Sonnenaktivität zurückzuführen ist und nicht auf Aktivitäten des Menschen.

Die Wärmeabstrahlung der Erde

Ohne den natürlichen Treibhauseffekt wäre die Welt deutlich kälter, als sie heute ist. Aus theoretischen Überlegungen und mithilfe von Modellexperimenten kann man ermitteln, in welchen Wellenlängenbereichen die Erde wie viel Energie in Form von Wärmestrahlung abgeben würde (Abb. 3). Im Modellexperiment strahlt man eine Kugel aus Gestein mit Licht an, das dem Sonnenlicht entspricht. Dann misst man die ausgesandte Wärmestrahlung.

Mithilfe von Satelliten kann man die reale Wärmeabstrahlung für verschiedene Wellenlängen bestimmen (Abb. 3).

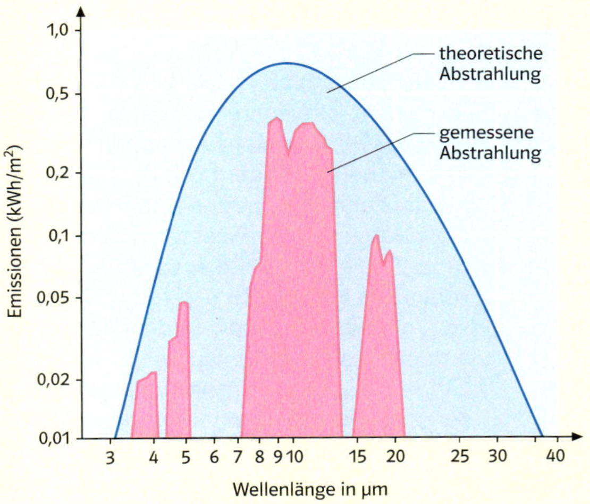

3 *Theoretische und tatsächliche Wärmeabstrahlung*

Von Wolken absorbierte Strahlung führt zu deren Erwärmung. Wie andere erwärmte Stoffe geben sie ihrerseits Wärmestrahlung in alle Richtungen ab, also auch in Richtung Erde. Man spricht von der Streuung der Strahlung.

AUFGABEN >>

○ **5** Beschreiben Sie Abb. 3.

◒ **6** Erläutern Sie den Treibhauseffekt anhand von Abb. 3.

◒ **7** Verringert sich durch anthropogene Veränderungen in der Zusammensetzung der Atmosphäre die Wärmeabstrahlung, stellt sich ohne weitere Veränderungen nach einiger Zeit ein neues Strahlungsgleichgewicht ein. Erklären Sie dieses Phänomen.

Aerosole und Klima

Durch Vulkanausbrüche, Waldbrände und industrielle Prozesse gelangt Feinstaub in die Luft (Abb. 4). Er bildet mit Wassermolekülen in der Atmosphäre kleinste Wassertröpfchen. In Gasen fein verteilte kleinste Flüssigkeitströpfchen oder Feststoffe bezeichnet man als *Aerosole*.

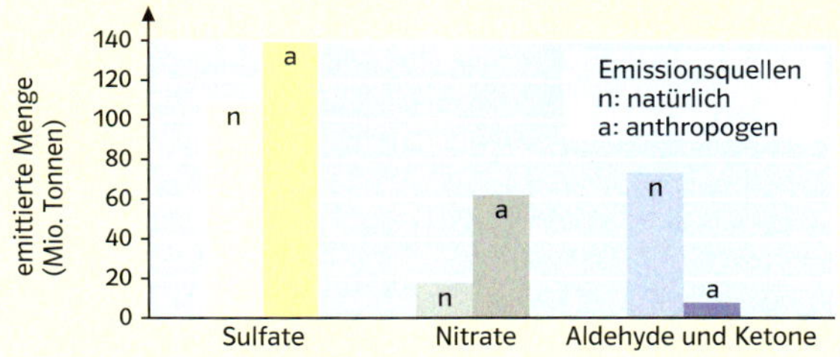

4 *Aerosole bildende Emissionen pro Jahr*

In einer Simulation wurden die Folgen menschlicher Feinstaubfreisetzung ermittelt. Dazu wurde die globale Zunahme des Feinstaubs in 50 Jahren und die Auswirkung auf die bodennahe Temperatur durch erhöhte Wolkenbildung berechnet (Abb. 5).

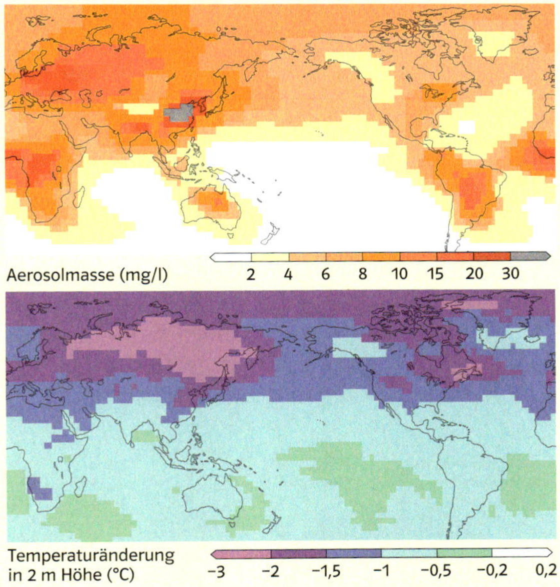

5 *Folgen der anthropogenen Aerosolbildung (Simulation)*

AUFGABE >>

● **8** Erläutern Sie eine von Ihnen gebildete Hypothese zur Erklärung der in Abb. 5 dargestellten Simulationsergebnisse.

Ressource Trinkwasser

Bewässerungsanlagen in der Sahara

Mitten im Winter gibt es frische Kartoffeln aus der Sahara in deutschen Supermärkten. Sie stammen aus riesigen Monokulturen in der ägyptischen und libyschen Wüste. Die häufig kreisrunden Felder mit einem Durchmesser von bis zu 1,6 km sind auf Luftbildern gut zu erkennen (s. Randspalte). Für die permanente Bewässerung werden ca. 500 l Süßwasser pro kg Kartoffeln benötigt. Süßwasser ist jedoch eine immer knapper werdende Ressource in diesen Ländern.

Verfügbarkeit von Süßwasser

Der weitaus größte Teil des Wassers auf der Erde eignet sich weder zum Trinken noch zur Bewässerung. 97,5 % liegen als Salzwasser vor (Abb. 1). Die Eiskappen der Pole und Gletscher im Hochgebirge bilden mehr als die Hälfte des Süßwassers. Der Begriff „Süß"wasser soll andeuten, dass dieses Wasser zwar Mineralstoffe, aber anders als Meerwasser kaum Kochsalz (NaCl) enthält.

Nutzung von Süßwasser

Weltweit dienen etwa 70 % des genutzten Süßwassers zur Bewässerung landwirtschaftlicher Flächen. In trockenen Regionen in Äquatornähe liegt der Anteil höher, in den Ländern Nordamerikas und Eurasiens deutlich darunter. Die industrielle Kartoffelproduktion in der Sahara stellt einen Sonderfall dar. Gegen Ende der letzten Eiszeit sind unter dem Wüstensand große Süßwasserreservoirs entstanden, die letztlich begrenzt sind. Bei der Nutzung zur Bewässerung der Wüste steht jedoch ein enormer Wasserverbrauch einem relativ geringen Nutzen für die Bevölkerung gegenüber.

Durch die Wahl von Nahrungspflanzen, die weniger Wasser benötigen, sowie die gezieltere Zufuhr des Wassers zu den Pflanzen kann vorhandenes Wasser sparsamer verwendet werden. So kann z. B. bei Weinreben und Obstbäumen durch die Gabe geringer Wassermengen im Wurzelbereich erreicht werden, dass die Pflanzen im sogenannten Wasserstress weniger Wasser verdunsten und sich dennoch gut entwickeln.

Verfügbarkeit von Trinkwasser

Insgesamt ist weniger als 1 % des Wassers der Erde für den Menschen direkt nutzbar. In Regionen mit einem Leitungsnetz wird meist Grundwasser oder aufbereitetes Flusswasser als Trinkwasser verwendet (Abb. 2). Die meisten Menschen auf der Erde versorgen sich jedoch direkt aus Gewässern oder aus Brunnen. Andere verwenden aufgefangenes Regenwasser. In vielen Ländern Asiens und Afrikas ist die Trinkwasserentnahme aus Flüssen problematisch. Eine Reihe von Flüssen und Seen wird von mehreren Anrainerstaaten genutzt. Dadurch entstehen häufig politische Konflikte um die Wasserverteilung. Durch die Einleitung von Abwässern enthält das Wasser vielerorts Giftstoffe bzw. Krankheitserreger. Die Hälfte der Weltbevölkerung ist von Wasserknappheit bedroht.

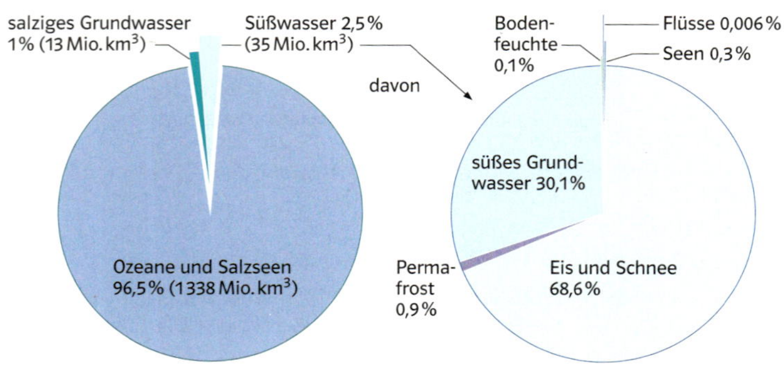

1 *Wasserressourcen auf der Erde*

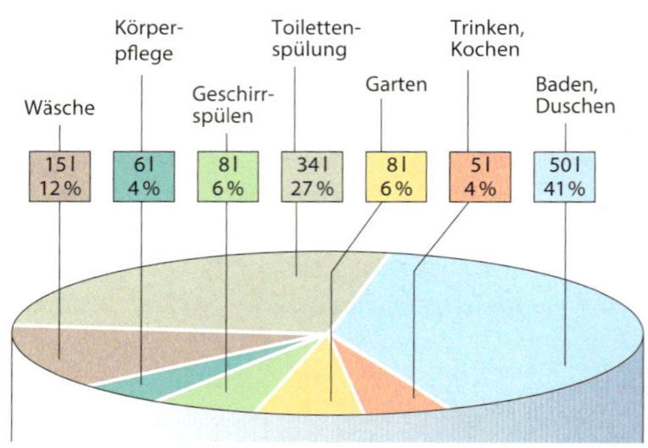

2 *Trinkwasserverbrauch pro Person / Tag*

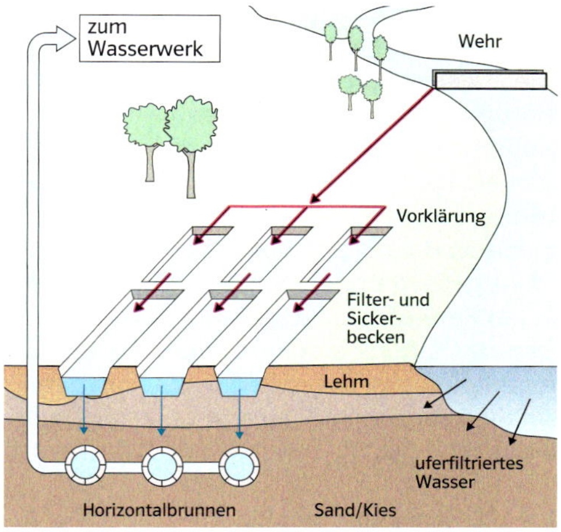

3 *Trinkwassergewinnung aus Uferfiltrat*

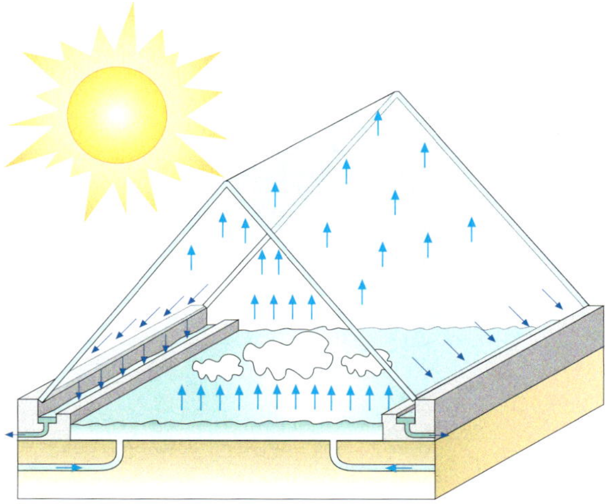

5 *Meerwasserentsalzung durch Verdunstung*

In Deutschland liegt der tägliche Pro-Kopf-Wasserverbrauch bei etwa 130 Litern. Nur ein Bruchteil davon dient der Zubereitung von Nahrung (Abb. 2). Durch den Konsum von Gütern aller Art verbrauchen wir indirekt ebenfalls Wasser, das für die Herstellung dieser Güter benötigt wurde. Der Verbrauch dieses sogenannten virtuellen Wassers liegt sogar bei über 3500 Litern täglich (Abb. 4).

Gewinnung von Trinkwasser

Trinkwasser wird bevorzugt aus Grundwasser gewonnen, denn es hat anders als Flusswasser eine gleichbleibende Qualität und ist anders als Niederschlagswasser ganzjährig verfügbar. Allerdings reicht die Menge nicht immer aus. Daher wird in der Nähe von Flüssen Trinkwasser auch aus Uferfiltrat gewonnen (Abb. 3). Bei ausreichender Sonneneinstrahlung lässt sich Meerwasser über Kondensation entsalzen (Abb. 5).

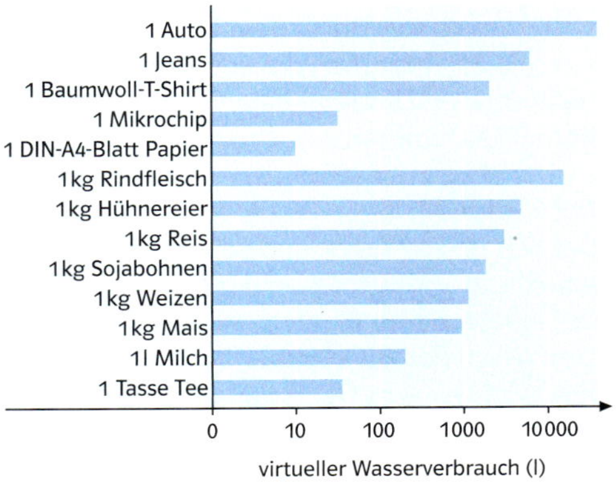

4 *Virtueller Wasserverbrauch (Beispiele)*

Technisch aufwendiger ist eine Meerwasserentsalzung durch sogenannte Umkehr-Osmose. Dabei trennt eine selektiv permeable Membran das Meerwasser vom Süßwasser-Kompartiment. Durch Druck auf das Meerwasser-Kompartiment bewegen sich vermehrt die Wassermoleküle gegen ihre osmotische Ausbreitungsrichtung durch die Membran, die Natrium- und Chlorid-Ionen (Na^+, Cl^-) des Salzes bleiben zurück.

AUFGABEN >>

1 Vergleichen Sie die Nutzungsmöglichkeiten von Grundwasser aus der Grundwasserströmung und fossilem Grundwasser wie unter der Sahara.

2 Stellen Sie mithilfe von Abb. 4 einen Zusammenhang zwischen den Ernährungsgewohnheiten und dem virtuellen Wasserverbrauch her.

3 Bewerten Sie die Nutzung von Wasser aus Lagerstätten unter der Sahara für den Kartoffelanbau.

Nachhaltigkeit und Naturschutz

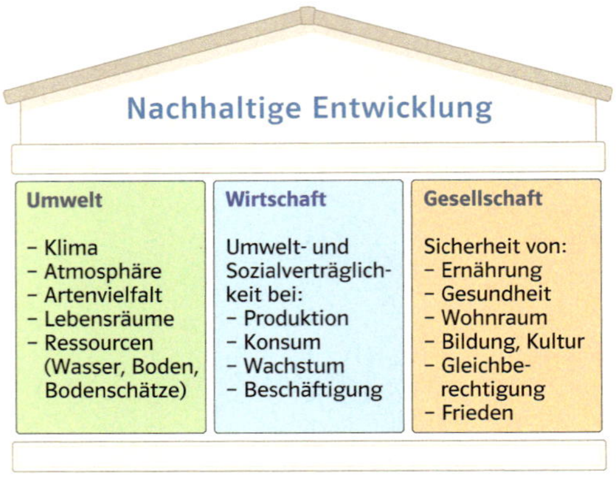

1 *Die Bereiche der nachhaltigen Entwicklung*

Holz ist ein begehrter Rohstoff, der z. B. für den Möbelbau und zur Gewinnung von Zellstoff für die Papierherstellung genutzt wird. Er wird durch den Einschlag in natürlichen Wäldern oder durch Forstwirtschaft bereitgestellt. Da Bäume erst nach 80 — 100 Jahren geerntet werden, muss man in der Forstwirtschaft langfristig denken. Der Wald ist auch ein Ökosystem mit vielfältigen Biozönosen und ein Stabilisator des Klimas. Zudem nutzen ihn viele Menschen als Erholungsraum. Aufgrund dieser unterschiedlichen Funktionen des Waldes überrascht es nicht, dass die Idee einer nachhaltigen, zukunftsorientierten Bewirtschaftung im Bereich der Waldwirtschaft entstanden ist.

Das Konzept der Nachhaltigkeit

Eine Kommission der Vereinten Nationen veröffentlichte 1987 einen Bericht *(Brundtland-Bericht)*, in dem der Begriff „Nachhaltige Entwicklung" *(Nachhaltigkeit)* definiert wurde. Demnach müssen gegenwärtige und zukünftige Entwicklungen so gestaltet sein, dass sie die Bedürfnisse nach einer intakten Umwelt, nach sozialer Gerechtigkeit und wirtschaftlichem Wohlstand gleichermaßen berücksichtigen.

Gegenwärtige Bedürfnisse sollen so befriedigt werden, dass die Möglichkeiten zukünftiger Generationen zur Befriedigung ihrer Bedürfnisse nicht eingeschränkt werden.
In der Forstwirtschaft bedeutet dies z. B., das Ökosystem Wald mit seiner Vielfalt zu erhalten und nur so viel Holz zu entnehmen, wie in der gleichen Zeit nachwächst. Die Zerstörung von tropischen Regenwäldern zur Holzgewinnung widerspricht diesen Forderungen. Die Einwohner der entsprechenden Länder haben jedoch ein Recht darauf, am globalen Handel und damit am steigenden Wohlstand teilzunehmen. Die Nachhaltigkeit in der Forstwirtschaft gilt als Modell für die Bewirtschaftung anderer Lebensräume und regenerierbarer Ressourcen. Alle Rohstoffe sollten sparsam und gerecht verteilt genutzt werden.

Die UN-Konferenz von Rio

Im Jahr 1992 verständigte sich die Staatengemeinschaft während einer Konferenz in Rio de Janeiro auf das Ziel einer Ressourcennutzung im Rahmen nachhaltiger Entwicklung. Darin verpflichten sich z. B. die Industrienationen, die die weltweiten Ressourcen am stärksten nutzen, einen entsprechend hohen Beitrag zur Bewahrung der Umwelt und zur Teilhabe ärmerer Länder am Wohlstand zu leisten.

Auf der Konferenz wurde die sogenannte *Agenda 21* beschlossen. Dabei handelt es sich um Empfehlungen zur Umsetzung der Ziele, z. B. die sparsame und umweltschonende Ressourcennutzung oder die Berücksichtigung der Belange ärmerer Länder.
Zu den Regierungszielen in Deutschland gehörten die Verlagerung von Güterverkehr auf die Bahn und die Förderung des ökologischen Landbaus. Unter dem Begriff „Lokale Agenda 21" fasst man die entsprechenden Bestrebungen im regionalen und privaten Bereich zusammen.

Naturschutz

Der Schutz von Arten und Lebensräumen gehört zur Umwelt-Säule der Nachhaltigkeit. Der staatliche Naturschutz wird in Deutschland durch das *Bundesnaturschutzgesetz* (BNatSchG) geregelt. Es liefert die Rahmenbedingungen für den Naturschutz in den einzelnen Bundesländern. Tiere, Pflanzen und Lebensräume kennen keine Staatsgrenzen. Daher muss sich der Naturschutz außerdem nach internationalen Absprachen richten.

Biosphärenreservate sind national und international bedeutende Landschaften, in denen das Miteinander von Mensch und Natur bewahrt und gefördert wird. Die Kernzonen von Biosphärenreservaten sind von jeglicher wirtschaftlicher Nutzung ausgenommen und entsprechen oft Nationalparks. In *Nationalparks* soll die Natur weitgehend sich selbst überlassen bleiben. Sie dienen in erster Linie der Erhaltung einer vielfältigen Flora und Fauna. In *Naturparks* steht dagegen der Erholungswert im Vordergrund. Hier ist eine schonende wirtschaftliche Nutzung zulässig.

Ökologische Leistung

Naturschutz braucht nicht nur Idealisten, sondern kostet auch Geld. Bei politischen und wirtschaftlichen Interessenkonflikten lohnt sich daher ein Blick auf den finanziellen Nutzen solcher Schutzmaßnahmen. Er lässt sich errechnen, indem man den Marktwert der Rohstoffe sowie die Kosten alternativer technischer Lösungen beim Erosionsschutz oder der Bodenbildung berücksichtigt. Die Natur liefert solche ökologischen Leistungen frei Haus (Abb. 2).

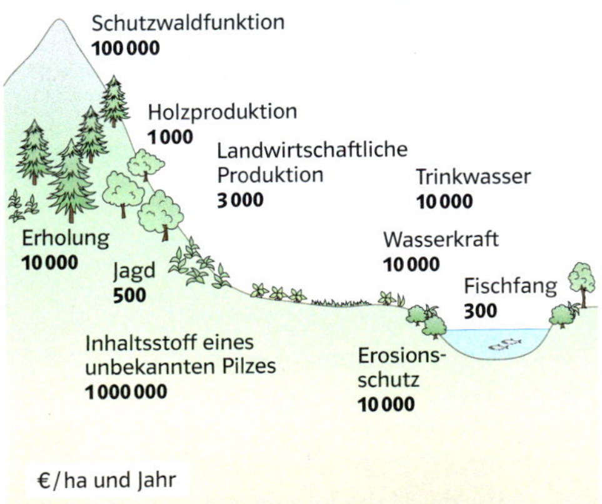

2 *Geschätzter Wert ökologischer Leistungen*

Nationalparks (N)
1 Schleswig-Holsteinisches Wattenmeer (B, N)
2 Hamburgisches Wattenmeer (B, N)
3 Niedersächsisches Wattenmeer (B, N)
4 Vorpommersche Boddenlandschaft
5 Jasmund
6 Müritz
7 Unteres Odertal
8 Harz
9 Schwarzwald
10 Hainich
11 Sächsische Schweiz
12 Bayerischer Wald (B, N)
13 Berchtesgaden (B, N)
14 Eifel
15 Kellerwald-Edersee
16 Hunsrück

Biosphärenreservate (B)
1 Schleswig-Holsteinisches Wattenmeer (B, N)
2 Hamburgisches Wattenmeer (B, N)
3 Niedersächsisches Wattenmeer (B, N)
4 Südost-Rügen
5 Schaalsee
6 Flusslandschaft Elbe
7 Schorfheide-Chorin
8 Spreewald
9 Oberlausitzer Heide- und Teichlandschaft
10 Rhön
11 Vessertal
12 Bayerischer Wald (B, N)
13 Berchtesgaden (B, N)
14 Pfälzer Wald
15 Schwäbische Alb
16 Bliesgau
17 Karstlandschaft Südharz
18 Schwarzwald

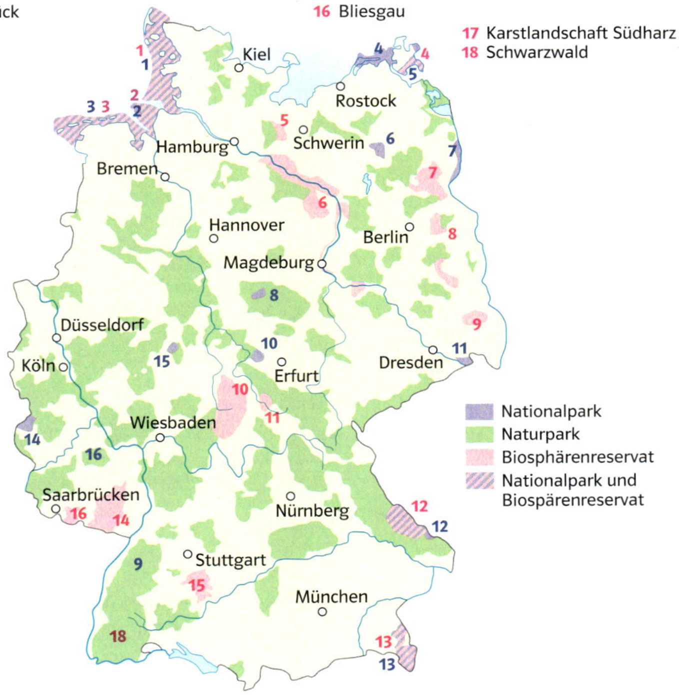

3 *Naturparks, Nationalparks und Biosphärenreservate in Deutschland*

AUFGABEN >>

○ **1** Eine nachhaltige Entwicklung wird auch als „enkelgerecht" bezeichnet. Erläutern Sie den Begriff.

◒ **2** Wählen Sie ein Naturschutzgebiet aus Ihrer Region und stellen Sie seine Besonderheiten in einer Präsentation dar (Abb. 3).

◒ **3** Planen und veranstalten Sie eine Podiumsdiskussion zum Thema Gemüseimport aus Afrika mit den Rollen Wirtschaftsvertreter, Behörde, Umweltschützer, afrikanischer Farmer.

Alternative Formen der Energiebereitstellung

1 *Biogasanlage (Fermenter mit Gasspeicher)*

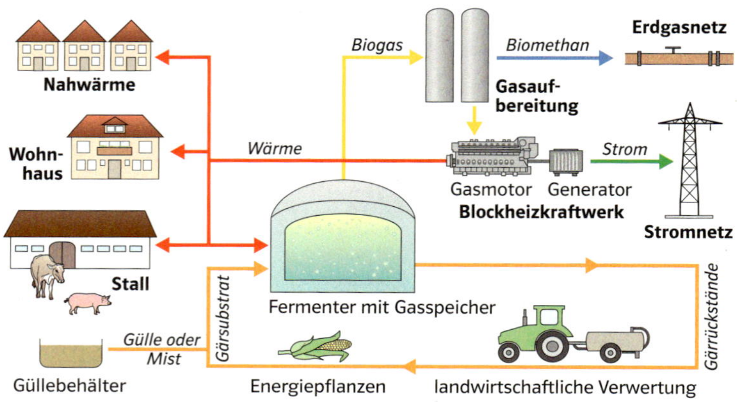

2 *Betriebliche Einbindung einer Biogasanlage*

Die Versorgung der Haushalte mit Strom und Wärme erfolgt in Deutschland überwiegend durch die Verbrennung fossiler Brennstoffe. Um die damit verbundene Freisetzung von Kohlenstoffdioxid in die Atmosphäre zu verringern, wird der Einsatz *erneuerbarer Energien* gefördert. Dazu gehört neben der Nutzung von Wasserkraft und Windenergie sowie der direkten Nutzung der Energie des Sonnenlichts auch der Einsatz von sogenannten *Energiepflanzen*, wie z. B. Raps und Mais, in Biogasanlagen.

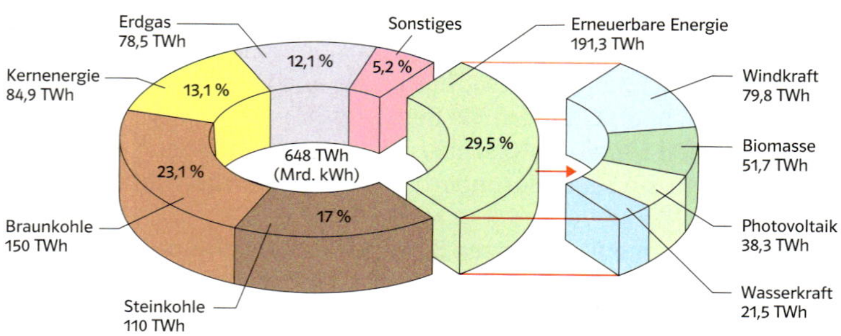

3 *Strommix in Deutschland (2016)*

Energie aus Wind und Sonnenlicht

Windräder, die Generatoren antreiben, und Fotovoltaik-Anlagen wandeln Strömungs- bzw. Lichtenergie in elektrische Energie um, die in das Stromnetz eingespeist wird. In Sonnenkollektoren wird Wasser mithilfe von absorbiertem Sonnenlicht erwärmt. Wind und Sonnenlicht sind sehr unregelmäßig verfügbar. Sie tragen jedoch in Verbindung mit Speichern bzw. flexibel steuerbaren Kraftwerken zur Energieversorgung bei.

Energie aus Biomasse

Biogasanlagen liefern durch den anaeroben Abbau von Biomasse durch Bakterien Methangas (Abb. 2). Dieses wird zur Bereitstellung von Strom und Wärme in Motoren verbrannt. Die Freisetzung von Kohlenstoffdioxid wird durch den Anbau der Energiepflanzen kompensiert, die die Biomasse liefern. Allerdings ist diese Form der Energiebereitstellung dennoch nicht CO_2-neutral, da für die Düngerproduktion und den Betrieb landwirtschaftlicher Maschinen Energie benötigt wird. Die finanzielle Förderung bis zum Jahr 2015 hat zu einem Anstieg des Maisanbaus geführt. Zukünftig sollen in Biogasanlagen verstärkt Gülle aus der Tierhaltung und Pflanzenreste eingesetzt werden, die z. B. bei der Ölgewinnung aus Rapssamen anfallen.

AUFGABEN >>

1 Erläutern Sie die ökologischen Folgen des Maisanbaus in großflächigen Monokulturen.

2 Bewerten Sie die Nutzung von Ackerflächen für den Anbau von Pflanzen für die Energiebereitstellung anstatt für die Nahrungsmittelproduktion.

Material

Ökologie und Ökonomie

Naturschutz und Wirtschaft verfolgen nicht immer die gleichen Ziele, sie sind aber voneinander abhängig und können voneinander profitieren.

Umweltverträglichkeit der Energiewirtschaft

Vor der Inbetriebnahme bestimmter technischer Anlagen ist in Deutschland eine *Umweltverträglichkeitsprüfung* (UVP) vorgeschrieben. Sie beinhaltet neben der Beteiligung von Öffentlichkeit und Behörden vor allem eine Umweltverträglichkeits-Studie, aus der die voraussichtlichen positiven oder negativen Auswirkungen des Projekts auf die Umwelt hervorgehen. Dabei werden mögliche Umweltauswirkungen auf die Umweltsektoren Luft, Boden, Wasser, Flora, Fauna und Mensch während der Bau-, Betriebs- und Entsorgungsphase sowie das Unfallrisiko abgeschätzt. Entsprechend werden Maßnahmen zur Minderung oder zum Ausgleich dieser Auswirkungen vorgeschlagen.

1 *Erneuerbare Energie: Licht, Wind, Biomasse*

AUFGABEN >>

1. Bilden Sie Arbeitsgruppen für die Energiebereitstellung aus Licht, Wind bzw. Biomasse. Recherchieren Sie im Internet die denkbaren Umweltauswirkungen und tragen Sie diese in eine Tabelle ein.
2. Nennen Sie Maßnahmen, mit denen sich die Umweltauswirkungen vermindern ließen.
3. Vergleichen Sie die Gruppenergebnisse.

Nachhaltigkeit in der Fischerei

58 Millionen Tonnen Fisch werden jährlich weltweit von Menschen verzehrt, ungefähr die Hälfte davon stammt aus Wildfang. Viele Fischarten sind überfischt, d.h. es werden mehr Fische gefangen als nachwachsen. Fische, die aus nachhaltiger Fischerei stammen, erhalten im Handel das Gütesiegel MSC (Marine Stewardship Council, übersetzbar mit „Rat für Meeres-Verantwortung").

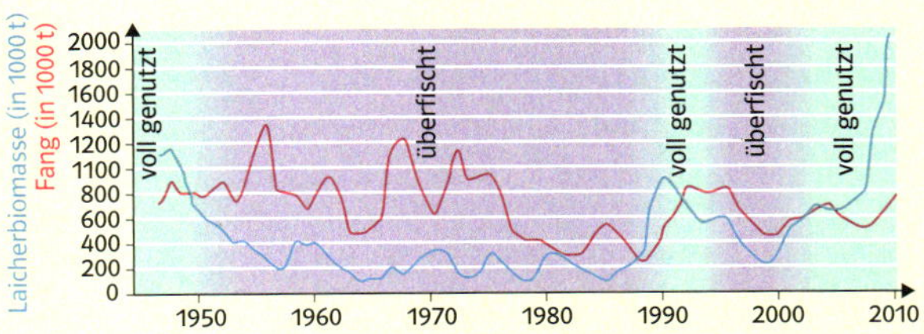

2 *Biomasse laichreifer Fische und Fangmengen (Kabeljau)*

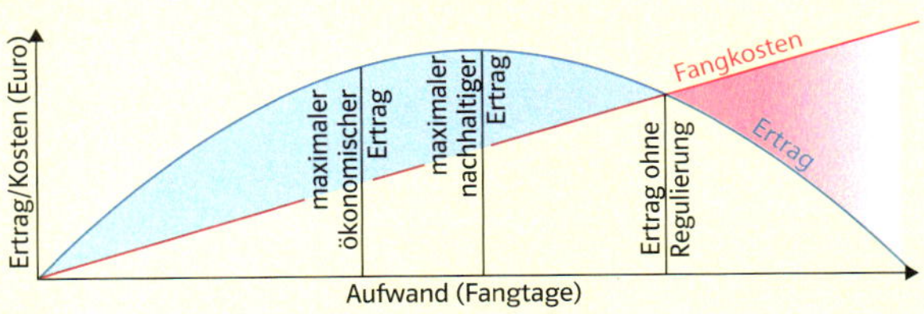

3 *Fischereiaufwand und Fischereiertrag*

AUFGABE >>

4. Erläutern Sie anhand von Abb. 2 den Zusammenhang zwischen Fischereiertrag und laichreifen Fischen.
5. Mehr Fangtage in der Fischerei bedeuten höhere Fangkosten, aber nicht immer mehr Fisch im Netz. Erklären Sie (Abb. 3).
6. Entwickeln Sie Vorschläge für ein Fischereimanagement mit dem Ziel einer nachhaltigen Fischerei. Sie können dabei über die Fangmenge (z.B. Begrenzung der maximalen Fangmenge) oder den Fangaufwand (z.B. Begrenzung der Fangtage) regulierend eingreifen.
7. Suchen Sie im Handel nach Tiefkühlfisch mit dem MSC-Siegel und protokolieren Sie die zugehörigen Fischarten und Fanggebiete.

Ökologischer Fußabdruck und Biokapazität

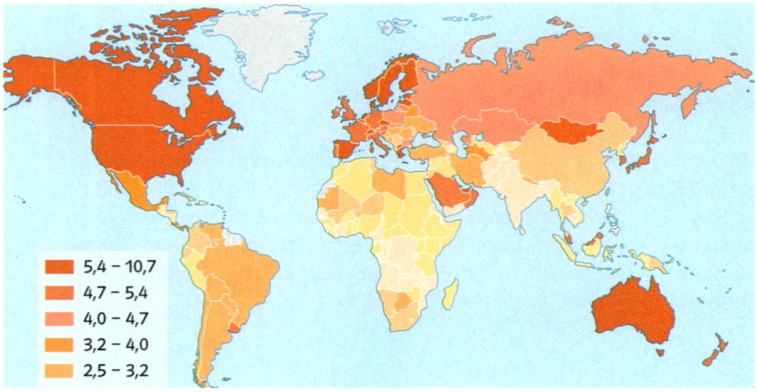

1 *Größe des Ökologischen Fußabdrucks (2007)*

Land	Fußabdruck (ha/Person und Jahr)	Biokapazität (ha/Person und Jahr)	Anzahl benötigter Erden
Äthiopien	0,6	0,8	0,75
Brasilien	2,9	9,0	1,8
Deutschland	5,1	1,9	2,7
Frankreich	5,0	3,0	1,7
Finnland	6,2	12,5	0,5
Indien	0,9	0,5	1,8
USA	8,0	3,9	2,1
VR China	2,2	1,0	2,2
Welt	2,2	1,8	1,2

2 *Ökologischer Fußabdruck und Biokapazität*

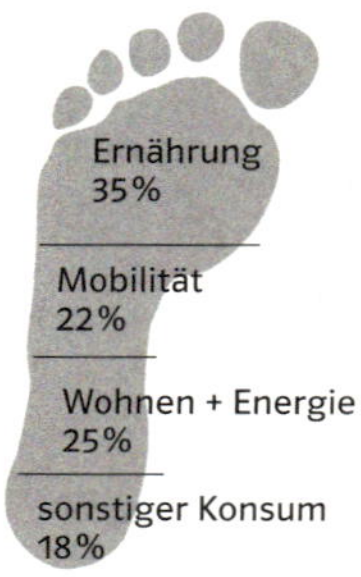

Voraussetzung für eine dauerhaft gute Lebensqualität aller Menschen auf der Erde ist der Erhalt einer intakten Umwelt. Jeder Mensch nutzt Ressourcen wie Brennstoffe, Wasser und Nahrungsmittel. Gesucht ist ein vergleichbares Maß für die verbrauchten und vorhandenen Ressourcen.

Der Ökologische Fußabdruck

Das *Modell des Ökologischen Fußabdrucks* geht davon aus, dass jedem Konsumartikel eine Ackerfläche zugeordnet werden kann, die für die Bereitstellung der verbrauchten Ressourcen notwendig ist. Im Modell werden die Bereiche Ernährung, Mobilität, Wohnen und Energie sowie sonstiger Konsum erfasst. Der Flächenbedarf für einen Hamburger beträgt z. B. 2,9 m^2, für eine Portion Spaghetti mit Tomatensoße 0,46 m^2. Der Ökologische Fußabdruck gibt die Fläche an, die nötig ist, um einen einzelnen Menschen ein Jahr lang mit den gewohnten Gütern zu versorgen. Er lässt sich auf die Bevölkerung hochrechnen und international vergleichen (Abb. 1).

Die Biokapazität der Erde

Dem Ressourcenbedarf aller Menschen stehen die real auf den Land- und Wasserflächen der Erde vorhandenen Ressourcen gegenüber. Die Kapazität der Erde oder eines Landes, nutzbare biologische Materialien bereitzustellen und Abfallstoffe umweltverträglich aufzunehmen, wird als *Biokapazität* bezeichnet (Abb. 2). Sie wird ebenfalls in Hektar pro Person und Jahr angegeben. Im waldreichen, dünn besiedelten Finnland ist der Ökologische Fußabdruck trotz hohen Konsums nur etwa halb so groß wie die Biokapazität. Die Einwohner der USA konsumieren doppelt so viele Ressourcen, wie ihr Land bereitstellt. Fehlende Güter werden importiert. (Gesamtverbrauch = Produktion + Importe – Exporte).

Da Ökologischer Fußabdruck und Biokapazität auf eine Fläche bezogen werden, kann man sie miteinander vergleichen. Für die Bereitstellung der durchschnittlich in Deutschland verbrauchten Ressourcen und Aufnahme der Abfälle wäre eine mehr als doppelt so große Fläche notwendig, wie in Deutschland vorhanden. Würden diese Werte für alle Menschen gelten, wären 2,7 Erden (5,1 : 1,9 = 2,7) zur Deckung des Bedarfs nötig (Abb. 2). Ein durchschnittlicher Bewohner der Erde beansprucht mehr Ressourcen als pro Person zur Verfügung stehen.

AUFGABEN >>

1. Erklären Sie den unterschiedlich großen Ökologischen Fußabdruck für die beiden im Text genannten Mahlzeiten.
2. Erläutern Sie die Werte in Abb. 2 aus der Perspektive der Nachhaltigkeit.

Praktikum

Der persönliche Ökologische Fußabdruck

Das Modell des Ökologischen Fußabdrucks und die Berechnung der Biokapazität können dazu beitragen, den übermäßigen Verbrauch von Ressourcen zu erkennen. Durch regionale Vergleiche des Verbrauchsverhaltens können außerdem Lösungsansätze zur Reduktion gefunden werden. Jeder von uns kann seinen persönlichen Ökologischen Fußabdruck als Maß für die ökologische Belastung durch das eigene Handeln nehmen.

Fragebogen und Internetrechner

Mithilfe von Fragebögen (Internet: Suchbegriff Footprint-Rechner) zum Ökologischen Fußabdruck kann man die Lebensumstände ermitteln, die hauptsächlich zum Ressourcenverbrauch beitragen (Abb. 1). Dazu sind den Alternativen jeweils Bewertungspunkte zugeordnet. Die Fragen umfassen die Bereiche Ernährung, Wohnen und Energieverbrauch, Mobilität / Reisen und allgemeines Konsumverhalten.

Bei der Auswertung wird die Größe des Ökologischen Fußabdrucks in Beziehung zur Biokapazität in Deutschland gesetzt. Das Ergebnis ist die Anzahl benötigter Erden, wenn alle Menschen sich so verhielten.

Wie oft essen Sie tierische Produkte (Milch, Eier, Käse, Butter etc.)?

- ☐ mehrmals am Tag 10
- ☐ jeden zweiten Tag 6
- ☐ seltener 3
- ☐ einmal am Tag 8
- ☐ 1–3-mal die Woche 5
- ☐ nie 0

Kaufen Sie Lebensmittel aus ökologischem Anbau?

- ☐ ausschließlich –5
- ☐ zur Hälfte 4
- ☐ gar nicht 10
- ☐ zu 3/4 2
- ☐ zu 1/4 7

Kaufen Sie Ihre Lebensmittel frisch oder tiefgefroren / in Konserven?

- ☐ Ich kaufe nur frisch. 0
- ☐ Ich kaufe mehr frisch als tiefgefroren/ in Konserven. 5
- ☐ Ich kaufe beides zu gleichen Teilen. 10
- ☐ Ich kaufe mehr tiefgefroren/ in Konserven als frisch. 15

1 *Fragebogenausschnitt zum Nahrungsmittelkonsum*

2 *Auswertung des Fragebogens*

Warum sollte man den persönlichen Ökologischen Fußabdruck ermitteln? Zum einen geben die den Konsumgewohnheiten zugeordneten Bewertungspunkte einen Hinweis darauf, in welcher Größenordnung ein Ressourcenverbrauch mit dem jeweiligen Konsum verbunden ist. Zum anderen kann man Verhaltensänderungen auf ihre Auswirkungen auf den Ökologischen Fußabdruck prüfen. Global betrachtet bietet der Ökologische Fußabdruck die Möglichkeit, Entwicklungstendenzen zu erkennen und für Verhaltensänderungen zu werben (Abb. 2).

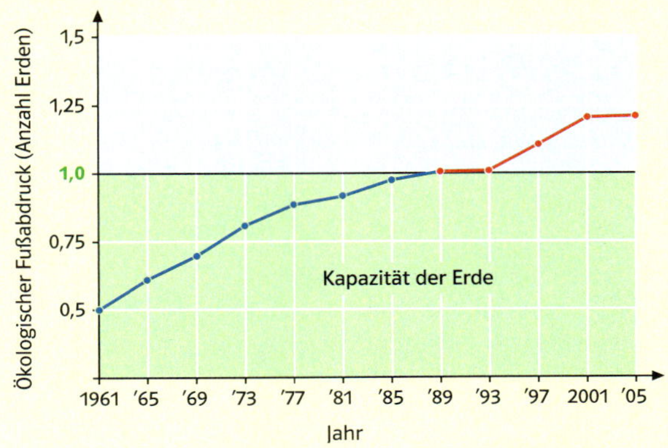

3 *Ökologischer Fußabdruck der Weltbevölkerung*

AUFGABEN >>

1. Ermitteln Sie Ihren persönlichen Ökologischen Fußabdruck mit zwei unterschiedlichen Footprint-Rechnern.
2. Vergleichen Sie die Ergebnisse und erklären Sie, wenn möglich, die Unterschiede. Dazu können Sie auch die Punktezuordnung durch verschiedene Angaben prüfen.
3. Stellen Sie Bereiche zusammen, in denen Sie sich eine Verhaltensänderung vorstellen können, und prüfen Sie deren Effekt durch entsprechende Angaben im Footprint-Rechner.
4. Diskutieren Sie, inwieweit Ihnen die in Abb. 1 erkennbare Punktezuordnung verständlich erscheint.
5. Der persönliche Ökologische Fußabdruck eines durchschnittlichen Konsumenten umgerechnet auf die Weltbevölkerung übersteigt die Kapazität der Erde (Abb. 3). Erklären Sie die Konsequenzen.

KOMPAKT

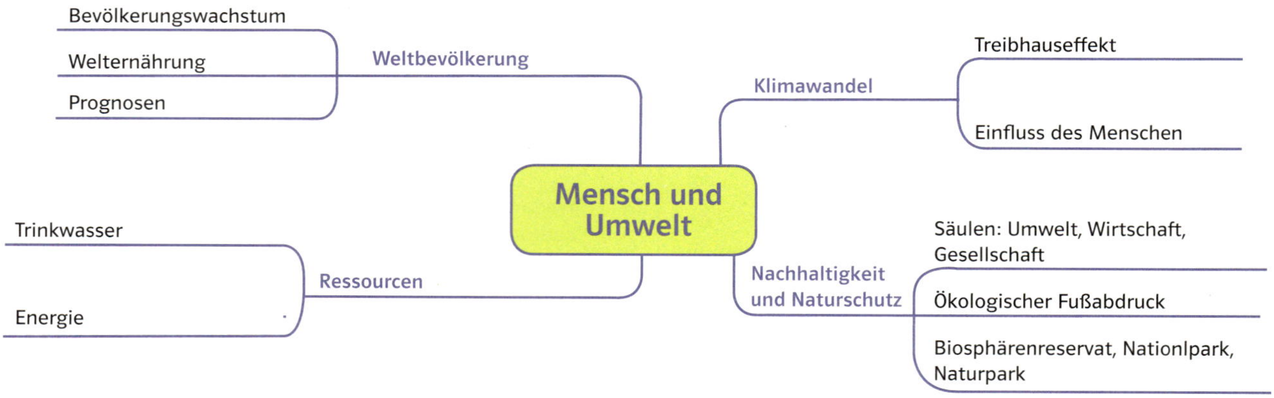

Arten überleben nur, wenn sie an ihre Umwelt angepasst sind. Umgekehrt können Arten die Umwelt aber auch durch ihre Lebensaktivität verändern: Biber beeinflussen durch Dammbau den Wasserstand, Bienen erzeugen in ihrem Stock ein Mikroklima, autotrophe Lebewesen sorgen für den Sauerstoffgehalt der Luft. Aber wohl kein Lebewesen hat die Umweltbedingungen auf der Erde so sehr verändert wie der Mensch.

Weltbevölkerung

Im Jahr 2017 lebten etwa 7,5 Milliarden Menschen auf der Erde, innerhalb der letzten 50 Jahre hatte sich die Bevölkerungszahl mehr als verdoppelt. Jährlich werden etwa 80 Millionen Menschen geboren, 30 Millionen sterben. Die Wachstumsrate beträgt fast 1% pro Jahr. Die Weltbevölkerung wächst nicht nur exponentiell, sondern sogar hyperexponentiell (Abb.1).

Ressourcen

Die wachsende Bevölkerung braucht entsprechend viel Nahrung, Wasser und Energie. Die steigende Produktion von Industrie- und Luxusgütern führt zusätzlich zu einem Anstieg des Verbrauchs von Ressourcen. Wasser und Rohstoffe sind auf der Erde nur begrenzt und nicht in allen geografischen Regionen verfügbar. Daher wirft auch die gerechte Verteilung der Ressourcen Probleme auf. Trinkwasser muss nicht nur in ausreichenden Mengen, sondern auch in gesundheitlich unbedenklicher Qualität zur Verfügung stehen. Bei der Energiebereitstellung wird zunehmend auf ressourcenschonende erneuerbare Energien gesetzt.

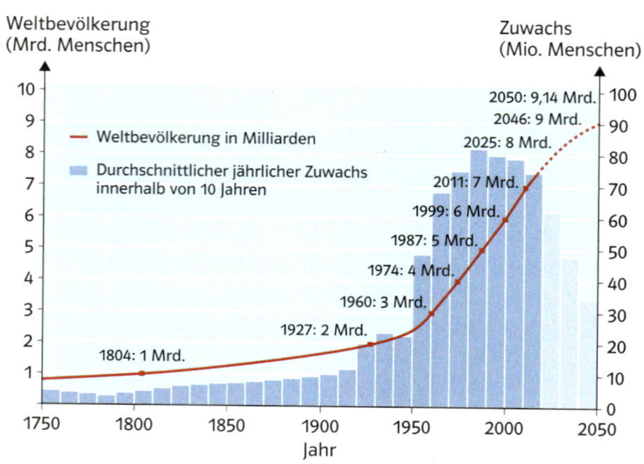

1 *Bevölkerungswachstum*

Klimawandel

Auf der Erde vermindert die Atmosphäre die Wärmeabstrahlung und bestimmt so das Klima entscheidend mit. Durch die Verbrennung von Kohle, Erdöl und Erdgas ist der Kohlenstoffdioxidgehalt der Atmosphäre seit der Industrialisierung deutlich angestiegen. Zusammen mit der verstärkten Freisetzung von Methan und anderen sogenannten Treibhausgasen führt das derzeit zu einer Veränderung des globalen Klimas. Die globale Jahresdurchschnittstemperatur steigt, man spricht vom Treibhauseffekt. In Südeuropa und Zentralafrika wirkt sich die Erwärmung negativ auf die Nahrungsmittelproduktion aus, Wüsten dehnen sich aus. Gletscher und polares Eis schmelzen, eine Bedrohung der Küstenzonen durch den Meeresspiegelanstieg ist zu befürchten.

Nachhaltigkeit und Naturschutz

Mit dem Konzept der Nachhaltigkeit fasst man Bestrebungen zusammen, die Umwelt für die Nachwelt weniger zu belasten, die Wirtschaft umweltschonender und sozialer zu gestalten und die Verfügbarkeit von Nahrung und Wirtschaftsgütern gerechter zu verteilen. Das Modell des Ökologischen Fußabdrucks gibt die Möglichkeit, global, regional und individuell den Verbrauch an Ressourcen und deren Bereitstellung zu vergleichen. Naturparks, Nationalparks und Biosphärenreservate bieten Schutz für die Natur auf regionaler, nationaler und internationaler Ebene.

Treibhausgas Kohlenstoffdioxid

Die Verbrennung von Kohle, Erdöl und Erdgas hat zu einem deutliche Anstieg des Kohlenstoffdioxidgehalts der Atmosphäre geführt. Zusammen mit der verstärkten Freisetzung von Methan und anderen Treibhausgasen führt das derzeit zu einer Veränderung des globalen Klimas. Es wird deshalb nach Möglichkeiten geforscht, die Emissionen von Kohlenstoffdioxid in die Atmosphäre zu reduzieren. In Ketzin nahe Berlin wurden in einem Pilotprojekt von 2008 bis 2013 rund 67000 t Kohlenstoffdioxid in eine Gesteinsschicht in rund 650 m Tiefe eingelagert. Das CCS-Verfahren (carbon dioxide capture and storage) wurde in Ketzin als machbar eingestuft, es müssen aber für jeden Standort die geologischen Voraussetzungen genau geprüft werden. Das CCS-Verfahren gilt allgemein als sehr umstritten, weil z. B. Lager undicht werden könnten. Dies könnte gravierende Folgen für Bewohner von Tälern, für das Grundwasser und für Gewässer haben.

○ **1** Erläutern Sie den anthropogenen Treibhauseffekt in Abb. 1 *(Punkte: 10/50)*

◒ **2** Werten Sie Abb. 2 im Hinblick auf die globale Kohlenstoffbilanz aus. *(Punkte: 12/50)*.

◒ **3** Vergleichen Sie die Aussagen von Abb. 2 und 3. Gehen Sie dabei auch auf Veränderungen der Kohlenstoffdioxid-Flüsse ein. *(Punkte: 14/50)*

● **4** Diskutieren Sie Chancen und Risiken des CO_2-Sink-Projektes in Ketzin. *(Punkte: 14/50)*.

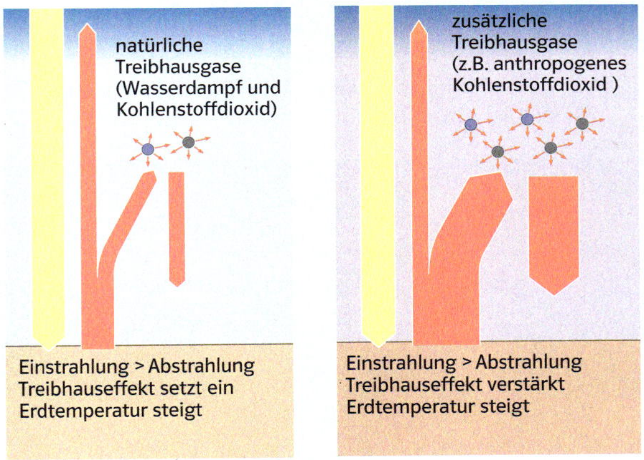

1 *Zunahme des Treibhauseffekts*

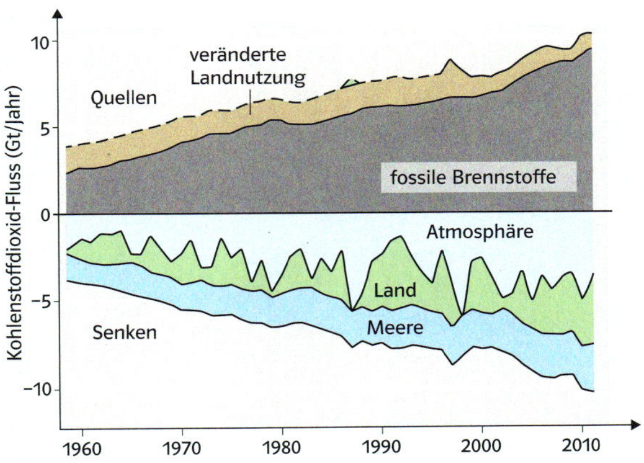

3 *Kohlenstoffquellen und Kohlenstoffsenken*

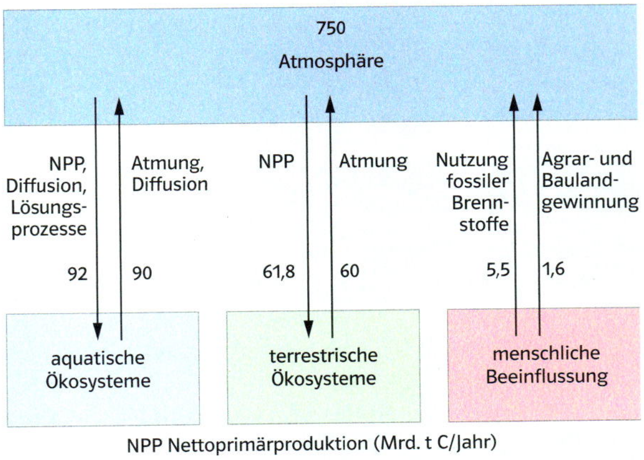

2 *Globale Kohlenstoffbilanz*

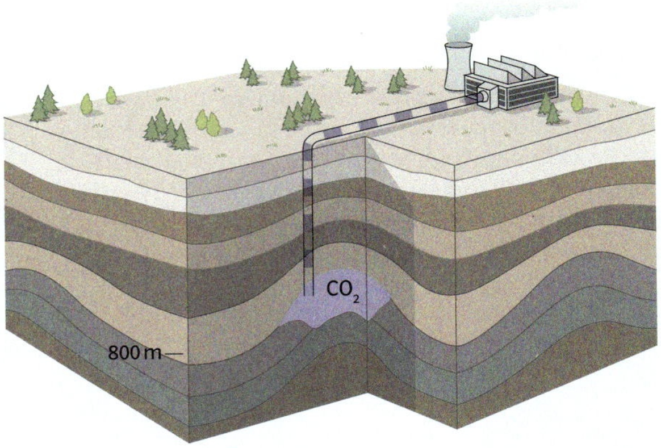

4 *Kohlenstoffdioxid-Speicher in Ketzin*

Basiskonzept

Struktur und Funktion

Strukturen und Funktionen bei Lebewesen entsprechen einander. Einerseits zeigen Strukturen ihre mögliche Funktion an, andererseits sind Strukturen im Laufe der Evolution aufgrund ihrer Funktion entstanden und abgewandelt worden und daher in hohem Maße von ihrer Funktion geprägt. Strukturen sind so ausgebildet, dass sie ihre Funktion hinreichend gut erfüllen. Dies gilt für die Systemebenen Moleküle, Organellen, Zellen, Organe und Organismen. Der Zusammenhang zwischen Struktur und Funktion lässt sich anhand von Prinzipien darstellen.

Verzweigungsprinzip

Bei Blutkreisläufen, aber auch beim Stofftransportsystem von Blütenpflanzen findet man im Bereich von Stoffaufnahme und Stoffabgabe ein stark verzweigtes System von Leitungsbahnen und dazwischen einen Bereich größerer Gefäße. Der große Durchmesser verringert den Energieaufwand bei der Leitung über größere Entfernungen.

Abwandlungsprinzip

Bei Pflanzen und Tieren findet man Organe, die an die jeweiligen Lebensbedingungen angepasst sind. Dabei kommen deutliche Abweichungen vom ursprünglichen Grundtyp vor. So sind z. B. Blätter des Sonnentaus als Fangblätter ausgebildet. Durch das Verdauen gefangener Insekten tragen die Blätter zur Mineralstoffversorgung der Pflanze bei, die im Moor nur begrenzt über die Wurzel möglich ist.

Oberflächenprinzip: Wärmeaustausch

Bei nah verwandten gleichwarmen Tieren sind die Extremitäten bei Arten, die in kalten Regionen leben, meist kürzer als bei Arten in wärmeren Lebensräumen. Kurze Extremitäten bedeuten eine relativ kleine Körperoberfläche. Dadurch geben die Tiere weniger Wärme an ihre Umgebung ab.

Eselhase

Schneehase

Feldhase

AUFGABEN >>

1 Beschreiben Sie ein weiteres Beispiel für eine Abwandlung des Laubblattes (Blattmetamorphose).
2 Beschreiben Sie am Beispiel von Wurzeln, Spross, Laubblatt und Blüte den Zusammenhang zwischen Funktion und Struktur.
3 Chloroplasten und Mitochondrien weisen Auffaltungen der inneren Membran auf. Stellen Sie einen Zusammenhang zu einem Beispiel auf dieser Seite her.

Basiskonzept

Kompartimentierung

Kompartimente nennt man Räume, die voneinander abgegrenzt sind, sodass unterschiedliche Prozesse ungestört voneinander ablaufen können. Als Kompartimente kann man vor allem Organellen, Zellen, Organe und Organsysteme auffassen. Darüber hinaus werden in Ökosystemen die Organismen selbst und abgegrenzte Lebensräume als Kompartimente bezeichnet.

Arbeitsteilung in Geweben, Organen

Ähnlich wie bei Zellen kann man bei Organen abgegrenzte Räume unterscheiden. Verschiedene Gewebe mit spezialisierten Zellen bilden ein Organ, das eine komplexe Aufgabe erfüllen kann. Durch Untergliederungen in Gewebe werden effektive Arbeitsteilungen möglich. Ein Beispiel hierfür sind die Laubblätter einer Pflanze, deren unterschiedliche Gewebe zusammenwirken und die Fotosyntheseleistung erbringen. Organe wiederum können Teile eines Organsystems sein, wie z. B. die Organe des Verdauungstrakts.

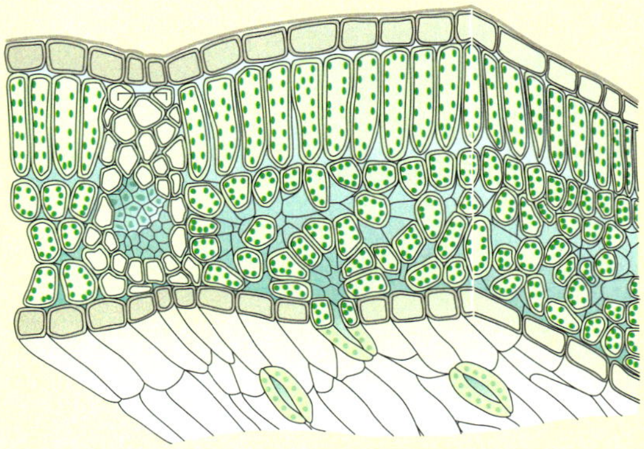

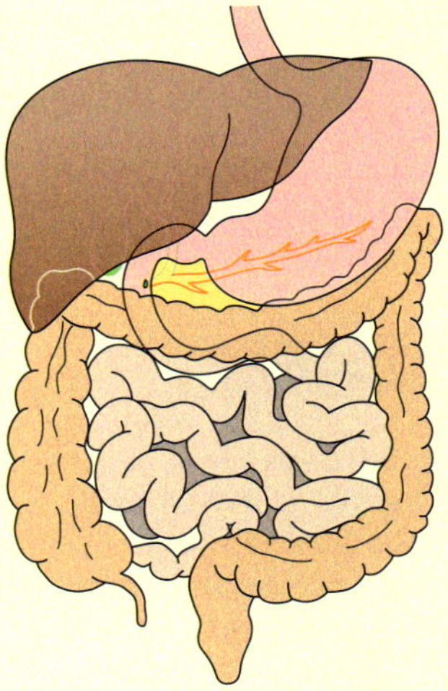

Lebensräume

In einem Ökosystem gibt es Bereiche mit bestimmten biotischen und abiotischen Bedingungen. So entstehen z. B. in flach abfallenden Uferbereichen von Seen häufig verschiedene Pflanzengürtel wie Schilfgürtel und Seerosengürtel. Die jeweiligen Pflanzenarten sind in ihrem Bau an die jeweiligen Wassertiefen angepasst.

Diese von den Pflanzen bestimmten Kompartimente bieten wiederum Lebensbedingungen für verschiedene Tierarten, wie z. B. Teichrohrsänger oder Bartmeise, die im Schilf einen idealen Brutplatz finden.

AUFGABEN >>

1 Kompartimentierung findet man auf mehreren Systemebenen. Nennen Sie jeweils ein Beispiel auf der Ebene eines Ökosystems, eines Organismus, eines Organs und einer Zelle.

2 Erläutern Sie am Beispiel der Chloroplasten und der Gewebe eines Laubblatts, wie diese Strukturen an die Funktion der Fotosynthese angepasst sind.

Basiskonzept

Steuerung und Regelung

Lebewesen halten bestimmte Zustände innerhalb ihres Körpers, wie z. B. die Körpertemperatur bei gleichwarmen Tieren, auch dann aufrecht, wenn sich die äußeren oder inneren Bedingungen ändern. Dies erfolgt durch Regelung. Bei der Regelung wird eine bestimmte Größe immer wieder an einen vorgegebenen Sollwert angeglichen. Typisch für die Regelung ist die negative Rückkopplung. Der Ablauf einer Regelung lässt sich in einem Regelkreis darstellen. Von Steuerung spricht man bei einem Vorgang, bei dem eine bestimmte Größe bezogen auf eine andere verändert wird. Eine Scholle kann z. B. ihre Körperfarbe dem Meeresgrund anpassen, indem sie die Pigmentverteilung in ihrer Haut ändert.

Regulation der Populationsdichte

Die Ressourcen in einem Ökosystem sind begrenzt, sodass Individuen einer Art dort nur in bestimmter Anzahl leben können. Durch die Verfügbarkeit von Ressourcen und äußere Einflüsse wie das Klima schwanken die Populationsdichten häufig um einen Mittelwert. Bei ausreichend vorhandenen Ressourcen ist die Geburtenrate hoch und die Sterberate niedrig, die Populationsdichte nimmt zu. Eine hohe Populationsdichte führt z. B. bei Feldmäusen durch Dichtestress oder die Ausbreitung von Seuchen zu einem Absinken der Geburtenrate und zu einem Anstieg der Sterberate, sodass die Populationsgröße wieder sinkt (negative Rückwirkung).

Konformer und Regulierer

Tiere reagieren unterschiedlich auf Schwankungen bezüglich abiotischer Umweltfaktoren wie Temperatur, Sauerstoff- oder Salzgehalt im Wasser. Fische und andere in Gewässern lebende Tiere wie Krebse und Muscheln stehen insbesondere über ihre Atemorgane in engem Kontakt mit dem umgebenden Wasser. Der Salzgehalt in Körperzellen hat Einfluss auf dort ablaufende Stoffwechselreaktionen und osmotische Vorgänge. Komformer können eine passive Angleichung an die Umgebung in erheblichem Umfang unbeschadet tolerieren, Regulierer wirken dem entgegen.

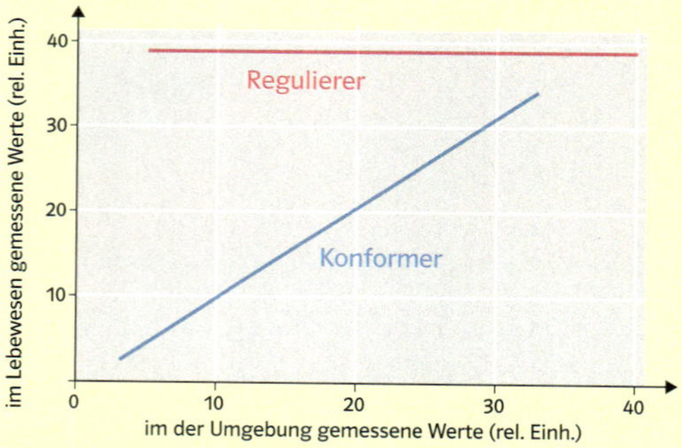

AUFGABEN >>

1 Erklären Sie den Unterschied zwischen Steuerung und Regelung an je einem Beispiel.
2 Bei hoher Populationsdichte können Wildkaninchen-Weibchen Embryonen in ihrer Gebärmutter auflösen. Erläutern Sie die biologische Bedeutung dieser Form der Dichteregulation.
3 Erklären Sie die Bezeichnung Regulierer.

Basiskonzept

Geschichte und Verwandtschaft

Alle heute auf der Erde existierenden Lebewesen weisen eine Vielzahl gemeinsamer Merkmale auf. Daraus kann man schließen, dass sie von einem gemeinsamen Vorfahren abstammen. Je mehr Zeit seit dem Beginn der getrennten Entwicklung vergangen ist, je früher also der letzte gemeinsame Vorfahr existierte, desto größer sind die Unterschiede zwischen den Lebewesen. Die stammesgeschichtliche Verwandtschaft der Lebewesen kann man von der Molekülebene bis zum Organismus feststellen. Die Vielfalt der heute lebenden Arten und ihre Verwandtschaft lässt sich aus ihrer Geschichte erklären. Sie ist das Produkt der Evolution. Ähnliche Umweltbedingungen können zu ähnlichen, jedoch nicht verwandten Organismen führen.

Konvergenz und Verwandtschaft

Auf den ersten Blick erwecken Ähnlichkeiten zwischen dem in Australien lebenden Beutelmull (oben) und dem europäischen Maulwurf (unten) den Eindruck, es handle sich um nah verwandte Arten. Während jedoch der Mull näher mit Kängurus und anderen Beuteltieren verwandt ist, gehört der Maulwurf zu den Plazentatieren und ist als Insektenfresser nah mit dem Igel verwandt. Die Ähnlichkeiten zwischen den beiden im Boden Gänge grabenden Arten sind Angepasstheiten an eine ähnliche Lebensweise und kein Beleg für Verwandtschaft. Sie sind durch natürliche Selektion entstanden.

Endosymbiontentheorie

Aufgrund vieler Übereinstimmungen zwischen Chloroplasten und Mitochondrien mit den Bakterien geht man davon aus, dass die eukaryotischen Zellen aus einer Kombination mehrerer prokaryotischer Zellen entstanden sind. Das Grundgerüst der eukaryotischen Zelle hat sich aus einem urtümlichen Prokaryoten (*Archaee*) entwickelt. Chloroplasten und Mitochondrien gehen auf ursprünglich frei lebende Cyanobakterien und Sauerstoff atmende Bakterien zurück, die im Verlauf der Evolution in die Urzelle integriert wurden.

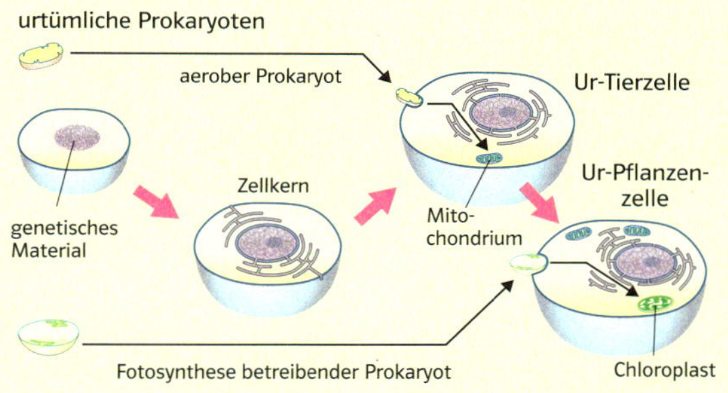

AUFGABEN >>

1 Beschreiben Sie den prokaryotischen Ursprung der Eukaryoten.
2 Recherchieren Sie mithilfe dieses Buches zwei weitere Lebensformtypen, vergleichbar mit den Grabern Beutelmull und Maulwurf.
3 Die Biologie ist die einzige Naturwissenschaft, die die Frage „Wozu?", also nach der Funktionalität, stellt. Ohne diese Frage sind die Eigenschaften eines Lebewesens nicht zu verstehen. Erklären Sie dies.

Basiskonzept

Variabilität und Angepasstheit

Lebewesen sind in vielen Merkmalen an ihre Lebensbedingungen angepasst. In Populationen findet man eine genetisch bedingte Variabilität und eine individuelle Anpassungsfähigkeit (Plastizität) bezüglich unterschiedlicher Merkmale. Gut angepasste Individuen erzeugen durchschnittlich mehr Nachkommen als schlechter angepasste. Dadurch sind in der Evolution angepasste Formen entstanden. Die Variabilität führt auch dazu, dass Populationen bei veränderten Umweltbedingungen meist nicht aussterben, sofern Varianten vorkommen, die sich unter den neuen Bedingungen fortpflanzen können.

Genetische Variationen

Bänderschnecken sind eine Gattung der Landlungenschnecken mit charakteristischen Längsstreifen auf dem Gehäuse. Innerhalb einer Art variiert die Anzahl und Breite dieser Streifen, sodass die Gehäuse unterschiedlich dunkel ausfallen. Das tarnt sie je nach Lebensraum vor Räubern wie der Singdrossel. Außerdem beeinflusst die Variabilität der Gehäusefärbung Wärmeabsorption und Stoffwechselrate.

Modifikationen

Phänotypische Plastizität bezeichnet die Möglichkeit eines Lebewesens, trotz unveränderten Genotyps bei unterschiedlichen Lebensbedingungen unterschiedliche Phänotypen auszuprägen. Dies ist besonders wichtig für Lebewesen, die an Orten mit verschiedenen Umweltbedingungen leben. Phänotypische Veränderungen aufgrund von Umwelteinflüssen heißen *Modifikationen*. Ein Beispiel dafür sind die unterschiedlichen Wuchsformen von genetisch identischen Individuen (Klonen) des Löwenzahns.

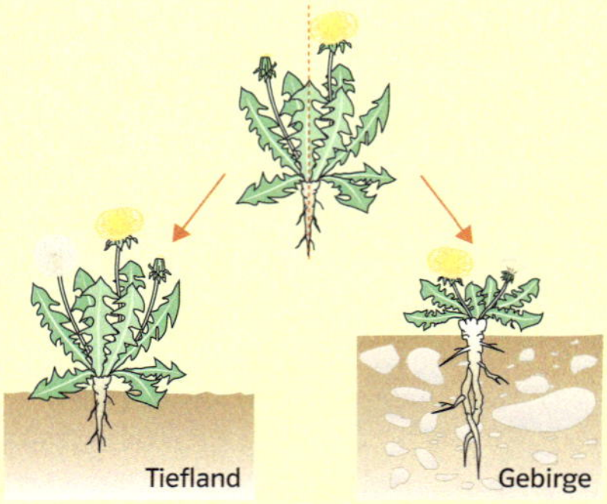

Blattbau und Wasserangebot

Laubblätter zeigen einen typischen Bau aus verschiedenen Gewebeschichten, die jeweils aus speziell geformten Zellen bestehen. Je nach Standort, Wasser- und Lichtangebot findet man unterschiedliche Abwandlungen, die sich in Anzahl, Größe und Anordnung der Zelltypen unterscheiden.

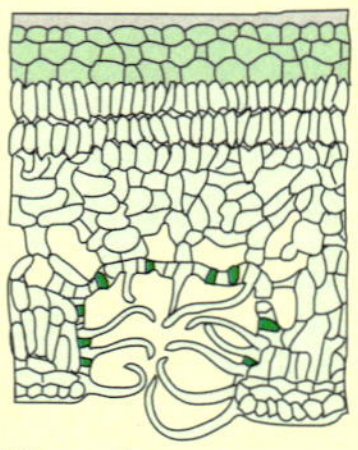

Oleander

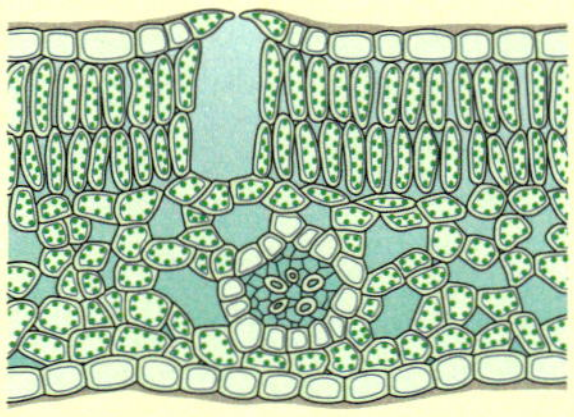

Weiße Seerose

AUFGABEN >>

1 Vergleichen Sie die Auswirkungen genetisch bedingter und modifikatorischer Variabilität auf die Folgegeneration.

2 Nennen Sie mögliche Ursachen für die unterschiedliche Entwicklung der Hälften einer Löwenzahnpflanze in Tiefland und Gebirge.

Basiskonzept

Reproduktion

Reproduktion bedeutet Vervielfältigung. Im biologischen Sinn wird der Begriff jedoch in der Regel synonym für Fortpflanzung und Vermehrung verwendet. Nur lebende Systeme sind in der Lage, sich selbst fortzupflanzen, und zwar auf der Ebene der Zellen, der Organismen und der Populationen.

Fortpflanzungsstrategien

Als eine der ersten Pflanzenarten findet man nach einem Windbruch auf Lichtungen das *Schmalblättrige Weidenröschen*. Die Art verbreitet sich rasch auf freien Flächen, da die Pflanzen viel in die Samenproduktion investieren, aber wenig in einen ausdauernden Pflanzenkörper. Einzelne Pflanzen produzieren mehrere 100 000 Samen, die leicht durch den Wind verbreitet werden können. Zudem können sie sich über die Wurzeln ungeschlechtlich ausbreiten. Das Weidenröschen gehört damit zu den r-Strategen. Schon bald wird das Schmalblättrige Weidenröschen von konkurrenzstärkeren Sträuchern und jungen Bäumen verdrängt.

K-Strategen hingegen zeichnen sich durch eine geringe Anzahl von Nachkommen, eine lange Lebensdauer und ein hohes Maß an elterlicher Pflege aus. Während dies bei Wirbeltieren häufig ist, findet man bei Pflanzen nur wenige K-Strategen. Ein Beispiel ist die Erdnuss, die ihre mit Früchten behangenen Äste in den Sandboden bohrt und ihre Samen sozusagen selbst einpflanzt.

Fortpflanzung

Einzeller pflanzen sich ungeschlechtlich durch Zellteilung fort. Auch Pflanzen, wie z. B. die Erdbeerpflanze, können sich durch Ausläufer ungeschlechtlich vermehren. Dabei entstehen Organismen, die untereinander und zum Ursprungsorganismus genetisch identisch sind. Ungeschlechtliche Fortpflanzung trägt somit nicht zur Variabilität bei. Häufig tritt sie wie bei Erdbeerpflanzen als zusätzliche Vermehrungsform neben der sexuellen Fortpflanzung auf.

AUFGABEN >>

1 Erläutern Sie am Beispiel des Nullwachstums von Populationen, dass Fortpflanzung (der Gene) und Vermehrung (der Individuenanzahl) nicht immer gekoppelt sind.
2 Erdbeerpflanzen können sich sowohl ungeschlechtlich als auch sexuell fortpflanzen. Beschreiben Sie die Vorteile.
3 In Pfützen findet man häufig Einzeller. Als r-Strategen können sie hier überleben. Erläutern Sie dies.

Basiskonzept

Stoff- und Energieumwandlung

Stoffwechsel ist ein Kennzeichen aller Lebewesen. Lebewesen bauen Stoffe in ihrem Körper ab, auf und um. Zum Aufbau körpereigener Stoffe und zur Aufrechterhaltung der inneren Ordnung benötigen Lebewesen Energie. Lebende Systeme nehmen Energie aus ihrer Umgebung auf, speichern sie und geben sie wieder ab. Energetisch nutzbare Stoffe sind z. B. Nährstoffe und ATP.

Energiefluss und Energiespeicherung

Tiere nehmen energetisch nutzbare Stoffe mit der Nahrung auf. Pflanzen nehmen Energie mit dem Licht auf und bilden u. a. Glucose. Bei der Zellatmung wird Glucose mit Sauerstoff zu Kohlenstoffdioxid und Wasser umgesetzt. Die dabei frei werdende Energie wird zur Bildung von ATP genutzt, das für viele Reaktionen im Bau- und Energiestoffwechsel benötigt wird. Werden mehr energetisch nutzbare Stoffe aufgenommen als benötigt, kann z. B. Fett als Speicherstoff aufgebaut und in Fettzellen eingelagert werden. Energie wird schließlich durch Wärmefluss wieder abgegeben.

Biomasse in Ökosystemen

Bei der Energienutzung in Ökosystemen findet ein Transport energetisch nutzbarer Stoffe zwischen den Trophiestufen statt. Produzenten nehmen Energie in Form von Licht auf. Lebewesen aller Trophiestufen erzeugen energetisch nutzbare Biomasse und veratmen den Rest zu Wasser und Kohlenstoffdioxid. Die Prodution von Biomasse nimmt daher von Trophiestufe zu Trophiestufe ab.

Nachhaltigkeit

Das Prinzip der Nachhaltigkeit bezog sich zunächst nur auf die Forstwirtschaft und bedeutete, dass der Mensch nicht mehr abholzen soll, als nachwachsen kann. Heute wird der Begriff jedoch weiter gefasst. Er bezieht sich auf die gesamten Ressourcen der Erde. Das Prinzip der Nachhaltigkeit besagt, dass nicht mehr verbraucht werden soll, als sich regenerieren bzw. künftig wieder bereitgestellt werden kann. Dabei ist besonders der ökologisch und ökonomisch sinnvolle und sozial gerechte Umgang mit Ressourcen wie Energie, Nahrung und sauberem Wasser gemeint. In welchem Maße der einzelne Mensch oder die Bevölkerung eines Landes diese Ressourcen nutzt, lässt sich in verschiedenen Modellen darstellen. Beim Ökologischen Fußabdruck wird dem Verbrauch von Ressourcen der Flächenverbrauch für deren Regeneration gegenübergestellt.

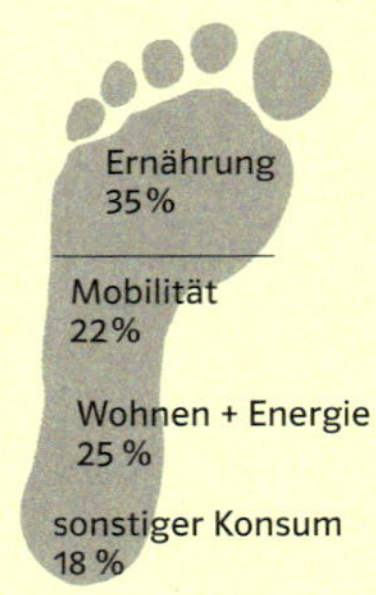

AUFGABEN >>

1 Beschreiben Sie ein Beispiel für die Speicherung energetisch nutzbarer Stoffe bei Pflanzen.

2 „Ohne die Fotosynthese gäbe es auf der Erde keine Tiere und Pflanzen“. Nehmen Sie Stellung zu dieser Aussage.

Basiskonzept

Information und Kommunikation

Unsere Sinne reagieren auf Umweltreize. Aus den von Sinneszellen erzeugten Erregungen generiert das Nervensystem ein mentales Bild unserer Umwelt. Sozial lebende Arten sind darauf angewiesen, dass sich die Individuen über ihre Bedürfnisse und Absichten austauschen. Erst dieser Austausch ermöglicht ein komplexes Zusammenleben. Der Austausch von Signalen, die von Sender und Empfänger in gleicher Weise verstanden werden können, wird als Kommunikation bezeichnet. Auch im Tierreich findet Kommunikation in vielfältiger Weise statt.

Signalstoffe bei Tieren

Pheromone sind Wirkstoffe, die nicht im Körper verbleiben, sondern von einem Individuum einer Art nach außen abgegeben werden und bei einem anderen Individuum der gleichen Art Reaktionen auslösen. Am besten untersucht sind Pheromone bei Insekten. Hier dienen sie häufig als Sexual-Lockstoffe. Bei Ameisen wirken Pheromone auch als Alarmsignal, wenn Feinde in den Bau eindringen, oder markieren den Verlauf von Routen. Pheromone dienen so der innerartlichen Kommunikation.

Warnen und täuschen

Warnfärbungen bei wehrhaften Tieren wie Wespen verringern die Anzahl der Angriffe, da Fressfeinde aus schlechten Erfahrungen lernen. Diesen Effekt nutzen manche Schwebfliegenarten mit ähnlicher Färbung, aber ohne Giftstachel. Die Beispiele zeigen, dass die Signalübermittlung nicht immer wechelseitig erfolgt. Sowohl die Information über die Gefährlichkeit als auch die Täuschung sind das Ergebnis von Selektionsvorteilen beim Entkommen vor Beutegreifern.

Signalstoffe bei Pflanzen

Bei Schädlingsbefall geben manche Pflanzen Geruchsstoffe an ihre Umgebung ab. Dadurch werden Fressfeinde der Schädlinge, z. B. Schlupfwespen, angelockt. Solche Stoffe können auch Nachbarpflanzen beeinflussen. Gesunde Tabakpflanzen, die neben befallenen Pflanzen wachsen, produzieren mehr Samen als solche neben nicht befallenen.

AUFGABEN >>

1 Sie hören den Gesang eines Amselmännchens im Garten. Das Weibchen antwortet. Erläutern Sie, weshalb zwischen den beiden Vögeln Kommunikation stattfindet, zwischen Ihnen und dem Singvogel jedoch nicht.

2 Erläutern Sie an einem Beispiel, wie Täuschfärbungen nicht nur bei Beutetieren, sondern auch bei Beutegreifern vorteilhaft sein können.

Lösungen zum Abi-Training

Umweltfaktoren (Seite 43)

1 *Sesarma rectum* kann bei einem Salzgehalt von 2,5 % (Minimum) bis 4,8 % (Maximum) überleben. Dies ist der Toleranzbereich bezüglich des Salzgehalts des Wassers für diese Art. In der Nähe von Minimum und Maximum ist die Überlebensrate jedoch sehr gering. Es ist zu vermuten, dass die Tiere bei einem Salzgehalt zwischen etwa 3 % und 4,5 % langfristig existieren können. Dieser Bereich gibt die ökologische Potenz der Art bezüglich des Salzgehalts an. Der Bereich der ökologischen Potenz ist immer kleiner als der Toleranzbereich.

2 Die Krabbenarten sind an den Salzgehalt des Wassers in ihrer natürlichen Umgebung angepasst: die Schneckenkrabbe an Süßwasser, *Sesarma rectum* an Meerwasser und die Brackwasserkrabbe an stark schwankende Salzgehalte in der Uferzone des Meeres.

3 Durch Regen bzw. Wasserverdunstung schwankt der Salzgehalt des Wassers in den Felsentümpeln um den Wert von 3,5 %. Die Larven sind den Extremwerten nicht ausgesetzt, da sie sich im Meerwasser entwickeln. Die ausgewachsenen Krabben tolerieren große Schwankungen.

4 Brackwasserkrabben sind keine reinen Konformer, da ihr Salzgehalt weniger schwankt als der im umgebenden Wasser. Sie sind aber auch keine reinen Regulierer, die den Salzgehalt immer konstant halten. Durch das Zulassen geringer Schwankungen reduzieren sie den Unterschied zur Umgebung, der zu Wasseraufnahme oder -abgabe durch Osmose führt. Andererseits schwankt der Salzgehalt in ihren Körperflüssigkeiten nicht so stark, dass Stoffwechselreaktionen beeinträchtigt werden.

5 *S. rectum* produziert viele Eier mit wenig Nährstoffen für den Embryo und betreibt keine Brutpflege. *S. jarvise* erzeugt wenige, aber große Eier, in denen sich die Larven schnell entwickeln. Außerdem betreibt sie Brutpflege. *S. rectum* weist Merkmale für r-Strategen auf, während *S. jarvise* eher zu den K-Strategen gehört.

Wechselbeziehungen (Seite 63)

1 Kot mit Parasiteneiern gelangt in die Bernsteinschnecke. Die geschlüpften Wimpernlarven reifen zu verzweigten Sporocysten heran, die sich ungeschlechtlich vermehren. Es entstehen Schwanzlarven (Cercarien) in den Sporocysten. Die ausgereiften Sporocystensäcke sind als grünliche und pulsierende Fühler der Schnecke sichtbar. Sie gelangen in den Endwirt Singvogel und vermehren sich geschlechtlich, der Zyklus beginnt von Neuem.

2 Gemeinsamkeiten: Zwischenwirt Landschnecke, dort ungeschlechtliche Vermehrung, geschlechtliche Vermehrung in Endwirt, Stadien Wimpernlarven, Cercarien, geschlechtsreife Würmer, Unterschiede: 2. Zwischenwirt fehlt beim Saugwurm *Leucochloridium*.

3 Endwirt: Durch sexuelle Vermehrung wird Rekombination gewährleistet. Vermehrungswirt: Durch ungeschlechtliche Vermehrung ist eine hohe Anzahl von Nachkommen möglich. Transportwirt: verbindet Lebensräume von Vermehrungswirt und Endwirt.

4 Tiere meiden häufig eigenen Kot. Es ist wenig wahrscheinlich, direkt wieder in einen Endwirt zu gelangen. In Vermehrungswirten werden massenhaft Nachkommen erzeugt, die Wahrscheinlichkeit, dass einige wieder in einen neuen Endwirt gelangen, ist deutlich höher.

5 Die pulsierenden Schneckenfühler sehen Würmern ähnlich. Die Singvögel fressen die Fühler der Schnecke. Die Cercarien gelangen so in den Verdauungstrakt von Singvögeln. Durch die Wurmtäuschung der Schneckenfühler wird ein 2. Zwischenwirt eingespart.

Populationen (Seite 87)

1 Die Anzahl der Wölfe nimmt mit den Jahren zu. Bei etwa 100 Wölfen folgt jeweils ein mehrjähriger Rückgang. Die Populationsentwicklung bei den Elchen ist gegenläufig. Beim Rückgang der Wolfspopulation erholt sich die der Elche etwas. Die Anzahl der Wapitihirsche kann man nur indirekt erschließen. Da auch sie Beute der Wölfe sind (Abb. 1), ist eine ähnliche Bestandsentwicklung wie bei den Elchen zu erwarten.

2 Elch und Wolf stehen in einem Räuber-Beute-Verhältnis. Je mehr Wölfe es gibt, desto kleiner wird die Elchpopulation und umgekehrt. Der Rückgang der Elche (und vermutlich auch der Wapitihirsche) führt zu einem geringeren Verbiss der Bäume und Sträucher. Deshalb steigt entsprechend zeitversetzt die Anzahl der Pappeln. Die Anzahl der Biberkolonien nimmt ebenfalls zu. Das kann aber nicht an der Steigerung bei den Pappeln > 5 cm Durchmesser liegen, denn sie erfolgt früher. Die Biberzunahme kann daran liegen, dass die Tiere auch kleine Sträucher und sehr junge Pappeln als Nahrung nutzen können.

3 individuelle Lösung Es sind zum Beispiel die folgenden Ergänzungen möglich: Je mehr Nagetiere desto mehr Kojoten (die Beutemenge fördert die Räubermenge). Je mehr Greifvögel desto weniger Nagetiere (die Räuber dezimieren die Beute). Je mehr Biber desto weniger Pappeln (der Pflanzenfresser dezimiert die Nahrungspflanzen.) Je mehr Greifvögel desto weniger Füchse (Nahrungskonkurrenz durch Überschneidung des Beutespektrums).

4 Die Wiedereinbürgerung der Wölfe führt zu weitreichenden Folgen bei einer Vielzahl von Arten, die jeweils wiederum Veränderungen nach sich ziehen. Eine Art, die trotz geringer Populationsdichte große Auswirkungen auf eine Lebensgemeinschaft hat, wird als Schlüsselart bezeichnet. Das trifft für die Wölfe zu

Energie und Stoffe (Seite 103)

1 Produzenten bauen durch Fotosynthese aus anorganischen Stoffen (Kohlenstoffdioxid, Wasser, Mineralstoffe) Biomasse auf und geben einen Teil des Sauerstoffs nach außen ab. Konsumenten nehmen die Biomasse der Produzenten auf. Unter Sauerstoffaufnahme wird die Biomasse in der Zellatmung für den eigenen Energiestoffwechsel genutzt. Dabei werden Kohlenstoffdioxid und Wasser abgegeben. Destruenten wie Pilze und Bakterien verwerten abgestorbene Biomasse von Produzenten und Konsumenten sowie organische Ausscheidungen. Entstehende Mineralstoffe stehen Produzenten wieder zu Verfügung.

2 Abgestorbene Biomasse wird aufgrund des sauren und sauerstoffarmen Wassers kaum durch Destruenten zersetzt. Es kommt zur andauernden Ablagerung der abgestorbenen pflanzlichen Biomasse, vor allem von Torfmoosen. Diese wachsen immer weiter nach oben nach, es werden immer neue Torfschichten gebildet. So kommt es zu einer Erhöhung der Mooroberfläche.

3 Bakterien und Pilze bauen zerkleinerte und zersetzte tote Biomasse ab. Mithilfe von Sauerstoff entstehen in der Nitrifikation Ammonium-Ionen, dann Nitrit-Ionen, dann Nitrat-Ionen. Diese können von den Pflanzen direkt wieder aufgenommen werden. Bakterien und Pilze machen also Stickstoffatome aus dem Detritus für Pflanzen verfügbar, die diese für das Wachstum benötigen.

4 Aufgrund des niedrigen pH-Wertes im Moorwasser und des geringen Sauerstoffgehalts im Moorboden gibt es kaum Bakterien (Abb. 3). Vermutlich siedeln sich auch kaum Zerkleinerer im Moorboden an. Tote Biomasse wird nicht oder kaum abgebaut, Nitrifikation findet nicht statt. Da viele Pilze vorhanden sind, läuft vermutlich die Ammonifikation zu Ammonium-Ionen ab. Ammonium-Ionen können von den Torfmoosen direkt aufgenommen werden. Nitrat-Ionen, die von anderen Pflanzen aufgenommen werden können, entstehen jedoch nicht.

Gewässerökosysteme (Seite 131)

1 Polypen erhalten Fotosyntheseprodukte, Zooxanthellen Kohlenstoffdioxid und andere Verbindungen. Diese Wechselbeziehung ist für beide von Vorteil, es liegt eine Symbiose vor.

2 Beispiel Nahrungsnetz: s. unten

3 Durch menschliche Einflüsse gelangen viele Abfälle und Mineralstoffe in die Flüsse, die schließlich ins Meer gelangen. Der Mensch hat auch das Tritonshorn, einen natürlichen Feind der Dornenkronen-Seesterne, fast ausgerottet. Beides führt zu verbesserten Vermehrungsbedingungen für die Seesterne. Bei einer zu starken Vermehrung hat dies Auswirkungen auf das Nahrungsnetz. Korallen werden dezimiert, die Riffbildung ist stark eingeschränkt.

4 Reduzierung der ins Meer gelangenden Abwässer, Reduktion von Düngemitteleinsatz, mechanisches Absammeln der Seesterne, Abtöten der Seesterne durch Gift, Schutz von Korallen durch Drahtnetze, Naturschutz Tritonhorn, Erhöhung der Strafen bei Fang des Tritonshorns …

5 Die Produktivität des Ökosystems Korallenriff liegt deutlich über der von europäischen Laubwäldern. Diese Produktivität wird bei deutlich geringerer Biomasse geleistet. Zooxanthellen machen etwa 50 % der Riffläche aus und sind die hauptsächlichen Primärproduzenten eines Korallenriffs. Die Einzeller haben selbst aber eine geringe Biomasse. Die Stoffwechselprodukte von Zooxanthellen und Polypen werden innerhalb der Zellen des Polypen direkt zugeliefert und schnell umgesetzt.

Beispiellösung zu Aufgabe 2, S. 131

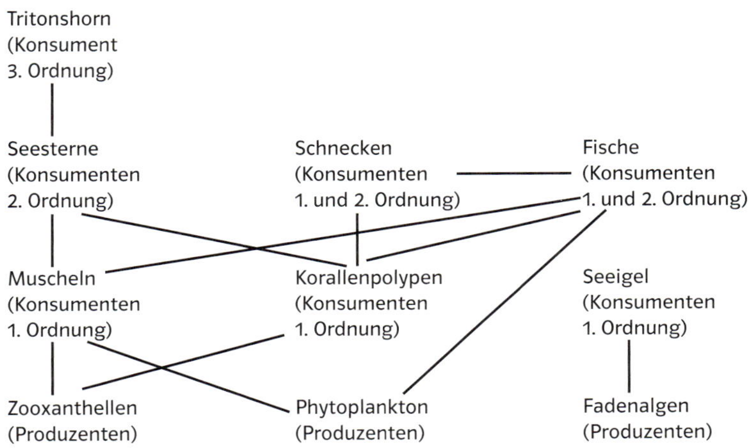

Lösungen zum Abi-Training

Landökosysteme (Seite 147)

1 Gerodete Flächen trocknen bei Sonneneinstrahlung schneller aus als der Waldboden, da er sich schneller erwärmt. Wind und abfließendes Wasser können zu Bodenerosion führen. Dadurch wird die fruchtbare Bodenschicht abgetragen. Durch Verbrennung oder Verrottung von Biomasse aus dem Wald gelangt zusätzliches Kohlenstoffdioxid in die Atmosphäre, das nicht wieder durch Waldbäume gebunden wird.

2 Auf der Vergleichsfläche steigt die Nitratkonzentration im Frühjahr an wie vor der Rodung. In dieser Zeit setzen die Destruenten im Boden aufgrund der steigenden Temperaturen mehr Nitrat frei, während die Pflanzen noch nicht so viel Nitrat aufnehmen wie im Sommer. Auf der gerodeten Fläche führen Abbauprozesse im Waldboden zu einem Anstieg des Nitratgehalts auf ein Vielfaches, da viel Biomasse abgebaut wird, darunter auch Wurzelmasse der gefällten Bäume. Gleichzeitig fehlt die Nitrataufnahme durch die Bäume.

3 Das abfließende Wasser kann Biomasse aus dem Boden und Mineralstoffe mitführen und dadurch eine düngende Wirkung auf den Bach haben. Der Abbau von Wurzeln gefällter Bäume durch Destruenten kann diesen Effekt verstärken. Die Mineralstoffe können das Algenwachstum verstärken mit der Folge einer stärkeren Vermehrung von Bakterien. Dies könnte ein Absinken des Sauerstoffgehalts im Wasser zur Folge haben. Dazu könnte auch die aus dem Waldboden stammende Biomasse beitragen.

4 Der globale Kohlenstoffkreislauf kann als System aus Kohlenstoffspeichern und zwischen ihnen stattfindenden Kohlenstoffflüssen beschrieben werden. Wälder sind Teil des Kohlenstoffspeichers „Biomasse der Landlebewesen“. Bäume fixieren Kohlenstoffdioxid aus der Atmosphäre durch Fotosynthese und geben Kohlenstoffdioxid durch Zellatmung und Abbau ihrer Biomasse durch Destruenten an die Atmosphäre ab. Im stabilen Ökosystem Wald gleichen sich diese Kohlenstoffflüsse aus. Durch die Abholzung gelangt Kohlenstoffdioxid durch die Zersetzung von Holzresten und Baumwurzeln und evtl. durch die Verbrennung von Holz in die Atmosphäre. Diesem Kohlenstofffluss steht keine Aufnahme durch die Bäume entgegen. Dies führt ebenso wie die Verbrennung von Kohle, Erdöl und Erdgas zu verstärkten Kohlenstoffflüssen in Form von Kohlenstoffdioxid in die Atmosphäre.

5 Das Diagramm zeigt einen Zusammenhang zwischen der Temperatur und der Dicke der Jahresringe. Bei hoher Temperatur sind die Jahresringe schmal, bei niedriger sind sie breiter. Im Verlauf der dargestellten 100 Jahre ist die Temperatur angestiegen und das Dickenwachstum der Bäume hat sich verringert. Ursache für den Zusammenhang könnte das Schließen von Spaltöffnungen in den Blättern der Bäume bei hohen Temperaturen sein. Der Schutz vor Verdunstung beschränkt die Aufnahme von Kohlenstoffdioxid für die Fotosynthese.

Siedlungsökosysteme (Seite 157)

1 Niederschläge versickern durch Entwässerungsbauten schneller, der Oberflächenablauf ist auf bebauten Flächen deshalb höher. Versiegelung und geringe Vegetation führen vor allem in der Stadtmitte dazu, dass die Verdunstung eingeschränkt ist. Den Böden und Pflanzen wird dann weniger Wärme für die Wasserverdunstung entzogen, die Temperatur steigt. Diese wird außerdem durch Wärmeabgaben von Heizungen, Industriebetrieben und Kraftfahrzeugen erhöht, die Wärme abgeben. Stärkere Vegetation führt zu einer höheren Kohlenstoffdioxid-Aufnahme der Pflanzen durch Fotosynthese

2 Pflanzen in Pflasterritzen wachsen sehr knapp über dem Boden. Eine mögliche Untersuchungsfrage könnte lauten: Wachsen Pflasterritzen-Pflanzen unter anderen Bedingungen höher? Zur Überprüfung könnten Pflanzen aus Pflasterritzen mit Wurzel entnommen werden und in Böden mit weniger Tritt (Wiese, Garten) überführt werden. Die Wuchshöhe kann über einen gewissen Zeitraum gemessen und verglichen werden.

3 Pflasterritzen-Pflanzen der Gruppe 1 sichern ihre Verbreitung durch schnelles Wachstum und Samenproduktion, sie sind r-Strategen. In kürzerer Zeit müssen weniger Schwankungen der Umweltfaktoren und Tritt durch Menschen und Tiere ertragen werden. Mehrjährige Pflasterritzen-Pflanzen wachsen nur knapp über dem Boden, der Tritt ist verringert. Kräftige und lange Wurzeln gelangen an tiefere Wasserreserven.

4 In der Stadt ist das Nahrungsangebot höher (Kleingärten, Obst etc.). Es reicht die Nahrung einer kleineren Fläche, um ein Amselpaar und seinen Nachwuchs zu sättigen. Die Reviergröße richtet sich also nach dem Nahrungsangebot.

Mensch und Umwelt (Seite 173)

1 Natürliche Treibhausgase absorbieren einen Teil der Wärmestrahlung. Dadurch wird die Atmosphäre erwärmt. Zusätzliche Treibhausgase wie anthropogenes Kohlenstoffdioxid erhöhen die absorbierte Wärmestrahlung, die Atmosphäre wird stärker erwärmt und die Erdtemperatur steigt weiter.

2 Bei aquatischen und terrestrischen Ökosystemen überwiegt die Entnahme von Kohlenstoffdioxid aus der Atmosphäre gegenüber der -abgabe um insgesamt 3,8 Mrd. Tonnen. Durch menschliche Beeinflussung wird dagegen der Anteil von Kohlenstoffdioxid in der Atmosphäre um jährlich 7,1 Mrd. Tonnen erhöht. Die aquatischen und terrestrischen Ökosysteme wirken der menschlichen Beeinflussung der globalen Kohlenstoffbilanz damit nicht vollständig entgegen, es kommt zu einer Erhöhung der Kohlenstoffdioxidkonzentration in der Atmosphäre.

3 Abb. 2 ist eine Momentaufnahme mit Angabe über die wichtigsten Kohlenstoff-Flüsse, Entwicklungen sind nicht ersichtlich. Kohlenstoffsenken und -quellen ergeben sich aus der Differenz der Kohlenstoff-Flüsse. Abb. 3 zeigt die Entwicklung seit 1960. Besonders die anthropogenen Quellen durch fossile Brennstoffe stiegen von 1960 bis 2010 auf etwa das Dreifache. Es ist ersichtlich, dass der Anteil des aufgenommenen Kohlenstoffdioxids in die Atmosphäre in den letzten Jahrzehnten stieg.

4 mögliche Chancen: Pilotprojekt ebnet Weg für weitere Kohlenstoffdioxid-Speicherprojekte mit größerem Speichervolumen, solche Speicherprojekte können dazu beitragen, den Anstieg der Kohlenstoffdioxidkonzentration in der Atmosphäre zu reduzieren …
Mögliche Risiken: Einlagerungskosten sind zu hoch (Transport, Überwachung etc.), Sicherheit ist langfristig unbekannt, langfristige Auswirkungen, eingelagerte Kohlenstoffdioxid-Mengen sind zu niedrig, um einen Effekt zu erzielen …

Glossar

adaptive Radiation
Aufspaltung einer Ursprungs- (Stamm-) Art in zahlreiche abgeleitete Arten durch evolutive Anpassung an verschiedene ökologische Bedingungen in meist unbesetzten Lebensräumen in einem geologisch kurzen Zeitraum

aerob
werden Stoffwechselprozesse genannt, die nur in Gegenwart von Sauerstoff ablaufen bzw. die Lebens-weise in sauerstoffhaltiger Umgebung (vgl. *anaerob)*

Aktivierungsenergie
der Mehrbetrag an Energie, der zusätzlich zum durchschnittlichen Energiegehalt der kleinsten Teilchen eines Stoffes notwendig ist, um eine chemische Reaktion zwischen ihnen auszulösen

Aktualitätshypothese
Annahme, dass heute geltende naturwissenschaftliche Gesetze auch in der Vergangenheit gültig waren

allele Gene (Allel)
eine von mehreren möglichen Ausführungen eines Gens, von dem diploide Körperzellen zwei enthalten, haploide Keimzellen eines

Allelhäufigkeit
relative Häufigkeit der Allele (allele Gene) im Genpool; die Summe der Häufigkeiten der Allele eines Gens ist 1

allopatrisch
allos (gr.) „anders", patria (lat.) „Heimat" = „in verschiedenen Gebieten"; Entstehung von Arten aus geografisch isolierten Populationen einer Ursprungsart

allosterisch
Fähigkeit eines Moleküls, reversibel mehrere stabile Formen einnehmen zu können; bei Enzymen häufig eine aktive und eine inaktive Form

Altruismus
selbstloses Verhalten, Begünstigung anderer Artgenossen, Gegensatz zu Egoismus

Aminosäure
organische Säure, die neben der Carboxylgruppe eine Aminogruppe enthält; in freier Form und als Baustein von Peptiden und Proteinen in der Zelle allgemein verbreitet

anaerob
werden Stoffwechselprozesse genannt, die ohne Beteiligung von Sauerstoff ablaufen bzw. die Lebensweise von Organismen in sauerstofffreier Umgebung (vgl. *aerob)*

Analogie
Ähnlichkeit in Gestalt oder anderen Merkmalen, die aufgrund übereinstimmender Selektionsbedingungen unabhängig entstanden sind und die nicht auf gemeinsamer Herkunft beruht (vgl. *Homologie)*

Angepasstheit
Eigenschaft eines Lebewesens, die sein Überleben in einer bestimmten Umwelt fördert

Anpassung
Prozess, in dessen Verlauf Individuen Eigenschaften aufweisen, die für das Überleben förderlich sind

Archaebakterien (Archaea)
urtümliche, an extreme Lebensbedingungen angepasste Prokaryoten; im Zellaufbau den echten Bakterien *(Eubacteria)* ähnlich

Art
Man unterscheidet zwei verschiedene Konzepte, die beide je nach Zusammenhang sinnvoll sind:
morphologische Art: eine Gruppe von Lebewesen, die in wesentlichen Merkmalen übereinstimmen
biologische Art: alle Individuen, die unter natürlichen Bedingungen derselben Fortpflanzungsgemeinschaft angehören

Artbildung
Prozess der Entstehung neuer Arten aus einer Ursprungsart; man unterscheidet *allopatrische Artbildung* bei räumlicher Trennung von Populationen und sympatrische Artbildung bei gemeinsamen Vorkommen

Assimilation
bei Stoffwechselvorgängen: Aufbau organischer Substanzen aus anorganischen Ausgangsstoffen; auch Umbau aufgenommener Nährstoffe in körpereigene Stoffe (vgl. *Dissimilation)*

Atmung
äußere Atmung: Sauerstoff- und Kohlenstoffdioxidaustausch mit der Umgebung; *innere Atmung* bzw. *Zellatmung:* aerobe Stoffwechselvorgänge zur Energiefreisetzung in Zellen

ATP (Adenosintriphosphat)
wichtigster Energiespeicher und -überträger des Stoffwechsels, entsteht aus ADP und Phosphat unter Energieaufnahme; setzt beim Zerfall 30,5 kJ/mol frei und treibt dadurch endergonische Reaktionen an oder macht durch Übertragung von Phosphat andere Stoffe energiereicher und damit reaktionsfähiger

Autotrophie
Ernährungsweise, bei der nur anorganische Stoffe benötigt werden (*Fotosynthese, Chemosynthese*; vgl. Heterotrophie)

Bakteriophage (Phage)
Virus, das Bakterien befällt; es nutzt den Syntheseapparat der Bakterienzelle zur eigenen Vermehrung

Bakterium
Angehöriger einer systematischen Gruppe von einzelligen, zellkernlosen (prokaryotischen) Kleinstlebewesen; man unterscheidet echte Bakterien *(Bacteria)* von den Archaebakterien (Archaea)

Bateman-Prinzip
Tatsache, dass Männchen durch Paarungen mit mehreren Weibchen ihre Nachkommenzahl erhöhen können, Weibchen durch Paarungen mit mehreren Männchen jedoch normalerweise nicht

Befruchtung
Verschmelzung der Zellkerne zweier Keimzellen zu einer befruchteten Eizelle *(Zygote)*; nach der Besamung

Beschädigungskampf
risikoreiches Kampfverhalten, bei dem Tiere verletzende Waffen verwenden, wie z. B. Zähne, Krallen, Geweihspitzen u. a.; tödlicher Ausgang möglich (siehe *Kommentkampf)*

Biogenetische Grundregel
Während der Keimesentwicklung eines Individuums zeigen einige Stadien Merkmale von Organismengruppen, die man als frühere Stufen der Stammesentwicklung ansieht. Die Keimesentwicklung scheint also die Stammesgeschichte sehr kurz zu wiederholen.

Biomembran
Doppelmembran mit einer immer gleichen Grundstruktur, die jede Zelle umgibt bzw. in kleinere Räume aufteilt

Bionik
wissenschaftliche Disziplin, die sich mit der technischen Umsetzung und Anwendung von Strukturen nach dem Vorbild biologischer Systeme beschäftigt

Brückentier
Organismus, der Merkmale stammesgeschichtlich älterer und jüngerer Tiergruppen aufweist

Bruthelfer
Tier, das nahen Verwandten (meist Eltern oder Geschwistern) bei der Jungenaufzucht hilft und auf eigene Fortpflanzung verzichtet

Chordatiere
Tierstamm, der durch einen primär rückseitig *(dorsal)* liegenden Stützstab gekennzeichnet ist; neben den Wirbeltieren gehören dazu die Manteltiere und die Schädellosen

Cyanobakterien
zu den Bakterien gehörende *Prokaryoten*, die Fotosynthese betreiben können; früher „Blaualgen"

Darwinismus
Konzepte, die sich auf die Selektionstheorie von Charles Darwin berufen, ausgehend von gemeinsamer Abstammung, Artbildung in Populationen, allmählichem Ablauf *(Gradualismus)* und natürlicher Selektion, die auf verschiedene Phänotypen in einer Population wirkt

Dendrogramm
Darstellung der Verwandtschaft von Lebewesen in einem baumartigen Schema; der Begriff wird vor allem für Stammbäume benutzt, denen eine statistische Clusteranalyse zugrunde liegt

Dissimilation
Gesamtheit aller abbauenden, der Energiefreisetzung dienenden Stoffwechselwege (vgl. *Assimilation)*

Divergenz
beschreibt das Auseinanderlaufen von evolutiven Entwicklungslinien zu größeren Unterschieden hin (vgl. *Konvergenz)*

Diversität
Arten-Mannigfaltigkeit in einem Ökosystem; bei gleicher Artenanzahl haben solche Biozönosen eine geringere Diversität, bei denen einzelne Arten gegenüber anderen stark dominieren.

DNA = DNS (Desoxyribonucleinsäure)
schraubig gewundene, zweisträngige Kette von *Nucleotiden* (aus Desoxyribose, Phosphat und einer der 4 Basen Adenin, Thymin, Guanin und Cytosin); die Reihenfolge der Nucleotide in einem Nucleinsäurestrang verschlüsselt die genetische Information (Basensequenz)

Domestikation
der Prozess der Haustierwerdung und der Entwicklung von Kulturpflanzen aus Wildformen als Folge menschlicher Zuchtwahl

Einnischung
Spezialisierung auf eine ökologische Nische

Elektrophorese
Methoden, mit denen Moleküle *(Proteine, Nucleinsäuren)* in einem Gleichspannungsfeld nach ihrer Masse und Ladung aufgetrennt werden

Elterninvestment
Fürsorgeaufwand, den Eltern in die Aufzucht von Nachkommen investieren, der dessen Überlebenswahrscheinlichkeit erhöht, aber die Eltern teilweise daran hindert, weitere Nachkommen zu produzieren oder zu wachsen

endemisch
nur in einem bestimmten, meist recht kleinen Gebiet vorkommend, z. B. auf Inseln oder in einem See

Endosymbiontenhypothese
gut belegte Hypothese über den Ursprung der Eukaryotenzelle *(Eucyte)*; demnach ist die Eucyte aus einer symbiontischen Gemeinschaft von Zellen hervorgegangen; Mitochondrien entstanden aus bakterienartigen Zellen, Plastiden aus cyanobakterienartigen Zellen

Glossar

Energie, freie
genauer: *freie Reaktionsenthalpie* (Symbol ΔG); Energieangabe, die Enthalpie und Entropie in Beziehung setzt; gibt an, ob eine Reaktion freiwillig ablaufen kann ($\Delta G < 0$) oder nicht ($\Delta G > 0$)

Enthalpie
genauer: *Reaktionsenthalpie*; Menge an Wärmeenergie, die bei einer chemischen Reaktion bei gleich bleibendem Druck umgesetzt wird (Symbol: ΔH)

Entropie
Maß für die Unordnung bzw. Wahrscheinlichkeit eines Zustandes in einem System (Symbol S); bei allen Veränderungen in einem abgeschlossenen System nimmt die Entropie zu ($\Delta S > 0$)

Enzym
Protein, das als Biokatalysator wirkt und dadurch die chemische Umsetzung bei Stoffwechselprozessen beschleunigt

Erdzeitalter
Phasen der Erdgeschichte, die durch kurze Zeiten massiven Aussterbens von Arten abgegrenzt sind; man unterscheidet Erdaltertum (Paläozoikum, vor 570 — 250 Mio. Jahren), Erdmittelalter (Mesozoikum, vor 250 — 65 Mio. Jahren) und Erdneuzeit (Känozoikum, jünger als 65 Mio. Jahre)

Ethnozentrismus
Sichtweise, nach der die Eigenschaften der eigenen Volksgruppe (Kultur) höher bewertet werden als die anderer Kulturen

Eucyte
Zelltyp; Grundbaustein aller Eukaryoten; unterscheidet sich u.a. durch den Besitz von Zellkern *(Nucleus)*, *Mitochondrien* und die reiche Kompartimentierung von der Protocyte (vgl. Protocyte)

Eukaryoten (auch Eukaryonten)
ein- und vielzellige Lebewesen, deren Zelltyp die Eucyte ist; dazu gehören Protisten, Pflanzen, Pilze und Tiere

Evolution
allgemein: alle Prozesse, die zur Entstehung des Lebens in seiner heutigen Vielfalt geführt haben
nach der Synthetischen Evolutionstheorie: Veränderung der Genotypen- und Allelhäufigkeit im Laufe von Generationen

Evolutionsfaktoren
Vorgänge und Prozesse, die zu Veränderungen der Allelhäufigkeiten in einer Population führen, also Mutation, Rekombination, Selektion, Isolation und Gendrift

Fitness, reproduktive
Maß für den Lebensfortpflanzungserfolg eines Individuums; es steht für die Fähigkeit, seine Gene in der Folgegeneration zu verbreiten

Flaschenhalseffekt
Form von *Gendrift*, die sich aus einer drastischen Verkleinerung einer Population, z.B. durch eine Naturkatastrophe, ergibt

Flechten
systematische Gruppe von Organismen, die aus einer Symbiose von Pilz und Grünalgen oder Cyanobakterien bestehen

Fließgleichgewicht
Zustand gleicher Konzentrationen von Stoffen in einem offenen System bei dauerndem Zu- und Abfluss von Stoffen und Energie

Fortpflanzung
Kennzeichen des Lebens, wobei durch die Weitergabe genetischer Informa-tion artgleiche, eigenständige Individuen entstehen. Zur geschlechtlichen *(sexuellen)* Fortpflanzung gehört die Befruchtung von Keimzellen. Bei der ungeschlechtlichen *(asexuellen)* Fortpflanzung entstehen neue Lebewesen aus einem Teil des Elternorganismus. Fortpflanzung ist meistens mit einer Vermehrung verbunden.

Fortpflanzungsstrategie
betrachtet den Anteil der verfügbaren Biomasse und Energie, der von Individuen einer Art für die Fortpflanzung eingesetzt wird; der Anteil ist genetisch bestimmt

Fossil
versteinerter Rest oder Spur eines Lebewesens in Gesteinen bzw. Sedimenten früherer Perioden der Erdgeschichte

Gamet (Geschlechtszelle, Keimzelle)
haploide Ei- oder Spermienzelle, die sich im Gegensatz zur *Spore* erst nach einer Befruchtung zu einem mehrzelligen Organismus weiterentwickelt; in diploiden Organismen entstehen Gameten in spezialisierten Organen (Gonaden) durch eine besondere Zellteilung (Meiose), in haploiden Organismen durch Mitose

Gametophyt
mehrzellige, haploide Generation der Pflanzen, die (mitotisch) Keimzellen hervorbringt; aus den befruchteten Keimzellen geht anschließend die Sporen bildende diploide Generation *(Sporophyt)* hervor. Gametophyt der Moose: Moospflänzchen, Gametophyt der Farne: Prothallium, Gametophyt der Samenpflanzen: unscheinbare Zellgruppe im Innern des Sporophyten.

Gärung
anaerobe Form der Energiefreisetzung; je nach Gärungstyp entstehen Endprodukte wie Ethanol und CO_2 oder Milchsäure

Gen
Funktionseinheit der Erbinformation, die auf einem *Chromosom* liegt und aus DNA besteht; ein Gen ist nach heutiger Auffassung der DNA-Abschnitt, der für ein RNA-Molekül codiert

Gendrift
durch Zufallsereignisse bedingte, sprunghafte Veränderung von Gen- bzw. Allelhäufigkeiten, die in kleinen Populationen von Bedeutung sind *(Gründereffekt, Flaschenhalseffekt)*

Generationswechsel
Entwicklungszyklus einer Art, bei der sich Generationen mit unterschiedlicher *Fortpflanzung* abwechseln

genetisch bedingte Krankheit (auch Erbkrankheit)
Erkrankung, die auf der Vererbung veränderter Gene oder *Chromosomen* beruht

genetischer Fingerabdruck
Verfahren zur Analyse von DNA aus Haaren, Blutflecken und anderem Material zur Identifizierung von Personen, fachsprachlich auch DNA-*Typisierung* oder DNA-Profiling genannt

Genom
Gesamtheit des genetischen Materials (codierende und nicht codierende DNA-Abschnitte) eines Organismus im einfachen Chromosomensatz

Genotyp
Beschreibung der Gesamtheit der Gene eines Organismus

Genpool
Gesamtheit aller Gene in einer Population zu einem bestimmten Zeitpunkt

Glykolyse
erster Teil des Glucoseabbaus bis zur Brenztraubensäure

Gradualismus
Sichtweise der evolutionären Veränderungen von Lebewesen, die von gleitenden, allmählichen *(graduellen)*, nicht sprunghaften Übergängen bei der Bildung neuer Organe oder Organsysteme ausgeht

Gründereffekt
Form von *Gendrift*, die auf die Besiedlung eines neuen Lebensraumes durch eine kleine Anzahl von Individuen (Gründerpopulation) zurückzuführen ist, die sich von einer großen Ausgangspopulation abgespalten hat

Habitat
von einer einzelnen Art bevorzugter bzw. besiedelter Lebensraum

Hardy-Weinberg-Gesetz
mathematisches Modell zur Berechnung der Häufigkeiten von *Allelen* und Genotypen in einer Population (siehe Populationsgenetik)

Heterotrophie
Ernährungsweise, bei der organische Nahrungsstoffe als Energie- und Kohlenstoffquellen aufgenommen und in körpereigene Verbindungen umgewandelt bzw. abgebaut werden

heterozygot (mischerbig)
mit zwei verschiedenen Allelen für ein bestimmtes Merkmal ausgestattet (vgl. *homozygot)*

Heterozygotenvorteil
Heterozygote Träger eines Allels für eine Erbkrankheit haben manchmal einen Selektionsvorteil in einem anderen Bereich. Beispiel: Heterozygote Träger des Gens für Sichelzellanämie sind weniger anfällig für die Infektionskrankheit Malaria.

Hominiden
Menschenaffen (Orang Utan, Gorilla, Schimpanse, Bonobo) und Mensch einschließlich aller ausgestorbener Vorfahren; nach älterer Gliederung nur der Mensch und seine ausgestorbenen Vorfahren (heute: Hominine)

Hominoide
dazu zählen die Gibbons, die Menschenaffen und der Mensch incl. aller ausgestorbener Vorfahren

homoiotherm (gleichwarm)
Temperaturkonstanz von Organismen, die ihre Körpertemperatur stoffwechselphysiologisch unabhängig von den Außenbedingungen innerhalb enger Grenzen regeln; homoiotherm sind Säugetiere und Vögel

Homologie
Ähnlichkeit in Gestalt oder anderen Merkmalen, die sich auf Verwandtschaft bzw. gleiche Herkunft und damit auf ähnliche genetische Ausstattung gründet (vgl. *Analogie)*

Homologiekriterien
Verfahren zur Ermittlung von Homologien nach dem Kriterium der Lage, dem Kriterium der spezifischen Qualität und dem Kriterium der Stetigkeit

homozygot (reinerbig)
mit zwei identischen Allelen für ein bestimmtes Merkmal ausgestattet (vgl. *heterozygot)*

Hybride
Mischlinge unterschiedlicher Rassen, Sorten oder Arten; stellen bei Nutzpflanzen häufig besonders ertragreiche Formen dar

Glossar

Hybridisierung
Molekulare Genetik: komplementäre Einzelstränge von *Nucleinsäuren* unterschiedlicher Herkunft lagern sich nach gemeinsamer Erhitzung bei anschließender Abkühlung bei hinreichender Ähnlichkeit zusammen (siehe Gensonde)
Klassische Genetik: Kreuzung verschiedener Rassen oder Arten

Hyperzyklus
System, das zu Selbstvermehrung, Stoffwechsel und Mutation befähigt ist

hypotonisch
Die Konzentration der gelösten Teilchen in der Lösung ist geringer als in einer Vergleichslösung (siehe *Osmose).*

Infantizid
Tötung von Jungtieren der eigenen Art (meist durch die Männchen)

Inzucht
Fortpflanzung relativ nahe verwandter Individuen; wird in der Pflanzenzucht zur Züchtung reiner Sorten verwendet; kann z. B. bei Zootieren zur Verminderung der Fitness führen

Isolation
trennender Mechanismus, der den Genaustausch von Individuen unterbindet; man unterscheidet *präzygote Mechanismen*, die vor der Befruchtung einer Eizelle wirken, und *postzygote Mechanismen*, die die Entwicklung der Zygote zu einem fruchtbaren Individuum verhindern. Isolation trennt verschiedene Genpools bzw. Arten und ermöglicht dadurch deren eigenständige Weiterentwicklung.

isotonisch
Die Konzentration der gelösten Teilchen in der Lösung ist identisch mit der in einer Vergleichslösung (siehe *Osmose).*

Isotope
Atome eines Elementes, die sich durch die Anzahl ihrer Neutronen unterscheiden; radioaktive Isotope zerfallen unter Energieabstrahlung

Klonen
Vervielfältigung genetisch identischer Zellen; nicht zu verwechseln mit „klonieren", der Vervielfältigung einzelner Gene (siehe *PCR)*

Koazervate
Tröpfchen, die sich aus einer Lösung von Polypeptiden, Nucleinsäuren und Kohlenhydraten selbst zusammenlagern; mögliche Vorstufe bei der Entstehung lebender Zellen

Koevolution
gegenseitige Beeinflussung der Evolution zweier oder mehrerer Arten, die miteinander in Wechselbeziehungen stehen und durch Anpassung bzw. Gegenanpassung ihre Existenz und Fortpflanzung zunehmend sichern

Kommentkampf
risikoarmes Kampfverhalten, bei dem die Tiere keine verletzende Waffen verwenden oder diese lediglich nicht verletzend einsetzen: z. B. Drohen, Schieben

Konflikt (biologische Definition)
liegt innerhalb eines Individuums vor, wenn für zwei sich widersprechende Verhaltensweisen gleich starke Motivationen vorliegen; liegt zwischen zwei Individuen vor, wenn das Verhalten eines Partners seine eigene reproduktive Fitness erhöht, aber die des anderen dadurch senkt

Konjugation
Zusammenlagerung von Protozoen oder Bakterien mit nachfolgendem Austausch von Erbgut

Konkurrenz
gegenseitige Einschränkung von Lebewesen durch die Nutzung gleicher begrenzter Ressourcen; Konkurrenz kann innerhalb einer Art *(innerartlich)* oder zwischen verschiedenen Arten (zwischenartlich) vorliegen

Konkurrenzausschlussprinzip
Verschiedene Arten in einem Lebensraum können auf Dauer nicht koexis-tieren, wenn sich ihre ökologischen Nischen bezüglich der genutzten knappen Ressourcen gleich bzw. zu ähnlich sind

Kontrastbetonung
Kommen ähnliche bzw. nahe verwandte Arten in einem Gebiet vor, so führt eine Selektion in Richtung stärkerer Unterschiede zu einer Verminderung der Konkurrenz.

Konvergenz
beschreibt eine im Verlauf der Evolution zunehmende Ähnlichkeit von Individuen oder Organen bei verschiedenen Entwicklungslinien; Ursache ist meist ein ähnlicher Selektionsdruck; so entstandene Ähnlichkeiten deuten nicht auf stammesgeschichtliche Verwandtschaft hin (vgl. *Divergenz)*

Kreationismus
Überzeugung, nach der die Entstehung des Lebens und die Vielfalt der Arten nicht rein naturwissenschaftlich erklärt werden kann

Lactase
Enzym, das Milchzucker (Lactose) in Galactose und Glucose spaltet

Lamarckismus
überholte Lehre von der allmählichen Veränderung der Lebewesen durch Gebrauch oder Nichtgebrauch von Organen sowie der Vererbung der dabei erworbenen Eigenschaften

Leitfossil
Fossil, das für eine bestimmte erdgeschichtliche Zeit charakteristisch ist und damit eine zeitliche Einordnung von Gesteinen bzw. anderen Fossilien ermöglicht (siehe *Fossil)*

Lotus-Effekt
Fähigkeit der Selbstreinigung von Oberflächen durch Mikrostrukturen, die eine Adhäsion (Anlagerung) von Schmutzpartikeln und Flüssigkeiten verhindern

Makroevolution
großschrittige Evolutionsphänomene oberhalb der Artebene (vgl. *Mikroevolution)*

Makrophage
differenzierte Zelle des Immunsystems, die auf die *Phagocytose* spezialisiert ist, also den Abbau meist körperfremder Zellen und Stoffe

Meiose
zweischrittige Kern- und Zellteilung im Rahmen der geschlechtlichen Fortpflanzung; die Meiose führt zur Bildung von Keimzellen mit einem einfachen Chromosomensatz aus Urkeimzellen mit einem doppelten Chromosomensatz. Dabei wird die genetische Information neu kombiniert.

Mendel'sche Regeln
drei von GREGOR MENDEL aufgestellte Vererbungsregeln (Uniformitätsregel, Spaltungsregel und Neukombinationsregel), die zu erwartende Phänotypenhäufigkeiten bei Kreuzungen erklären

Mikroevolution
kleinschrittige Evolutionsphänomene auf der Populations- und Artebene (vgl. *Makroevolution)*

Mikrosphären
Hohlkugeln aus Proteinoiden in kaltem Wasser; mögliche Vorstufe bei der Entwicklung lebender Zellen

Mimese
meist Nachahmung von leblosen Objekten oder Pflanzenteilen zur Tarnung; auch bei Pflanzen vorkommende Nachahmung von Insektenformen zur Anlockung von deren Partnern zur Bestäubung

Mimikry (Scheinwarntracht)
Nachahmung von Warnsignalen wehrhafter Tierarten durch Arten ohne Wehrhaftigkeit; erhöht bei Anwesenheit von genügend wehrhaften Vorbildern im Lebensraum die Überlebensrate

missing link
fehlendes Bindeglied; aus evolutionsbiologischer Sicht zu erwartender, aber bisher nicht gefundener Organismus, der Merkmale von stammesgeschichtlich älteren und jüngeren Lebewesen in sich vereint

Mitose
Kernteilung, bei der die zwei Chromatiden eines Chromosoms auf die beiden neu entstehenden Tochterzellen verteilt werden; die Chromosomenzahl bleibt erhalten. Der Kernteilung folgt in der Regel die Zellteilung

Modifikation
umweltbedingte Veränderung im Erscheinungsbild *(Phänotyp)* eines Organismus, die nicht genetisch festgelegt ist und also auch nicht vererbt wird

Monogamie
lebenslange Fortpflanzungsgemeinschaft zwischen zwei Individuen einer Art

Mutagene
Substanzen, die in einem DNA-Molekül Veränderungen der Erbinformation *(Mutationen)* auslösen können

Mutation
spontan oder durch *Mutagene* verursachte qualitative oder quantitative Veränderung des genetischen Materials; in Abhängigkeit vom Ausmaß unterscheidet man *Gen-*, *Chromosomen-* und *Genommutationen*

Mutationsrate
Wahrscheinlichkeit einer Mutation an einem Genort pro Generation

Mykorrhiza
Symbiose von bestimmten Pilzen mit den Wurzeln bestimmter Pflanzen

Nische, ökologische
Gesamtheit der Ansprüche, die eine Art an ihre Umwelt stellt; die Ansprüche werden durch den Einfluss von Umweltfaktoren und durch die Nutzung von lebensnotwendigen Ressourcen bestimmt. Die ökologische Nische kann auch als Gesamtheit der ökologischen Potenzen beschrieben werden.

Nomenklatur, binäre
wissenschaftliche Benennung von Organismen; die Namensgebung ist zweiteilig. Der erste Teil bezeichnet die Gattung, zu der die Art gehört, der zweite Teil benennt die einzelne Art und unterscheidet sie von den anderen innerhalb der gleichen Gattung. Beispiele: Homo sapiens, Pinus silvestris (Gemeine Waldkiefer). Die festen Regeln der Nomenklatur garantieren eine weltweit einheitliche Bezeichnungsweise für alle Organismen.

Ontogenese
Individualentwicklung; Entwicklung eines Lebewesens von der befruchteten Eizelle bis zum erwachsenen Lebewesen (vgl. *Phylogenese)*

Optimierungsprinzip
Organismen sind so strukturiert bzw. verhalten sich so, dass die Nutzen N (Fitness fördernde Faktoren) dieser Strukturen bzw. dieses Verhaltens ihre Kosten K (Fitness mindernde Faktoren) überwiegen: $N > K$

Glossar

Osmose
Diffusion zwischen zwei durch eine *semipermeable Membran* getrennten Lösungen, bei denen nur die Lösungsmittelteilchen, nicht aber die Teilchen des gelösten Stoffes die Membran passieren können

Paläontologie
Wissenschaft aus Teilen von Geologie und Biologie; beschäftigt sich mit Resten und Spuren von Lebewesen (siehe *Fossilien)* in Gesteinen früherer Perioden der Erdgeschichte

Paläoökologie
Ökologie vergangener Lebensgemeinschaften

Panmixie
gleiche Paarungswahrscheinlichkeit für jedes Individuum einer Popula-tion mit jedem anderen des anderen Geschlechts; damit vollständige genetische Durchmischung der Population

Paradigma
vorherrschende Lehrmeinung

Parasit
spezialisierte Tiere, Pflanzen, Bakterien und Viren, die sich von der Körpersubstanz ihres Wirtes ernähren und ihn dadurch schwächen, aber nicht unmittelbar töten

PCR (Polymerasekettenreaktion)
engl. *polymerase chain reaction*; Verfahren zur gezielten Vervielfältigung bestimmter DNA-Abschnitte (Basismethode der Molekularbiologie)

Phage
Virus, das Mikroorganismen befällt, z. B. Bakteriophage

Phylogenese
Evolutionsgeschichte einer Art oder Verwandtschaftsgruppe (vgl. *Ontogenese)*

Phylogenetik
Teilgebiet der Biologie, das sich mit der Klärung der Verwandtschaft von Lebewesen und der Aufstellung von Stammbäumen beschäftigt

Planstelle, ökologische
Struktur eines Ökosystems, die für bestimmte Arten Lebensmöglichkeiten bietet; Arten mit gleichen *ökologischen Nischen* nutzen in verschiedenen Regionen gleiche ökologische Planstellen

poikilotherm (wechselwarm)
Organismen, deren Körpertemperatur weitgehend von der Umgebungstemperatur abhängt

Polyandrie
Zusammenleben von einem Weibchen mit mehreren Männchen

Polygamie
Zusammenleben von einem Individuum mit mehreren Individuen des anderen Geschlechts

Polygynie
Zusammenleben eines Männchens mit mehreren Weibchen

polyploid
Organismus mit mehr als zwei kompletten homologen Chromosomensätzen in den Zellen

Population
Gruppe von Individuen einer Art in einem bestimmten Gebiet, die eine abgeschlossene Fortpflanzungsgemeinschaft bilden

Population, ideale
Fortpflanzungsgemeinschaft, in der keine Mutationen, keine Selektionen, keine Bevorzugung bestimmter Partner und keine zufälligen Häufungen bei der Partnerwahl vorkommen; theoretische Grundlage für Berechnungen

Populationsgenetik
befasst sich mit den Häufigkeiten von Genen und Phänotypen in einer Population; auch die Gesetzmäßigkeiten möglicher Veränderungen der Häufigkeiten gehören dazu (siehe *Hardy-Weinberg-Gesetz)*

Prädisposition
Merkmal, das unter veränderten Umweltbedingungen eine zusätzliche oder andere Funktion hat als vorher und dadurch einen Selektionsvorteil darstellt

Präzipitation
Zusammenballung von Molekülen unter dem Einfluss von Brückenmolekülen (z. B. Antikörper)

Primer
engl. Starter; kurze, einsträngige Nucleotidkette, die basenkomplementär zu einer Matrize (z. B. DNA) ist; dient als Ausgangspunkt für die Synthese des Komplementärstranges durch Polymerasen (siehe *PCR*, *Replikation)*

Prokaryot (auch Prokaryont)
einzelliges, aus einer *Protocyte* (auch *Procyte)* bestehendes Lebewesen; zu den Prokaryoten gehören Eubakterien, und Archaebakterien (vgl. *Eukaryot)*

Protocyte (Procyte)
Zelltyp der Prokaryoten, der keinen Zellkern besitzt (vgl. *Eucyte)*

Protisten
eukaryotische Einzeller bzw. einfache Mehrzeller, die nicht zu den Pilzen, Pflanzen und Tieren gehören; Reich der Lebewesen neben Prokaryoten, Tieren, Pflanzen und Pilzen; Bespiele: Kieselalgen, Grünalgen, Amöben

Rasse
Mitglieder einer Art (meist bei Tieren), die sich durch eine Gruppe gemeinsamer Merkmale von anderen Artgenossen unterscheiden; die Fortpflanzung mit anderen Rassen dieser Art ist meist eingeschränkt

Rasterelektronenmikroskopie (REM)
Variante der Elektronenmikroskopie, bei der das Präparat mit einem Elektronenstrahl abgetastet wird; zeigt Oberflächen besonders gut

Redundanz
Begriff aus der Nachrichtentechnik; bedeutet teilweise Wiederholung einer Nachricht oder „überflüssige Information"; kann beabsichtigt sein, um die fehlerfreie Übertragung sicherzustellen (z. B. liegen Gene in mehrfachen Kopien im Genom vor); auch Codierung von Aminosäuren durch unterschiedliche Basentripletts

Rekombination
Um- und Neukombination des genetischen Materials, z. B. im Rahmen der Meiose; die *Rekombination* führt zur genetischen Variabilität einer Art und ist ein wichtiger Evolutionsfaktor

Replikation
identische Verdopplung der DNA, die vor jeder Zellteilung stattfindet; der DNA-Doppelstrang wird getrennt und die Einzelstränge dienen als Vorlage für je einen Tochterstrang

Resistenz
erblich bedingte Widerstandsfähigkeit gegenüber Medikamenten, Giften oder klimatischen Faktoren

rezessiv
Eigenschaft eines Allels, bei heterozygoten Lebewesen nicht ausgeprägt zu werden (siehe *Erbgang*)

Rote Liste
regionale und überregionale Listen, in die vom Aussterben bedrohte oder im Bestand gefährdete Arten aufgenommen werden

Rudiment
in der Entwicklungsgeschichte einer Art verkümmertes, ganz oder teilweise funktionslos gewordenes Organ; manche Rudimente haben eine andere Funktion als vorher, die sich aus einer ursprünglichen Nebenfunktion entwickelt hat

Saisondimorphismus
jahreszeitliche Schwankungen in der Häufigkeit von Varianten einer Art aufgrund wechselnder Selektionsbedingungen

Schlüsselart
Art, die trotz geringer Häufigkeit einen großen Einfluss auf die Artenvielfalt einer Lebensgemeinschaft hat, Beispiel: Biber, der durch das Anstauen von Bächen ausgedehnte Feuchtbiotope schafft.

Selbstorganisation
Verschiedene Elemente können aufgrund ihrer spezifischen Eigenschaften zusammenwirken und spontan gemeinsam ein neues System bilden.

Selektion (Auslese)
natürliche Selektion (natürliche Auslese): beruht auf dem unterschiedlichen Fortpflanzungserfolg verschiedener Phänotypen, der auf die Wechselbeziehungen zwischen den Organismen und ihrer Umwelt zurückzuführen ist
künstliche Selektion (künstliche Zuchtwahl): Auswahl von Haustieren und Kulturpflanzen entsprechend der menschlichen Zuchtziele
sexuelle Selektion (geschlechtliche Zuchtwahl): Auswahl durch den Geschlechtspartner; beruht auf der Variabilität der sekundären Geschlechtsmerkmale, verstärkt den Geschlechtsdimorphismus

Selektionsfaktoren
Faktoren, die den unterschiedlichen Fortpflanzungserfolg verschiedener Phänotypen bewirken; man unterscheidet *abiotische Selektionsfaktoren* (z. B. Kälte, Dunkelheit) und *biotische Selektionsfaktoren* (z. B. Räuber, Parasiten, Sexualpartner)

Selektionstheorie
Theorie über die Ursachen der Evolution, begründet von CHARLES DARWIN und ALFRED RUSSEL WALLACE

Selektionstypen
aufspaltende Selektion (disruptiv): Individuen am Rande des phänotypischen Spektrums werden gegenüber denen in der Mitte begünstigt. Folge: Im ursprünglichen Maximum der Häufigkeitskurve entsteht ein Minimum.
gerichtete Selektion (transformierend): Individuen eines Teils des phänotypischen Spektrums werden begünstigt. Folge: Häufigkeitsverteilung verschiebt sich in die Richtung der begünstigten Teilpopulation.
stabilisierende Selektion: Individuen in der Mitte des phänotypischen Spektrums werden gegenüber denen am Rande begünstigt. Folge: Häufigkeitsverteilung bleibt konstant.

Simulation
modellhaftes Nachvollziehen eines Vorgangs oder einer Entwicklung mit definierten Anfangsbedingungen, variierbaren „Spielregeln" und offenem Ausgang

Soziobiologie
Wissenschaft, die sich mit der Evolution des sozialen Verhaltens von tierischen und menschlichen Populationen beschäftigt

Spermienkonkurrenz
liegt vor, wenn sich Spermien verschiedener Männchen gleichzeitig in einem Weibchen befinden

Glossar

Spore
Fortpflanzungszelle, aus der sich ohne eine Befruchtung ein mehrzelliger Organismus entwickeln kann. Sporen entstehen in spezialisiertem Gewebe durch Mitose *(Mitosporen)* oder Meiose *(Meiosporen)*. Sie können diploid oder haploid sein. Bei Bakterien werden Überdauerungsstadien Sporen (Endosporen) genannt.

Sporophyt
mehrzellige, diploide Generation von Pflanzen, die (meiotisch) *Sporen* hervorbringt; aus den unbefruchteten Sporen geht anschließend die Gameten bildende haploide Generation *(Gametophyt)* hervor. Sporophyt der Moose: gestielte Sporenkapsel, Sporophyt der Farne: Farnpflanze, Sporophyt der Samenpflanzen: sichtbare Pflanze

Stammbaum
bildliche Darstellung der verwandtschaftlichen Beziehungen von systematischen Gruppen und gemeinsamen Vorfahren

Stoffkreislauf
Zirkulation von Stoffen bzw. chemischen Elementen, wie Kohlenstoff oder Stickstoff, in einem Ökosystem; ein Kreislauf besteht aus Speichern (z. B. Biomasse, Atmosphäre, Ozeane, Gesteine) und Flüssen (z. B. Assimilation, Zersetzung, Fossilisierung). *Produzenten* binden in ihrer Biomasse Stoffe aus den Speichern. *Konsumenten* bzw. *Destruenten* setzen sie wieder frei.

Strategie
genetisch bedingte Verhaltensregel eines Individuums

Stromatolith
Gestein, das als sehr alte biogene Ablagerung gedeutet wird; vermutlich Überreste von Cyanobakterien

Sukkulenz
Fähigkeit von Pflanzen, Wasser in spezifischen Geweben zu speichern, z. B. im Spross oder in Blättern; tritt besonders bei Pflanzen in Trockenlebensräumen und auf salzhaltigen Böden auf

Symbiose
Wechselbeziehung zwischen zwei Arten mit gegenseitigem Nutzen

sympatrisch
syn (gr.) „zusammen", patria (lat.) „Heimat" = „zusammen vorkommend"; vergleicht das Vorkommen verschiedener Arten oder Populationen bzw. den Weg der Artbildung (vgl. *allopatrisch)*

Synthetische Evolutionstheorie
Theorie zur Erklärung und Beschreibung der Evolution, die die Aussagen DARWINS (Variation, Selektion) mit den Ergebnissen von Genetik, Zellbiologie und Populationsforschung verbindet

Taktik
alternative Verhaltensmöglichkeit innerhalb einer Strategie

Taxon
Gruppe von Lebewesen, die sich durch gemeinsame Merkmale beschreiben und von anderen Gruppen unterscheiden lässt (Plural: Taxa)

Taxonomie (Systematik)
Teilgebiet der Biologie, das sich mit dem Beschreiben, Benennen und Ordnen der Organismen nach systematischen Kriterien beschäftigt

Uratmosphäre
Gasgemisch, das die Erde nach Abkühlen der Erdkruste umgab. Neben Wasserdampf enthielt sie hauptsächlich Stickstoff, Methan, Kohlenstoffdioxid, Ammoniak und Wasserstoff. Diese reduzierende Atmosphäre war praktisch sauerstofffrei.

Variabilität
die Erscheinung, dass die Individuen einer Population ungleich sind; dies kann genetisch bedingt sein *(genetische Variabilität, Polymorphismus)* oder auf Umweltunterschieden beruhen (modifikatorische Variabilität)

Variation
Vorgänge, die zur Abwandlung eines Lebenstyps führen und dadurch Variabilität hervorrufen

Vermehrung
Kennzeichen des Lebens, bei dem die Anzahl der Individuen vergrößert wird; Vermehrung ist stets mit *Fortpflanzung* verbunden

Verwandtschaftsgrad
Maß für die genetische Übereinstimmung zwischen zwei Individuen, gemessen am Anteil abstammungsgleicher Gene in Prozent des Genoms

Virus
nichtzelluläre genetische Einheit aus Nucleinsäuren und Proteinen, die sich nur in einer Wirtszelle vermehren kann

Zellatmung
Energiefreisetzung in der Zelle durch Oxidation von energiereichen chemischen Verbindungen

Züchtung
vom Menschen kontrollierte Auswahl und Vermehrung von Lebewesen, bei der Individuen mit gewünschten Merkmalen ausgewählt werden

Zwillingsarten
äußerlich sehr ähnliche Arten, die das gleiche Verbreitungsgebiet haben, sich aber nicht kreuzen

Zygote
befruchtete Eizelle; Produkt der Verschmelzung von Eizelle und Spermium

Register

Register

Bildnachweis

U1.1 Getty Images RF (E+/Vyacheslav Osokin), München; **2.1** Prof. Dr. Horst Müller, Dortmund (Prof. Dr. Horst Müller), Stuttgart; **2.2** Thinkstock (traumschoen), München; **8.2** f1 online digitale Bildagentur (Maskot), Frankfurt; **10.1** shutterstock (g-stockstudio), New York, NY; **11.1** Imago (Ulmer), Berlin; **11.5** Imago (Rainer Unkel), Berlin; **12.1** iStockphoto (emer1940), Calgary, Alberta; **12.2** iStockphoto (BrianEKushner), Calgary, Alberta; **13.1** Prof. Dr. Horst Müller, Dortmund (Prof. Dr. Horst Müller), Stuttgart; **13.2** Thinkstock (traumschoen), München; **14.1** iStockphoto (SimonDannhauer), Calgary, Alberta; **16.2** shutterstock (nulinukas), New York, NY; **22.Rd.** juniors@wildlife (D.Harms), Hamburg; **23.2** Thinkstock (iStock/AlekseySagitov), München; **24.1** iStockphoto (Peter Pattavina), Calgary, Alberta; **26.1** Kronberg, Dr. Inge, Büsum; **26.2** Kronberg, Dr. Inge, Büsum; **27.4** Klett-Archiv (Lothar Rother, Schwäbisch Gmünd), Stuttgart; **28.2** Mauritius Images (nature picture library / Philippe Clement), Mittenwald; **29.4** Klett-Archiv (Aribert Jung), Stuttgart; **31.2a** Picture-Alliance (dpa/Klaus Nowottnick), Frankfurt; **31.2b** iStockphoto (Olga Koronevska), Calgary, Alberta; **31.2c** shutterstock (Christian Musat), New York, NY; **33.1** Mauritius Images (robertharding / Thorsten Milse), Mittenwald; **33.2a** iStockphoto (JohnCarnemolla), Calgary, Alberta; **33.2b** By Comanns et al - Philipp Comanns, Christian Effertz, Florian Hischen, Konrad Staudt, Wolfgang Böhme and Werner Baumgartner. 2011. Moisture harvesting and water transport through specialized micro-structures on the integument of lizards. Beilstein J. Nanotechnol 2, 204–214. doi:10.3762/bjnano.2.24, CC BY 3.0, https://commons.wikimedia.org/w/index.php?curid=15030482 (Comanns et al - Philipp Comanns, Christian Effertz, Florian Hischen, Konrad Staudt, Wolfgang Böhme and Werner Baumgartner. 2011. Moisture harvesting and water transport through specialized micro-structures on the integument of lizards. Beilstein J. Nanotechnol 2, 204–214. doi:10.3762/bjnano.2.24), Mountain View; **33.4** shutterstock (Gillian Holliday), New York, NY; **34.3** iStockphoto (JustineG), Calgary, Alberta; **34.4** Okapia (Hans Reinhard), Frankfurt; **35.5** Kronberg, Dr. Inge, Büsum; **38.2** PantherMedia GmbH (e.starosczik), München; **40.4** Fotolia.com (karepa), New York; **41.5a** iStockphoto (kaleigh), Calgary, Alberta; **41.5b** Thinkstock (mm88), München; **41.6a** Fotolia.com (Maksim Shebeko), New York; **41.6b** Fotolia.com (hetwig), New York; **43.5** Mengedoht, Oliver, Recklinghausen; **44.1a** Fotolia.com (chralexanat84), New York; **44.1b** Alamy stock photo (imageBROKER/Winfried Schäfer), Abingdon, Oxon; **44.1c** Alamy stock photo (Natural Visions), Abingdon, Oxon; **45.3a** Thinkstock (SHAWSHANK61), München; **45.3b** iStockphoto (Anna_Po), Calgary, Alberta; **46.1a** laif (Michel Denis-Huot/hemis.fr), Köln; **46.1b** Picture-Alliance (blickwinkel), Frankfurt; **46.1c** Kronberg, Dr. Inge, Büsum; **47.1a** Kronberg, Dr. Inge, Büsum; **47.1b** Kronberg, Dr. Inge, Büsum; **47.1c** Kronberg, Dr. Inge, Büsum; **47.2** Arco Images GmbH, Lünen; **47.3** Mauritius Images (Itsik Marom / Alamy), Mittenwald; **48.1b** iStockphoto (mauribo), Calgary, Alberta; **49.3a** 123rf (Aliaksandr Mazurkevich), Nidderau; **49.3b** Fotolia.com (romaneau), New York; **50.2a** Kronberg, Dr. Inge, Büsum; **51.3a** Thinkstock (johnandersonphoto), München; **51.3b** Getty Images (Oxford Scientific/), München; **52.2** Okapia (Frank Hecker), Frankfurt; **53.3** Storch, Prof. Dr. Dr. h.c. Volker, Heidelberg; **54.Rd** dreamstime.com (Olivier Deplus), Brentwood, TN; **56.3** Mauritius Images (David Chapman / Alamy), Mittenwald; **58.1a** Okapia (Roland Birke), Frankfurt; **58.1b** Okapia (Roland Birke), Frankfurt; **58.1c** Getty Images (E+/Nancy Nehring), München; **59.5** By treegrow - http://www.flickr.com/photos/treegrow/7867987722/in/photostream/, CC BY 2.0, https://commons.wikimedia.org/w/index.php?curid=21140095 (treegrow), Mountain View; **60.1a** Thinkstock (NeilBradfield), München; **60.1b** CC-BY-SA-4.0/https://creativecommons.org/licenses/by-sa/4.0/deed.de (AlterVista aus der deutschsprachigen Wikipedia/CC BY-SA 3.0), Mountain View; **60.1c** shutterstock (jo Crebbin), New York, NY; **60.1d** Kronberg, Dr. Inge, Büsum; **61.2a** shutterstock (Neil Burton), New York, NY; **61.2a** Thinkstock (John Gomez), München; **61.2b** Adobe Stock (Q), Dublin; **63.1** shutterstock (D. Kucharski K. Kucharska), New York, NY; **63.3** Bjørli Lehrmann, Ravnsholt Skov; **64.1a** Adobe Stock (PhotographyByMK), Dublin; **64.1b** Alamy stock photo (Overflightstock Ltd), Abingdon, Oxon; **64.1c** shutterstock (Rashman), New York, NY; **66.Rd.** Adobe Stock (tonaquatic), Dublin; **68.1a** iStockphoto (Leopardinatree), Calgary, Alberta; **68.1b** shutterstock (Fineart1), New York, NY; **70.1** Alamy stock photo (Avalon/Bruce Coleman Inc), Abingdon, Oxon; **72.1a** Kronberg, Dr. Inge, Büsum; **72.1b** shutterstock (Lev Savitskiy), New York, NY; **72.1c** Thinkstock (eyewave), München; **73.2** Thinkstock (Elenathewise), München; **74.Rd.** Adobe Stock (hfox), Dublin; **75.5** Getty Images (Science Source/Cesar Ed), München; **76.3** Picture-Alliance (Mary Evans Picture Library/Steve Hopkin/ardea.com), Frankfurt; **77.5a1** Plingfactory, Hattingen; **77.5a2** Plingfactory, Hattingen; **77.5b** Plingfactory, Hattingen; **77.5c** Plingfactory, Hattingen; **78.1** PantherMedia GmbH (Auslander), München; **78.Rd.** juniors@wildlife (M.Carwardine), Hamburg; **80.Rd.** Imago (McPHOTO), Berlin; **81.5** akg-images (euroluftbild.de), Berlin; **82.1a** Alamy stock photo (Zoonar GmbH), Abingdon, Oxon; **82.1b** shutterstock (SehrguteFotos), New York, NY; **82.1c** shutterstock (laranik), New York, NY; **83.1** 123rf (Richard Pinder), Nidderau; **83.3** 123rf (Eric Gevaert), Nidderau; **83.4** Adobe Stock (Erni), Dublin; **84.1** shutterstock (Rosa Jay), New York, NY; **87.1** Getty Images (Barrett Hedges), München; **90.1a** Klett-Archiv (Dr. Bruno P. Kremer), Stuttgart; **90.1c** Klett-Archiv (Aribert Jung), Stuttgart; **98.1** Thinkstock (iStock/francesco fiondella), München; **100.2** Okapia (NAS/M. Abbey), Frankfurt; **103.1** shutterstock (Alexey Stiop), New York, NY; **105.3** PantherMedia GmbH (Jörg-Dieter Langhans), München; **106.1** PantherMedia GmbH (PeJo), München; **110.1a** Fotolia.com (magann), New York; **110.1b** Fotolia.com (darknightsky), New York; **113.1** shutterstock (Mps197), New York, NY; **113.2** Alamy stock photo (Martin Shields), Abingdon, Oxon; **114.1** Okapia (M. Wendler), Frankfurt; **114.2** Reinhard-Tierfoto, Heiligkreuzsteinach; **115.1a** Reinhard-Tierfoto, Heiligkreuzsteinach; **115.1b** Wygasch, Dr. Joachim, Paderborn; **115.2a** iStockphoto (SERGEY ALESHIN), Calgary, Alberta; **115.2b** shutterstock (Sergei Aleshin), New York, NY; **116.1** Picture-Alliance (ZB/euroluftbild.de), Frankfurt; **116.Rd1** By © Hans Hillewaert, CC BY-SA 4.0, https://commons.wikimedia.org/w/index.php?curid=6945583 (Hans Hillewaert), Mountain View; **116.Rd2** Schmidtke, Dieter, Schorndorf; **122.1** Fotolia.com (ChiccoDodiFC), New York; **124.1** Kronberg, Dr. Inge, Büsum; **126.1** Fotolia.com (johnwalker1), New York; **128.1** Kronberg, Dr. Inge, Büsum; **128.Rd.** iStockphoto (NNehring), Calgary, Alberta; **131.1** Thinkstock (johnandersonphoto), München; **131.4** Picture-Alliance (Minden Pictures/D. Parer & E. Parer-Cook), Frankfurt; **132.1a** iStockphoto (Johnny Lye), Calgary, Alberta; **132.1b** Imago (blickwinkel), Berlin; **133.2a** Klett-Archiv (Aribert Jung), Stuttgart; **133.2b** Adobe Stock (Lars Johansson), Dublin; **134.1** Mauritius Images (imageBROKER /

Frank Sommariva), Mittenwald; **134.2** Mauritius Images (Sabena Jane Blackbird / Alamy), Mittenwald; **138.1** shutterstock (Poznukhov Yuriy), New York, NY; **139.4** Quelle: Bayerisches Landesamt für Umwelt, Augsburg; **140.1** shutterstock (Jaan-Martin Kuusmann), New York, NY; **142.3** Kronberg, Dr. Inge, Büsum; **145.2** Picture-Alliance (WILDLIFE/S.Muller), Frankfurt; **145.3** Getty Images (National Geographic/Paul Zahl), München; **148.Rd.** iStockphoto (Rike_), Calgary, Alberta; **149.4** Alamy stock photo (Nigel Cattlin), Abingdon, Oxon; **150.1** Mauritius Images (FLPA / Alamy), Mittenwald; **150.2c** shutterstock (Florian Andronache), New York, NY; **150.3a** shutterstock (Bildagentur Zoonar GmbH), New York, NY; **150.3b** Thinkstock (iStock/Vassiliy Vishnevskiy), München; **152.1a** Thinkstock (PaulVinten), München; **152.1b** Thinkstock (iStockphoto), München; **152.1c** shutterstock (Rachel Moon), New York, NY; **153.3** Kronberg, Dr. Inge, Büsum; **155.1a** Kronberg, Dr. Inge, Büsum; **155.1b** Kronberg, Dr. Inge, Büsum; **155.2** iStockphoto (hideko1979), Calgary, Alberta; **157.1** Adobe Stock (alpineva), Dublin; **157.2** Adobe Stock (behewa), Dublin; **160.1a** Sammlung Gesellschaft für ökologische Forschung, München; **160.1b** Sammlung Gesellschaft für ökologische Forschung, München; **164.Rd.** Picture-Alliance (Bildagentur-online/AGF-Foto), Frankfurt; **168.1** Picture-Alliance (Thomas Meder), Frankfurt; **169.1** Kronberg, Dr. Inge, Büsum; **169.4** https://www.msc.org/, Stuttgart; **174.2** dreamstime.com (Mikelane45), Brentwood, TN; **174.3** Fotolia.com (aussieanouk), New York; **174.4** shutterstock (Soru Epotok), New York, NY; **174.5** shutterstock (Kristo Robert), New York, NY; **176.2** Thinkstock (Susie3Ford), München; **177.1** Okapia (NAS/Tom McHugh), Frankfurt; **177.2** shutterstock (Rudmer Zwerver), New York, NY; **178.1** juniors@wildlife (M.Lane), Hamburg; **179.1** iStockphoto (Argument), Calgary, Alberta; **179.2** Fotolia.com (sytnik), New York; **181.1** Tierbildarchiv Angermayer, Holzkirchen; **181.2** Fotolia.com (thatreec), New York

Sollte es in einem Einzelfall nicht gelungen sein, den korrekten Rechteinhaber ausfindig zu machen, so werden berechtigte Ansprüche selbstverständlich im Rahmen der üblichen Regelungen abgegolten.

Gefahren und Experimente im Unterricht

Eine Naturwissenschaft wie Biologie ist ohne Experimente nicht denkbar.

Experimentieren mit Chemikalien ist jedoch nie völlig gefahrlos. Deswegen ist es wichtig, vor jedem Versuch mit dem Lehrer die möglichen Gefahrenquellen zu besprechen. Insbesondere müssen immer wieder die im Labor selbstverständlichen Verhaltensregeln beachtet werden. Die Vorsichtsmaßnahmen richten sich nach der Gefahr durch die jeweils verwendeten Stoffe.

Die geltenden Richtlinien zur Vermeidung von Unfällen beim Experimentieren sind zu beachten.

Da Experimentieren grundsätzlich umsichtig erfolgen muss, wird auf die üblichen Verhaltensregeln und die Regeln für die Sicherheit und den Gesundheitsschutz beim Umgang mit Gefahrstoffen im Unterricht nicht bei jedem Versuch gesondert hingewiesen.

Beim Experimentieren muss immer eine Schutzbrille getragen werden.

1. Auflage

1 6 5 4 3 2 1 | 22 21 20 19 18

Alle Drucke dieser Auflage sind unverändert und können im Unterricht nebeneinander verwendet werden.
Die letzte Zahl bezeichnet das Jahr des Druckes.

Autorinnen und Autoren: Katharina Baack, Dr. Detlef Eckebrecht, Dr. Inge Kronberg
Fachliche und fachdidaktische Beratung: Prof. Dr. Ulrich Kattmann
Unter Mitarbeit von: Andrea Becker, Dr. Justine Kießling, Marco Koch, Alexander Maier, Dr. Günter Roßnagel

Redaktion: Dr. Detlef Eckebrecht DIDACTIC CONCEPTIONS
Mediengestaltung: Marlene Klenk-Boock

Layoutkonzeption und Gestaltung: KOMA AMOK®, Kunstbüro für Gestaltung, Stuttgart
Umschlaggestaltung: KOMA AMOK®, Kunstbüro für Gestaltung, Stuttgart
Illustrationen: Matthias Balonier, Lützelbach; Stefan Leuchtenberg, Augsburg; Otto Nehren, Achern; Ingrid Schobel, Illustration und Kartographie, Hannover; Prof. Jürgen Wirth, Visuelle Kommunikation, Dreieich; Nora Wirth, Frankfurt
Satz: tiff.any GmbH, Berlin
Reproduktion: Meyle + Müller, Medien-Management, Pforzheim
Druck: PASSAVIA Druckservice GmbH & Co. KG, Passau

Printed in Germany
ISBN 978-3-12-049161-3

9 783120 491613